普通高等教育"十二五"规划教材

建 筑 力 学

（第 2 版）

主　编　赵毅力
副主编　郭江涛
主　审　李忠坤

中国水利水电出版社
www.waterpub.com.cn

内 容 提 要

本书依照高等职业技术教育土建类专业力学课程的基本要求，充分吸收高职教育力学课程改革的成果，着力体现"职业性"与"高等性"的高职教育特色，对传统静力学、材料力学和结构力学的内容进行了精选，对知识体系作了必要有效地调整，使多门与土木工程有关的力学内容融为一体。理论体系由浅入深，顺序符合认知规律；基本理论满足专业要求，内容上突出工程实用性；表述简单直观，章节编排简洁明了。

全书共 12 章，主要内容有物体的受力分析、平面力系的合成与平衡、空间力系的平衡、平面图形的几何性质、平面体系的几何组成分析、静定结构的内力分析、杆件的应力与强度计算、应力状态与强度理论、杆件的变形与结构的位移计算、超静定结构的内力计算、影响线和压杆稳定。

本书可作为高职高专和成人高校的建筑工程、道路与桥梁工程、水利工程等土木工程类专业的教材，也可作为广大自学者及相关专业工程技术人员的参考用书。

图书在版编目（ＣＩＰ）数据

建筑力学 / 赵毅力主编. -- 2版. -- 北京 : 中国水利水电出版社，2014.8(2021.2重印)
普通高等教育"十二五"规划教材
ISBN 978-7-5170-2380-7

Ⅰ. ①建… Ⅱ. ①赵… Ⅲ. ①建筑科学－力学－高等学校－教材 Ⅳ. ①TU311

中国版本图书馆CIP数据核字(2014)第197201号

书　　名	普通高等教育"十二五"规划教材 **建筑力学（第 2 版）**
作　　者	主编　赵毅力　副主编　郭江涛　主审　李忠坤
出版发行	中国水利水电出版社 （北京市海淀区玉渊潭南路 1 号 D 座　100038） 网址：www.waterpub.com.cn E - mail：sales@waterpub.com.cn 电话：(010) 68367658（营销中心）
经　　售	北京科水图书销售中心（零售） 电话：(010) 88383994、63202643、68545874 全国各地新华书店和相关出版物销售网点
排　　版	中国水利水电出版社微机排版中心
印　　刷	北京市密东印刷有限公司
规　　格	184mm×260mm　16 开本　25.25 印张　598 千字
版　　次	2008 年 12 月第 1 版　2008 年 12 月第 1 次印刷 2014 年 8 月第 2 版　2021 年 2 月第 4 次印刷
印　　数	8001—11000 册
定　　价	**63.00 元**

第2版前言

本书第1版自2008年出版以来，全国多所高职高专院校先后选用，得到了普遍认同，也收到了一些好的建议。编者根据使用者的建议，结合作者近几年在建筑力学教学过程中积累的经验，对本书进行了全面系统的修订，以便更好地服务于教与学。第2版着重从以下几方面对教材内容进行了修订。

（1）在力学内容上确保高职高专土木类专业对力学知识的需求，并兼顾建筑力学基本理论的科学性。对平面体系的几何组成分析方法，梁的内力分析方法，图乘法，力法和位移法等章节进行了全面的修订，以期培养学生的逻辑思维方法和解决问题的能力。

（2）注重在日常生活中选取力学素材，且采用了大量的土建工程中常见力学实例。本次修订时，编写了大量的思考题，这些题目主要选自于日常生活和工程，以期拉近学生与力学的距离，培养学生的力学应用能力。

（3）在内容的安排和素材的应用上，按照认知规律，循序渐进，由浅入深，注重知识间的连贯性。分散配置思考题和习题，这些题目在内容上紧扣各章节的重点、难点、基本概念和基本计算方法，这样做更有利于学生学习。

本书编写人员及分工为：杨凌职业技术学院郭江涛（第1章～第3章）、周磊（第4章～第6章）、李荣轶（第7章，第8章）、杨磊（第9章，第10章）；陕西省机械施工公司郭元科（第11章，第12章）；杨凌职业技术学院赵毅力编写了绪论及部分章节（5.4、6.5、6.6、7.7、7.8、9.7、10.2、10.4、10.6）。全书由赵毅力担任主编，由郭江涛担任副主编，由陕西建工集团总公司李忠坤高级工程师担任主审。主审认真仔细地审阅了全书，提出了许多宝贵意见和建议，在此表示衷心感谢。

编者认知和实践有限，错误和不妥之处在所难免，恳请读者批评指正。

编　者

2014年3月

第1版前言

本书依照高等职业技术教育土建类专业力学课程的基本要求，充分吸收高职教育力学课程改革的成果，着力体现"职业性"与"高等性"的高职教育特色，按照国家示范性高职高专专业人才培养目标对本门课程的要求，由杨凌职业技术学院具有本门课程教学经验丰富的教师和建筑企业中具有较强实践经验的工程师组成校企合作编写团队编写而成。本教材的编写主要突出了以下几个方面的特点：

● 本教材基本理论满足专业要求，对传统静力学、材料力学和结构力学的内容进行了精选，对知识体系做了必要有效的调整，使多门与土木工程有关的力学内容融为一体。理论体系由浅入深，顺序符合认知规律。既节省了篇幅和教学时数，也有利于学生自学和逻辑思维能力的培养和提高。

● 加强实用性和针对性。重视力学概念和理论知识的应用，对概念和理论知识的阐述尽量结合工程实际，对土木工程中较实用的内容列举了较多的例题。在理论证明和公式推导上适当从简。

● 内容表述简单直观，章节编排简洁明了。本书只有章和节的划分，习题配置在相关节的后边。这种改法，一方面给读者留有自己进行总结和提炼重点的空间，另一方面可加强课后训练。

● 教材文字努力做到少而精，通俗易懂。在讲法上配合图形和实例，尽量使抽象的概念变得显然。

本书可作为高职高专和成人高校的建筑工程、道路与桥梁工程、水利工程等土木工程类专业的教材，也可作为广大自学者及相关专业工程技术人员的参考用书。

本书由杨凌职业技术学院赵毅力主编。参加编写工作的人员及分工为：赵毅力（绪论，第7章、第9章、第10章）；杨凌职业技术学院郭江涛（第1章、第3章）、李荣轶（第2章）、陕西省机械施工公司郭元科（第4章、第11章）、陕西建工集团第五建筑工程公司李忠坤（第5章、第6章）；杨凌职业技术学院杨磊（第 8 章）、周磊（第 12 章）。

本书由杨凌职业技术学院史康立教授主审。

在本书编写过程中，受到学院领导和院建筑工程系张迪主任的有力支持，并得到力学与结构教研室同仁的热情帮助，在此一并表示感谢。

在本书的编写过程中，参考了部分相同学科的教材文献（见书后"参考文献"），在此向文献的作者表示衷心感谢。

由于编者水平有限，不妥之处在所难免，恳请读者批评指正。

编　者

2008 年 12 月

目录

绪　　论

建筑力学的研究对象　在生产、生活实际中，为了满足各种不同的使用要求，需要建造不同的建筑物，如楼房、桥梁、水坝、体育场馆等。这些建筑物从开始建造到建成使用，都要承受各种力的作用。如楼板在施工中除承受自身的重量外，还要承受工人和施工机械的重量。楼板将这些作用力传给梁；梁又通过两端将力传给柱；柱则将力传递给基础；基础最后将力传给地基。工程中把作用于建筑物上的主动外力称为荷载。将建筑物中承受并传递荷载而起骨架作用的部分称建筑结构，简称结构。组成结构的各单个物体称构件，板、梁、柱、基础等都是常见的构件。结构按其主要组成构件的形状和尺寸可分为以下三类：

- 实体结构。由长、宽、高三个方向尺寸相差不大的构件组成的结构称实体结构，如重力式挡土墙、重力式水坝等。
- 板壳结构。由厚度远小于其他两个方向尺寸的构件组成的结构称板壳结构。其中，表面为平面形状者称为板；表面为曲面形状者称为壳。
- 杆系结构。将长度方向的尺寸远大于横截面上两个尺寸的构件称为杆件。由若干杆件通过适当方式相互连接而成的结构体系称为杆系结构。若组成杆系结构的所有杆件的轴线都在同一平面内，并且荷载也作用在该平面内，这种结构称为平面杆系结构；否则，称为空间杆系结构。对于空间杆系结构进行计算时，常常可根据其实际受力情况，将其分解为若干平面杆系结构来分析，可使计算得到简化。本书的主要研究对象是平面杆系结构。

建筑力学的基本任务　对于建筑结构和构件，必须保证安全工作。若要结构安全地工作，结构和构件必须满足以下力学条件：

- 强度条件。结构和构件抵抗破坏的能力通常称为强度。结构和构件应具备足够的强度，以保证在规定的使用条件下不发生意外断裂或显著塑性变形。固体材料在外力作用下会产生两种不同性质的变形：一种是外力消除后变形随着消失，将这种变形称为弹性变形；另一种是外力消除后不能消失的变形，称为塑性变形。构件的材料不同，判定其破坏的标志不同，有的材料是以断裂为破坏标志，即使在断裂后，产生的塑性变形也都很小；有的材料则是以产生显著的塑性变形为破坏标志，塑性变形也是材料内部质点间发生了不可逆转的错动所致。
- 刚度条件。结构和构件抵抗变形的能力通常称为刚度。结构和构件应具备足够的刚度，以保证在规定的使用条件下不产生过分的变形。例如，闸门尽管在水压力作用下，产生的变形也许全是弹性变形，并没有破坏，满足强度条件；但是如果变形过大而影响启闭，则就不满足刚度条件，照样不能应用。由此可见，强度与刚度是两个不同的概念。

● 稳定条件。结构和构件保持原有平衡形式的能力通常称为稳定性。结构和构件应具备足够的稳定性，以保证在规定的使用条件下不发生失稳现象。如输电铁塔中的受压杆，在压力较小时能保持直线平衡状态；当压力超过某一值时，这个值往往远小于材料的强度，压杆可由直线变为弯曲状态，从而导致结构的破坏，将这种破坏称为失稳。工程结构中的失稳破坏往往比强度破坏更为惨重，因为这种破坏具有突然性，没有先兆。

在设计结构和构件时，除应满足上述力学要求外，还应尽可能地节省和选用合理的材料，从而降低制造成本并减轻结构的重量。为了安全可靠，要选用优质材料与较大的截面尺寸，但是由此又可能造成材料浪费与结构笨重。由此可见，安全与经济之间存在着矛盾。建筑力学就是为解决结构的安全与经济这一矛盾提供理论依据和计算方法，这是建筑力学这门课程的基本任务。

建筑力学的主要内容　建筑力学课程的主要内容包括以下几个方面：
● 讨论力系的简化和平衡的基本理论和方法。
● 对杆系结构进行外力分析、内力分析和几何组成分析。
● 研究均质材料构件的强度、刚度和稳定性的一般计算问题。

建筑力学课程的学习要求　建筑力学是土建专业主干课程之一，其理论和方法可直接应用于某些结构的设计计算，也是本专业后续其他课程必备的重要基础理论知识。因此，必需认真学习，全面掌握。在学习本门课程时必须注意以下几个问题：
● 学习时要注意理解它的基本原理，掌握分析问题的方法和解题思路，切忌死记硬背。
● 注意理论联系实际。本课程的理论来源于实践，是前人大量实践的经验高度总结及其抽象，因此，学习中一方面要掌握课堂理论知识，另一方面要把理论与身边的建筑物实例相联系。要有针对性地到施工现场进行学习，增强感性认识。
● 要多做练习，不做一定数量的习题是很难掌握建筑力学的概念、原理和分析方法的。

第 1 章 物体的受力分析

本章主要内容：

- 介绍静力学的基本概念和基本公理。
- 介绍约束的概念及常见约束的约束力画法。
- 讨论物体及物体系的受力分析方法。
- 介绍选取杆系结构计算简图的原则与方法。

1.1 静力学基本概念

力的概念 力是物体间相互的机械作用，这种作用能使物体的机械运动状态发生改变，同时还能使物体产生变形。从力的概念可知力有以下性质：

- 物质性。离开物质，力是不存在的，用力这个抽象概念表达了物质的机械性质。
- 相互性。力是物体间相互的机械作用，有作用力，必有反作用力。
- 效应性。力可使物体间的相对运动状态发生变化，这是力的运动效应或力的外效应；力还可使物体内部各部分之间发生相对位移，使物体形状发生改变，这是力的变形效应或力的内效应。
- 矢量性。力对物体的作用效应取决于力的大小、方向和作用点，即力的三要素；将有大小、方向和作用点的量称为定位矢量。

本书中用黑体字母 F 表示力矢量，而用普通字母 F 表示力矢量的大小。在国际单位制中，力的单位是牛（N）或千牛（kN）。可用一个带箭头的线段表示力的图像，如图 1.1 所示，线段 AB 的始端 A 或末端 B 表示力的作用点，线段 AB 的长度表示力的大小，用线段的方位角和箭头指向表示力的方向。

刚体的概念 刚体是指物体在力的作用下，其内部任意两点之间的距离始终保持不变，即物体的尺寸和形状都不改变。这是一个理想化的力学模型。实际上，物体在力的作用下或多或少都会变形，这种变形必然要引起力的作用点或作用方向发生改变，这种改变给我们求解一些问题带来了很大的麻烦；但在忽略这种微小改变后，当求解所产生的误差很小时，可将物体视为刚体，以方便计算。因此，在静力平衡计算中，则采用刚体模型。

力系的概念 力系是指作用于物体上的一群力。为了研究的方便，首先，根据力系中各力作用线在空间的分布情况，将力系分为平面力系和空间力系两大类。若力系中各力作用线在同一平

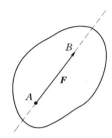

图 1.1

面内，则称为平面力系，否则称为空间力系。其次，再根据力系中各力作用线的方位相互关系，将每一类力系又分为汇交力系、平行力系和任意力系。若平面力系中各力作用线汇交于一点，则称为平面汇交力系；平面力系中各力作用线相互平行，则称为平面平行力系；平面力系中各力作用线既不平行，又不全汇交于一点，则称为平面任意力系。对于空间力系进一步的分类可依此类推。

平衡的概念　平衡是指物体相对于惯性参考系保持静止或作匀速直线运动。在一般工程技术问题中，把固连于地面上的参考系视为惯性参考系，也就是物体的平衡是相对地球而言的。将作用在处于平衡状态物体上的力系称为平衡力系。

1.2　静力学基本公理

公理是人们在生活和生产实践中长期积累的经验总结，又经过实践反复检验，被确认是符合客观的最普遍、最一般的规律。静力学公理主要有以下四个。

公理 1　作用和反作用定律　两个物体之间的作用力和反作用力总是同时存在，两力的大小相等、方向相反，沿着同一直线，分别作用在两个相互作用的物体上。

用 F 表示作用力，则用 F' 表示反作用力。这个公理概括了物体间相互作用的关系。它表明有作用力必有反作用力，而且是同时存在，又同时消失；作用力与反作用力的矢量关系为

$$F = -F'$$

作用力与反作用力的数量关系为

$$F = F'$$

这个公理在以后物体系受力分析时常常用到，读者应予以重视。

公理 2　力的平行四边形法则　作用在物体上同一点的两个力，可以合成为一个合力。合力的作用点也在该点。合力的大小和方向可由这两个力的力矢为邻边所构成的平行四边形的对角线来确定，如图 1.2（a）～（c）所示。

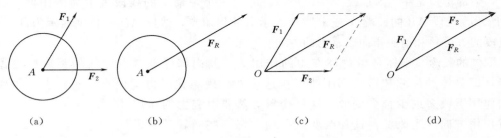

| (a) | (b) | (c) | (d) |

图 1.2

为了简便起见，往往不必画出两个力的力矢为邻边所构成的整个平行四边形，而只画出平行四边形中的一个三角形，如图 1.2（d）所示。两个分力矢首尾相接，由第一个分力矢的首指向第二个分力矢的尾所作的矢量为合矢量。这种通过作三角形求合力矢的方法，称为力的三角形法则。力的平行四边形法则或力的三角形法则的矢量表示式为

$$F_R = F_1 + F_2$$

力的平行四边形法则表明了最简单力系的合成规律，它是研究复杂力系合成的基础。

以上两个公理的应用对象是物体，即变形体与刚体都能适用。而以下所介绍的公理和推理则只适用于刚体。

公理3　二力平衡条件　作用在刚体上的两个力使刚体保持平衡的必要和充分条件是，这两个力的大小相等，方向相反，且作用在同一直线上，如图1.3（a）、（b）所示。用矢量式可表示为

$$F_1 + F_2 = 0$$

二力平衡的例子在生活和生产实践中是很多的。例如图1.4（a）所示的支架，若不计杆 AB 和 AC 的重量，当支架悬挂重物平衡时，两杆都只在两端受力。由二力平衡公理可知，每根杆两

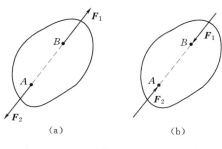

图1.3

端所受的力必然大小相等，方向相反，沿着杆两端点的连线方向，如图1.4（b）、（c）所示。在物体受力分析中常常根据二力平衡条件确定某些未知力的作用线。

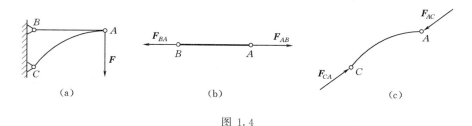

图1.4

此公理揭示了作用在刚体上最简单的力系在平衡时所必须满足的条件。它又是推证复杂力系平衡条件的基础。

应该注意，二力平衡条件对于刚体的平衡是必要而充分的，但对于变形体的平衡来说，这个条件不是充分条件。例如，在拔河比赛中用的柔软绳索，当它受到两个等值反向、共线的拉力作用时可以保持平衡；而它受到两个等值反向共线的压力作用时，则无论如何是不能保持平衡的。

公理4　加减平衡力系原理　在作用于刚体上的已知力系上，加上或减去任意一个平衡力系，都不会改变原力系对刚体的作用效应。

如果两个力系只相差一个或几个平衡力系，则它们对刚体的作用效应是相同的，因此，这些力系可以相互等效替换。这个公理是研究力系等效替换的重要依据。

推理1　力的可传性原理　作用于刚体上某点的力，可以移到力在刚体内的作用线上的任意一点，并不改变该力对刚体的作用效应。

证明：在刚体上的点 A 作用力 F，如图1.5（a）所示。根据加减平衡力系原理，可在力的作用线上任一点 B 处，加两个相互平衡的力 F_1 和 F_2，使

$$F = F_1 = -F_2$$

如图 1.5（b）所示。由于力 F 和 F_2 也是一个平衡力系，故可减去，这样只剩下一个力 F_1，如图 1.5（c）所示。即原来的力 F 沿作用线移到了点 B 处。

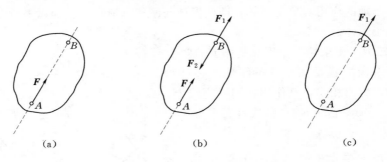

图 1.5

作用于刚体上的力可以沿作用线移动，将这种矢量称为滑动矢量。对于作用在刚体上的力，可以由定位矢量转化为滑动矢量。对于刚体来说，力的作用点已不是决定力的作用效应的要素，它已被力的作用线所代替。因此，作用于刚体上的力三要素是：力的大小、指向和作用线。

推理 2　三力平衡汇交定理　作用于刚体上三个相互平衡的力，若其中两个力的作用线汇交于一点，则第三个力的作用线也通过这个汇交点，且此三力必在同一平面内。

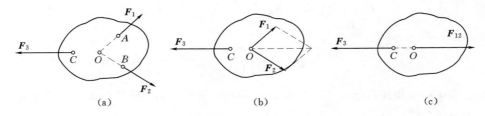

图 1.6

证明：如图 1.6（a）所示，在刚体的 A、B、C 三点上，分别作用三个相互平衡的力 F_1、F_2 和 F_3。根据力的可传性，将力 F_1 和 F_2 移到两力的作用线汇交点 O 处，如图 1.6（b）所示。将力 F_1 和 F_2 合成一合力 F_{12}，如图 1.6（c）所示。此时，刚体在二力作用下处于平衡。根据二力平衡公理可知，力 F_3 与力 F_{12} 共线，则力 F_3 必定与力 F_1 和 F_2 共面，且通过 F_1 和 F_2 的交点 O，于是定理得证。

在工程实际中，经常遇到物体受共面但不平行三力的作用而处于平衡的问题。在此情况下，若已知其中两个力的方向，则第三个力的方向就可以按三力平衡汇交定理确定。三力平衡汇交定理所讲的只是共面不平行的三个力平衡的必要条件，而不是平衡的充分条件。换言之，若共面不平行的三力汇交于一点，它们不一定是平衡力系。

思考题

1.1　将作用于刚体上的平衡力系移到变形体上，变形体也一定能保持平衡吗？

1.2　图示支架，能否将作用于支架杆 AB 上的力 F [图（a）所示]，沿作用线移到杆 BC 上 [图（b）所示]？为什么？

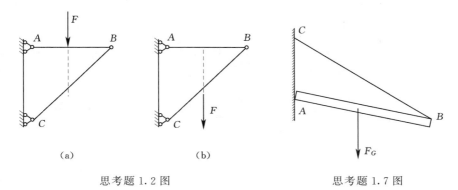

（a）　　　　　　　　　（b）

思考题 1.2 图　　　　　　　思考题 1.7 图

1.3　二力平衡条件和作用与反作用定律中的两个力都是等值、反向、共线，它们有什么不同？试举例说明。

1.4　在二力平衡平衡条件中，对作用的刚体要求一定是直杆吗？

1.5　三力平衡汇交定理中，三个力的作用线汇交点一定要在作用的刚体内吗？

1.6　若刚体上只作用三个力，三个力共面，且三力作用线汇交于一点，则刚体一定能平衡吗？为什么？

1.7　图示装置，杆 AB 重 F_G，B 端用绳子拉住，A 端靠在光滑的墙面上，问杆能否平衡？为什么？

1.8　指出图示结构中哪些杆件是二力杆？哪些杆件是三力构件？其约束力的方向能否确定？

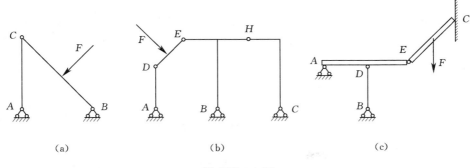

（a）　　　　　　　　　（b）　　　　　　　　　（c）

思考题 1.8 图

1.9　说明下列等式的意义和区别：

（1）$\boldsymbol{F}_1 = \boldsymbol{F}_2$；（2）$F_1 = F_2$；（3）$\boldsymbol{F}_1 = -\boldsymbol{F}_2$；（4）$F_1 = -F_2$。

1.10　分力一定小于合力吗？为什么？试举例说明。

习题

1.1　在环首木螺钉末端作用两个力，欲将木螺钉从木桩中拔出，为了使作用在木桩上的合力方向铅直向上，且合力大小为 750N。求角度 θ（0°≤θ≤90°）和 F_1 的大小。画出环首木螺钉所受的全部力。

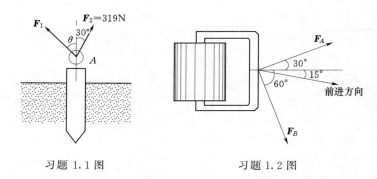

习题 1.1 图　　　　　　　　　习题 1.2 图

1.2　A、B 两人拉一压路碾子，如图所示，$F_A=400N$，为使碾子沿图中所示方向前进，F_B 应为多大？

1.3　试在图示两个构件中 A、B 两点各加一个力使构件平衡。

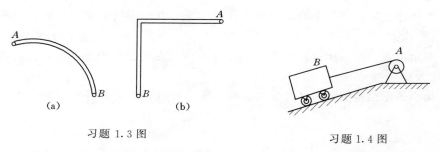

(a)　　　　　　　　(b)

习题 1.3 图　　　　　　　　　习题 1.4 图

1.4　卷扬机将斜面上的矿车匀速拖动，试画出钢绳在 A、B 两端所受的力，钢绳的重量不计；画出钢绳对矿车的作用力。

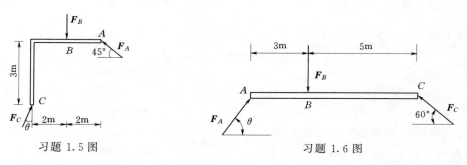

习题 1.5 图　　　　　　　　　习题 1.6 图

1.5　已知图示刚性构件在 A、B、C 三处各作用一个力，三力共面，物体处于平衡。试确定作用在 C 处的力 F_C 的方位角 θ。

1.6　已知图示刚性直杆 AC 在 A、B、C 三处各作用一个力，三力共面，刚杆处于平衡。试确定作用在 A 处的力 F_A 的方位角 θ。

1.3　约　束　和　约　束　力

约束的概念　物体某些方向的位移受到其周围物体的限制，对位移起限制作用的周围物体称这个物体的约束。例如，机车受铁轨的限制，只能沿轨道运动；电机转子受轴承的限制，只能绕轴线转动等。其中轨道是机车的约束，轴承是转轴的约束。约束对物体的作用，实际上就是力的作用，这种力称为约束力。约束力的方向恒与约束所能阻碍物体位移的方向相反；其作用点是在约束与物体的接触点处；因为约束力是被动力，约束力的大小是不能预先确定的。在静力学问题中，约束力和物体受的其他已知力（主动力）组成平衡力系，因此，可用平衡条件求出未知的约束力。下面介绍常见的几种约束及其相应约束力的画法。

柔体约束　如图 1.7（a）所示，绳索吊住重物，由于绳索本身只能限制重物沿绳索中心线离开绳索的位移，所以，绳索作用于物体的约束力也只可能是沿绳索中心线离开物体的拉力，约束力如图 1.7（b）所示。如图 1.8（a）所示，链条或胶带等柔性体绕在轮子上，对轮子的约束力沿着轮缘接触点处的切线方向，也是离开轮子的拉力，约束力如图 1.8（b）所示。

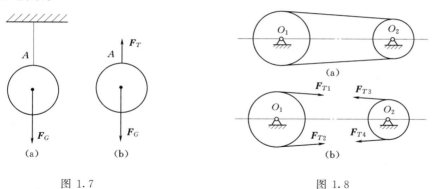

图 1.7　　　　　　　　　　　　　　　　　图 1.8

由柔软而不计自重的绳子、传动胶带、链条等构成的约束称柔体约束。柔体约束的约束力，作用在柔体与物体的接触点处，沿柔体中心线，离开物体（指向柔体）的拉力。通常用 F_T 表示这类约束力。

光滑面约束　约束与被约束物体是以表面压紧接触来传力，无论接触的面是平面、曲面，还是一个点，当忽略摩擦时，都属于光滑面［如图 1.9（a）中的 A 处，图 1.10（a）中的 B、C 处，图 1.11（a）中的 D、E 处等］，将这种约束称为光滑面约束。

光滑面约束不限制物体在接触点处沿公切面任何方向的位移，只限制物体在接触点处的公法线上向约束体内部的位移。因此，光滑面约束对物体的约束力作用在光滑面与物体的接触点处，沿接触面处的公法线，是指向被约束物体的压力。这种约束力为法向约束力。通常用 F_N 表示［如图 1.9（b）中的 F_{NA}，图 1.10（b）中的 F_{NB}、F_{NC}，图 1.11（b）中的 F_{ND}、F_{NE} 等］。

向心轴承　图 1.12（a）所示为轴承装置，将其可画成如图 1.12（c）所示的工程示

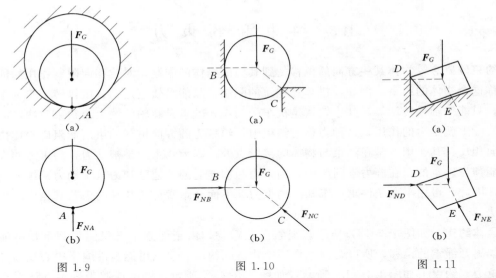

图 1.9　　　　　　　　图 1.10　　　　　　　　图 1.11

意图。轴可在轴承内任意转动，也可沿轴承孔的中心线移动，但是，轴承能阻碍轴沿垂直轴线的任何方向的位移。在任何情况下的任何时刻，轴和轴承孔只能有一处接触。假如在点 A 处光滑接触时［图 1.12（a）］，轴承孔对轴的约束力 F_A 作用在接触点 A 处，且垂直轴线指向轴心。由以上分析可得以下几点：

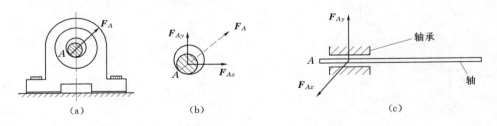

图 1.12

● 向心轴承对轴的约束作用实质上就是光滑面约束，但又与光滑面有所不同，光滑面只有一个方向的约束作用（沿光滑面法线指向物体的单向约束），而向心轴承对轴的约束是垂直轴线的全方位约束。

● 向心轴承对轴的约束力在任何情况下的任何时刻只有一个约束力，约束力的方向垂直轴线指向轴心。当已知约束力的作用线方位时，则可用一个力 F_A 表示［图 1.12（a）］。

● 在约束力的作用线方位不能确定时，通常可用通过轴心的两个大小未知的正交分力 F_{Ax}、F_{Ay} 表示，如图 1.12（b）或图 1.12（c）所示，分力 F_{Ax}、F_{Ay} 的指向暂可假定。

　　固定铰支座　能将构件连接在地面或机架等固定物上的装置称为支座。固定铰支座是在构件和支座上各钻同一直径的圆孔，然后使两圆孔相重叠，再用一圆柱形销钉插入孔中相连接，如图 1.13（a）、（b）所示为其构造示意图。显然，固定铰支座与构件之间没有直接接触，而是构件中的销孔与销钉、支座中的销孔与销钉直接接触。所以，支座对销钉的约束以及构件对销钉的作用实质上就是向心轴承对轴的约束作用。销钉同时受到来自支座和构件的两个作用力而平衡，两作用力共线，且过销钉中心，往往方向未知。支座、销钉、构件之间的相互作用力状况如图 1.14（a）所示。

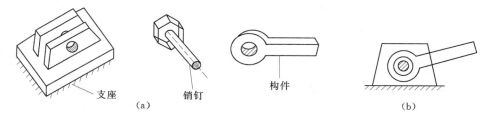

图 1.13

工程中一般不单独对销钉进行受力分析，而是把销钉与构件连在一起作为一个整体对象，这样，销钉与构件之间的作用力 F 与反作用力 F' 作为内力就不必显示出来，支座对销钉的作用力 F_A 可认为就是支座对构件的约束力［图 1.14（b）］。因此，固定铰支座对构件的约束力与向心轴承对轴的约束力分析方法相同。支座对构件在任一时刻也只有一个通过铰中心的约束力，有时可根据构件上所受力系的情况，判定出固定铰支座对构件的约束力作用线方位，这时则可用过铰中心的一个约束力 F_A 表示，指向暂可假定，如图 1.14（b）所示；然而，往往这个约束力的作用线方位不能确定，有时即使可以确定，但为了计算方便，通常

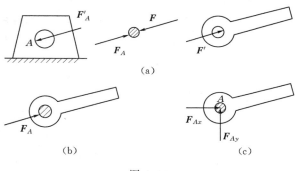

图 1.14

还是用过铰中心的两个假定指向的正交分力 F_{Ax}、F_{Ay} 表示，如图 1.14（c）所示。固定铰支座的结构简图可表示为如图 1.15 所示的 4 种形式中的任何一种。

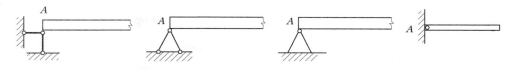

图 1.15

中间铰链　将两个钻有同直径圆孔的构件用圆柱销钉插入孔中相连接，不计销钉与孔壁的摩擦，销钉对所连接的构件形成的约束称为光滑圆柱形铰链约束，简称中间铰。一个销钉连接了两个构件的中间铰称单铰链，图 1.16（a）、（b）所示为其构造示意图。一个销钉连接了三个或三个以上构件的中间铰称为复铰链，如图 1.17（a）所示。

显然，单铰链约束与固定铰支座约束的作用原理完全相同，若将其中一个构件视为支座部分，这个单铰链对另一构件即可视为固定铰支座约束。但两者的不同之处在于，固定铰支座只分析支座对构件的约束力，而单铰链则要分析两个构件之间相互的作用力与反作

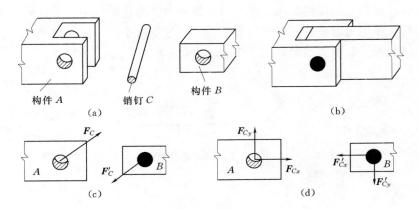

图 1.16

用力，分析时可将销钉连带在两构件中的任一个上。分析方法与固定铰支座约束力分析方法相同，如图 1.16（c）、（d）所示。

　　分析复铰链约束力时，可将销钉任意带在一个构件上，带有销钉的构件与其他不带销钉的构件之间形成各个单铰（一个连接 n 个构件的复铰，可化为 $n-1$ 个单铰），且各铰链之间存在作用力与反作用力。而不带销钉的构件相互之间不存在作用力与反作用力，如图 1.17（b）、（c）所示。中间铰的结构简图如图 1.18（a）、（b）所示。

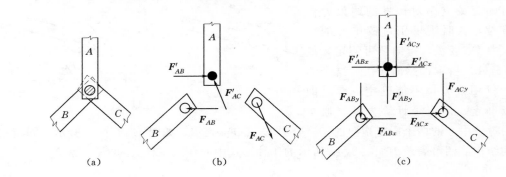

图 1.17

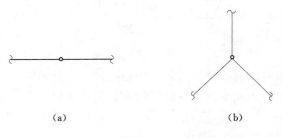

图 1.18

　　可动铰支座　可动铰支座是在固定铰支座与光滑支承面之间装有几个辊轴而构成，故又可称为辊轴支座，其构造图如图 1.19（a）所示，其结构简图如图 1.19（b）所示。

　　显然，由于这种约束只限制所支承的构件在支承面法线方向上的位移，而不限制构件沿支承面方向的位移和绕铰链销钉的转动。因此，在桥梁、屋架等工程结构中经常采用可动铰支座。当温度变化引起桥梁、屋架在跨度方向有伸缩时，则允许可动铰支座沿支承面方向移动。可动铰支座对构件的约

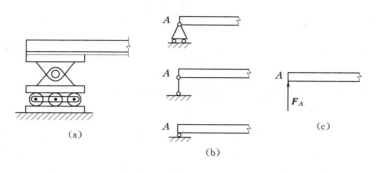

图 1.19

束力垂直于支承面，过铰链中心，常用 F_A 表示，作用点位置用下标字母注明，指向暂可假定，如图 1.19（c）所示。

止推轴承 止推轴承可视为用一光滑面将向心轴承圆孔的一端封闭而成，如图 1.20（a）所示。图 1.20（b）所示为其结构简图。止推轴承与向心轴承相比较，止推轴承既限制了轴在垂直其轴线的平面内的位移，又限制了轴沿轴线向轴承封闭端光滑面的位移。因此，约束力有三个分量，其中两个分力垂直轴线，指向暂可假定；另一分力与轴线共线，方向为指向轴的止推力，如图 1.20（c）所示。

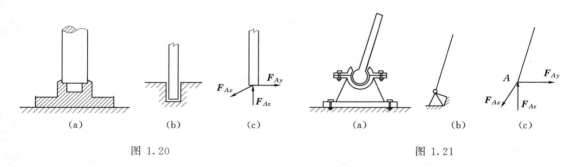

图 1.20   图 1.21

球形铰链 通过圆球和球壳将两个构件连接在一起的约束称为球形铰链，如图 1.21（a）所示。其结构简图如图 1.21（b）所示。如电视机的拉杆天线的底座就是球形铰链。这种约束限制构件在球心处不能有任何方向的位移，但构件可绕球心任意转动。若不计摩擦，其约束力就是作用点在球面与球壳的接触点，作用线过球心的力。因为接触点不能预先确定，所以，约束力是一个过球心的方向未知的法向力，则可用三个正交分力 F_{Ax}、F_{Ay}、F_{Az} 表示，指向暂可假定，如图 1.21（c）所示。

以上只介绍了几种简单约束，在工程中，约束的类型远不止这些，如工程中常见的还有固定端支座等。因为这些约束比较复杂，分析时需要加以简化和抽象，在以后的章节中再作介绍。以上所介绍的约束都是所谓的理想约束，工程结构中有些约束与理想约束极为接近，有些则不然，但在实际分析中，应根据约束对被约束物体位移的限制，作适当的简化，使之成为与其接近的理想约束。

1.4　物体与物体系的受力分析

物体受力分析　作用在物体上的力可分为两类：一类是主动力，如物体的重力、风力及其他给定的荷载等，主动力一般是已知的；另一类是约束对物体的约束力，它是未知的被动力。在工程实际中，要根据已知力求解出未知的约束力。但首先要分析构件受了几个力，每个力的作用位置和力的作用方向。将这种分析过程称为物体的受力分析。

对物体进行受力分析时，作用在物体上的主动力是已知的，其作用点和作用方向是显然的，对此不必作过多地考虑。关键是分析物体边界上的约束对物体的约束力。首先，分析约束力的作用点，约束力的作用点一定是约束与物体的接触点。其次，分析约束力的方向，对于柔体约束和光滑面约束，约束力的作用线方位较好确定，但要注意约束力的指向，柔体约束对物体作用拉力，光滑面约束对物体施加压力；对于可动铰支座，其约束力作用线垂直于支承面，指向暂可假定；而对于固定铰支座的约束力，若用两个正交分力表示，指向暂可假定，若用一个合力表示，合力作用线方位则要根据物体上所受力的个数及力系的平衡条件（如二力平衡公理、三力平衡汇交定理等）判定。

受力图　为了清晰地反映物体的受力情况，要把研究对象边界上的每一个约束体用对应的约束力代替，即取掉所有约束体，每取掉一个约束体，在取掉约束的地方用对应的约束力代替，并标注约束力的文字符号。研究对象简图上原来的主动力和所有约束力组成的图形称为物体的受力图。当然，也可以换另一个思维方式作受力图。把需要研究的物体从周围约束中分离出来，单独画出它的轮廓简图，这个步骤称为取隔离体；然后把施力物对研究对象的作用力全部画出来，包括主动力和约束力。画物体受力图是解决静力学问题的一个重要步骤，务必熟练掌握。

【例 1.1】　简支梁如图 1.22（a）所示。已知梁的自重为 $\boldsymbol{F}_G$，在梁上还作用有一主动力 $\boldsymbol{F}$，试画出简支梁的受力图。

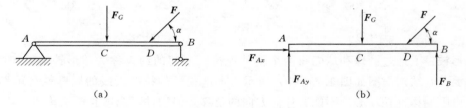

图 1.22

解：（1）对梁 AB 进行受力分析。梁 AB 在重心 C 处作用有重力 $\boldsymbol{F}_G$，在 D 处作用一主动力 $\boldsymbol{F}$，两力的方向已知。梁 B 端为可动铰支座，因支承面水平，所以约束力作用在铰中心，作用线为铅直方向，指向可假设向上。梁 A 端为固定铰支座，约束力作用点在铰中心，但作用线方位未知，所以可用两正交分力表示，指向暂可假定。

（2）作梁 AB 的受力图。作梁 AB 的简图，在梁重心 C 处画竖直向下的重力 $\boldsymbol{F}_G$；在 D 处画与梁 AB 轴线夹角 α，指向左下角的主动力 $\boldsymbol{F}$。在 B 端取掉可动铰支座的地方，画过铰中心 B 且方向竖直向上的约束力 $\boldsymbol{F}_B$。在 A 端取掉固定铰支座的地方，画过铰中心 A

的两个正交分力 F_{Ax}、F_{Ay}，其受力图如图 1.22（b）所示。

【例 1.2】　一杆件 A 端为固定铰支座，B 端靠支在光滑墙面上，如图 1.23（a）所示，试画杆 AB 的受力图。

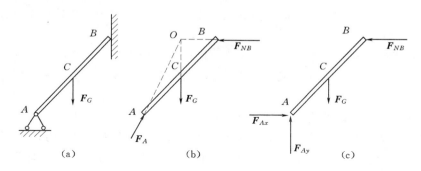

图 1.23

解：（1）对杆 AB 进行受力分析。杆所受的主动力只有重力 F_G，作用于杆重心 C 处，方向竖直向下；在 B 端为一光滑面约束，其约束力是垂直于墙面，作用点在 B 点，是指向杆件的压力；在 A 端为一固定铰支座，支座对杆作用一个过铰中心的约束力，因杆上共作用三个力，杆处于平衡状态，由三力平衡汇交定理可知，支座约束力作用点在 A 处，作用线过另外两个力的作用线交点。

（2）作杆 AB 的受力图。在杆 AB 的 B 端取掉墙壁，用 F_{NB} 代替之。F_{NB} 与重力 F_G 作用线交于点 O，在 A 端取掉固定铰支座，用作用于点 A 作用线过点 O 的力 F_A 代替之，力指向暂可假定，受力图如图 1.23（b）所示。杆 A 端的固定铰支座的约束力也可用两个正交分力 F_{Ax}、F_{Ay} 表示，其受力图如图 1.23（c）所示。

【例 1.3】　缆车通过钢缆牵引重量为 F_G 的小车，如图 1.24（a）所示。若不计车轮与斜面间摩擦，试画小车的受力图。

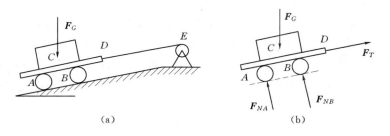

图 1.24

解：（1）对小车进行受力分析。小车上作用的主动力有重力 F_G，作用在小车重心 C 处；在 D 处有钢缆的拉力，作用点在点 D，作用线沿钢缆中心线 DE；轮 A 和轮 B 与斜面接触处为光滑面约束，约束力都垂直于斜面，指向小车。

（2）作小车受力图。在小车重心 C 处画重力 F_G，竖直向下。在 D 处取掉钢缆，用作用于 D 处沿钢缆中心线的拉力 F_T 代替钢缆的作用。将斜面取掉，分别在轮 A 和轮 B 与斜面接触点处，画 F_{NA} 和 F_{NB} 垂直于斜面的压力代替斜面约束。小车受力图如图 1.24（b）所示。

物体系的受力分析　多数工程结构是由多个构件相互连接组合而成。将由多个构件相互连接组成的体系称为物体系。对物体系整体以及对组成物体系的各个构件进行受力分析，是结构设计所必须做的重要工作。对物体系与对单个物体进行受力分析的基本方法相同。在物体系中，物体比较多，联系也比较复杂，所以，在对物体系进行受力分析时应特别注意以下几点：

● 必须明确研究对象。根据求解需要，可以取整个物体系为研究对象，也可以取由几个物体组成的系统为研究对象，又可以取单个物体为研究对象。研究对象不同，其受力图是不同的。

● 确定选取研究对象的次序。对组成物体系的各个构件进行受力分析，分析次序是先二力构件，再三力构件，后多力构件。所谓二力构件，是指只在两个力作用下平衡的构件；在物体系中，特别要注意的是用两个端铰链与周围物体相连接，不计自重也不受其他荷载作用而平衡的构件，无论构件的形状（直杆、曲杆、折杆）如何，每个铰的销钉对构件只作用一个约束力，构件所受的两个约束力必定沿两铰的连线，且等值反向；另外，当端铰为复铰时，一般不将销钉连接在二力构件上，而是将销钉连接在多力构件上。对于三力构件，要注意应用三力平衡汇交定理来判定中间铰或固定铰的约束力作用线方位。

● 研究对象内部的约束力不可暴露。对整体或由几个物体组成的系统为研究对象进行受力分析时，组成系统的各构件之间连接处的相互作用力不必考虑，在作系统受力图时不要画出此系统内各构件之间的相互作用力。因为它们之间的相互作用力对研究对象而言是内力，对系统无外效应。系统上所受的荷载及其周围的约束力是系统的外力，这些力是系统受力分析的重点。

● 注意作用力与反作用力的画法。对组成物体系的各个构件进行受力分析时，特别要注意构件之间在连接处的作用力与反作用力的画法。当作用力的方向一旦假定，则反作用力的方向应与之相反。另外，在复铰处，带销钉的构件与其他构件之间存在作用力与反作用力关系，而不带销钉的各构件之间不存在这种关系。

● 注意约束力表示的统一性。在整体受力图、局部受力图和单个构件受力图中，对于同一个约束处的约束力表达方式要一致，即约束力的方向、字母符号要统一。

【例 1.4】　如图 1.25（a）所示结构是由 AC 和 CD 组成的两跨梁，在梁 AC 上作用有均布荷载 q，在梁 CD 上作用有集中荷载 F。试分别画出梁 AC、CD 和整体的受力图。

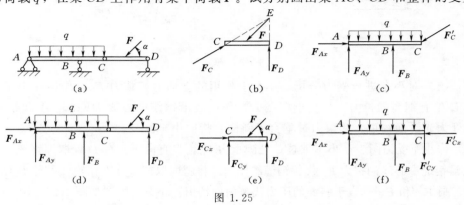

图 1.25

解：（1）取梁 CD 为研究对象。梁 CD 上作用有主动 F；D 处为可动铰支座，约束力 F_D 作用于点 D，垂直支承面；C 处为中间铰约束，约束力为 F_C。梁 CD 上受 F、F_D 和 F_C 三个力处于平衡，力 F_C 的作用点在 C 处，作用线通过 F 和 F_D 的作用线交点 E，力 F_C 和力 F_D 的指向暂可假定。梁 CD 受力如图 1.25（b）所示。

（2）取梁 AC 为研究对象。梁 AC 上作用有均布荷载 q；中间铰 C 处所受约束力为 $F'_C = -F_C$；B 处为可动铰支座，约束力 F_B 垂直支承面，指向暂可假设；A 处为固定铰支座，约束力 F_A 的方向不能确定，可用两正交分力 F_{Ax}、F_{Ay} 表示。梁 AC 的受力如图 1.25（c）所示。

（3）取整体为对象。梁整体所受的主动力有 F 和均布荷载系 q，约束力有 F_{Ax}、F_{Ay}、F_B 和 F_D。注意：整体受力图上 A、B 支座处的约束力 F_{Ax}、F_{Ay}、F_B 应与梁 AC 单个受力图 [图 1.25（c）] 中 A、B 支座处的约束力表达方式一致，不可重新假定指向，也不可重新规定字母符号；F_D 约束力也应如此。在画整体的受力图时，梁 AC 和梁 CD 在铰链 C 连接处相互作用的力 F_C、F'_C 为系统内力，不必画出。整体受力如图 1.25（d）所示。

为了计算方便，也可将 CD 梁在铰 C 处的约束力用两正交分力 F_{Cx}、F_{Cy} 表示，如图 1.25（e）所示。这时，为了表达的统一性要求，AC 梁在 C 铰处的约束力也要用正交分力 F'_{Cx}、F'_{Cy} 表示，如图 1.25（f）所示。

【例 1.5】　构架如图 1.26（a）所示，各杆重量不计，在 E 处受一主动力 F。试画出各个杆件及整体的受力图。

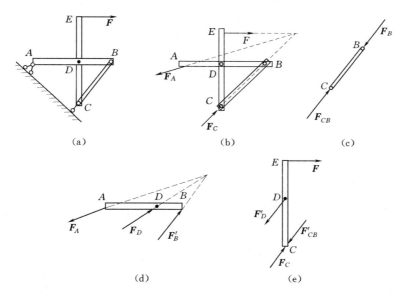

图 1.26

解：（1）取整体为对象。C 处为可动铰支座，约束力 F_C 垂直支承面，指向暂可假定；A 处为固定铰支座，约束力为 F_A，整体处于平衡，体系上只作用 F、F_A 和 F_C 三个力，则 F_A 作用于点 A，作用线过 F 和 F_C 的交点，力 F_A 的指向暂可假定。整体受力如图 1.26（b）所示。

（2）取杆 CB 为对象。杆 CB 的 C 端为复铰，销钉带在杆 CE 上，销钉对杆 CB 在 C

处只有一约束力 F_{CB}。注意：C 处为复铰，约束力文字符号表达用双脚码，第一脚码为约束力的作用端，第二脚码表示杆的另一端，这样便于区别铰处的其他约束力；杆 CB 的 B 端为单铰，销钉带在那一杆上都可以，此铰对杆 BC 也只作用一个约束力，根据二力平衡公理，二力共线反向。杆 BC 受力如图 1.26（c）所示。

（3）取杆 AB 为对象。杆 AB 在 A 处的固定铰支座约束力 F_A 画法与图 1.26（b）中的 A 处相同；B 处作用力 F'_B，注意 $F'_B = -F_B$；D 处为一单铰，约束力为 F_D，由三力平衡汇交定理可知，F_D 的作用点在 D，作用线过 F_A 与 F'_B 的作用线交点，指向可假定。杆 AB 受力如图 1.26（d）所示。

（4）取杆 CE 为对象。E 处作用一荷载 F；D 处为单铰约束，约束力为 F'_D，且 $F'_D = -F_D$。C 处为复铰，销钉带在 CE 上，杆 CE 在 C 处与杆 CB 和支座之间有作用与反作用关系，C 处受有支座的约束力 F_C 和杆 CB 的作用力 F'_{CB}，注意 $F'_{CB} = -F_{CB}$，杆 CE 受力如图 1.26（e）所示。

【例 1.6】　桁架如图 1.27（a）所示，各杆重量不计。试画出整体的受力图，分别画出结点 A、B、C、D 的受力图，画出由结点 P、O、R、T 组成的部分桁架的受力图。

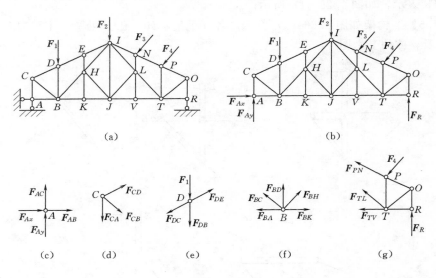

图 1.27

解：（1）桁架整体受力分析。桁架的左支座 A 为固定铰支座，约束力方向未知，因此，约束力可用两个分力 F_{Ax}、F_{Ay} 表示。桁架的右支座 R 为可动铰支座，约束力垂直于支承面。桁架整体的受力图如图 1.27（b）所示。

（2）分别对结点 A、B、C、D 进行受力分析。取各结点为对象，结点除受主动力外，还受有汇交于结点处各个杆的作用力。因每一个杆都是二力杆，所以，杆对结点的力都是沿杆轴线方向；工程中对桁架杆所受拉力时规定为正轴力，所受压力时规定为负轴力，所以，将杆对结点的力都先假设为离开结点的拉力（设正法），并且必须画在取掉杆的一侧；另外，因汇交于结点处的杆件较多，为了便于区分各个杆对结点的作用力，将杆对结点的作用力用双角码表示，第一角码是这个结点字母，第二角码是作用杆的另一端字母。按以上规定，所画结点 A、C、D、B 的受力图分别如图 1.27（c）～（f）所示。

（3）对部分桁架进行受力分析。由结点 P、O、R、T 组成的部分桁架，除受集中力 $\boldsymbol{F}_4$ 和支座约束力 $\boldsymbol{F}_R$ 外，还受有 PN、TL、TV 等三个杆对其的作用力，这些杆对部分桁架的作用力的画法与杆对结点的作用力画法相同。这部分桁架的受力图如图 1.27（g）所示。

思考题

1.11　当自行车行驶于平直的路面上，在不计摩擦时，试分析在自行车内部及外部都有何种类型的约束。

1.12　固定铰支座可限制构件在平面内的任意方向移动，但固定铰支座在任意时刻对构件只有一个约束力，这种判定正确吗？

1.13　你现在可应用哪些定理和公理来判定固定铰支座对构件的约束力作用线方位？

1.14　分析复铰链相连构件之间的相互约束力时，往往将铰链销钉带在其中一个构件上，不带销钉的各个构件相互之间有无作用力与反作用力？

1.15　对物体系进行受力分析时，一个构件连同作用于其上的支座约束力可以出现在不同的研究对象内，这个支座约束力在不同的对象内可以有不同的表达形式吗？

习题

1.7　画出图示圆柱体的受力图。假定各接触面都是光滑的。

1.8　画出图示杆 AB 的受力图。假定各接触面都是光滑的。

1.9　由五条绳索组成的悬挂系统，在点 H 悬挂一重物，系统保持平衡。画出结点 A 和结点 B 的受力图。

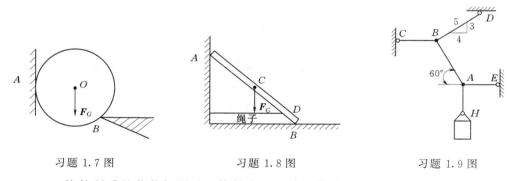

习题 1.7 图　　　　习题 1.8 图　　　　习题 1.9 图

1.10　构件所受的荷载如图示，构件自重不计，作构件的受力图。

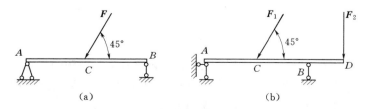

（a）　　　　　　　　　（b）

习题 1.10 图

1.11　构件所受重力 F_G 及集中力 F 如图（a）、（b）所示，图（b）中的 B 处为光滑面约束。作构件的受力图。

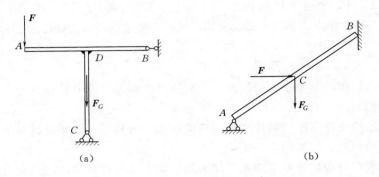

习题 1.11 图

1.12　图示四根不计重量的刚杆由复铰 A 连在一起，各杆的另一端都与地基用铰相连。试将复铰处的销钉带在杆 AB 上，画出各杆的受力图；另外单独画出销钉 A 的受力图。

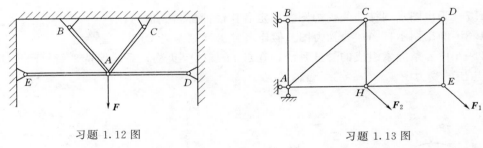

习题 1.12 图　　　　　　　　　　习题 1.13 图

1.13　图示桁架，各杆重量不计，各杆的两端都是铰连接。试画出桁架整体的受力图以及 A、B、C、D、E、H 等结点的受力图。

1.14　试作图示结构的 AC、BC 部分及整体的受力图。结构的自重不计。

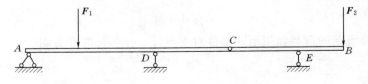

习题 1.14 图

1.15　试作图示结构的 AC、BC 部分及整体的受力图。结构的自重不计。

1.16　图示混凝土管搁置在 30° 的斜面上，用支架支承，混凝土管的重量为 F_G。A、B、C 处均为铰接，杆 AB 垂直于斜面，支架各杆自重不计，接触面 D、E 均光滑。试画出圆管、杆 AB 和杆 AC 的受力图。

1.17　图示构架中，将悬挂重物的细绳跨过滑轮 E 后水平系于墙上，重物重量为 F_G，不计杆和滑轮的重量。试作出 EC、CB、AB 和滑轮的受力图。

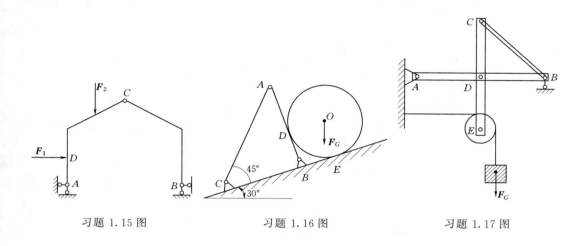

习题 1.15 图　　　　　习题 1.16 图　　　　　习题 1.17 图

1.5　结构计算简图

上一节主要解决根据物体或物体系的计算简图作受力图的问题，将理想的约束用约束力来代替。这一节要解决怎样把工程实际结构简化为结构计算简图的问题。把工程实际的一些约束用 1.3 节中所讲的理想约束来代替。因为实际结构是多种多样的、相当复杂的，完全按照结构的实际情况进行力学分析是不可能的，也是不必要的。因此，在对实际结构进行力学分析计算之前，必须做出某些合理的简化和假设，略去次要因素，把复杂的实际结构抽象为一个简单的结构图形。这种在进行结构计算时用以代表实际结构的经过简化的图形称为结构的计算简图。

结构计算简图的选择原则　同一种结构由于所考虑的各种因素以及采用的计算工具不同，所选取的计算简图也有所差别。选择计算简图的原则包括以下两个方面：

● 反映结构的主要性能。在选择计算简图以前，应搞清结构杆件之间或杆件与基础之间实际连接构造，以保证在结构简化时，抓住结构的主要性能。

● 略去次要细节。结构的实际构造是很复杂的，必须分清主次，略去次要因素，便于计算。

结构的计算简图选取　为了作出合理的计算简图，必须对实际结构进行简化处理。这种简化通常包括以下四个方面：

● 结构体系简化。一般的工程结构都是空间结构，如房屋建筑是由许多纵向梁柱和横向梁柱组成。工程中常将其简化成为由若干个纵向梁柱组成的纵向平面结构和由若干个横向梁柱组成的横向平面结构。同时，在平面简化过程中，用梁柱的轴线来代替实体杆件，以各杆轴线所形成的几何轮廓代替原结构。这种从空间到平面，从实体到杆轴线的几何轮廓简化称为结构体系的简化。例如，图 1.28（a）所示的钢筋混凝土空间刚架，在图示荷载作用下，就可以简化成为图 1.28（b）、（c）所示的两个方向的平面刚架来计算。又如图 1.29（a）所示的地下输水涵管，它沿水流方向很长，而其横截面和荷载沿此方向基本不变，这就可以沿水流方向截取单位长度的一段，简化为平面刚架来计算，计算简图如图 1.29（b）所示。

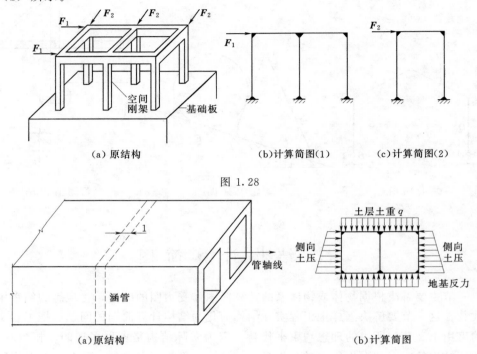

（a）原结构　　　　　　　　　（b）计算简图（1）　　　（c）计算简图（2）

图 1.28

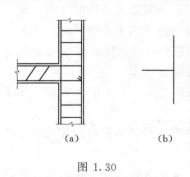

（a）原结构　　　　　　　　　　　　　　（b）计算简图

图 1.29

● 结点的计算简图。刚结点的特点是它所连接的各杆件不能绕结点相对转动和移动，即在结点处各个杆件之间的夹角保持不变。这种连接点称为刚结点。如图 1.30（a）所示为钢筋混凝土结构中杆件的现浇结点，它的计算简图如图 1.30（b）所示。

铰结点的特点是它所连接的各杆件都可以绕结点相对转动，各杆件在结点处不能发生相对移动，这种连接点称为铰结点。如图 1.31（a）所示为木屋架的结点构造图，显然各杆并不能自由转动，但由于连接不可能很严密牢固，杆件能做微小的转动。事实上结构在荷载作用下所产生的转动也相当小，因此该结点可简化为铰结点［图 1.31（d）］。一般来讲，木结构的结点比较接近于铰结点。又如图 1.31（b）、（c）所示的钢桁架结点，它虽然是将各杆件焊接在结点板上，或用铆钉铆在结点板上，但由于桁架结构的杆件抗弯曲刚度不大，主要承受轴向力，由结点的刚性所产生的影响是次要的，因此也可以将这些结点简化为铰结点［图 1.31（e）、（f）］，由此所引起的误差在多数情况下是允许的。

（a）　　　　　（b）

图 1.30

● 支座的计算简图。可动铰支座也称辊轴支座，这种支座允许结构沿着支承面移动和绕铰轴转动，它只阻止结构在铰处垂直于支承面方向的移动。图 1.32（a）所示为大型桥梁上

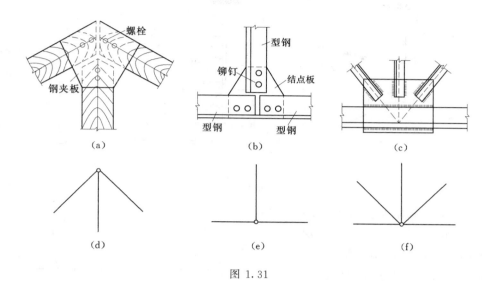

图 1.31

经常用到的一种辊轴支座，它是用几个辊轴承托一个铰装置，并用预埋件在四个角点与基础联系而成。工程结构上有一些支座并不像上述辊轴支座那样典型，如图 1.32（b）、（c）所示桥梁与桥墩是通过分别固定在梁上和墩上的两块钢板相互压紧接触，虽然看起来和典型的辊轴支座不同，但从约束所能阻止相对位移的作用来看，两者具有相同的性质。对于图 1.32（a）～（c）所示的支座都可简化为图 1.32（d）所示的可动铰支座。

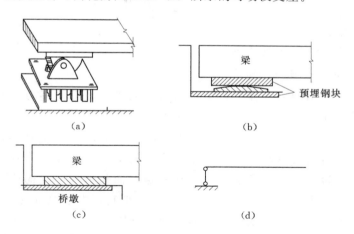

图 1.32

固定铰支座是将结构与基础用铰连接起来的装置，它只阻止结构在支座处任意方向的移动，但允许绕铰发生转动。如图 1.33（a）所示，钢筋混凝土柱插入杯形基础中后，若用沥青麻刀填缝时，则柱相对基础可以发生微小的转动，但不能有水平方向和竖直方向移动。另外，如图 1.33（b）所示柱子与基础之间的连接，因为它们在连接处所布钢筋很少，不足以抵抗转动。对于图 1.33（a）、（b）所示的支座都可简化成如图 1.33（c）所示的固定铰支座。

固定端支座是构件深埋或牢固地嵌入基础内部的支座约束，构件在支座处的任意方向

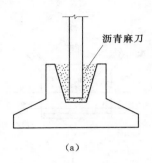

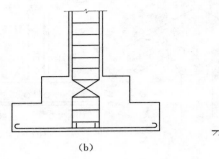

图 1.33

移动和转动都受到限制。如图 1.34
(a) 所示的钢筋混凝土柱与基础现
浇在一起；如图 1.34 (b) 所示的钢
筋混凝土柱虽然与基础没有现浇，
但柱子与杯形基础之间用细石混凝
土紧密填实的，则柱的下端是不能
转动的；另外，如图 1.34 (c) 所示
的钢柱与基础用底脚螺栓连接，足
以能抵抗转动。对于图 1.34 (a) ～
(c) 所示的支座都可简化成图 1.34
(d) 所示的固定端支座。

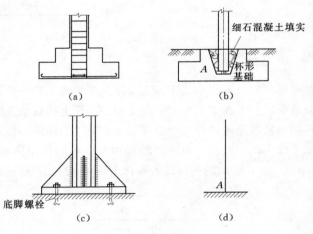

图 1.34

● 荷载的简化。结构所承受的
荷载可分为体力和面力两类。物体
内每一个质点上都作用的力称体力，结构的自重或惯性力都是体力。面力是通过物体
表面接触而传递的作用力，如土压力、水压力及车辆的轮压力等均属于面力。在杆系
结构的计算中，因杆件是用其轴线来代表的，所以不论体力和面力都简化成作用在杆
轴线上。根据其作用的具体情况，外力可简化为集中荷载和分布荷载。真正的集中荷
载是不存在的，因为任何荷载都必须分布在一定的面积上或一定的体积内。但是，如
果荷载分布的面积或体积很小，为简化计算，可以把它作为集中荷载来处理。

【例 1.7】　图 1.35 (a) 所示为一支承模板的排架。排架架设在柱脚基础上。各个杆
件的交点采用螺栓连接，排架上有 7 根纵向圆木，圆木上为模板底板，底板上是现浇混凝
土。试作排架的结构计算简图。

解：（1）结构体系的简化。如图 1.35 (a) 所示排架，除顶上有 7 根较粗的纵向圆木
外，还有 8 根较细的纵向圆木用来联系、支撑各横向排架。在没有纵向荷载的情况下，这
8 根纵向支撑基本上不受力，因此，各横向排架可以单独作为平面结构来考虑，这样便将
一个空间结构简化成一个平面结构。另外以各杆件的中心轴线代替原杆件，将杆件连接点
适当调整后，取结点间的距离为各杆件计算长度。

（2）结点的简化。各杆件之间是用螺栓连接，各杆件可以绕螺栓相对转动，故各结点

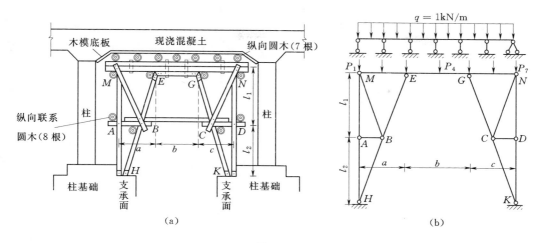

图 1.35

都可简化为铰结点。左右两根竖杆和两根长的斜杆都是整根木料，但它们主要的变形是杆轴方向，故中间结点处［图 1.35（a）中所示的 A、B、C、D］也简化为杆端铰结点。横梁是由两根圆木组成的叠梁，直接承受由 7 根纵向圆木传来的荷载，荷载是垂直于杆轴线的；考虑到叠梁的整体连续性强，它与中间斜杆的铰［图 1.35（a）中所示 E、G 处］是在水平叠梁的下部，即叠梁在中间支座处截面的左右侧不发生相对转动。

（3）支座的简化。在图示荷载作用下，排架的两个底脚［图 1.35（a）中所示的 H、K 处］都不可能有向上和向内的移动，而柱基础处台阶抵住排架底脚，使向下和向外的移动不能发生。因此，两个底脚都可简化为固定铰支座。

（4）荷载的简化。混凝土凝固之前的重量经模板底传到 7 个纵向圆木上，再传到排架的横梁上，因纵向圆木与上下接触的面积很小，则传递的力可简化为集中力。混凝土对模板的压力为均布荷载。图 1.35（b）所示下部是排架的结构计算简图，上部是模板的计算简图。

【例 1.8】　图 1.36（a）所示为屋顶檩条支承结构，试作结构的计算简图。

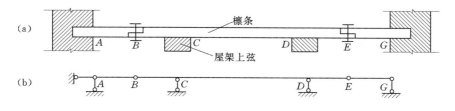

图 1.36

解：（1）结构体系的简化。这是一个平面结构，以各杆件的中心轴线代替原杆件，取结点间的距离为各杆件计算长度。

（2）结点的简化。三根木檩条之间是用螺栓连接［图 1.36（a）中所示的 B、E 处］，显然可简化为铰结点。

（3）支座的简化。虽然木檩条是夹在两侧墙中的［图 1.36（a）中所示的 A、G 处］，侧墙对檩条虽然有控制转动作用，但是木檩条和墙壁抵抗变形的能力都较差，所以将墙壁对檩条的约束一侧简化成固定铰支座，另外一侧简化为可动铰支座。木檩条的中部是支承在屋架的梁上［图 1.36（a）中所示的 C、D 处］，屋架的梁对木檩条的约束相当于可动铰支座。木檩条的计算简图如图 1.36（b）所示。

第 2 章　平面力系的合成与平衡

本章主要内容：

- 介绍力的投影概念与平面汇交力系的合成方法。
- 介绍力对点之矩与力偶的概念。
- 讨论平面一般力系的合成方法。
- 讨论如何利用平衡方程求解平面力系的平衡问题。
- 介绍考虑摩擦时物体平衡问题的求解方法。

2.1　平面汇交力系的合成与平衡

平面汇交力系是指各力的作用线都在同一平面内且汇交于一点的力系。它是一种简单力系，是研究复杂力系的基础。

平面汇交力系合成的几何法　如图 2.1（a）所示，由力 F_1、F_2、F_3 和 F_4 组成的平面汇交力系作用于刚体上。为合成此力系，根据力的平行四边形法则，每次将两个力合成为一个力，如图 2.1（c）所示。最后求得一个通过汇交点 A 的合力 F_R，如图 2.1（b）所示。显然，图 2.1（c）中力矢 F_{R1}、F_{R2} 只是几何求解过程中的代换量，因此可以省略。直接将各分力的矢量依次首尾相连，由此组成一个不封闭的力多边形 $abcde$，而合力矢 F_R 则是由力多边形的起点 a 向末点 e 作的矢量 $\overrightarrow{ae}$，如图 2.1（c）所示，将此种方法称为力多边形法则。另外，作力多边形时，只要遵循各分力矢首尾相接的规则，可以按不同的分力

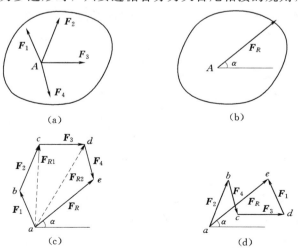

图 2.1

顺序画出各分力矢，其结果只是力多边形的形状不同而已，但所求合力 F_R 的矢量不变，如图 2.1（d）所示。

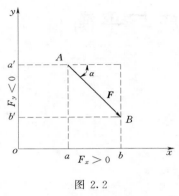

图 2.2

总之，平面汇交力系可简化为一合力，合力矢等于各分力矢的矢量和（几何和），合力的作用线通过汇交点。若平面汇交力系包含 n 个力，以 F_R 表示它们的合力矢，则有

$$F_R = F_1 + F_2 + \cdots + F_n = \sum F_i \qquad (2.1)$$

力在平面直角坐标轴上的投影 如图 2.2 所示，在力 F 作用的平面内建立直角坐标系 oxy。由力 F 的起点 A 和终点 B 分别向 x 轴引垂线，得垂足 a、b。线段 ab 的长度加上反映力指向（相对坐标轴正向）的正号或负号，这个代数量称力 F 在 x 轴上的投影，记为 F_x。投影的正负号规定如下：若由力起点垂足 a 向终点垂足 b 的方向与轴正向一致，投影为正，反之为负。同理，可得力 F 在 y 轴上的投影 F_y。若取力 F 作用线与 x 轴所夹锐角为 α，则力 F 在两轴上的投影 F_x 和 F_y 可用下列式子计算

$$\left. \begin{aligned} F_x &= \pm F\cos\alpha \\ F_y &= \pm F\sin\alpha \end{aligned} \right\} \qquad (2.2)$$

式中正负号由直接观察判定。

若已知力 F 在平面直角坐标轴上的投影 F_x 和 F_y，则该力的大小和方向为

$$\left. \begin{aligned} F &= \sqrt{F_x^2 + F_y^2} \\ \tan\alpha &= \frac{|F_y|}{|F_x|} \end{aligned} \right\} \qquad (2.3)$$

式中：α 表示力 F 作用线与 x 轴所夹锐角。若 $F_x > 0$、$F_y > 0$，力 F 指向第一象限；$F_x < 0$、$F_y > 0$，力 F 指向第二象限；$F_x < 0$、$F_y < 0$，力 F 指向第三象限；$F_x > 0$、$F_y < 0$，力 F 指向第四象限。

合矢量投影定理 对图 2.1（c）所示的力多边形的各分力矢量与合力矢量都向 x 轴投影，如图 2.3 所示。各分力矢量及合力矢量在 x 轴上的投影分别为

$$F_{x1} = -|a'b'|, F_{x2} = |b'c'|, F_{x3} = |c'd'|, F_{x4} = |d'e'|, F_{Rx} = |a'e'|$$

由图中可知

$$|a'e'| = -|a'b'| + |b'c'| + |c'd'| + |d'e'|$$

即
$$F_{Rx} = F_{x1} + F_{x2} + F_{x3} + F_{x4}$$

对于由 n 个力组成的平面汇交力系则有

$$\left. \begin{aligned} F_{Rx} &= F_{x1} + F_{x2} + \cdots + F_{xn} = \sum F_{xi} \\ F_{Ry} &= F_{y1} + F_{y2} + \cdots + F_{yn} = \sum F_{yi} \end{aligned} \right\} \qquad (2.4)$$

式（2.4）为合矢量投影定理表达式，即合矢量在任一轴上的投影等于各分矢量在同一轴上的投影代数和。

平面汇交力系合成的解析法 由式（2.3）

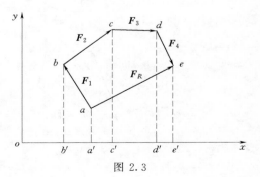

图 2.3

可知，在平面直角坐标系中，已知合力的两个投影 F_{Rx}、F_{Ry}，即可求出合力的大小和方向，即

$$\left.\begin{array}{l} F_R = \sqrt{(\sum F_x)^2 + (\sum F_y)^2} \\ \tan\alpha = \dfrac{|\sum F_y|}{|\sum F_x|} \end{array}\right\} \qquad (2.5)$$

式中 α 表示合力 $\boldsymbol{F}_R$ 作用线与 x 轴所夹锐角。合力的指向可由 $\sum F_x$ 和 $\sum F_y$ 的正负号判定。合力 $\boldsymbol{F}_R$ 的作用点仍在汇交点。

【例 2.1】　用解析法求图 2.4（a）所示平面汇交力系的合力。

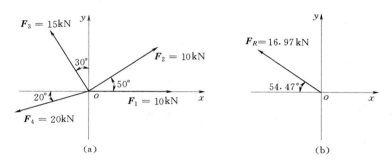

图 2.4

解：（1）求合力 $\boldsymbol{F}_R$ 在 x 轴和 y 轴上的投影。

$$F_{Rx} = \sum F_{xi} = F_1\cos0° + F_2\cos50° - F_3\sin30° - F_4\cos20° = -9.86(\text{kN})$$

$$F_{Ry} = \sum F_{yi} = F_1\sin0° + F_2\sin50° + F_3\cos30° - F_4\sin20° = 13.81(\text{kN})$$

（2）求合力 $\boldsymbol{F}_R$ 的大小和方向。

$$F_R = \sqrt{F_{Rx}^2 + F_{Ry}^2} = \sqrt{(-9.86)^2 + (13.81)^2} = 16.97(\text{kN})$$

$$\tan\alpha = \frac{|F_{Ry}|}{|F_{Rx}|} = \frac{13.81}{|-9.86|} = 1.4$$

$$\alpha = \arctan1.4 = 54.47°$$

因 $F_{Rx} < 0$、$F_{Ry} > 0$，合力 $\boldsymbol{F}_R$ 指向第二象限，作用线与 x 轴夹锐角 $54.47°$。如图 2.4（b）所示。

平面汇交力系的平衡方程　平面汇交力系平衡的必要和充分条件是：该力系的合力 $\boldsymbol{F}_R$ 等于零。由式（2.5）应有

$$F_R = \sqrt{(\sum F_x)^2 + (\sum F_y)^2} = 0$$

为使上式成立，必须同时满足两个方程，即

$$\left.\begin{array}{l} \sum F_x = 0 \\ \sum F_y = 0 \end{array}\right\} \qquad (2.6)$$

式（2.6）称平面汇交力系的平衡方程。它是两个独立方程，可以求解两个未知量。

【例 2.2】　平面刚架上作用一主动力 $\boldsymbol{F}$，已知 $F = 50\text{kN}$，如图 2.5（a）所示。求刚架 A、D 处的支座约束力。

解：（1）选取刚架为研究对象，对其进行受力分析。刚架受有集中力 **F**，支座 A 约束力 **F**_A 和支座 D 约束力 **F**_D。力 **F** 和力 **F**_D 的作用线交于点 C，根据三力平衡汇交定理，可判定出力 **F**_A 的作用线沿 AC 线，指向暂可假定。作刚架的受力图如图 2.5（b）所示。

（2）设置坐标系，列平衡方程求解。由平面汇交力系平衡方程式（2.6）可得

$$\sum F_x = 0 \qquad\qquad F + F_A\cos\alpha = 0$$

则

$$F_A = -\frac{F}{\cos\alpha} = -\frac{50}{2}\sqrt{5} = -55.9 \ (kN)$$

$$\sum F_y = 0 \qquad\qquad F_D + F_A\sin\alpha = 0$$

则

$$F_D = -F_A\sin\alpha = -\left(-\frac{50}{2}\sqrt{5}\right)\times\frac{1}{\sqrt{5}} = 25 \ (kN)$$

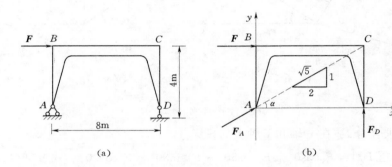

（a）   （b）

图 2.5

（3）校核。将所有力向 AC 射线上投影求代数和，得

$$\sum F_{ACi} = F_A + F\cos\alpha + F_D\sin\alpha = -55.9 + 50\times\frac{2}{\sqrt{5}} + 25\times\frac{1}{\sqrt{5}} = 0$$

上式计算结果等于零，说明求解过程计算无误。

在上边例题求解过程中，需要说明的有以下几点：

● 设置坐标系。为了计算力的投影方便，坐标轴应尽量与较多的力平行或垂直。不一定总是设置水平轴和竖直轴。

● 计算结果符号。结果为正说明力的假设指向与实际方向一致；结果为负说明力的假设方向与实际方向相反，尽管计算结果为负，但在以后的计算中，列投影方程时仍按力的原假设方向投影，但在代入数值时，这个力的大小按负值代入即可。

● 校核。对于从事工程技术人员来说，要掌握对计算结果校核的方法，要养成计算结果必须校核的良好习惯。对汇交力系平衡问题计算结果进行校核时，可以选除已设置的投影轴以外的任意轴，如果求解过程无误，则这一平衡力系向任意轴投影的代数和为零，否则，计算有误。

【例 2.3】　支架由杆 AB 和 AC 组成，如图 2.6（a）所示。A、B、C 三处均为铰链连接，在点 A 悬挂重为 **F**_G 的重物，各杆重量不计，求杆 AB 和 AC 所受的力。

解：（1）取 A 铰处的销钉为对象并对其进行受力分析。销钉受有杆 AB、杆 AC 的作

用力和重物的重力。两杆都是二力杆，所以，杆对销钉的作用力沿杆轴线，假设为拉力。销钉 A 的受力图如图 2.6（b）所示。

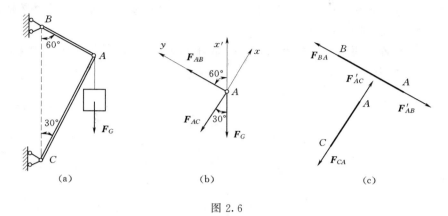

图 2.6

（2）设置坐标系如图 2.6（b）所示，列平衡方程求解。

$$\sum F_x = 0 \qquad\qquad -F_{AC} - F_G\cos 30° = 0$$

则

$$F_{AC} = -F_G\cos 30° = -\frac{\sqrt{3}}{2}F_G$$

$$\sum F_y = 0 \qquad\qquad F_{AB} - F_G\sin 30° = 0$$

则

$$F_{AB} = F_G\sin 30° = \frac{1}{2}F_G$$

（3）校核。求所有力在 x' 轴的投影代数和得

$$\sum F_{x'} = F_{AB}\cos 60° - F_{AC}\cos 30° - F_G$$

$$= \frac{1}{2}F_G \times \frac{1}{2} - \left(-\frac{\sqrt{3}}{2}F_G\right) \times \frac{\sqrt{3}}{2} - F_G = 0$$

计算过程无误。

在上边例题求解过程中，需要说明的有以下几点：

● 研究对象的选取。因为杆 AB、AC 都为二力杆，受力图如图 2.6（c）所示，每一个杆的两端铰的销钉对杆的约束力都是未知大小的力，所以取各杆为研究对象是求解不出未知量。本例选取销钉为对象，对象上有已知力 $\boldsymbol{F}_G$ 和未知大小的两个约束力 $\boldsymbol{F}_{AB}$、$\boldsymbol{F}_{AC}$。平面汇交力系有两个独立平衡方程，因此，可以求解。

● 作受力图。在解由二力杆组成的杆系结构时，工程中规定杆受轴向拉力为正值，受轴向压力为负值。所以，在作受力图时，杆所受的轴力假设为拉力；杆对销钉的作用力也要假设为离开销钉的拉力，即采用设正法。另外，虽然我们取销钉为对象，杆和销钉之间的作用力与反作用力尽管绝对指向相反，但二者的性质完全相同。若取销钉为对象，求出杆对销钉的作用力为正值，说明杆对销钉作用拉力，反过来，销钉对杆的反作用力也是拉力。

思考题

2.1　图示为两个形状相同的力矢多边形，问两个力矢多边形所表示的意义是否相同？试分别用矢量式表示其关系。

2.2　将力 F 置于两个不同的坐标系中，如图（a）、（b）所示。试画出力 F 在每个坐标系中的投影与分力。

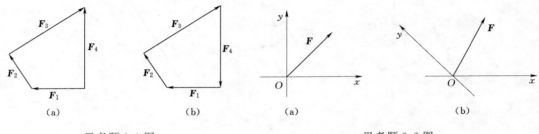

思考题 2.1 图　　　　　　　　　　思考题 2.2 图

2.3　力在坐标轴上投影的正负号，与力在坐标系中的象限位置有无关系？处在第三象限的力，其投影是否一定是负值？

2.4　图示为用三种方式悬挂重为 F_G 的日光灯，悬挂点 A、B 与重心左右对称，若吊灯绳不计自重。问：哪一分图的吊绳受到的拉力最大？哪一分图的吊绳受到的拉力最小？

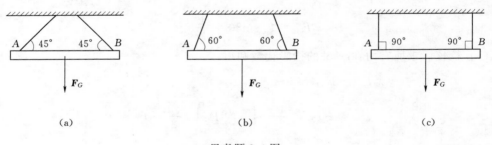

思考题 2.4 图

2.5　一个由四个力组成的平面汇交力系。力系平衡时，四个力中，有一个力的方向未知，另一个力的大小未知。问这种情况能不能用平面汇交力系平衡方程求解？

习题

2.1　铆接薄板在孔心 A、B 和 C 处都受有集中力作用。$F_1=100\text{kN}$，$F_2=50\text{kN}$，$F_3=50\text{kN}$，各力方向如图所示。求此力系的合力。

2.2　固定在墙壁上的圆环受三条绳索的拉力作用，$F_1=2000\text{N}$，$F_2=2500\text{N}$，$F_3=1500\text{N}$，各力方向如图所示。求此力系的合力。

2.3　四根桁架杆件在节点 O 处铰接。节点 O 处于静止状态，各力方向如图所示，已知其中两个力的大小，求力 F_1 和 F_2 的大小。

2.4　天平由一条 1.2m 长的绳索和重量为 50N 的块体 D 组成，绳索通过两个小滑轮

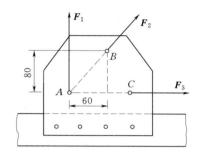

习题 2.1 图

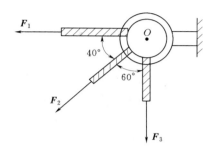

习题 2.2 图

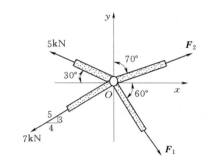

习题 2.3 图

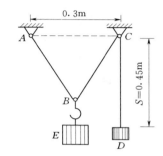

习题 2.4 图

C 和 B 后固定在点 A 的销钉上。如果当 $S=0.45\mathrm{m}$ 时，系统处于平衡状态，求悬挂块体 E 的重量。

2.5 已知梁 AB 的跨中部作用一力 $F=30\mathrm{kN}$。试求支座 A、B 的约束力。

2.6 在图示刚架的点 B 作用一水平力 $F=200\mathrm{kN}$，刚架自重不计，求支座 A、D 的约束力。

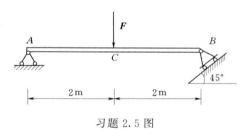

习题 2.5 图

2.7 已知三铰刚架受水平力 F 的作用，当 $F=200\mathrm{kN}$ 时，求固定铰支座 A、B 的约束力。刚架自重不计。

习题 2.6 图

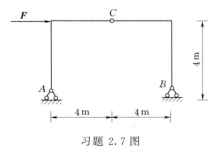

习题 2.7 图

2.2　平面力偶系的合成与平衡

力对点之矩的概念　在生产劳动中，人们用扳手拧紧螺母，如图 2.7 所示。手施于扳手的力 F 使扳手绕螺栓中心点 O 产生转动效应。转动效应的强弱，不仅与力 F 的大小成正比，而且与转动中心点 O 到力 F 作用线的垂直距离 d 成正比。选定的转动中心点 O 称为矩心，力的作用线到矩心的距离 d 称为力臂。于是力 F 对矩心点 O 的转动效应，可用力大小与力臂的乘积并冠一反映转向的正负号这个代数量度量，这个量称为力对点的矩，用符号 $M_O(F)$ 表示，即

$$M_O(F) = \pm Fd = \pm 2A_{\triangle OAB} \qquad (2.7)$$

式中：力使物体绕矩心作逆时针转动时，力矩取正号，作顺时针转动时取负号。在判断力矩转向时，可将力的箭头向矩心一侧偏转后所指示的转向认为力矩的转向。力矩的单位为 N·m 或 kN·m。式（2.7）中 $A_{\triangle OAB}$ 为 $\triangle OAB$ 的面积，即由力的起点、末点和矩心点构成的三角形面积，如图 2.7 所示。

显然，当力的作用线通过矩心，力对矩心的力矩等于零；当力沿其作用线滑动时，不改变力对指定点的矩；同一个力对不同的矩心，力矩是不同的。所以在描述力矩时，一定要指明矩心。

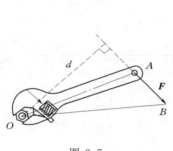

图 2.7

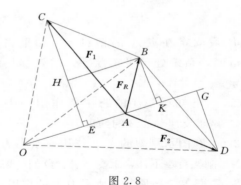

图 2.8

合力矩定理　平面汇交力系的合力对于平面内任一点之矩，等于所有各分力对该点之矩的代数和。即

$$M_O(F_R) = \sum M_O(F_i) \qquad (2.8)$$

证明：如图 2.8 所示，由 F_1 和 F_2 组成作用在点 A 的一汇交力系，其合力为 F_R。以力作用点 A 和矩心 O 的连线 OA 为底边，分别以两个分力、合力为另一边可作 3 个三角形（$\triangle OAB$，$\triangle OAC$，$\triangle OAD$），如图 2.8 所示。则 $\triangle OAC$ 的高为 CE、$\triangle OAD$ 的高为 DG、$\triangle OAB$ 的高为 BK。过点 B 作 OA 的平行线交于 CE 上的点 H。

因为 BC 与 AD 相等并且平行，则 BC 与 AD 在任意方向的投影相等，即

$$CH = DG$$

又因

$$HE = BK$$

则有
$$BK = CE - CH = CE - DG \qquad ①$$

根据力对点之矩的定义，由式（2.7）可得
$$M_O(\boldsymbol{F}_R) = 2A_{\triangle OAB} = OA \times BK \qquad ②$$

将式①代入式②得

$$\begin{aligned}
M_O(\boldsymbol{F}_R) &= OA \times (CE - DG) = OA \times CE - OA \times DG = 2A_{\triangle OAC} - 2A_{\triangle OAD} \\
&= M_O(\boldsymbol{F}_1) + M_O(\boldsymbol{F}_2)
\end{aligned}$$

定理得证。

在工程计算中，求一个力对某点之矩时，当力臂难以计算时，可将这一力分解成便于确定力臂的两个分力，再应用合力矩定理求解力对点之矩，这样做往往可给计算带来很大方便。

【**例 2.4**】　图 2.9 所示为一重力式挡土墙。已知挡土墙自重 $F_G = 95\text{kN}$，墙承受的土压力 $F = 66.5\text{kN}$。试校核挡土墙抗倾覆稳定性。

解：挡土墙在土压力 $\boldsymbol{F}$ 作用下可能绕墙趾 A 点倾倒，而自重 F_G 对点 A 之矩则起着抗倾覆的作用。因此应取点 A 为矩心，分别计算使挡土墙倾覆的力矩 $M_倾$ 和抵抗倾覆的力矩 $M_抗$。

$$\begin{aligned}
M_{A倾}(\boldsymbol{F}) &= M_A(\boldsymbol{F}_y) + M_A(\boldsymbol{F}_x) \\
&= -F_y \times 1.08 + F_x \times 1.4 \\
&= -F \times \sin 34° \times 1.08 + F \times \cos 34° \times 1.4 \\
&= 37.02 \ (\text{kN} \cdot \text{m})
\end{aligned}$$

$$\begin{aligned}
M_{A抗}(\boldsymbol{F}_G) &= -F_G \times 0.49 = -95 \times 0.49 \\
&= -46.55 \ (\text{kN} \cdot \text{m})
\end{aligned}$$

由于 $|M_{A抗}(\boldsymbol{F}_G)| > |M_{A倾}(\boldsymbol{F})|$，因此挡土墙不会绕点 A 倾倒。

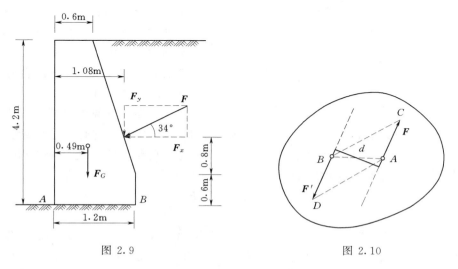

图 2.9　　　　　　　　　　　　　　　图 2.10

力偶和力偶矩概念　我们用双手转动自行车头，用手拧水龙头开关等运动，都是作用

了一对等值、反向且不共线的平行力后，才使自行车头和水龙头开关发生转动。这种由两个大小相等、方向相反且不共线的平行力组成的特殊力系，称为力偶，记作（F，F'）。如图 2.10 所示。力偶的两个力作用线之间的垂直距离 d 称为力偶臂，力偶所在的平面称为力偶作用面。

由于组成力偶的两力 F 和 F' 等值、平行且反向，力系的矢量和显然等于零，力偶在任意轴上的投影等于零。组成力偶的两个力的矢量关系为 $F=-F'$，两个力的数量关系为 $F=F'$。力偶不能合成为一个合力。由于组成力偶的两力不共线，因此不能相互平衡，它们也只能使物体改变转动状态。

力偶对物体的转动效应，可用力偶矩来度量。力偶矩为力偶中的两个力对其作用面内任一点之矩的代数和；矩的大小也等于力偶中的任一个力的大小与力偶臂的乘积，其值与矩心位置无关。平面力偶矩可用代数量表达，以 M 或 $M(F，F')$ 表示。即

$$M = \pm Fd = \pm A_{ACBD} \tag{2.9}$$

式（2.9）中，力偶逆时针转向矩为正，反之为负。在判断力偶转向时，可将力偶中的一个力的箭头向另一个力一侧偏转后，所指示的转向即为力偶的转向。力偶矩大小也等于由两个力为对边组成的平行四边形面积，如图 2.10 所示。力偶矩的单位与力矩单位相同，也是 N·m 或 kN·m。

力偶的等效定理　由于力偶的作用只改变物体的转动状态，力偶对物体的转动效应是用力偶矩来度量，由此可得力偶等效定理：在同平面内的两个力偶，如果力偶矩相等，则两力偶彼此等效。由此定理可得以下推论：

推论 1：任一力偶可以在它的作用面内任意移转，而不改变它对刚体的作用效应。这是力偶的对外可移转性（在作用面内的移动和转动）。

推论 2：只要保持力偶矩不变（大小和转向不变），可以同时改变力偶中力的大小和力偶臂的长短，而不改变力偶对刚体的作用效应。这是力偶的内部组成元素的可调整性。

由此可见，力偶臂和力的大小，都不是力偶的特征量，它们只是组成力偶的内部元素。而只有力偶矩才是平面力偶作用效应的唯一量度。因此，今后常用图 2.11 所示的符号表示力偶，M 为力偶矩。

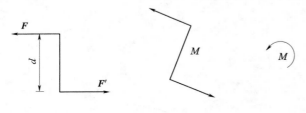

图 2.11

平面力偶系的合成　设在同一平面内有两个力偶（F_1，F_1'）和（F_2，F_2'），如图 2.12（a）所示。它们的力偶矩分别为 $M_1=F_1d_1$，$M_2=-F_2d_2$。根据推论 2，在保持力偶矩不变的情况下，使两个力偶具有大小相等的力偶臂 d，可得到两个等效的新力偶（F_3，F_3'）和（F_4，F_4'）。即

$$M_1 = F_1d_1 = F_3d$$

$$M_2 = -F_2d_2 = -F_4d$$

根据推论 1，将力偶（F_3，F_3'）和（F_4，F_4'）在平面内移转，使两个力偶的力作用线共线，如图 2.12（b）所示。分别将作用在点 A 和点 B 的共线力系合成为合力，即

$$F = F_3 - F_4$$

$$F' = F'_3 - F'_4$$

由于 F 与 F' 是大小相等，方向相反，所以构成了与原力偶系等效的合力偶（F，F'），如图 2.12（c）所示。以 M 表示合力偶的矩，即

$$M = Fd = (F_3 - F_4)d = F_3 d + (-F_4 d) = F_1 d_1 + (-F_2 d_2) = M_1 + M_2$$

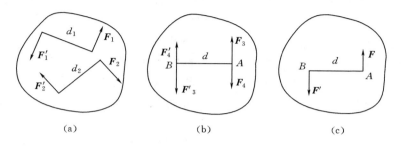

图 2.12

如果在同一平面内有两个以上的平面力偶，可以按照上述方法逐步两两合成。即在同一平面内的任意一个力偶系可合成一个合力偶，合力偶矩等于各个力偶矩的代数和，可写为

$$M = \sum M_i \tag{2.10}$$

平面力偶系的平衡条件　平面力偶系平衡的必要和充分条件是，所有各力偶矩的代数和等于零。即

$$\sum M_i = 0 \tag{2.11}$$

式（2.11）说明一个力偶只可能与其他力偶组成平衡系统，一个力偶不可能与一个力组成平衡系统，力偶只可能由力偶平衡。

【例 2.5】　一支架如图 2.13（a）所示。各杆自重不计，A、D、C 三处均为铰接。杆 AB 上受一力偶作用。已知力偶矩的大小为 $M(F,F') = 1\mathrm{kN \cdot m}$，转向如图所示。求 A、D 处的约束力。

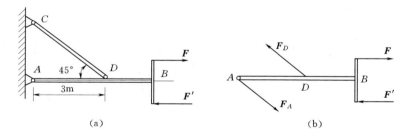

图 2.13

解：（1）以杆 AB 为研究对象并进行受力分析。杆 AB 受已知力偶（F，F'）作用，因杆 CD 为二力杆，杆 CD 通过铰 D 给杆 AB 的约束力作用线沿杆 CD 方向；固定铰支座 A 对杆 AB 的约束力为 F_A。因为力偶只能由力偶平衡，所以约束力 F_D 和 F_A 必组成一个力偶，杆 AB 受力如图 2.13（b）所示。

（2）列平面力偶系的平衡方程求解。

$$\sum M_i = 0 \qquad\qquad F_A \times 3\sin 45° - M = 0$$

则
$$F_A = \frac{M}{3 \times \sin 45°} = 0.471 \ (\text{kN})$$

因为 $F_D = F_A$，所以 $F_D = 0.471 \text{kN}$。

（3）校核。
$$\sum M_A(\pmb{F}) = F_D \sin 45° \times 3 - M = 0.471 \times 0.707 \times 3 - 1 = 0$$

计算过程无误。

在上面例题求解过程中，需要说明的有以下几点：

● 当一个构件上的主动力系为力偶系，且构件只有两个约束力，构件平衡时，两个约束力必然要组成一个约束力偶。因为主动力系可合成一个合力偶，合力偶只能与另一力偶组成平衡力系，所以两约束力必然要组成一个力偶。因此，已知一个约束力的方向时，即可确定出另一个约束力的方向。

● 当用平衡条件求出组成力偶的一个约束力的大小后，则另一约束力与其大小相等、正负号也相同。不要以为两力的绝对方向相反，两力的大小数值就要反号。

力的平移定理   力的可传性表明，力可以移到刚体内的力作用线段上的任意一点，不改变力对刚体的作用效应。但当力平移出原来的作用线时，虽然力矢没有改变，即力对刚体的移动效应没有改变，但因力作用线位置发生了变化，则改变了力对刚体的转动效应。为了将力等效地平行移动，有如下定理。

把作用在刚体点 A 的力 $\pmb{F}_A$ 平移到任一点 B，但必须同时附加一个力偶，这个附加力偶的矩等于原来的力 $\pmb{F}_A$ 对新作用点 B 的矩。

证明：刚体的点 A 作用一力 $\pmb{F}_A$，如图 2.14（a）所示。在刚体上任取一点 B，并在点 B 加一对平衡力 $\pmb{F}'$ 和 $\pmb{F}_B$，令 $\pmb{F}_B = -\pmb{F}' = \pmb{F}_A$，如图 2.14（b）所示。显然，这三个力与原力 $\pmb{F}_A$ 等效。这三个力可视为一个作用在点 B 的力 $\pmb{F}_B$ 和一个力偶 $(\pmb{F}_A, \pmb{F}')$，这个力偶称为附加力偶，附加力偶的矩为
$$M = F_A d = M_B(\pmb{F}_A)$$

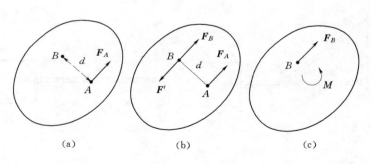

（a）   （b）   （c）

图 2.14

如图 2.14（c）所示。将力平移时，要注意附加力偶的转向。将原力的箭头向平移点的一侧偏转，即可得附加力偶的转向。

思考题

2.6   你在骑自行车的过程中，必有力对点之矩效应。在整个运动系统中，有几处存

在力对点之矩问题？

2.7　当你从楼房阳台挑梁的最外端向梁支座处移动时，挑梁绕墙体支座有转动效应，这种效应随着你的移动有什么变化？

2.8　风力发电机和水力发电机中，有没有力对点之矩的机械装置？

2.9　你驾驶汽车时，用到力偶了吗？当你所用力不变时，方向盘直径的大小对转动效应有无影响？

2.10　图示半径为 R 的圆轮可绕轴 O 转动，轮上作用一力偶矩为 M 的力偶和一个与轮缘相切的力 F，轮在力偶 M 和力 F 的作用下处于平衡状态。这是否说明力偶可以用一个力来与之平衡？

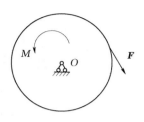

思考题 2.10 图

习题

2.8　求下列图中力 F 对点 O 之矩。

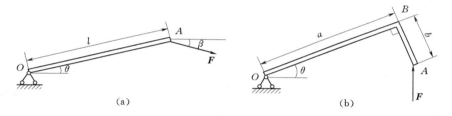

习题 2.8 图

2.9　图示为一挡土墙，已知其单位长墙重 $F_G=130\text{kN}$，墙背作用土压力 $F=85\text{kN}$，试计算各力对挡土墙前趾点 A 的力矩，并判断墙是否会倾倒。

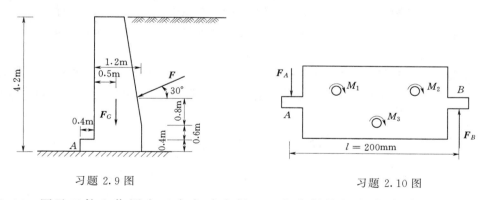

习题 2.9 图

习题 2.10 图

2.10　图示工件上作用有三个主动力偶，三个力偶的矩大小分别为：$M_1=M_2=10\text{N}\cdot\text{m}$，$M_3=20\text{N}\cdot\text{m}$。在 A、B 处各作用一力 F_A 和 F_B，两力作用线平行且指向相反，$F_A=F_B=150\text{N}$。问工件是否能转动？

2.11　图示梁 AB 上作用两个力偶，力偶矩大小分别为 $M_1=20\text{kN}\cdot\text{m}$，$M_2=8\text{kN}\cdot\text{m}$。求支座 A 和 B 的约束力。

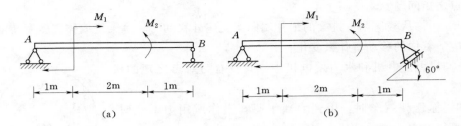

习题 2.11 图

2.12 在图示结构中，各构件的重量不计，在构件 AB 上作用一矩为 M 的力偶，求支座 A 和 C 的约束力。

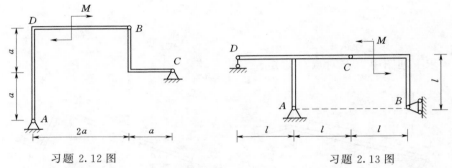

习题 2.12 图　　　　　　　　　　　　习题 2.13 图

2.13 在图示结构中，各构件的重量不计，在构件 BC 上作用一矩为 M 的力偶，求支座 A 的约束力。

2.3　平面任意力系向一点简化

组成力系的各力作用线共面，各力作用线既不交于一点，也不完全平行，这种力系称为平面任意力系。这种力系在工程中最为常见，研究平面任意力系的简化和平衡问题，在实际应用方面有重要的价值。

力系的主矢和主矩　刚体上作用有 n 个力 F_1、F_2、$\cdots$、F_n 组成的平面任意力系，如图 2.15（a）所示。力系中各力的矢量首尾相接，可得力矢多边形，由多边形起点向末点

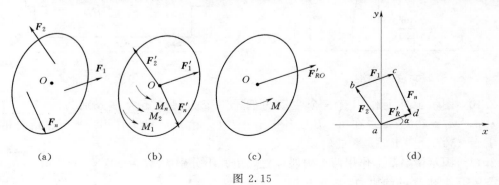

图 2.15

所作矢量 $\boldsymbol{F}'_R$ 称为该力系的主矢，如图 2.15（d）所示。力系的主矢 $\boldsymbol{F}'_R$ 等于力系中各力的矢量和（几何和）。即

$$\boldsymbol{F}'_R = \boldsymbol{F}_1 + \boldsymbol{F}_2 + \cdots + \boldsymbol{F}_n = \sum \boldsymbol{F}_i \tag{2.12}$$

由合矢量投影定理可得力系的主矢在平面直角坐标系中的投影为

$$\left.\begin{array}{l} F'_{Rx} = \sum F_{xi} \\ F'_{Ry} = \sum F_{yi} \end{array}\right\} \tag{2.13}$$

力系主矢的大小和方向为

$$\left.\begin{array}{l} F'_R = \sqrt{(\sum F_{xi})^2 + (\sum F_{yi})^2} \\ \tan\alpha = \dfrac{|\sum F_{yi}|}{|\sum F_{xi}|} \end{array}\right\} \tag{2.14}$$

式（2.14）中 α 为主矢方向与 x 轴所夹锐角，主矢指向由 $\sum F_{xi}$、$\sum F_{yi}$ 的正负号判定。

力系中各力对作用平面内某一点 O 取矩的代数和称力系对该点的主矩 M_O，即

$$M_O = M_O(\boldsymbol{F}_1) + M_O(\boldsymbol{F}_2) + \cdots + M_O(\boldsymbol{F}_n) = \sum M_O(\boldsymbol{F}_i) \tag{2.15}$$

显然，力系的主矩一般与对应的矩心 O 有关。故必须指明力系是对哪一点的主矩。而力系的主矢，只与组成力系的各力矢量有关，力系的主矢反映了力系对刚体的平移效应，力系的主矢就像一个力的力矢一样；力系对某点的主矩，反映了力系对刚体绕这点的转动效应，力系的主矩就像一个力对某点的力矩一样。

平面任意力系向作用面内一点简化　平面任意力系如图 2.15（a）所示。在平面内任取一点 O，称为简化中心。应用力的平移定理，把各力都平移到点 O。这样，就得到作用于点 O 的平面汇交力系 $\boldsymbol{F}'_1$、$\boldsymbol{F}'_2$、$\cdots$、$\boldsymbol{F}'_n$；以及相应的平面附加力偶系，其矩分别为 M_1、M_2、$\cdots$、M_n，即

$$M_i = M_O(\boldsymbol{F}_i) \quad (i = 1, 2, \cdots, n)$$

这样，平面任意力系等效为一个平面汇交力系和一个平面力偶系，如图 2.15（b）所示。平面汇交力系可合成为作用线通过简化点 O 的一个力 $\boldsymbol{F}'_{RO}$，如图 2.15（c）所示。其矢量为

$$\boldsymbol{F}'_{RO} = \boldsymbol{F}'_1 + \boldsymbol{F}'_2 + \cdots + \boldsymbol{F}'_n = \sum \boldsymbol{F}'_i$$

上式与式（2.12）比较可得：平面汇交力系的合力矢 $\boldsymbol{F}'_{RO}$ 等于原力系的主矢 $\boldsymbol{F}'_R$，即

$$\boldsymbol{F}'_{RO} = \boldsymbol{F}'_R$$

平面力偶系可合成一个力偶，如图 2.15（c）所示，其力偶矩为

$$M = M_1 + M_2 + \cdots + M_n = \sum M_O(F_i)$$

上式与式（2.15）比较可得：平面力偶系的合力偶矩 M 等于原力系对简化中心的主矩 M_O，即

$$M = M_O$$

综上所述，在一般情况下，平面任意力系向作用面内任选一点 O 简化可得一个作用线通过简化中心点 O 的一个力 $\boldsymbol{F}'_{RO}$ 和作用于平面内的一个力偶 M。这个力 $\boldsymbol{F}'_{RO}$ 的矢量等于力系的主矢 $\boldsymbol{F}'_R$，这个力偶的矩 M 等于原力系对简化中心点 O 的主矩 M_O。应当注意，一

般情况下向点 O 简化所得的力和力偶，并不是原力系的合力或合力偶，它们中的任何一个都不与原力系等效。

图 2.16（a）表示一物体的一端完全固定在另一物体上，这种约束称固定端支座。应用平面任意力系的简化理论，对平面固定端支座约束力系进行简化分析。固定端支座对物体的作用，是在接触面上作用了一群约束力，在平面问题中，这些力为一个平面任意力系，如图 2.16（b）所示。将这群力向作用平面内 A 点简化，得到一个力和一个力偶，如图 2.16（c）所示。一般情况下，这个力的大小和方向均为未知，可用两个正交分力来代替。因此，在平面力系情况下，固定端支座的约束力可简化为两个正交约束力 $\boldsymbol{F}_{Ax}$、$\boldsymbol{F}_{Ay}$ 和一个约束力偶 M_A，如图 2.16（d）所示。固定端支座的工程结构简图为 2.16（e）所示。

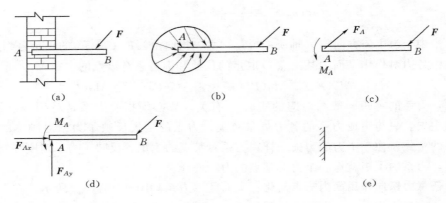

图 2.16

平面任意力系的等效结果　我们可以根据力系的主矢 $\boldsymbol{F}'_R$ 和对某一点的主矩 M_O 这两个反映力系外效应的特征量，判定力系的等效结果。

● 若力系的主矢 $\boldsymbol{F}'_R \neq 0$，力系必与一个力等效，合力的力矢等于力系的主矢，但合力的作用点有两种情况：当主矩 $M_O = 0$ 时，合力作用线过简化中心点 O；当主矩 $M_O \neq 0$ 时，将作用于简化中心的力平移距离 d 得力系的合力（平移力时的附加力偶矩与力系的主矩大小相等转向相反，平移距离为 $d = \dfrac{|M_O|}{F'_R}$），即力系与距简化中心距离 d 的一个力等效。

● 若力系的主矢 $\boldsymbol{F}'_R = 0$，主矩 $M_O \neq 0$，显然力系与一个力偶等效。这时力系的主矩与简化中心无关，因为力偶对平面内任一点的矩相同，即力系本质就是一个力偶，只不过表现形式不同。

● 若力系的主矢 $\boldsymbol{F}'_R = 0$，主矩 $M_O = 0$，则力系是平衡力系。

【例 2.6】　求图 2.17（a）所示三角形分布荷载的等效结果。

解：若力分布于物体的表面上或体积内的每一点，则称此力系为分布力。如屋面上的风压力，水坝受到的静水压力以及梁的自重等。在进行计算时，将杆件用其轴线表示，把所有力都简化作用在轴线上，力沿轴线分布。如梁所受的重力则简化为沿梁的长度分布且垂直于梁轴线，则称此荷载为线分布荷载。每单位长度上所受的力称为荷载集度，并以 q

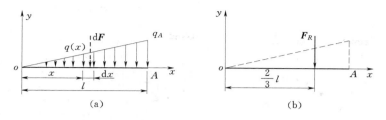

图 2.17

表示，其单位为 N/m。表示 q 分布范围及大小变化的图，称为分布荷载图。

（1）计算力系的主矢。选取坐标系如图 2.17（a）所示，微段长度 $\mathrm{d}x$ 上的荷载为 $\mathrm{d}F = q(x)\mathrm{d}x$；因为 $q(x) = \dfrac{q_A}{l}x$，则有 $\mathrm{d}F = \dfrac{q_A}{l}x\mathrm{d}x$。主矢在两轴上的投影分别为

$$F'_{Rx} = 0$$

$$F'_{Ry} = -\int_0^l \mathrm{d}F = -\int_0^l \frac{q_A}{l}x\,\mathrm{d}x = -\frac{1}{2}q_A l$$

主矢的大小为

$$F'_R = \sqrt{F'^2_{Rx} + F'^2_{Ry}} = \frac{1}{2}q_A l$$

主矢的方向竖直向下。

（2）计算力系对点 o 的主矩。选取 o 为简化中心，因为：$\mathrm{d}M = -x\mathrm{d}F = -x\dfrac{q_A}{l}x\mathrm{d}x$，所以有

$$M_0 = \int_M \mathrm{d}M = \int_0^l -x\frac{q_A}{l}x\,\mathrm{d}x = -\frac{q_A l^2}{3}$$

（3）力系的等效结果。因为 $F'_R \neq 0$，$M_O \neq 0$，所以力系可简化为一个合力 F_R，合力的大小为

$$F_R = F'_R = \frac{1}{2}q_A l \tag{①}$$

合力作用线距简化中心距离为

$$d = \frac{|M_O|}{F'_R} = \frac{2}{3}l \tag{②}$$

简化结果如图 2.17（b）所示。

应注意到，式①中的合力大小恰为三角形分布荷载图的面积；式②中 d 恰为该荷载图的形心横坐标。同理，可得一般线分布荷载的简化结果如下：一个线分布荷载可简化为一个合力，此荷载合力的大小等于该荷载图的面积，其作用线必通过荷载图的形心，指向与分布荷载指向一致。

思考题

2.11　图示的铰车臂互成 $120°$，三臂上作用的力 F 都垂直于铰车臂，力的大小均相等，且 $OA = OB = OC$。试分析此三力向铰盘中心点 O 的简化结果。

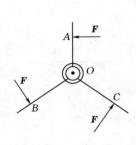

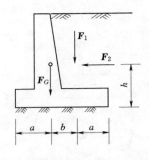

思考题 2.11 图　　　　　　思考题 2.12 图

2.12　图示为一挡土墙，墙体重为 F_G，墙背受有土压力 F_1 和 F_2，下部有地基向上的支持力和水平向的摩擦力，这些力组成了一个力系。试分析这个力系可能使挡土墙产生几种运动状态？

2.13　力偶可在作用面内任意移转，那为什么又说主矩一般与简化中心有关呢？这里是不是自相矛盾？

2.14　设平面一般力系向一点简化得到一个合力，如果适当地选取另一点为简化中心，问力系能否简化为一个力偶？

2.15　有一根 3m 长的竹竿，截面直径从较细的一端开始向另一端均匀变化。试问大约将此杆扛在距细端多远处，此杆能保持平衡状态？为什么？

习题

2.14　已知图示 $F_1=2\text{kN}$，$F_2=4\text{kN}$，$F_3=10\text{kN}$。三力分别作用在边长为 $a=10\text{cm}$ 的正方形的 C、B、O 三点上，求三力向点 O 简化的结果。

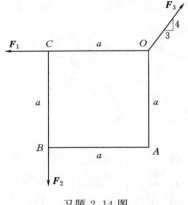

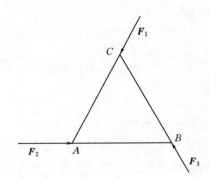

习题 2.14 图　　　　　　　习题 2.15 图

2.15　在图示等边三角形的 A、B、C 三点上，分别作用有大小相等的三个力 F_1、F_2、F_3。各个力的方向如图所示，试求三力的合成结果。设三角形的边长为 a。

2.16　已知图示各个力的大小为：$F_1=150\text{N}$、$F_2=200\text{N}$、$F_3=300\text{N}$、$F=F'=200\text{N}$，各个力的方向如图所示，力 F 与 F' 的作用线平行。求此力系向点 O 简化结果，试求力系的合力大小及距原点 O 的距离 d。

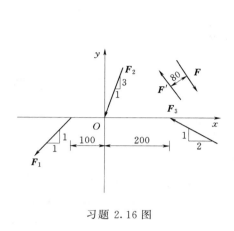

习题 2.16 图

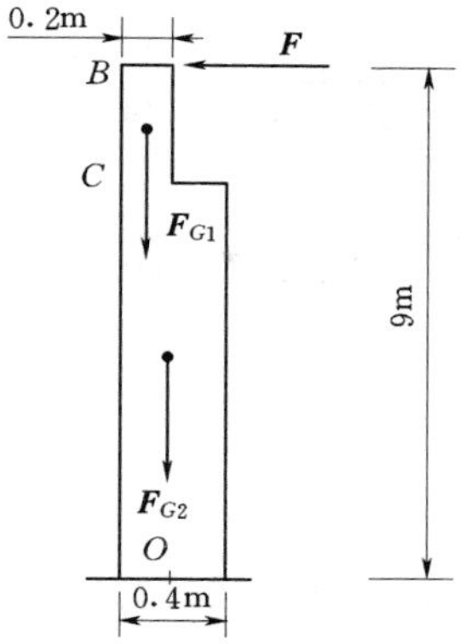

习题 2.17 图

2.17 某厂房边柱高 9m，柱上段 BC 重 $F_{G1}=8$kN，下段 CO 重 $F_{G2}=37$kN，柱顶水平力 $F=6$kN。试将这个主动力系向柱底中心点 O 简化。

2.18 图示为重力坝受力情况，坝的自重分别为 $F_{G1}=9600$kN，$F_{G2}=21600$kN，水压力 $F=10120$kN。试将各力向坝底点 O 简化，试求力系的合力大小、方向和作用线位置。

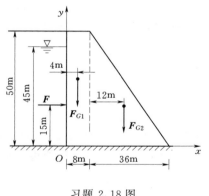

习题 2.18 图

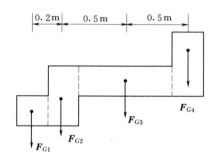

习题 2.19 图

2.19 图示为钢筋混凝土构件，已知各部分的重量为 $F_{G1}=2$kN，$F_{G2}=F_{G4}=4$kN，$F_{G3}=8$kN。试求这些重力的合力。

2.4 平面任意力系的平衡

平面任意力系的平衡条件 由上节讨论可知，反映平面任意力系的特征量是它的主矢和对某一点的主矩。由力系的主矢和主矩即可判定力系的等效结果。显然，主矢等于零，表明力系不可能合成一个力。主矩等于零，表明力系不可能合成一个力偶。主矢和主矩同时等于零，说明原力系必为平衡力系。平面任意力系平衡的必要和充分条件是：力系的主矢和对任一点的主矩都等于零，即

$$\left.\begin{array}{l} \boldsymbol{F'}_R = 0 \\ M_O = 0 \end{array}\right\} \qquad (2.16)$$

平面任意力系的平衡方程　把平衡条件用方程式表示，对于平面任意力系，平衡方程有三种形式。

● 基本形式平衡方程。由式（2.14）和式（2.15）可知，当式（2.16）成立时，可得下列方程式

$$\left.\begin{array}{l} \sum F_{xi} = 0 \\ \sum F_{yi} = 0 \\ \sum M_O(\boldsymbol{F}_i) = 0 \end{array}\right\} \qquad (2.17)$$

式（2.17）表示力系中所有各力在两个任选的坐标轴上投影的代数和分别等于零，各力对于任意一点的矩的代数和也等于零。式（2.17）是平面任意力系平衡方程的基本形式。它只是平衡条件的解析表达的一种形式。

【例 2.7】　图 2.18（a）所示悬臂梁，受力如图所示。试求固定端支座的约束力和约束力偶。

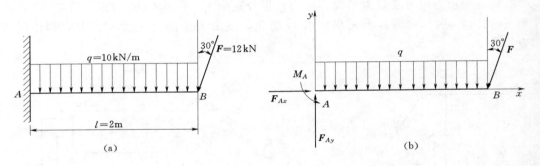

图 2.18

解：（1）取梁 AB 为研究对象，对其进行受力分析。梁所受的主动力有均布荷载 q 和集中荷载 F。它所受的约束力为固定端支座 A 处的两个约束力 $\boldsymbol{F}_{Ax}$、$\boldsymbol{F}_{Ay}$ 和约束力偶 M_A。其受力如图 2.18（b）所示。

（2）设置坐标系，列平衡方程。

$$\sum F_x = 0 \qquad\qquad F_{Ax} - F\sin30° = 0$$

则

$$F_{Ax} = F\sin30° = 6(\text{kN})$$

$$\sum F_y = 0 \qquad\qquad F_{Ay} - ql - F\cos30° = 0$$

则

$$F_{Ay} = ql + F\cos30° = 30.4(\text{kN})$$

$$\sum M_A(\boldsymbol{F}) = 0 \qquad\qquad M_A - ql\,\frac{l}{2} - F\cos30°l = 0$$

则

$$M_A = \frac{ql^2}{2} + Fl\cos30° = 40.8(\text{kN·m})$$

（3）校核。

$$\sum M_B(\boldsymbol{F}) = M_A - F_{Ay}l + ql\,\frac{l}{2} = 40.8 - 30.4 \times 2 + 10 \times 2 = 0$$

计算过程无误。

● 二力矩式平衡方程。在三个平衡方程中有两个矩方程和一个投影方程，即

$$
\left.
\begin{aligned}
\sum M_A(\boldsymbol{F}_i) &= 0 \\
\sum M_B(\boldsymbol{F}_i) &= 0 \\
\sum F_{xi} &= 0
\end{aligned}
\right\}
\tag{2.18}
$$

附加条件为：x 轴不可与 A、B 两点的连线垂直。

为什么式（2.18）也能满足力系平衡的必要和充分条件呢？这是因为，如果两个矩方程成立，则排除了力系合成一个力偶的可能性。显然，力系最有可能与过 A、B 两点连线的一个力等效，如图 2.19 所示；若选取的投影轴不与 A、B 两点连线垂直，当力系在满足投影方程 $\sum F_x = 0$ 时，这就完全排除了力系简化为过 A、B 两点连线的力的可能性。故所研究的力系为平衡力系。

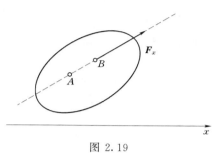

图 2.19

● 三力矩式平衡方程。三个平衡方程都为力矩方程，即

$$
\left.
\begin{aligned}
\sum M_A(\boldsymbol{F}_i) &= 0 \\
\sum M_B(\boldsymbol{F}_i) &= 0 \\
\sum M_C(\boldsymbol{F}_i) &= 0
\end{aligned}
\right\}
\tag{2.19}
$$

附加条件为：A、B、C 三点不共线。

若三个矩方程都成立，排除了力系合成力偶的可能性；最大可能是力系与过 A、B、C 连线的一个力等效；但式（2.19）的附加条件又完全排除了这种可能性。故所研究的力系也必为平衡力系。

上述三组方程式（2.17）～式（2.19），究竟选用哪一组方程，要根据具体情况选定。对于受平面任意力系作用的单个对象的平衡问题，尽管可写出多于三个不同形式的平衡方程，但是，其中只有三个是独立的，任何第四个方程只是前三个方程的线性组合。

【例 2.8】　求图 2.20（a）所示的简支梁 AB 的支座约束力。

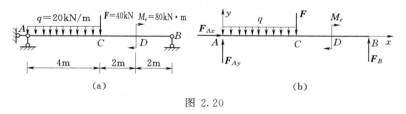

图 2.20

解：（1）取梁 AB 为研究对象进行受力分析。梁所受的主动力有均布荷载 q，集中力 $\boldsymbol{F}$ 和集中力偶 M_e。它所受的约束力有固定铰支座 A 的两个分力 $\boldsymbol{F}_{Ax}$ 和 $\boldsymbol{F}_{Ay}$，可动铰支座 B 的约束力 $\boldsymbol{F}_B$。其受力如图 2.20（b）所示。

（2）设置坐标系，列平衡方程。

$$\sum M_A(\boldsymbol{F}) = 0 \qquad F_B \times 8 - M_e - F \times 4 - q \times 4 \times 2 = 0$$

则
$$F_B = \frac{M_e + F \times 4 + q \times 8}{8} = \frac{80 + 160 + 160}{8} = 50 \text{ (kN)}$$

$$\sum M_B(F) = 0 \qquad -F_{Ay} \times 8 - M_e + F \times 4 + q \times 4 \times 6 = 0$$

则
$$F_{Ay} = \frac{-M_e + 4 \times F + q \times 24}{8} = \frac{-80 + 160 + 480}{8} = 70 \text{(kN)}$$

$$\sum F_x = 0 \qquad\qquad F_{Ax} = 0$$

（3）校核。

$$\sum F_y = F_{Ay} - q \times 4 - F + F_B = 70 - 80 - 40 + 50 = 0$$

计算过程无误。

【例 2.9】 求图 2.21（a）所示刚架 A、D 处的支座约束力。

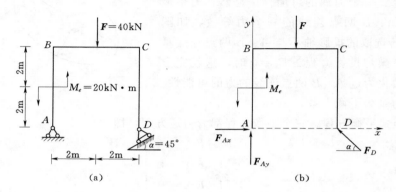

图 2.21

解：（1）取刚架为对象，进行受力分析。刚架上所受的主动力有 **F** 和力偶 M_e。受有固定铰支座 A 的约束力 F_{Ax} 和 F_{Ay}；有可动铰支座 B 的约束力 F_B，作用线与水平面夹角 α = 45°。刚架受力如图 2.21（b）所示。

（2）设置坐标系列平衡方程求解。

$$\sum M_D(F) = 0 \qquad F_{Ay} \times 4 - M_e - F \times 2 = 0$$

则
$$F_{Ay} = \frac{M_e + F \times 2}{4} = \frac{20 + 40 \times 2}{4} = 25 \text{ (kN)}$$

$$\sum M_A(F) = 0 \qquad F_D \sin\alpha \times 4 + M_e - F \times 2 = 0$$

则
$$F_D = \frac{F \times 2 - M_e}{4\sin\alpha} = \frac{80 - 20}{4 \times 0.707} = 21.22 \text{ (kN)}$$

$$\sum M_B(F) = 0 \qquad F_{Ax} \times 4 + M_e - F \times 2 = 0$$

则
$$F_{Ax} = \frac{F \times 2 - M_e}{4} = \frac{80 - 20}{4} = 15 \text{ (kN)}$$

（3）校核。

$$\sum F_y = F_{Ay} - F + F_D \cdot \sin\alpha = 25 - 40 + 21.22 \times 0.707 = 0$$

计算过程无误。

由以上例题分析可知，在求解过程中，采用二力矩式或三力矩式方程，尽量把矩心选在多个未知力的交点处，使一个方程中只包含一个未知量，可以不解联立方程，直接求得未知量。采用矩方程往往比投影方程简便。

　　平面平行力系的平衡方程　　平面平行力系是平面任意力系的一种特殊情形。在平面力系中，各力的作用线相互平行时，称为平面平行力系。如图 2.22 所示，设物体受平面平行力 F_1、F_2、$\cdots$、F_n 的作用。如选取 x 轴与各力垂直，则不论力系是否平衡，每一个力在 x 轴上的投影恒等于零，即 $\sum F_x \equiv 0$。于是，由式（2.17）可知，平面平行力系的独立平衡方程的数目只有两个，即

$$\left. \begin{array}{l} \sum F_y = 0 \\ \sum M_O(\boldsymbol{F}) = 0 \end{array} \right\} \tag{2.20}$$

式（2.20）是平面平行力系平衡方程的基本形式，当力系中所有各力在不与力作用线垂直的任一轴上投影代数和为零；力系中各力对任一点的矩的代数和等于零，力系满足这两个方程时，力系必是平衡的。

　　由平面任意力系平衡方程的二力矩形式，可导出平面平行力系平衡方程的二力矩式，即

$$\left. \begin{array}{l} \sum M_A(\boldsymbol{F}) = 0 \\ \sum M_B(\boldsymbol{F}) = 0 \end{array} \right\} \tag{2.21}$$

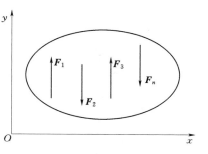

图 2.22

附加条件为：A、B 两点的连线不与各力的作用线平行。

　　【例 2.10】　　一桁架桥如图 2.23（a）所示。桁架各杆的自重不计。试求支座 A、B 的约束力。

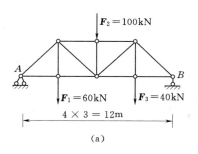

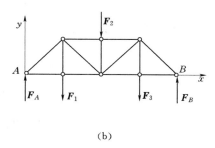

(a)　　　　　　　　　　　　　　(b)

图 2.23

　　解：（1）取整个桁架为研究对象进行受力分析。桁架上作用有已知荷载 F_1、F_2、F_3。可动铰支座 B 处的约束力 F_B 也平行于已知荷载各力。固定铰支座 A 处的约束力 F_A 的作用线只有与其他各力平行，才能保持力系为平衡力系。因此，荷载与支座约束力组成平行力系。桁架受力如图 2.23（b）所示。

　　（2）设置坐标系如图示，列平衡方程。

$$\sum M_A(\boldsymbol{F}) = 0 \qquad F_B \times 12 - F_1 \times 3 - F_2 \times 6 - F_3 \times 9 = 0$$

则

$$F_B = \frac{60 \times 3 + 100 \times 6 + 40 \times 9}{12} = 95 \ (\text{kN})$$

$$\sum F_y = 0 \qquad F_A + F_B - F_1 - F_2 - F_3 = 0$$

则
$$F_A = 60 + 100 + 40 - 95 = 105 \, (\text{kN})$$

（3）校核。

$$\sum M_B(\boldsymbol{F}) = -F_A \times 12 + F_1 \times 9 + F_2 \times 6 + F_3 \times 3$$
$$= -105 \times 12 + 60 \times 9 + 100 \times 6 + 40 \times 3 = 0$$

说明计算无误。

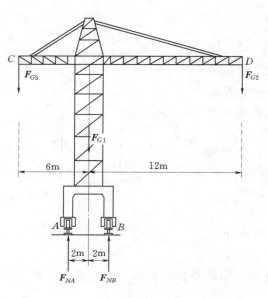

图 2.24

【例 2.11】 塔式起重机如图 2.24 所示，塔架重 $F_{G1} = 220$kN，作用线通过塔架的中心，轨道 AB 的间距为 4m，平衡锤 C 的重心到塔身中心线距离为 6m，最大伸臂长为 12m。最大起重量为 $F_{G2} = 50$kN。保证起重机在满载和空载时都不致翻倒，试求平衡锤的重量 F_{G3} 的取值范围。

解：（1）取起重机为研究对象进行受力分析。作用在其上的主动力有荷载 F_{G2}，塔架的重力 F_{G1}，平衡锤的重力 F_{G3}，轨道对轮的光滑面约束力 F_{NA} 和 F_{NB}。其受力如图 2.24 所示。

（2）列平衡方程求解。分别列两种临界状态的平衡方程进行求解。

当满载时，为使起重机不绕点 B 顺时针转动翻倒，力系必须满足不等式 $\sum M_B(\boldsymbol{F}) \geqslant 0$。在此倾倒的临界情况下，$F_{NA} = 0$，$\sum M_B(\boldsymbol{F}) = 0$，此时求出的 F_{G3} 值是所允许的最小值 $F_{G3\min}$。

$$\sum M_B(\boldsymbol{F}) = 0$$

$$F_{G3\min} \times (6 + 2) + F_{G1} \times 2$$
$$- F_{G2} \times (12 - 2) = 0$$

则
$$F_{G3\min} = \frac{50 \times 10 - 220 \times 2}{8} = 7.5 \, (\text{kN})$$

当空载时，$F_{G2} = 0$，为使起重机不绕点 A 逆时针转动翻倒，力系必须满足不等式 $\sum M_A(\boldsymbol{F}) \leqslant 0$。在倾倒的临界情况下，$F_{NB} = 0$，$\sum M_A(\boldsymbol{F}) = 0$，这时求出的 F_{G3} 值是所允许的最大值 $F_{G3\max}$。

$$\sum M_A(\boldsymbol{F}) = 0 \qquad F_{G3\max} \times (6 - 2) - F_{G1} \times 2 = 0$$

则
$$F_{G3\max} = \frac{2 \times F_{G1}}{4} = \frac{2 \times 220}{4} = 110 \, (\text{kN})$$

起重机实际工作时，不允许处于将要翻倒的临界状态，要使起重机不翻倒，平衡锤重 F_{G3} 的取值范围应是

$$7.5\text{kN} < F_{G3} < 110\text{kN}$$

思考题

2.16　你是否可以应用一个读数 50kg 的杆秤一次称量 100kg 以上的物体？说明你的方法？

2.17　平面任意力系的平衡方程有三种形式，每一种形式有三个平衡方程，那么一个平面任意力系就可以列出九个平衡方程，则可求解九个未知量，这种说法对吗？为什么？

2.18　图示力系作用于刚体，当力系满足二力矩式平衡方程组 $\left.\begin{array}{l}\sum F_x=0 \\ \sum M_A(F)=0 \\ \sum M_B(F)=0\end{array}\right\}$ 时，能否绝对保证刚体平衡？为什么？

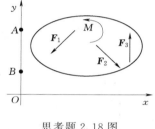

思考题 2.18 图

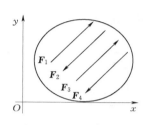

思考题 2.19 图

2.19　图示作用于刚体上虽然是平衡的平行力系，只要设置的坐标轴不与力作用线平行，仍然可列两个投影平衡方程 $\sum F_x=0$、$\sum F_y=0$ 和一个力矩平衡方程 $\sum M_O(F)=0$。这三个方程是独立的，因此可解三个未知量，这种判定成立吗？为什么？

2.20　平面汇交力系是否也能采用力矩形式的平衡方程？有什么限制条件？

习题

2.20　求图示悬臂梁的支座约束力。

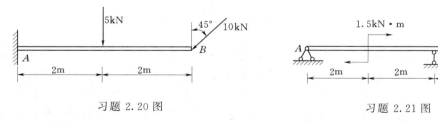

习题 2.20 图　　　　　　　　　　习题 2.21 图

2.21　求图示外伸梁的支座约束力。

2.22　求图示悬臂刚架的支座约束力。

2.23　求图示简支刚架的支座约束力。

2.24　某厂房边柱高 9m，受力如图所示。已知 $F_1=20$kN，$F_2=40$kN，$F_3=6$kN，$q=4$kN/m，F_1、F_2 到柱轴线的距离分别为 $e_1=0.15$m，$e_2=0.25$m。试求固定端支座 A 的约束力。

2.25　图示为雨篷结构简图，水平梁 AB 受均布荷载 $q=12$kN/m，B 端用斜杆 BC 拉住。求铰链 A、C 处的约束力。

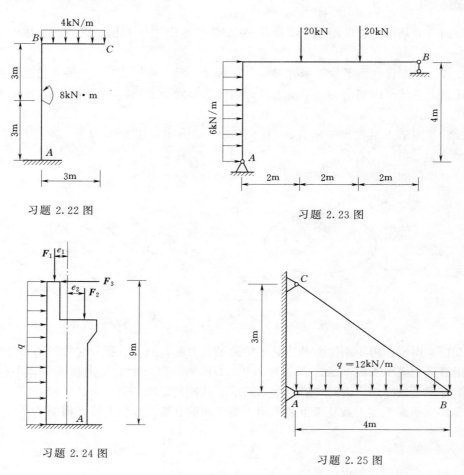

习题 2.22 图

习题 2.23 图

习题 2.24 图

习题 2.25 图

2.5　物 体 系 统 的 平 衡

前面我们所研究的都是单个物体的平衡问题，面对的研究对象只是一个，未知量最多三个，可直接应用平衡方程求解，解题过程比较简单。而对于物体系统的平衡问题，其研究对象较多，所包含的未知量较多，而且未知量之间的关系比较复杂。因此，必须了解物体系平衡问题的类型，掌握求解的要点，才能以最短的计算过程、最少的计算量，迅速地求出未知量。

物体系统平衡问题的类型　物体系统平衡问题可分为静定平衡问题和超静定平衡问题等两类。当由 n 个物体组成的物体系统处于平衡时，则可形成 n 个平衡力系；整个物体系可得到的独立平衡方程数目，等于各个平衡力系可列独立平衡方程数目之和。若物体系中的未知量数目等于或小于物体系可列的独立平衡方程数目，则所有未知量都可由平衡方程组求出，这样的问题称静定问题。当物体系中的未知量数目大于物体系可列独立平衡方程数目时，未知量不能全部由平衡方程求出，这样的问题称超静定问题。对于超静定问题，将在第 10 章中研究。

求解物体系统平衡问题的要点　只要物体系统的平衡是静定问题，最原始的解题方法是：作出物体系中各个物体的受力图，列出各平衡力系的平衡方程，所有平衡力系的平衡方程组成一个方程组，解此方程组，即可求出所有未知量。此种原始方法，虽然可行，但比较麻烦，计算工作量大，针对性不强。只要我们针对所求解的未知量，选取合适的研究对象以及采用合理的计算顺序，可以避免解联立方程组，大大地减少计算量，简捷地计算出所求未知量。

● 判定物体系统平衡问题类型。作出各个物体的受力图，由各物体作用的力系类型确定物体系能列独立平衡方程数，进而判定物体系的平衡是不是静定的。若为静定问题，才可进行后续静定分析计算。

● 正确作出物体系的受力图。在作出各个物体和整个物体系统的受力图后，对于不需要求解的物体系中某些物体间的相互作用力（物体系内力），可以不解除这些物体之间的约束，再画出由这几个物体组成的物体系局部受力图。注意同一约束力在各个对象上的表达方式要相同；注意各物体之间的作用力 F 与反作用力 F' 作用线共线，且绝对指向相反；在计算过程中，要特别注意作用力与反作用力的大小相等，即 $F'=F$。

● 确定研究对象的选取次序。首选研究对象的条件是：对象上未知量数目等于或小于此平衡力系的独立平衡方程数目。当没有符合上述条件的对象时，可观察是否存在除一个未知力外，其他未知力都汇交于一点或都相互平行的力系，符合这种条件的对象也可作为首选，这时，对其他未知力交点可列力矩的平衡方程，或在其他未知力垂直方向列力投影平衡方程，可求出部分未知力。当首选对象上的未知力求出后，则与首选对象有相互作用的其他物体上对应的反作用未知力就变成了已知力，这样，可针对所求未知量以及根据首选对象的条件，再选研究对象，进行求解。重复以上步骤，即可解出所求的未知量。

【例 2.12】　图 2.25（a）所示为一静定梁，B 为中间铰。试求支座 A、C 的约束力和铰 B 的约束力。

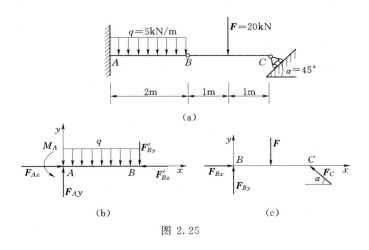

图 2.25

解：（1）对物体系进行受力分析，确定选取对象顺序。

物体系是由 AB 和 BC 梁段组成，每个梁段都作用平面任意力系，则可列六个平衡方程。物体系中包含未知约束力共六个（A 处为固定端支端有两个约束力和一个约束力偶；中间铰 B 处有两个约束力，C 处为可动铰支座有一个约束力）。平衡方程数等于未知量数，则此问题是静定的。分别作两梁段的受力图如图 2.25（b）、（c）所示。在 BC 梁段上有三个未知大小的力，符合首选对象条件；在 AB 梁段上，有五个未知大小的力，不符合首选对象条件。因此，选取对象的次序为首选 BC，后选 AB。

（2）选 BC 为研究对象，列平衡方程

$$\sum M_B(\boldsymbol{F}) = 0 \qquad F_C \sin\alpha \times 2 - F \times 1 = 0$$

则

$$F_C = \frac{F \times 1}{2\sin\alpha} = \frac{20}{2 \times 0.707} = 14.1(\text{kN})$$

$$\sum M_C(\boldsymbol{F}) = 0 \qquad F \times 1 - F_{By} \times 2 = 0$$

则

$$F_{By} = \frac{F \times 1}{2} = \frac{20}{2} = 10(\text{kN})$$

$$\sum F_x = 0 \qquad F_{Bx} - F_C \cos\alpha = 0$$

则

$$F_{Bx} = F_C \cos\alpha = 10(\text{kN})$$

（3）选取 AB 为研究对象，列平衡方程

$$\sum F_x = 0 \qquad F_{Ax} - F'_{Bx} = 0$$

则

$$F_{Ax} = F'_{Bx} = F_{Bx} = 10(\text{kN})$$

$$\sum F_y = 0 \qquad F_{Ay} - q \times 2 - F'_{By} = 0$$

则

$$F_{Ay} = q \times 2 + F'_{By} = 10 + 10 = 20(\text{kN})$$

$$\sum M_B(\boldsymbol{F}) = 0 \qquad M_A - F_{Ay} \times 2 + q \times 2 \times 1 = 0$$

则

$$M_A = F_{Ay} \times 2 - q \times 2 \times 1 = 40 - 10 = 30(\text{kN} \cdot \text{m})$$

校核：$\sum M_A(\boldsymbol{F}) = M_A - q \times 2 \times 1 - F'_{By} \times 2 = 30 - 10 - 20 = 0$

计算无误。

【例 1.13】 三铰刚架的受力及尺寸如图 2.26（a）所示。求固定铰支座 A、B 和中间铰链 C 的约束力。

解：（1）对物体进行受力分析，确定选取对象顺序。

刚体共有六个未知大小的约束力，而两个构件（AC 和 BC）都受平面任意力系作用，故可列六个独立平衡方程，因此，刚架为静定结构。分别对刚架整体和 AC、BC 单个构件进行受力分析，各受力图如图 2.26（b）～（d）所示。观察 AC 部分和 BC 部分的受力，未知力两两相交且两两平行，无论如何选取投影轴和矩心，每个平衡方程都将包含两个未知力，因而必须解联立方程组，才能解出这六个未知力。为避免解联立方程组，由刚架的整体受力图可知，其上的四个未知约束力虽然不能由三个平衡方程全部解出，但除力 F_{By} 外，其他三个未知力汇交于点 A，故可以点 A 为矩心，由力矩方程单独解出 F_{By}。若以 B 点为矩心，同理也可解出 F_{Ay}。当解出力 F_{By} 和 F_{Ay} 后，即可再取 BC 为研究对象，求出其他未知量。由以上分析可得，本题取研究对象的顺序是先取整体刚架，再取其中任一部分构件。

（2）选取整个刚架为研究对象［图 2.26（b）］，列平衡方程

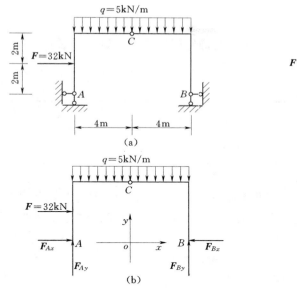
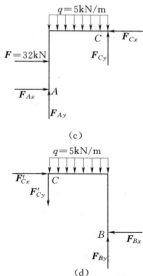

图 2.26

$$\sum M_A(\boldsymbol{F}) = 0 \qquad F_{By} \times 8 - q \times 8 \times 4 - F \times 2 = 0$$

则

$$F_{By} = \frac{5 \times 32 + 32 \times 2}{8} = 28(\text{kN})$$

$$\sum F_y = 0 \qquad F_{Ay} + F_{By} - q \times 8 = 0$$

则

$$F_{Ay} = q \times 8 - F_{By} = 40 - 28 = 12(\text{kN})$$

$$\sum F_x = 0 \qquad F_{Ax} - F_{Bx} + F = 0$$

则

$$F_{Ax} = F_{Bx} - F \tag{①}$$

注意：尽管由式①还解不出 F_{Ax} 和 F_{Bx}，但是，还是要把两未知力之间的关系式求出，以备后边求解用之，可避免重复选取对象的麻烦。

（3）选取 BC 为研究对象 ［图 2.26 （d）］，列平衡方程

$$\sum M_C(\boldsymbol{F}) = 0 \qquad F_{By} \times 4 - F_{Bx} \times 4 - q \times 4 \times 2 = 0$$

则

$$F_{Bx} = \frac{F_{By} \times 4 - q \times 8}{4} = \frac{28 \times 4 - 5 \times 8}{4} = 18(\text{kN})$$

将 F_{Bx} 代入式①中，可得

$$F_{Ax} = F_{Bx} - F = 18 - 32 = -14(\text{kN})$$

$$\sum F_x = 0 \qquad F'_{Cx} - F_{Bx} = 0$$

则

$$F'_{Cx} = F_{Bx} = 18(\text{kN})$$

$$\sum F_y = 0 \qquad F_{By} - F'_{Cy} - q \times 4 = 0$$

则

$$F'_{Cy} = F_{By} - q \times 4 = 28 - 20 = 8(\text{kN})$$

校核：$\sum M_B(\boldsymbol{F}) = F'_{Cy} \times 4 - F'_{Cx} \times 4 + q \times 4 \times 2 = 8 \times 4 - 18 \times 4 + 5 \times 8 = 0$，计算无误。

思考题

2.21 判定图（a）、（b）所示物体系统是静定问题还是超静定问题。

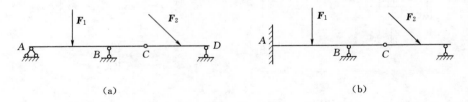

（a）　　　　　　　　　　　　（b）

思考题 2.21 图

2.22 对于整个物体系统来说，可能是一个静定问题；而单独拿出物体系统中的某一个物体来说，也可能成为超静定问题。因此，求解物系问题的关键是有序地选取研究对象。你如何确定这些对象求解的先后？

2.23 图示为由 AB、BC 和 CD 等三个梁段组成的多跨静定梁，共有九个未知约束力。试分析求解这些约束力时选取研究对象的次序。

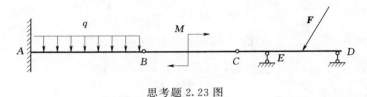

思考题 2.23 图

2.24 图（a）、（b）所示分别为简支刚架和三铰刚架，都作用了三个集中力 F_1、F_2 和 F_3，作用位置如图所示。三个力的合力为 F_R，如图中虚线所示。对于这两个结构，用分力求支座约束力与用合力求出的支座约束力是否相同？为什么？

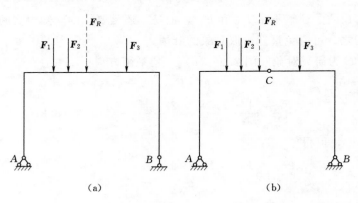

（a）　　　　　　　　　　　　（b）

思考题 2.24 图

2.25 在求解物体系统问题的过程中，最容易出错的地方是物体之间的联系点处。物体之间的相互约束力怎样表达？在代数方程计算中，作用力与反作用力的数值如何代入？

习题

2.26　求图示组合梁的支座约束力。

2.27　求图示组合梁的支座约束力。

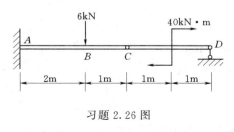

习题 2.26 图　　　　　　　　　　习题 2.27 图

2.28　求图示三铰刚架的支座约束力。

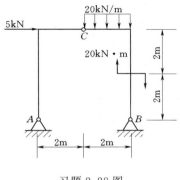
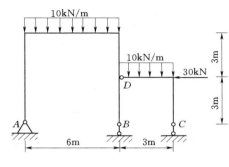

习题 2.28 图　　　　　　　　　　习题 2.29 图

2.29　求图示组合刚架的支座约束力。

2.30　在图示结构中，各杆自重不计。试求 CD、DE 两杆所受的力。

2.31　图示为一组合梁 ABC 的支承及所受的荷载。求固定端支座 A 的约束力。

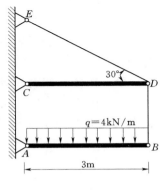
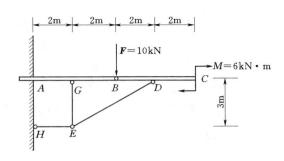

习题 2.30 图　　　　　　　　　　习题 2.31 图

2.6　考虑摩擦力的平衡问题

人在斜坡上可以站住而不下滑，说明斜坡不但对人施于垂直坡面的支持力，而且还施于平行坡面指向坡上的作用力。在冰壶运动中，当把冰壶推出后，冰壶的滑动速度会逐渐减小，直至最后停止下来，说明冰面对冰壶作用有与冰壶运动方向相反的作用力。这些现象说明，当相互接触的两物体产生相动滑动或有相对滑动趋势时，在两物体间的接触面上彼此作用着阻碍滑动的力，这种力称为滑动摩擦力，简称摩擦力，将这种现象称为摩擦。摩擦现象在建筑工程中是普遍存在的。如重力坝是依靠底部与地基间的摩擦力来阻止坝体的滑动，如图 2.27（a）所示。在软地基上兴建厂房时，采用摩擦柱与土体间的摩擦力来承受基础上部的荷载，如图 2.27（b）所示。摩擦也有不利的方面，如输水渠道，由于水流和渠壁产生摩擦，可使流速降低，使渠道发生沉积以及使渠壁破坏等。

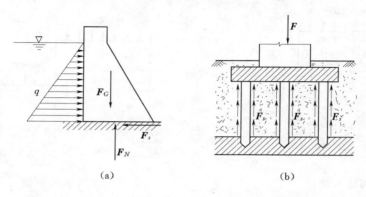

(a)　　　　　　　(b)

图 2.27

根据物体的运动状态不同，将摩擦力分为两种情况：当相互接触的两物体沿接触面仅有相对滑动趋势，但仍保持相对静止时产生的摩擦力，称为静滑动摩擦力，简称静摩擦力，常用 F_s 表示；当接触面之间出现相对滑动时产生的摩擦力，称为动滑动摩擦力，简称动摩擦力，以 F 表示。

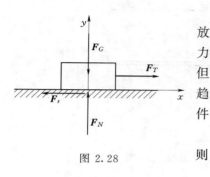

图 2.28

静滑动摩擦力　如图 2.28 所示，在粗糙的水平面上放置一重为 F_G 的物体，物体上作用一水平拉力 F_T，当拉力 F_T 由零逐渐增加的某一时段，物体有相对滑动趋势，但仍保持静止。支承面必然对物体有沿水平面与相对滑动趋势相反的静摩擦力 F_s，因此，静摩擦力 F_s 满足平衡条件，即

$$\sum F_x = 0 \qquad F_T - F_s = 0$$

则
$$F_s = F_T \qquad (2.22)$$

由式（2.22）可知，静摩擦力 F_s 随主动力 F_T 的增大而增大，且满足平衡条件；但它并不是随主动力的增大而无限度地增大，当主动力 F_T 的大小达到一定数值时，物体将处于将滑而未滑的临界状态；如果主动力 F_T 再继续增大，

物体发生滑动。因此，静摩擦力是一个有界量。它的上界就是物体处于临界状态时，滑面上的静摩擦力值，称为最大静摩擦力 F_{max}。静摩擦力不但要满足静力平衡方程式（2.22），而且还要满足以下不等式

$$0 \leqslant F_s \leqslant F_{max} \qquad (2.23)$$

最大静摩擦力　实验表明，最大静摩擦力的大小与两物体间的正压力（法向约束力）成正比，即

$$F_{max} = f_s F_N \qquad (2.24)$$

式（2.24）称为静摩擦定律（又称库仑定律）。是工程中常用的近似摩擦理论。式中 f_s 是比例常数，称为静摩擦因数，它是量纲为一的量。静摩擦因数的大小需由实验测定。静摩擦因数与接触物体的材料和表面情况（如粗糙度，湿度和温度）有关，而与接触面积的大小无关。静摩擦因数的数值可在相应的工程手册中查到。表 2.1 中列出了一部分常用材料的静摩擦因数。

表 2.1　　　　　　　　　　　　　**几种材料的静摩擦因数**

材　料	f_s	材　　料	f_s
钢与钢	0.1～0.3	土与混凝土	0.3～0.4
钢与铸铁	0.2～0.3	皮革与铸铁	0.3～0.5
砖与混凝土	0.76	木材与木材	0.4～0.6
土与木材	0.3～0.65	石与砖或砖与砖	0.5～0.73
土与土	0.25～1.00	石与混凝土	0.5～0.8

由上述可知，当摩擦系统中的材料和作用在其上的主动力系一定时，物体无论是滑动还是静止，物体所受的垂直于滑面的法向正压力是一定的，则静摩擦力 F_s 的上界可事先由式（2.24）确定。因此，可以说，最大静摩擦力 F_{max} 反映了系统的抗滑能力。

动滑动摩擦力　当静滑动摩擦力达到最大值时，若主动力 F_T 再继续加大，物体将发生滑动。实验表明，动滑动摩擦力的大小，与接触物体间的正压力成正比，即

$$F = f F_N \qquad (2.25)$$

式中 f 是动摩擦因数，它与接触物体的材料和表面情况有关。一般情况下，动摩擦因数小于静摩擦因数，即 $f < f_s$。实践表明，动摩擦因数随着速度的增加而减小，但最后达到某极限值。在一定速度范围内，动摩擦因数可近似地认为是个常数。

摩擦角与自锁　如图 2.29（a）所示，无论物体滑动与否，作用在物体上的力系在滑面法线方向上满足力投影平衡方程式，即

$$\sum F_y = 0 \qquad\qquad F_N - F_R \cos\varphi = 0$$

则　　　　　　　　　　　　$$F_N = F_R \cos\varphi \qquad\qquad ①$$

将式①代入式（2.24）中，可求得最大静摩擦力为

$$F_{max} = f_s F_N = f_s F_R \cos\varphi \qquad\qquad ②$$

由式②可知，最大静摩擦力是事先可以求得，它随主动力合力 F_R 与滑面法线之间的夹角 φ 而变。因此，可以说最大静摩擦力是表征主动力抗滑能力的特征量。而主动力沿滑面方向的分量为

$$F_{Rx} = F_R \sin\varphi \qquad\qquad ③$$

主动力的这一分量 F_{Rx} 是表征主动力的滑动能力的特征量。由以上分析可知，主动力具有双重性，它既有抗滑能力 $F_{max} = f_s F_R \cos\varphi$，又有滑动能力 $F_{Rx} = F_R \sin\varphi$。主动力的这两种相反的能力的比值为

$$\frac{F_{max}}{F_{Rx}} = \frac{F_R \cos\varphi f_s}{F_R \sin\varphi} = \frac{f_s}{\tan\varphi} \qquad\qquad ④$$

由式④可知，这个比值与主动力的大小无关。当物体处于临界状态时，物体还是静止的，主动力的抗滑能力等于滑动能力，这时两者的比值为

$$\frac{F_{max}}{F_{Rx}} = \frac{f_s}{\tan\varphi} = 1$$

将这时主动力合力与滑面法线之间的夹角 $\varphi = \varphi_f$ 称为摩擦角。显然，摩擦角 φ_f 只与静摩擦因数 f_s 有关，是事先可以求得的，即

$$f_s = \tan\varphi_f \text{ 或 } \varphi_f = \arctan f_s \qquad\qquad ⑤$$

在对滑块进行受力分析时，事先可画出摩擦角 φ_f，如图 2.29（b）～（d）所示。

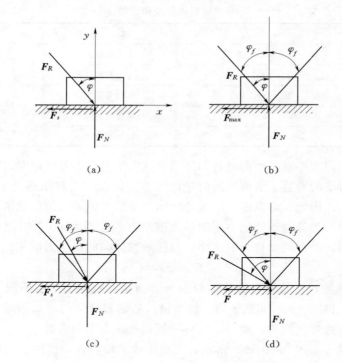

图 2.29

当 $\varphi = \varphi_f$ 时，即主动力合力作用在摩擦角边缘，如图 2.29（b）所示。显然，主动力的抗滑能力与滑动能力的比值为

$$\frac{F_{max}}{F_{Rx}} = \frac{\tan\varphi_f}{\tan\varphi} = 1 \qquad\qquad ⑥$$

式⑥说明主动力的抗滑能力等于其滑动能力，物体必处于临界状态。

当 $\varphi < \varphi_f$ 时，主动力合力作用在摩擦角之内，如图 2.29（c）所示。主动力的抗滑能力与滑动能力的比值为

$$\frac{F_{\max}}{F_{Rr}} = \frac{\tan\varphi_f}{\tan\varphi} > 1 \qquad ⑦$$

式⑦说明主动力的抗滑能力大于其滑动能力，物体必处于静止状态。将主动力合力作用在摩擦角之内，物体处于静止状态这种现象称之自锁。工程实际中常应用自锁条件设计一些机构或夹具，如螺旋千斤顶、压榨机、圆锥销等，使它们始终保持在自锁状态下工作。

当 $\varphi > \varphi_f$ 时，主动力合力作用在摩擦角之外，如图 2.29 （d）所示。主动力的抗滑能力与滑动能力比值为

$$\frac{F_{\max}}{F_{Rr}} = \frac{\tan\varphi_f}{\tan\varphi} < 1 \qquad ⑧$$

式⑧说明主动力的抗滑能力小于其滑动能力，物体必处于滑动状态。

考虑摩擦时物体的平衡　考虑摩擦时物体的平衡问题，其求解步骤与不计摩擦时的平衡问题大致相同，但有如下几个特点：

● 对物体受力分析时，除了主动力和一般的约束力外，还必须考虑接触面间切向的摩擦力 F_s，通常增加了未知量的数目。

● 为确定这些新增加的未知量，需列补充方程，即 $F_s \leqslant f_s F_N$，补充方程的数目与摩擦力的数目相同。

● 由于物体平衡时摩擦力有一定的范围，即 $0 \leqslant F_s \leqslant f_s F_N$，所以有摩擦时平衡问题的解亦有一定的范围，这个范围叫做平衡范围，也可用不等式表示。

● 工程中有不少问题只需要分析平衡的临界状态，这时静摩擦力等于其最大值，补充方程只取等号，即 $F_s = f_s F_N$。在作受力图时，必须根据相对滑动趋势，正确判定摩擦力的方向，摩擦力 F_s 的方向按真实方向画。

【例 2.14】　用绳拉一重为 $F_G = 600\text{N}$ 的物体，绳与水平面的夹角 $\alpha = 30°$，如图 2.30 （a）所示，设物体与地面间的静摩擦因数 $f_s = 0.2$，当绳的拉力 $F_T = 120\text{N}$ 时，问能否拉动物体？并求此时的摩擦力。

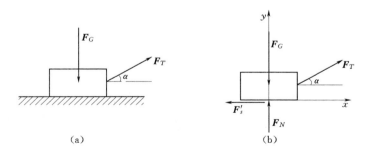

图 2.30

解：（1）取物体为研究对象，假设物体处于静止状态，静摩擦力为 F'_s，画其受力图如图 2.30 （b）所示。

（2）设置坐标系如图 2.30 （b）所示，由静力平衡条件得

$$\sum F_x = 0 \qquad\qquad F_T\cos30° - F'_s = 0$$

则
$$F'_s = F_T\cos30° = 120 \times 0.866 = 103.9(\text{N})$$

$$\sum F_y = 0 \qquad\qquad F_N + F_T \sin 30° - F_G = 0$$

则

$$F_N = F_G - F_T \sin 30° = 600 - 120 \times 0.5 = 540 \text{(N)}$$

由摩擦定律得

$$F_{max} = f_s F_N = 0.2 \times 540 = 108 \text{(N)}$$

（3）判断物体的运动状态。由于假设物体静止时所需的静摩擦力 F'_s 小于最大静摩擦力 F_{max}，所以物体确实处于静止状态。这时接触面上产生的静摩擦力为 $F_s = 103.9$（N）。

本例题是判断物体处于静止还是滑动状态的问题，求解这一类问题时，先假设物体处于静止状态，由平衡条件计算此时接触面上的假设静摩擦力的值 F'_s，由摩擦定律计算最大静摩擦力值 F_{max}。根据式（2.23）判定物体的运动状态。

【例 2.15】 物体重为 F_G，放在倾角为 θ 的斜面上，它与斜面间的静摩擦因数为 f_s，如图 2.31（a）所示。当物体处于平衡时，试求水平力 F_1 的取值范围。

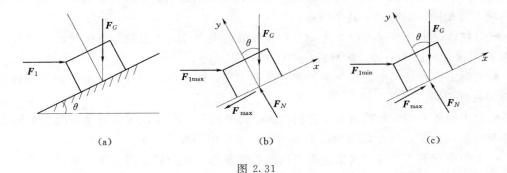

(a)　　　　　　　　(b)　　　　　　　　(c)

图 2.31

解：（1）对物体上滑的临界状态进行受力分析。在此状态下，静摩擦力 F_s 沿斜面向下，并达到最大值 F_{max}，这时，水平力 F_1 也就达到了其最大值 F_{1max}。物体受力如图 2.31（b）所示，列平衡方程

$$\sum F_x = 0 \qquad\qquad F_{1max} \cos\theta - F_G \sin\theta - F_{max} = 0$$
$$\sum F_y = 0 \qquad\qquad F_N - F_{1max} \sin\theta - F_G \cos\theta = 0$$

列补充方程

$$F_{max} = f_s F_N$$

三式联立，可解得

$$F_{1max} = F_G \frac{\sin\theta + f_s \cos\theta}{\cos\theta - f_s \sin\theta} = F_G \frac{\tan\theta + f_s}{1 - f_s \tan\theta}$$

（2）对物体下滑的临界状态进行受力分析。在此状态下，摩擦力 F_s 沿斜面向上，并达到最大值 F_{max}，这时，水平力 F_1 将为最小值 F_{1min}。物体受力如图 2.31（c）所示。列平衡方程

$$\sum F_x = 0 \qquad\qquad F_{1min} \cos\theta - F_G \sin\theta + F_{max} = 0$$
$$\sum F_y = 0 \qquad\qquad F_N - F_{1min} \sin\theta - F_G \cos\theta = 0$$

列补充方程

$$F_{max} = f_s F_N$$

三式联立，可解得

$$F_{1min} = F_G \frac{\sin\theta - f_s \cos\theta}{\cos\theta + f_s \sin\theta} = F_G \frac{\tan\theta - f_s}{1 + f_s \tan\theta}$$

（3）确定平衡范围。综合上述两个结果可知，为使物块静止，力 F_1 必须满足如下条件

$$F_{1\min} \leqslant F_1 \leqslant F_{1\max}$$

在此例题中，如斜面的倾角小于摩擦角，即 $\tan\theta < f_s$，推力 $F_{1\min} = F_G \dfrac{\tan\theta - f_s}{1 + f_s \tan\theta}$ 为负值。这说明，此时物块不需要力 F_1 的支持就能静止于斜面上；而且无论重力 F_G 有多大，物块也不会下滑，这就是自锁现象。另外，此例题要求 F_1 的取值范围，为了计算方便，也先在临界状态下计算，求得结果后再分析、讨论其解的平衡范围。

【例 2.16】　铰车制动器如图 2.32（a）所示。已知鼓轮半径 $r = 0.15\text{m}$，制动轮半径 $R = 0.5\text{m}$，主动力 $F_1 = 200\text{N}$，制动轮与制动块之间的静摩擦因数 $f_s = 0.6$，图中尺寸 $a = 0.4\text{m}$，$b = 1.6\text{m}$。试求维持系统静止所需最小制动力 F_2 的大小（不计制动块的厚度）。

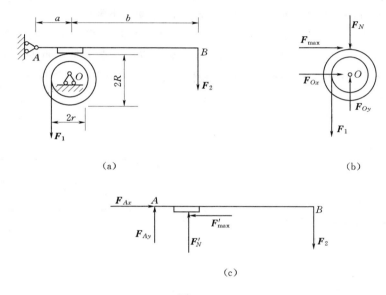

（a）　　　　　　　　　　　　　　　（b）

（c）

图 2.32

解：（1）取制动轮为研究对象，对其临界状态进行受力分析。制动轮在主动力 F_1 作用下，具有逆时针转动趋势。因此，制动块除给制动轮正压力 F_N 外，还有一个向右的最大静摩擦力 $F_{\max}$。其受力图如图 2.32（b）所示。列平衡方程，得

$$\sum M_O(\boldsymbol{F}) = 0 \qquad\qquad F_1 r - F_{\max} R = 0$$

$$F_{\max} = \frac{r}{R} F_1$$

列补充方程

$$F_{\max} = f_s F_N$$

求解以上方程，得

$$F_N = \frac{F_1 r}{f_s R} = \frac{200 \times 0.15}{0.6 \times 0.5} = 100(\text{N})$$

（2）取杆 AB 为研究对象，画其受力图如图 2.32（c）所示。列平衡方程，得

$$\sum M_A(F) = 0 \qquad\qquad F'_N \times a - F_2(a + b) = 0$$

则

$$F_2 = \frac{F'_N \times a}{a + b} = \frac{100 \times 0.4}{0.4 + 1.6} = 20(\text{N})$$

此例题是考虑摩擦时，物体系统的平衡问题。在最小制动力 F_2 作用的情况下，物体系统处于临界平衡状态。

思考题

2.26　当汽车行驶在结冰的路面上时，采用什么办法可以防止打滑？

2.27　在风的作用下形成的沙堆，迎风面的坡度较小，背风面的坡度较大，沙的摩擦角等于迎风面的坡度还是背风面的坡度？为什么？

2.28　在用传送皮带输送物体时，对皮带运行的速度以及坡度有无限制？为什么？

2.29　物体 A 放在粗糙的斜面上，如图所示，设 $\alpha > \varphi_m$（物体不自锁）。现在物体上加一个垂直斜面方向的力 F，问加上此力后能否制止物体下滑？为什么？

2.30　已知桌子重 F_G，尺寸如图所示。现以水平力 F 推桌子，当刚开始推动时，A、B 两处的摩擦力是否都达到最大值？若 A、B 两处的摩擦因数相同，此时两处的摩擦力是否相等？当力 F 较小而未能推动桌子时，能否求出 A、B 两处的静摩擦力？

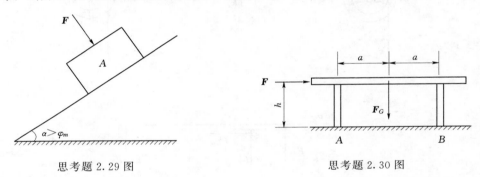

思考题 2.29 图　　　　　　　　思考题 2.30 图

习题

2.32　图示为一吊桥的锚固墩，吊桥的铁索锚固在墩内。已知铁索的拉力 $F = 1960\text{kN}$，锚固墩与地基的静摩擦因数为 0.4。铁索与水平线间的夹角 $\alpha = 20°$，求锚固墩不致滑动时的最小自重。

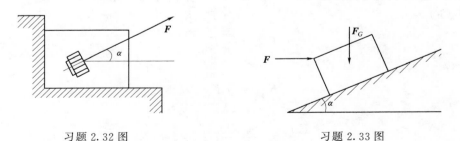

习题 2.32 图　　　　　　　　习题 2.33 图

2.33　图示物体重 $F_G = 1000\text{N}$，放在倾角 $\alpha = 30°$ 的斜面上，物体与斜面接触面间的静摩擦因数 $f_s = 0.15$，如受水平力 $F = 500\text{N}$ 作用，问此物体是否发生滑动？如滑动，其滑动方向朝上还是朝下？如果静止，静摩擦力的大小和方向如何？

2.34　图示为用以升降混凝土的简单起重机。已知混凝土和吊桶共重 25kN，吊桶与滑道间的静摩擦因数为 0.3，分别求重物匀速上升与下降时的绳子张力。

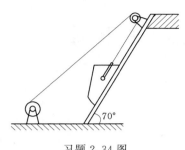

习题 2.34 图

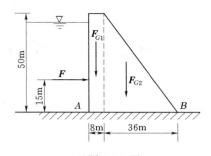

习题 2.35 图

2.35　图示为混凝土坝的横断面，坝高 50m，底宽 44m，设 1m 长的坝段受到水压力 $F=9930$kN，作用位置如图示。混凝土的容重 $\gamma=22$kN/m³。坝与地面的静摩擦因数为 0.6，问此坝是否会滑动？此坝是否会绕点 B 而倾倒？

2.36　砖夹由曲杆 AHB 和 $HCED$ 在点 H 铰接而成。砖重为 F_G，提砖的力 F 与砖的重力 F_G 作用在同一铅直线上，其余尺寸如图所示，尺寸 b 是点 H 到砖块上所受压力的合力作用线间的距离。设砖夹与砖之间的静摩擦因数为 0.5，问 b 应为多大时才能把砖夹起？

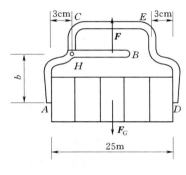

习题 2.36 图

第 3 章 空间力系的平衡

本章主要内容：

- 介绍力在空间坐标轴上的投影与力对轴取矩的概念。
- 讨论空间力系的平衡方程及其应用。
- 介绍重心的概念及其确定方法。

3.1 力在空间直角坐标轴上的投影

作用在物体上各力的作用线不在同一个平面内的力系称空间力系。若空间力系中各力作用线都汇交于一点，称为空间汇交力系；若空间力系中各力作用线都相互平行，称为空间平行力系；若空间力系中各力作用线在空间既不汇交于一点，也不全平行时，称为空间任意力系。在工程中，大多数空间力系可简化为平面力系来研究，但有时，却必须按空间力系来计算。

直接投影法 在空间直角坐标系 $Oxyz$ 中，若作用于 O 点的力 $\boldsymbol{F}$ 与 x、y、z 轴正向间的夹角分别为 α、β、γ，如图 3.1 所示。力 $\boldsymbol{F}$ 在三个直角坐标轴上的投影 F_x、F_y、F_z 为代数量，过力 $\boldsymbol{F}$ 的末端 A 作三条分别垂直于坐标轴的垂线，由点 O 到垂足间的距离为各投影的大小，正号反映了由起点向末垂足的方向与轴正向相同，负号反映了由起点向末垂足的方向与轴正向相反。力 $\boldsymbol{F}$ 在三个直角坐标轴上的投影为

$$\left.\begin{array}{l} F_x = F\cos\alpha \\ F_y = F\cos\beta \\ F_z = F\cos\gamma \end{array}\right\} \tag{3.1}$$

二次投影法 当力 $\boldsymbol{F}$ 与坐标轴 Ox、Oy 间的夹角不易确定时，可将力 $\boldsymbol{F}$ 正交分解为

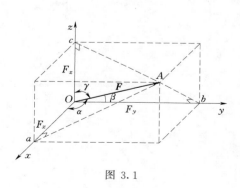

图 3.1

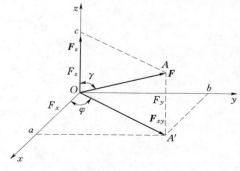

图 3.2

平行于 z 轴的分力 $\boldsymbol{F}_z$ 和平行于 Oxy 平面的分力 $\boldsymbol{F}_{xy}$，如图 3.2 所示。若已知 γ 角和 φ 角（φ 为由 x 轴正向向 $\boldsymbol{F}_{xy}$ 的正向逆时针转的夹角），然后再把力 $\boldsymbol{F}_{xy}$ 投影到 x、y 轴上。于是力 $\boldsymbol{F}$ 在三个轴上的投影为

$$\left.\begin{array}{l} F_x = F\sin\gamma\cos\varphi \\ F_y = F\sin\gamma\sin\varphi \\ F_z = F\cos\gamma \end{array}\right\} \tag{3.2}$$

在实际问题中，究竟采用哪种投影法则视已知条件而定。

用力的投影求力　如果已知力 $\boldsymbol{F}$ 在三个直角坐标轴上的投影 F_x、F_y、F_z，由图 3.2 可知。在直角三角形 OaA' 中，有 $F_{xy}^2 = F_x^2 + F_y^2$。在直角三角形 $OA'A$ 中，有 $F^2 = F_{xy}^2 + F_z^2$。则该力的大小为

$$F = \sqrt{F_x^2 + F_y^2 + F_z^2} \tag{3.3}$$

由图 3.1 可知，该力的方向余弦为

$$\left.\begin{array}{l} \cos\alpha = \dfrac{F_x}{F} \\[2mm] \cos\beta = \dfrac{F_y}{F} \\[2mm] \cos\gamma = \dfrac{F_z}{F} \end{array}\right\} \tag{3.4}$$

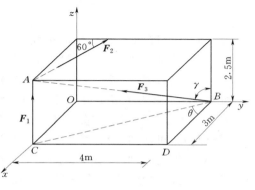

图 3.3

【例 3.1】　已知一长方体上作用三个力，三个力的大小分别为 $F_1 = 500\text{N}$，$F_2 = 1000\text{N}$，$F_3 = 1500\text{N}$，三个力的方向及长方体的尺寸如图 3.3 所示。试求各力在三个坐标轴上的投影。

解：由于力 $\boldsymbol{F}_1$、$\boldsymbol{F}_2$ 与三个坐标轴正向间的夹角已知，因此用直接投影法，得

$$F_{1x} = 500\cos90° = 0, F_{2x} = 1000\cos150° = -866(\text{N})$$

$$F_{1y} = 500\cos90° = 0, F_{2y} = 1000\cos60° = 500(\text{N})$$

$$F_{1z} = 500\cos0° = 500(\text{N}), F_{2z} = 1000\cos90° = 0$$

求力 $\boldsymbol{F}_3$ 在三个坐标轴上的投影用间接投影法得

$$F_{3x} = 1500\sin\gamma\cos(360° - \theta) = 1500 \times \frac{5}{\sqrt{31.25}} \times \frac{3}{5} = 805(\text{N})$$

$$F_{3y} = 1500\sin\gamma\sin(360° - \theta) = -1500 \times \frac{5}{\sqrt{31.25}} \times \frac{4}{5} = -1073.3(\text{N})$$

$$F_{3z} = 1500\cos\gamma = 1500 \times \frac{2.5}{\sqrt{31.25}} = 670.8(\text{N})$$

3.2　力 对 轴 之 矩

力对轴之矩的概念　在工程和生活中，经常会遇到物体绕固定轴转动的情况。力使物体绕某轴转动的效应，由力对该轴的矩来度量。设有一扇可绕 z 轴转动的门，如图 3.4

（a）、（b）所示，分别在门上点 A 施加与 z 轴平行的力 $\boldsymbol{F}_1$ 和与 z 轴相交的力 $\boldsymbol{F}_2$，由经验可知，无论力 $\boldsymbol{F}_1$ 和 $\boldsymbol{F}_2$ 有多大，都不可能使门绕 z 轴转动。因此可得结论：力与轴平行或与轴相交，即力与轴共面时，力使物体绕该轴的转动效应为零。

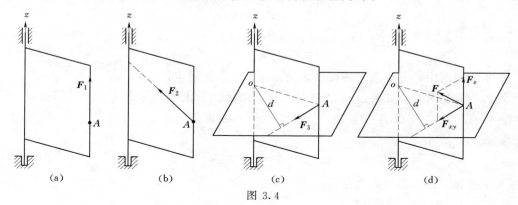

图 3.4

若力 $\boldsymbol{F}_3$ 作用在垂直于 z 轴的平面内，如图 3.4（c）所示，力 $\boldsymbol{F}_3$ 使门绕 z 轴的转动效应等于力 $\boldsymbol{F}_3$ 对 z 轴与平面（过力 $\boldsymbol{F}_3$ 作 z 轴的垂面）的交点 o 的矩，即

$$M_z(\boldsymbol{F}_3) = M_o(\boldsymbol{F}_3)$$

通常情况下，力 $\boldsymbol{F}$ 不在垂直于 z 轴的平面内，也不与 z 轴共面，如图 3.4（d）所示。将力 $\boldsymbol{F}$ 分解为平行于 z 轴的分力 $\boldsymbol{F}_z$ 和垂直于 z 轴的分力 $\boldsymbol{F}_{xy}$。显然分力 $\boldsymbol{F}_z$ 不能使门转动，而分力 $\boldsymbol{F}_{xy}$ 可使门转动。所以力 $\boldsymbol{F}$ 使门绕 z 轴的转动效应完全由分力 $\boldsymbol{F}_{xy}$ 来决定，而分力 $\boldsymbol{F}_{xy}$ 对 z 轴的转动效应可用力 $\boldsymbol{F}_{xy}$ 对 o 点的矩来度量。

综上所述，过力作用点作 z 轴的垂面，把力 $\boldsymbol{F}$ 正交分解为垂直于 z 轴和平行于 z 轴的两个分力 $\boldsymbol{F}_{xy}$、$\boldsymbol{F}_z$，将轴垂面上的分力 $\boldsymbol{F}_{xy}$ 对轴与其垂面交点 o 的矩，定义为力 $\boldsymbol{F}$ 对 z 轴之矩，其表达式为

$$M_z(\boldsymbol{F}) = M_o(\boldsymbol{F}_{xy}) = \pm F_{xy}d \qquad (3.5)$$

式（3.5）中，可用右手法则确定反映转向的正负号，即以右手四指表示力使物体绕 z 轴转动的方向，若大拇指指向与 z 轴正向相同，矩为正号，反之取负号。由此可见，力对轴的矩为代数量。力对轴的矩的单位用 N·m 或 kN·m。

合力矩定理   由图 3.4（d）可以看出，力 $\boldsymbol{F}$ 对 z 轴取矩也可以看待成力 $\boldsymbol{F}$ 的两个分力 $\boldsymbol{F}_z$、$\boldsymbol{F}_{xy}$ 对 z 轴取矩之代数和，分力 $\boldsymbol{F}_{xy}$ 对 z 轴取矩又可以视为分力 $\boldsymbol{F}_x$、$\boldsymbol{F}_y$ 对 z 轴取矩之代数和。因此，力 $\boldsymbol{F}$ 对 z 轴取矩写成如下形式

$$M_z(\boldsymbol{F}) = M_z(\boldsymbol{F}_x) + M_z(\boldsymbol{F}_y) + M_z(\boldsymbol{F}_z) \qquad (3.6)$$

式（3.6）中，显然 $M_z(\boldsymbol{F}_z) = 0$。由此可得空间力系的合力矩定理：合力对某轴的矩等于各分力对该轴的矩的代数和。

3.3　空间力系的平衡方程

空间汇交力系的平衡方程   如图 3.5（a）所示，某物体受到汇交于 O 点的空间汇交力系作用。空间汇交力系与平面汇交力系相同，可以合成一个作用于汇交点的一个合力

F_R，如图 3.5（b）所示。合力 F_R 的力矢等于各分力 F_i 力矢的矢量和，如图 3.5（c）所示。合力的矢量为

$$F_R = F_1 + F_2 + \cdots + F_n = \sum F_i$$

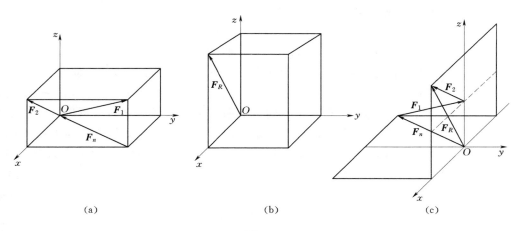

图 3.5

将上式等号两端矢量分别向 x、y、z 轴投影，即

$$F_{Rx} = \sum F_{xi}, F_{Ry} = \sum F_{yi}, F_{Rz} = \sum F_{zi} \tag{3.7}$$

式（3.7）称为空间力系的合力投影定理，即合力在某轴上的投影等于各分力在同一轴上投影的代数和，由图 3.5（c）中空间力矢多边形直接可判定出此定理成立。

由式（3.3）可知，合力 F_R 的大小为

$$F_R = \sqrt{(\sum F_{xi})^2 + (\sum F_{yi})^2 + (\sum F_{zi})^2}$$

由于空间汇交力系可合成为一个合力，因此，空间汇交力系平衡的必要和充分条件为：该力系的合力等于零，即

$$F_R = \sqrt{(\sum F_x)^2 + (\sum F_y)^2 + (\sum F_z)^2} = 0$$

欲使上式成立，必须同时满足

$$\left. \begin{array}{c} \sum F_x = 0 \\ \sum F_y = 0 \\ \sum F_z = 0 \end{array} \right\} \tag{3.8}$$

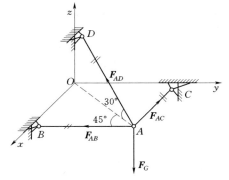

图 3.6

式（3.8）称为空间汇交力系的平衡方程（为便于书写，下标 i 可略去），可用来求解三个未知量。

【例 3.2】　直杆 AB、AC、AD 铰接于点 A，悬挂一重物，物体的重量 $F_G = 1000\mathrm{N}$，如图 3.6 所示，直杆 AB 与 AC 等长且垂直，已知 $\angle OAD = 30°$，$\angle OAB = 45°$，且 B、C、D 均为铰链。不计杆重，试求各杆所受的力。

解：取铰接点 A 为研究对象，画受力图如图 3.6 所示。选直角坐标系 $Oxyz$。列平衡方程

$$\sum F_x = 0 \qquad\qquad -F_{AC} - F_{AD}\cos30°\sin45° = 0$$
$$\sum F_y = 0 \qquad\qquad -F_{AB} - F_{AD}\cos30°\cos45° = 0$$
$$\sum F_z = 0 \qquad\qquad F_{AD}\sin30° - F_G = 0$$

由以上三式联合求解得

$$F_{AD} = 2000(\text{N})$$
$$F_{AC} = F_{AB} = -1224.7(\text{N})$$

直杆所受力 $\boldsymbol{F}_{AC}$、$\boldsymbol{F}_{AB}$ 的值为负，表示其实际方向与受力图中所设的方向相反。

空间任意力系的平衡方程　空间任意力系与平面任意力系相同，也可以向一点简化，简化后可得到一个空间汇交力系和一个空间力偶系。这个空间汇交力系可以合成一个合力，空间力偶系也可以合成一个力偶。当力系平衡时，物体在空间任意方向上都不能移动，也不能绕任意轴转动，这个汇交力系的合力等于零，这个空间力偶系的合力偶矩等于零。因此，空间任意力系的平衡方程共有六个，即

$$\left.\begin{aligned} \sum F_x &= 0 \\ \sum F_y &= 0 \\ \sum F_z &= 0 \\ \sum M_x(\boldsymbol{F}) &= 0 \\ \sum M_y(\boldsymbol{F}) &= 0 \\ \sum M_z(\boldsymbol{F}) &= 0 \end{aligned}\right\} \qquad (3.9)$$

式（3.9）称为空间任意力系的平衡方程，表明空间任意力系平衡时，力系中所有各力在每一个轴上的投影代数和等于零，并且各力对于每一个坐标轴的矩的代数和也等于零。六个方程可用来求解六个未知量。

【例 3.3】　水平的正方形板用六根直杆固定于地面上，直杆两端均用球铰连接。板中间作用一力 F，方向竖直向下，如图 3.7 所示。杆及板的重量不计，求各杆所受的力。

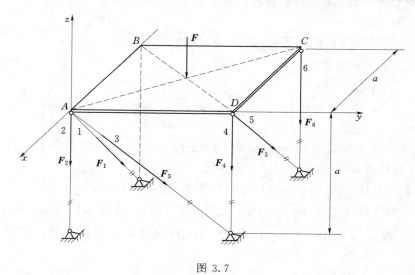

图 3.7

解：以平板为研究对象，由于各杆均为二力杆，设各杆受拉，受力图及坐标轴设置如

图 3.7 所示。列方程求解：

$$\sum M_y(\boldsymbol{F}) = 0 \qquad -F_6 \times a - F \times \frac{a}{2} = 0 \qquad F_6 = -\frac{F}{2}$$

$$\sum M_z(\boldsymbol{F}) = 0 \qquad F_5\sin45° \times a = 0 \qquad F_5 = 0$$

$$\sum M_x(\boldsymbol{F}) = 0 \qquad -F_4 \times a - F_6 \times a - F \times \frac{a}{2} = 0 \quad F_4 = 0$$

$$\sum F_x = 0 \qquad -F_1\sin45° - F_5\sin45° = 0 \qquad F_1 = 0$$

$$\sum F_y = 0 \qquad F_3\sin45° = 0 \qquad F_3 = 0$$

$$\sum F_z = 0 \qquad -F_2 - F_6 - F = 0 \qquad F_2 = -F_6 - F = -\frac{F}{2}$$

$\boldsymbol{F}_2$ 与 $\boldsymbol{F}_6$ 为负值，说明 2 杆和 6 杆受压。

空间平行力系的平衡方程　空间平行力系是空间任意力系的一种特殊情形。如图 3.8 所示，物体所受空间平行力系作用，取 z 轴与各力的作用线平行，不论力系是否平衡，都恒有 $\sum F_x \equiv 0$，$\sum F_y \equiv 0$，$\sum M_z(\boldsymbol{F}) \equiv 0$。由空间任意力系的平衡方程式（3.9）可知，空间平行力系的独立平衡方程的数目只有三个，即

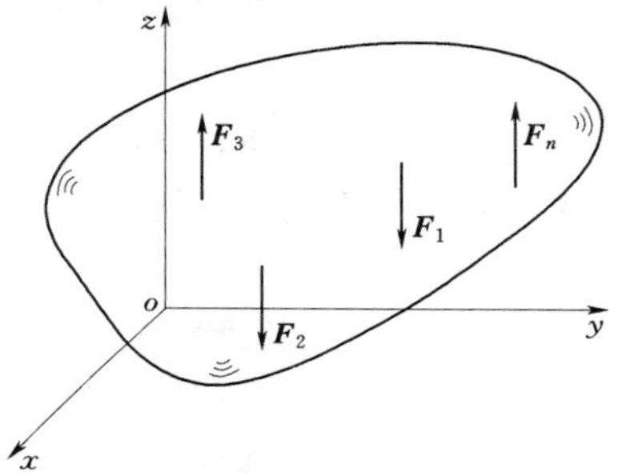

$$\left.\begin{array}{l} \sum F_z = 0 \\ \sum M_x(\boldsymbol{F}) = 0 \\ \sum M_y(\boldsymbol{F}) = 0 \end{array}\right\} \qquad (3.10)$$

图 3.8

式（3.10）称为空间平行力系的平衡方程，表明空间平行力系平衡时，力系中所有各力在与力的作用线不垂直的坐标轴上的投影代数和等于零，并且这些力对其他两个与力作用线不平行的轴之矩代数和等于零。三个方程可用来求解三个未知量。

【例 3.4】　三轮推车上放置一电动机，如图 3.9（a）所示。已知 $AH = BH = 0.5\text{m}$，$CH = 1.5\text{m}$，$EH = 0.3\text{m}$，$DE = 0.5\text{m}$；电动机重量 $F_G = 1.5\text{kN}$，作用在点 D，如图 3.9（b）所示。试求车轮 A、B、C 所受的压力。

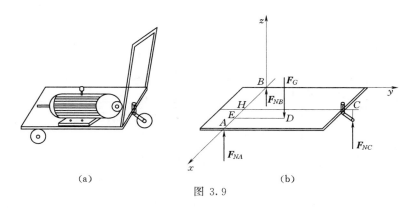

(a)　　　　　　　　　　(b)

图 3.9

解：取三轮推车为研究对象，画受力图如图 3.9（b）所示。设置直角坐标系 $Bxyz$，

列平衡方程

$$\sum M_x(\boldsymbol{F}) = 0 \qquad F_{NC} \times CH - F_G \times DE = 0$$

则

$$F_{NC} = \frac{F_G \times DE}{CH} = \frac{1.5 \times 0.5}{1.5} = 0.5(\text{kN})$$

$$\sum M_y(\boldsymbol{F}) = 0 \qquad F_G \times BE - F_{NC} \times BH - F_{NA} \times AB = 0$$

则

$$F_{NA} = \frac{F_G \times BE - F_{NC} \times BH}{AB} = \frac{1.5 \times 0.8 - 0.5 \times 0.5}{1} = 0.95\ (\text{kN})$$

$$\sum F_z = 0 \qquad F_{NA} + F_{NB} + F_{NC} - F_G = 0$$

则

$$F_{NB} = F_G - F_{NA} - F_{NC} = 1.5 - 0.95 - 0.5 = 0.05\ (\text{kN})$$

思考题

3.1　在空间直角坐标系中，只平行于坐标轴的力、只垂直一个坐标轴的力和不垂直任一个坐标轴的力，三种力分别有几个不为零的投影？

3.2　设有一力 $\boldsymbol{F}$，试问在何种情况下有 $F_x = 0$，$M_x(\boldsymbol{F}) = 0$？在什么情况下 $F_x = 0$，$M_x(\boldsymbol{F}) \neq 0$？又在何种情况下有 $F_x \neq 0$，$M_x(\boldsymbol{F}) \neq 0$？

3.3　已知力 $\boldsymbol{F}$ 与 x 轴的夹角为 α，与 y 轴的夹角为 β。若已知力 F 的大小，能否计算出此力在 z 轴上的投影 F_z？

3.4　你开门或闭门时，力作用在什么位置和方向最为省力？

3.5　三个直立腿的板凳放在水平地面上，在已知板凳重量的情况下，能否求出地面对三个腿的支持力？另外，对于四腿的板凳能否求出地面的支持力？为什么？

3.6　一个空间任意力系，在其平衡时，可列几个独立平衡方程？

3.7　空间任意力系向三个互相垂直的坐标平面投影，可得到三个平面力系，每个平面力系可列出三个平衡方程，故共可列出九个平衡方程。这样是否可以求解出九个未知量？试说明理由。

习题

3.1　试分别求出图示各力在三个坐标轴上的投影，已知 $F_1 = 30\text{N}$，$F_2 = 20\text{N}$，$F_3 = 10\text{N}$。

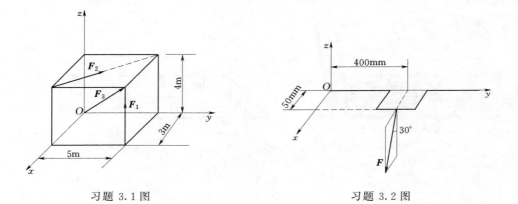

习题 3.1 图　　　　　　　　　　　习题 3.2 图

3.2　试求图示力分别对三个坐标轴的力矩，已知 $F=1$kN，力作用面与 Oxz 坐标面平行，作用线与 z 轴夹角 $30°$，曲柄在 Oxy 平面内。

3.3　在图示空间支架中，AB、AC、AD 三杆杆端均为球铰连接，杆的自重不计。已知：$F_G=10$kN，$AB=4$m，$AC=3$m，且 A、B、E、C 在同一水平面内。试求三支承杆的内力。

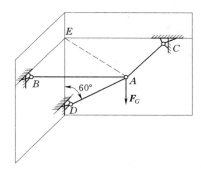

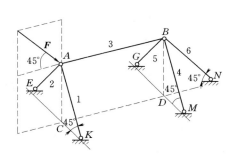

习题 3.3 图　　　　　　　　　　　习题 3.4 图

3.4　图示支架由六根铰接杆组成。等腰三角形 EAK、GBM 和 NDB 的各顶点 A、B 和 D 处均为直角，且杆 1、2、4、5 等长，在节点 A 上于 $ABNDC$ 平面内作用一力 $F=20$kN。求各杆所受的力。

3.5　在竖杆 AB 上施加图示的力，BD、BC 为受拉绳索，竖杆 AB 在基础处由球铰支撑，如果 140kN 和 75kN 的力都位于水平平面内，且 75kN 的力与 y 轴平行。求 A 处的约束力。

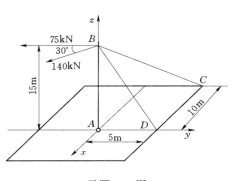

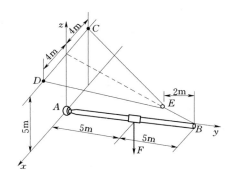

习题 3.5 图　　　　　　　　　　　习题 3.6 图

3.6　图示吊杆 AB 用点 A 的球形铰与墙壁垂直相连，用图示的滑轮 E 和绳索（DEC）系统保持平衡。如果 $F=1500$kN，求点 A 约束力在 x、y、z 轴方向的分量及绳索 DEC 的拉力。

3.7　图示均匀混凝土板的重量 $F_G=22$kN，当绳索提升混凝土板到图示的水平平面时，求三根互相平行的钢索中的拉力。

3.8　为了保持图示 1/4 圆板的平衡，求作用在点 A 球铰的约束力、可动铰支座 B 的约束力及绳索 CD 的拉力。

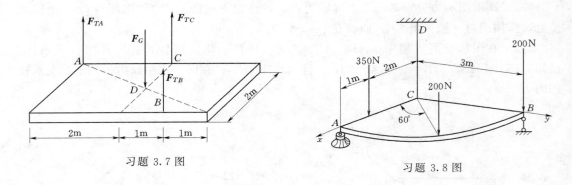

习题 3.7 图

习题 3.8 图

3.4 物 体 的 重 心

重心的概念 在地球表面附近的物体，它的每一微小部分都受重力的作用。这些众多的微小重力汇交于地球中心。但由于地球半径远远大于一般物体的尺寸，所以可近似地认为这些微小重力是一个空间同向平行力系。这个力系的合力就是物体的重力，方向竖直向下，其合力的作用点称为物体的重心。物体的重心位置相对于物体是固定的，重心有时也可能在物体的形体之外。在工程中，重心具有很重要的实用价值。如挡土墙、水坝等，为了保证其不倾倒，必须选择适当的断面形状和尺寸，使其重心在某一范围内。又如吊装预制构件和大型的机械零件，需要知道其重心的位置，吊装才能平稳。因此，要求必须会求物体的重心位置。

物体重心坐标公式 将物体分割成 n 个微小部分，各部分的重力分别为 ΔF_{G1}、

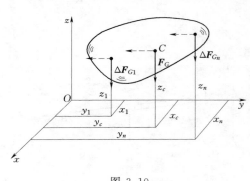

图 3.10

ΔF_{G2}、…、ΔF_{Gn}，选取坐标系 $Oxyz$，各微小部分重力作用点的坐标分别为（x_1、y_1、z_1），（x_2、y_2、z_2），…，（x_n、y_n、z_n），物体重心 C 的坐标为（x_C、y_C、z_C），如图 3.10 所示。物体的重力大小为

$$F_G = \sum \Delta F_{Gi}$$

根据合力矩定理，各个微小重力对 y 轴取矩可得

$$M_y(F_G) = \sum M_y(\Delta F_{Gi})$$

即

$$F_G x_c = \sum \Delta F_{Gi} x_i$$

所以

$$x_c = \frac{\sum \Delta F_{Gi} x_i}{F_G}$$

同理，对 x 轴取矩可得

$$y_c = \frac{\sum \Delta F_{Gi} y_i}{F_G}$$

将物体连同坐标系 $Oxyz$ 一起绕 x 轴逆转 $90°$ 后使 y 轴向上，于是重力与 y 轴平行，重力指向 y 轴的负向，如图中虚线箭头所示的方向。由重心的概念可知，物体重心 C 相

对物体的位置不变，这时再对 x 轴取矩可得

$$z_c = \frac{\sum \Delta F_{Gi} z_i}{F_G}$$

所以，一般物体重心的坐标公式为

$$x_c = \frac{\sum \Delta F_G x}{F_G},\ y_c = \frac{\sum \Delta F_G y}{F_G},\ z_c = \frac{\sum \Delta F_G z}{F_G} \tag{3.11}$$

若将物体分割成无限个微块，可写成积分形式，即

$$x_c = \frac{\int_{F_G} x\,\mathrm{d}F_G}{F_G},\ y_c = \frac{\int_{F_G} y\,\mathrm{d}F_G}{F_G},\ z_c = \frac{\int_{F_G} z\,\mathrm{d}F_G}{F_G} \tag{3.12}$$

均质物体重心坐标公式　许多物体可看成是均质的，即物体的单位体积重量 γ 是常数。若物体的体积为 V，则物体的重量为 $F_G = \gamma V$，每一微小体积的重量为 $\Delta F_G = \gamma \Delta V$。把此关系代入式（3.11），并消去 γ，则得均质物体的重心坐标公式为

$$x_c = \frac{\sum \Delta V x}{V},\ y_c = \frac{\sum \Delta V y}{V},\ z_c = \frac{\sum \Delta V z}{V} \tag{3.13}$$

式（3.13）在极限情况下，可写成积分形式，即

$$x_c = \frac{\int_V x\,\mathrm{d}V}{V},\ y_c = \frac{\int_V y\,\mathrm{d}V}{V},\ z_c = \frac{\int_V z\,\mathrm{d}V}{V} \tag{3.14}$$

对于厚度远比其他两个方面尺寸小很多的均质等厚薄平板，取平板对称面为 Oxy 平面，如图 3.11 所示。薄平板的重心就在对称平面上，即 $z_c = 0$。设板厚为 t，若平板的面积为 A，则物体的总体积为 $V = tA$；每一微小部分的体积为 $\Delta V = t\Delta A$，把此关系代入式（3.13）中，并消去 t，则得等厚均质平薄板的重心坐标公式为

$$\left.\begin{array}{l} x_c = \dfrac{\sum \Delta A x}{A} \\[2mm] y_c = \dfrac{\sum \Delta A y}{A} \end{array}\right\} \tag{3.15}$$

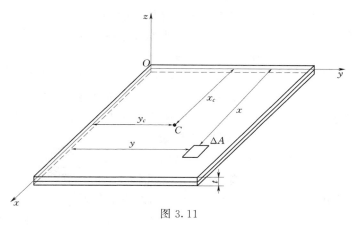

图 3.11

式（3.15）在极限情况下，可写成积分形式，即

$$x_c = \frac{\int_A x\,\mathrm{d}A}{A} \atop y_c = \frac{\int_A y\,\mathrm{d}A}{A} \quad\quad (3.16)$$

【例 3.5】　试求图 3.12 所示均质物体的重心。

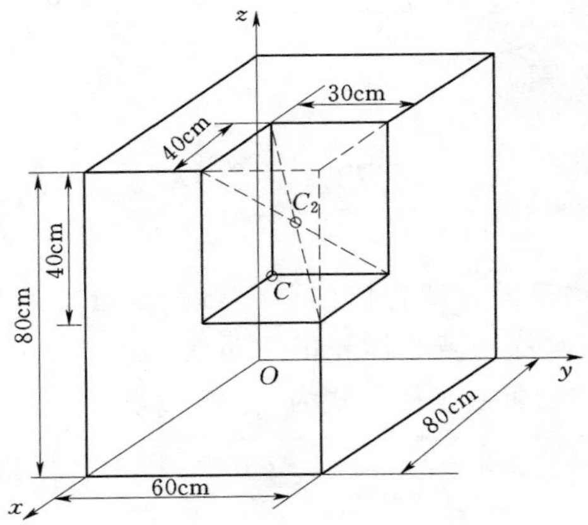

解：可将图示物体的形状看成为一个大长方体挖去一个小长方体而成。以 C_1、C_2 分别表示这两个长方体的重心。

图 3.12

取坐标系如图 3.12 所示。计算两长方体的体积及其重心坐标，挖去的体积应视为负值。即

$$V_1 = 80 \times 60 \times 80 = 384000\,(\mathrm{cm}^3)$$

$$x_1 = 40\mathrm{cm}, y_1 = 30\mathrm{cm}, z_1 = 40\mathrm{cm}$$

$$V_2 = -40 \times 30 \times 40 = -48000\,(\mathrm{cm}^3)$$

$x_2 = 60\mathrm{cm}$, $y_2 = 45\mathrm{cm}$, $z_2 = 60\mathrm{cm}$, 应用重心坐标公式（3.13），求得该物体的重心坐标为

$$x_c = \frac{V_1 x_1 + V_2 x_2}{V_1 + V_2} = \frac{384000 \times 40 + (-48000) \times 60}{384000 - 48000} = 37.1\,(\mathrm{cm})$$

$$y_c = \frac{V_1 y_1 + V_2 y_2}{V_1 + V_2} = \frac{384000 \times 30 + (-48000) \times 45}{384000 - 48000} = 27.9\,(\mathrm{cm})$$

$$z_c = \frac{V_1 z_1 + V_2 z_2}{V_1 + V_2} = \frac{384000 \times 40 + (-48000) \times 60}{384000 - 48000} = 37.1\,(\mathrm{cm})$$

利用对称性判定均质物体重心　若均质物体有对称面、对称轴或对称中心，则该物体的重心在此对称面、对称轴或对称中心上。在求解均质物体重心时，若物体有对称面或对称轴，将坐标轴可设置在对称轴或对称面上，这样可减小计算量。

试验法确定物体重心　在工程中，对一些形状复杂或质量分布不均匀的物体，常用试验法来确定物体重心位置。常用的有以下两种方法：

● 悬挂法。对于形状复杂的薄板或具有对称面的板形零件，可先将薄板悬挂于任意一点 A [图 3.13（a）]，由二力平衡条件可知，重心一定在过悬挂点的铅垂线 AB 上，待薄板平衡后，画出铅垂线 AB。然后再将薄板悬挂于另一点 D [图 3.13（b）]，同样可画出另一铅垂线 DE。两直线的交点 C，即为该薄板的重心。

● 称重法。工程上对体积较大的物体，常用称重法来确定其重心位置。例如，一发动机连杆，由于具有对称轴，所以只需确定重心在此轴线上的位置。首先用磅秤称出连杆的总重量 F_G，然后将其一端支承在点 A，将另一端点 B 置于磅秤上（图 3.14），测出支点 A 与 B 间的水平距离 l，最后列出连杆所受的力系对端点 A 的力矩方程。即

$$\sum M_A(\boldsymbol{F}) = 0 \qquad\qquad F_B l - F_G x_c = 0$$

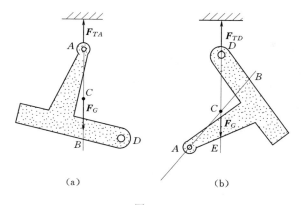

图 3.13

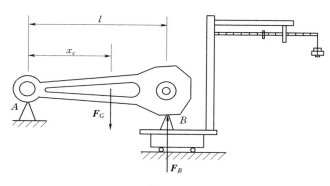

图 3.14

求解此方程，即得到发动机连杆的重心位置为

$$x_c = \frac{F_B l}{F_G}$$

思考题

3.8 重心是物体重力合力的作用点，此点一定要在物体上吗？

3.9 你是否可以应用二力平衡原理，采用实验的方法确定小物体的重心？

3.10 计算物体的重心，如果选取两个不同的坐标系，则得出的重心坐标数值是否一样？这是否意味着物体的重心位置会改变？

3.11 将物体沿过重心的平面切为两半，两边是否一样重？

3.12 将一均质等截面的直钢筋弯成半圆形，直线形与半圆形的重心位置相同吗？

习题

3.9 材料 A 和 B 的比重分别为 $\gamma_A = 24\text{kN/m}^3$，$\gamma_B = 64\text{kN/m}^3$。确定图示组合体的重心（单位：cm）。

3.10 图示机床重 50kN，当水平放置时（$\theta = 0°$）秤上读数为 35kN，当 $\theta = 20°$ 时秤上读数为 30kN。试确定机床重心的位置（单位：m）。

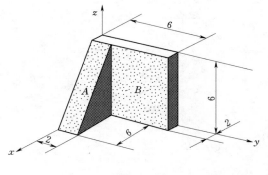

习题 3.9 图

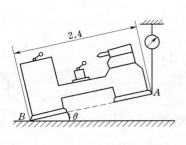

习题 3.10 图

3.11 求图示均质混凝土基础的重心位置（单位：m）。

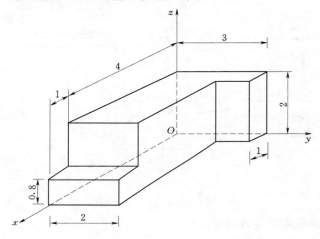

习题 3.11 图

第 4 章　平面图形的几何性质

本章主要内容：

- 定义面积的静矩并计算图形的形心坐标。
- 计算面积对点的极惯性矩和对轴的惯性矩。
- 介绍主惯性轴以及形心主惯性矩的概念。

4.1　静　矩

我们所研究的杆件，其截面都是具有一定几何形状的平面图形。与平面图形形状及尺寸有关的几何量统称为平面图形的几何性质。杆件的强度、刚度、稳定性都与杆件横截面图形的几何性质密切相关，因此，必须明确这些几何性质的概念和几何量的计算方法。

静矩的概念　图 4.1 所示为一任意形状的平面图形，其面积为 A，Oxy 为平面图形所在平面内的任意直角坐标系。在坐标为（x、y）的任一点处，取微面积 $\mathrm{d}A$，则可求得下述积分

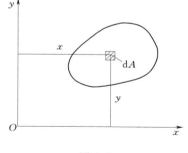

$$S_x = \int_A y\,\mathrm{d}A \left.\vphantom{\int_A}\right\} \atop S_y = \int_A x\,\mathrm{d}A \quad\quad (4.1)$$

图 4.1

式中：S_x，S_y 分别称为该平面图形对 x 轴、y 轴的静矩或一次矩。根据积分中值定理，式（4.1）还可表达成如下形式

$$S_x = \int_A y\,\mathrm{d}A = y_C A \atop S_y = \int_A x\,\mathrm{d}A = x_C A \quad\quad (4.2)$$

式（4.2）中的 x_C 和 y_C 表示图形平面内某点 C 的坐标，点 C 可以在图形内，也可能在图形外。

从上述定义可以看出，平面图形的静矩是对指定的坐标轴而言。同一图形对不同的坐标轴，其静矩显然不同。静矩的数值可能为正，可能为负，也可能为零。静矩的常用单位是 m^3 或 mm^3。

形心的概念　由式（4.2）可求出坐标 x_C、y_C 为

$$x_C = \frac{S_y}{A} = \frac{\int_A x\,dA}{A}$$

$$y_C = \frac{S_x}{A} = \frac{\int_A y\,dA}{A}$$

$$(4.3)$$

在 Oxy 平面内由坐标 x_C、y_C 所确定的点 $C\,(x_C，y_C)$ 称为平面图形的形心。形心是由物体的几何形状和尺寸所决定的几何中心，其相对于图形的位置不变，与坐标轴的选取无关。由此可知，式（3.15）和式（3.16）也是面积形心坐标公式；式（3.13）和式（3.14）也是体积形心坐标公式。对于均质物体来说，形心和重心是重合的，但是两个意义完全不同，重心是物理概念，形心是几何概念。而对于非均质物体，它的重心和形心就不在同一点上。

静矩的几何意义　静矩反映了图形的形心相对于坐标系的位置以及相对坐标轴的远近程度。当 $S_x>0$，$S_y>0$ 时，说明形心在坐标系的第一象限；当 $S_x>0$，$S_y<0$ 时，说明形心在坐标系的第二象限；当 $S_x<0$，$S_y<0$ 时，说明形心在坐标系的第三象限；当 $S_x<0$，$S_y>0$时，说明形心在坐标系的第四象限。当静矩的绝对值愈大，形心离坐标轴愈远。当静矩为零时，说明图形的形心在坐标轴上。当 $S_x=0$ 时，形心在 x 坐标轴上；当 $S_y=0$ 时，形心在 y 坐标轴上；图形对过形心的坐标轴的静矩为零。图形有对称轴时，图形对对称轴的静矩为零，因为图形的形心必在对称轴上。

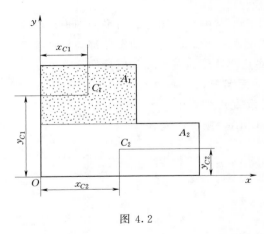

图 4.2

组合平面图形的静矩和形心坐标公式　在工程结构中，常碰到工字形、T 形、环形等横截面的构件，这些构件的截面是由几个简单的几何图形组合而成，称这类图形为组合图形。如图 4.2 所示，根据平面图形静矩的定义，组合图形对某轴的静矩等于各简单图形对同一轴静矩的代数和，即

$$S_x = S_{x1} + S_{x2} + \cdots + S_{xn} = A_1 y_{C1} + A_2 y_{C2} + \cdots + A_n y_{Cn} = \sum A_i y_{Ci}$$

$$S_y = S_{y1} + S_{y2} + \cdots + S_{yn} = A_1 x_{C1} + A_2 x_{C2} + \cdots + A_n x_{Cn} = \sum A_i x_{Ci}$$

$$(4.4)$$

式中：x_{Ci}、y_{Ci} 为各简单图形的形心坐标；A_i 为各简单图形的面积。

将式（4.4）代入式（4.3）中可得组合图形的形心坐标公式为

$$x_C = \frac{S_y}{A} = \frac{\sum A_i x_i}{\sum A_i}$$

$$y_C = \frac{S_x}{A} = \frac{\sum A_i y_i}{\sum A_i}$$

$$(4.5)$$

对于简单图形的形心坐标可以从有关工程手册中查出。表 4.1 给出了几种常用简单图形的形心坐标和面积公式，以方便查阅。

表 4.1 　　　　　　　　　常用简单图形的形心位置和面积公式

序号	图　　形	形心位置	面　　积
1	直角三角形 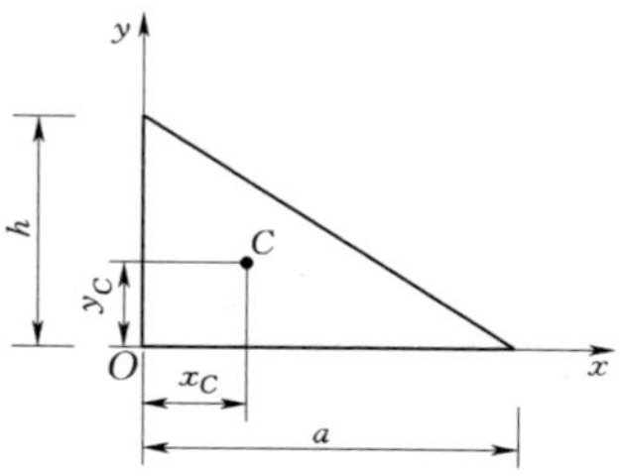 	$x_C = \dfrac{a}{3}$ $y_C = \dfrac{h}{3}$	$A = \dfrac{ah}{2}$
2	三角形 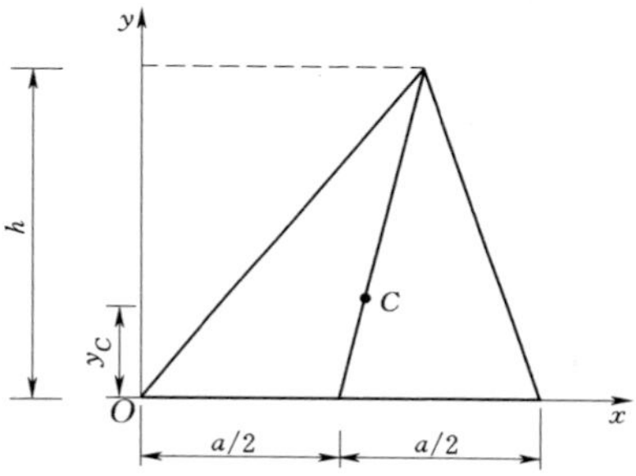 	在三中线的交点 $y_C = \dfrac{h}{3}$	$A = \dfrac{ah}{2}$
3	梯形 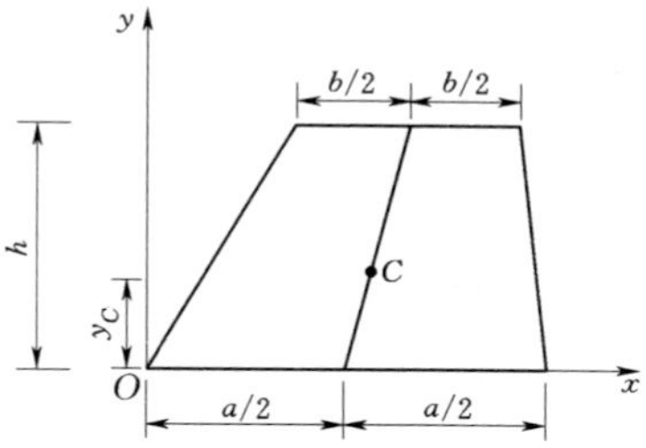 	在上、下底中点的连线上 $y_C = \dfrac{h}{3}\dfrac{2a+b}{a+b}$	$A = \dfrac{h}{2}(a+b)$
4	半圆形 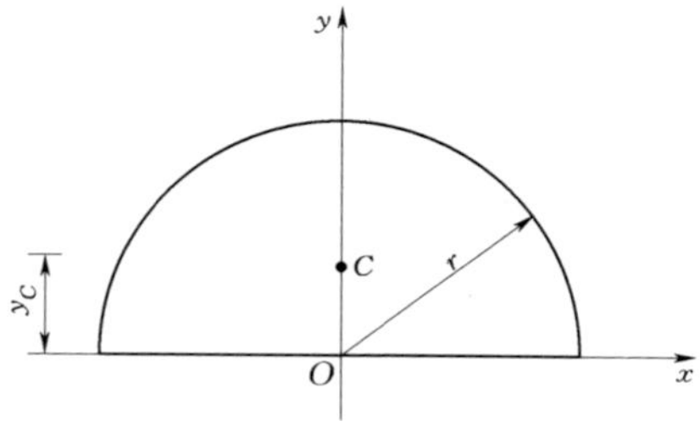 	$y_C = \dfrac{4r}{3\pi}$	$A = \dfrac{\pi r^2}{2}$

续表

序号	图　　形	形心位置	面　积
5	扇形 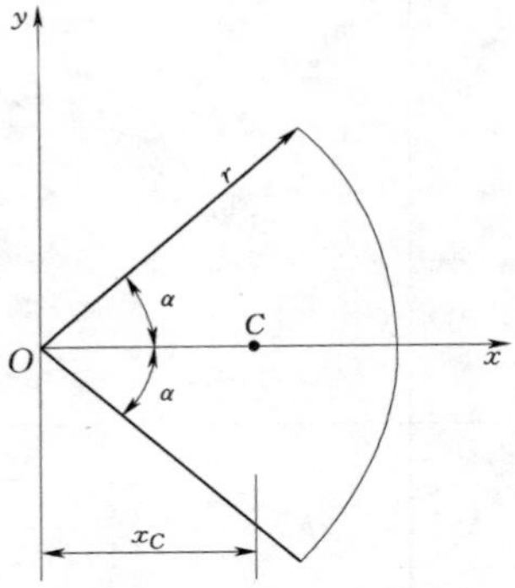 	$x_C = \dfrac{2}{3} \times \dfrac{r\sin\alpha}{\alpha}$	$A = \alpha r^2$
6	弓形 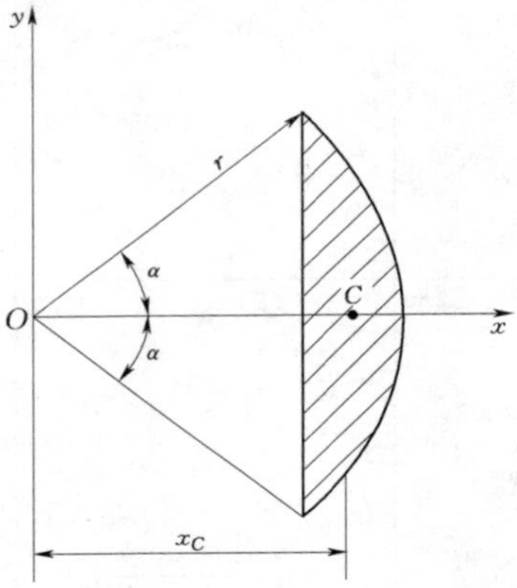 	$x_C = \dfrac{2}{3} \times \dfrac{r^3 \sin^3\alpha}{A}$	$A = \dfrac{r^2(2\alpha - \sin 2\alpha)}{2}$
7	标准二次抛物线图 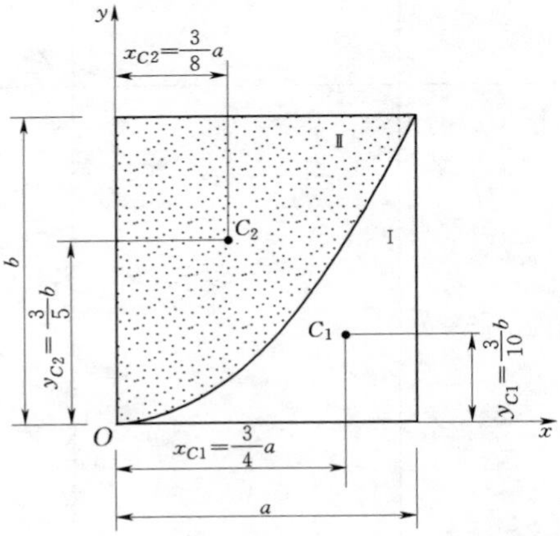 	图形 I 的形心 $x_{C1} = \dfrac{3a}{4}$ $y_{C1} = \dfrac{3b}{10}$ 图形 II 的形心 $x_{C2} = \dfrac{3a}{8}$ $y_{C2} = \dfrac{3}{5}b$	图形 I 的面积 $A_1 = \dfrac{1}{3}ab$ 图形 II 的面积 $A_2 = \dfrac{2}{3}ab$

续表

序号	图　　形	形心位置	面　积
8	标准二次抛物线图	$x_C = 0$ $y_C = \dfrac{3}{5}b$	$A = \dfrac{2}{3}ab$
9	标准三次抛物线图	图形 I 的形心 $x_{C1} = \dfrac{4a}{5}$ $y_{C1} = \dfrac{2}{7}b$ 图形 II 的形心 $x_{C2} = \dfrac{2a}{5}$ $y_{C2} = \dfrac{4}{7}b$	图形 I 的面积 $A_1 = \dfrac{1}{4}ab$ 图形 II 的面积 $A_2 = \dfrac{3}{4}ab$

【例 4.1】　图 4.3 中的曲线 OA 是一条二次抛物线，其方程为 $y = \dfrac{b}{a^2}x^2$。试求图形 OAB 的形心。

解：（1）选取坐标系，取微小矩形的面积 $\mathrm{d}A$，则

$$\mathrm{d}A = y\mathrm{d}x = \frac{b}{a^2}x^2\mathrm{d}x$$

微小面积的形心坐标为 $\left(x + \dfrac{\mathrm{d}x}{2}, \dfrac{y}{2}\right)$，由于 $\mathrm{d}x$ →0，所以微小矩形的形心坐标可计为 $\left(x, \dfrac{y}{2}\right)$。整个图形的面积为

$$A = \int_A \mathrm{d}A = \int_0^a \frac{b}{a^2}x^2\mathrm{d}x = \frac{ab}{3}$$

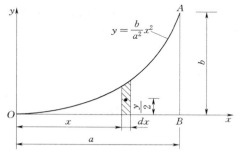

图 4.3

（2）由式（4.3）得形心坐标

$$x_C = \frac{\displaystyle\int_A x\mathrm{d}A}{A} = \frac{\displaystyle\int_0^a x\frac{b}{a^2}x^2\mathrm{d}x}{\dfrac{ab}{3}} = \frac{3}{4}a$$

$$y_C = \frac{\int_A \frac{y}{2}\mathrm{d}A}{A} = \frac{\int_0^a \frac{b}{2a^2}x^2 \cdot \frac{b}{a^2}x^2\mathrm{d}x}{\frac{ab}{3}} = \frac{3}{10}b$$

【例 4.2】　求图 4.4 所示 T 字截面图形形心位置，图中尺寸单位为 mm。

解：选直角坐标系 Oxy，其中 y 轴为 T 形截面图形的对称轴，自然有 $x_C = 0$。将平面图形分割为两个矩形，它们的面积和形心坐标分别为

$$A_1 = 270 \times 50 = 13500(\mathrm{mm}^2), y_1 = 135(\mathrm{mm})$$

$$A_2 = 300 \times 30 = 9000(\mathrm{mm}^2), y_2 = -15(\mathrm{mm})$$

由形心坐标式（4.5）得

$$y_C = \frac{\sum A_i y_i}{A} = \frac{A_1 y_1 + A_2 y_2}{A} = \frac{13500 \times 135 + 9000 \times (-15)}{13500 + 9000} = 75(\mathrm{mm})$$

图形形心 C 的坐标为（0，75mm），位置如图 4.4 所示。

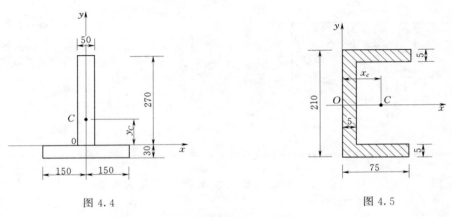

图 4.4　　　　　　　　　　　　　　　　　图 4.5

【例 4.3】　求图 4.5 所示槽钢截面图形的形心坐标。

解：选直角坐标系 Oxy，其中 x 轴为槽钢截面图形的对称轴，显然有 $y_C = 0$。今将此截面图形看成由两个矩形组成，分别是边长为 75mm×210mm 的矩形和边长为 200mm×70mm 的小矩形。因小矩形是大矩形切去的部分，故其面积取负值。两矩形面积和形心坐标分别为

$$A_1 = 210 \times 75 = 15750(\mathrm{mm}^2), x_1 = 37.5(\mathrm{mm})$$

$$A_2 = -200 \times 70 = -14000(\mathrm{mm}^2), x_2 = 40(\mathrm{mm})$$

由形心坐标式（4.5）得

$$x_C = \sum \frac{A_i x_i}{A} = \frac{A_1 x_1 + A_2 x_2}{A}$$

$$= \frac{15750 \times 37.5 + (-14000) \times 40}{15750 - 14000} = 17.5(\mathrm{mm})$$

图形形心 C 的坐标为（17.5mm，0），位置如图 4.5 所示。

思考题

4.1　静矩的概念与力对轴的概念有哪些不同和相似点？

4.2　静矩的几何意义是反映图形的形心相对坐标系的位置和相对坐标轴的远近程度。问图形对其形心轴的静矩为多大？

4.3　为什么截面对其对称轴的静矩为零？

4.4　图示为矩形截面，z 为形心轴，问 k—k 线以上部分和以下部分对 z 轴的静矩是否相等？

4.5　图（a）所示为一标准的二次曲线与坐标轴围成的图形（曲线顶点 A 的切线与图形的 AO 边重合），图（b）所示为一非标准的二次曲线与坐标轴围成的图形（曲线顶点 A 的切线与图形的 AO 边不重合）。问图（b）的面积计算公式与形心坐标公式与图（a）的相同吗？

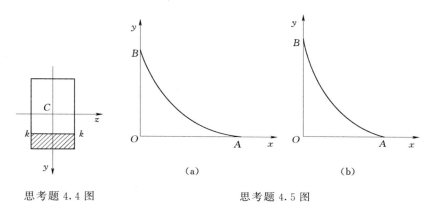

思考题 4.4 图　　　　　　　　　思考题 4.5 图

习题

4.1　求图示平面图形的形心。

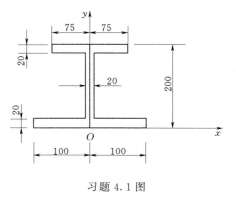

习题 4.1 图

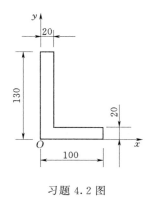

习题 4.2 图

4.2　求图示平面图形的形心。

4.3　求图示阴影面积的形心位置。

4.4　试求图示图形对 x 轴的静矩。

4.5　试求图示阴影部分对 x 轴的静矩。

4.6　求图示平面图形的形心位置。

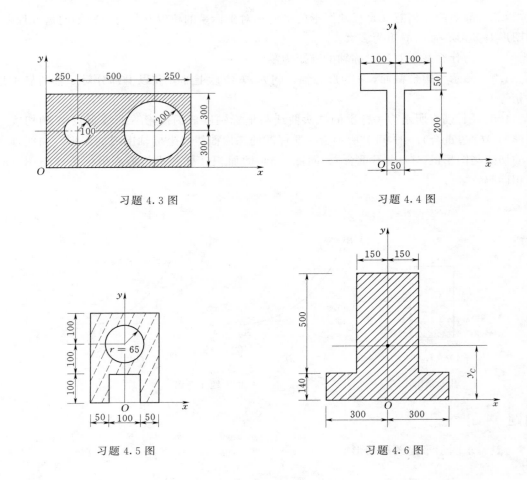

习题 4.3 图

习题 4.4 图

习题 4.5 图

习题 4.6 图

4.2 极 惯 性 矩

极惯性矩的定义　图 4.6 所示为一任意形状的平面图形，其面积为 A，Oxy 为平面图形所在平面内的任意直角坐标系。在矢径为 ρ 的任一点处，取微面积 $\mathrm{d}A$，则可求得下述积分

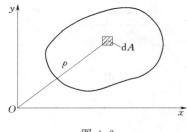

$$I_P = \int_A \rho^2 \mathrm{d}A \qquad (4.6)$$

式（4.6）中，I_P 称为图形对原点 O 的极惯性矩。由上述定义可以看出，图形的极惯性矩恒为正，其单位是长度单位的四次方，即 m^4 或 mm^4。

图 4.6

极惯性矩的几何意义　极惯性矩反映了图形面积相对于极点 O 的分布的远近问题。相同面积的圆和圆环图形，圆对圆心的极惯性矩小于圆环对圆心的极惯性矩，即 $I_{P圆环} > I_{P圆}$。在工程中，极惯性矩大的杆件，其抗扭转能力大。

圆截面的极惯性矩　如图 4.7 所示，对于半径为 R 的圆，若以宽度为 $\mathrm{d}\rho$ 的环形区域

取微面积，即

$$dA = 2\pi\rho d\rho$$

由式（4.6）可得，圆截面对圆心的极惯性矩为

$$I_P = \int_0^R \rho^2 2\pi\rho d\rho = \frac{\pi R^4}{2} \tag{4.7}$$

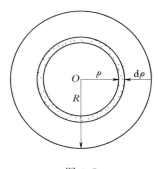

图 4.7

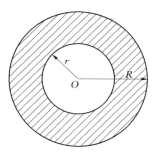

图 4.8

对于内半径为 r、外半径为 R 的空心圆环截面（图 4.8），按上述计算方法，截面对圆心的极惯性矩则为

$$I_P = \int_r^R \rho^2 2\pi\rho d\rho = \frac{\pi R^4}{2}(1 - \alpha^4) \tag{4.8}$$

式中：α 为空心圆环截面的内半径 r 与外半径 R 的比值，即 $\alpha = r/R$。

4.3　惯　性　矩

惯性矩的定义　图 4.9 所示为一任意形状的平面图形，其面积为 A，Oxy 为平面图形所在平面内的任意直角坐标系。在坐标为（x、y）的任一点处，取微面积 dA，则可求得下述积分

$$\left.\begin{array}{l} I_x = \int_A y^2 dA \\ I_y = \int_A x^2 dA \end{array}\right\} \tag{4.9}$$

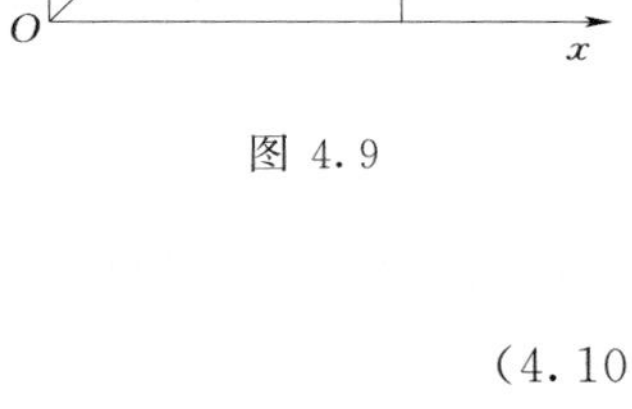

式中：I_x、I_y 分别为图形对 x 轴、y 轴的惯性矩。由上述定义可以看出，图形对轴的惯性矩恒为正，其单位是长度单位的四次方，即 m^4 或 mm^4。根据积分中值定理，公式（4.9）还可表达成如下形式

图 4.9

$$\left.\begin{array}{l} I_x = \int_A y^2 dA = i_x^2 A \\ I_y = \int_A x^2 dA = i_y^2 A \end{array}\right\} \tag{4.10}$$

由图 4.9 可以看出，$\rho^2 = x^2 + y^2$，将此式代入式（4.6）中可得

$$I_P = I_x + I_y \tag{4.11}$$

式（4.11）表明，图形对任一点的极惯性矩，恒等于此图形对过该点的任一对直角坐标轴

的两个惯性矩之和。

【例 4.4】　图 4.10 所示矩形，高度为 h，宽度为 b，x 轴和 y 轴为图形的形心轴，且 x 轴平行矩形底边。求矩形截面对形心轴 x、y 的惯性矩。

解：取宽为 b、高为 $\mathrm{d}y$ 且平行于 x 轴的狭长矩形的微面积为

$$\mathrm{d}A = b\mathrm{d}y$$

于是，由式（4.9）得矩形图形对 x 轴的惯性矩为

$$I_x = \int_{-h/2}^{h/2} y^2 b \mathrm{d}y = \frac{bh^3}{12}$$

同理可得矩形图形对 y 轴的惯性矩为

$$I_y = \frac{hb^3}{12}$$

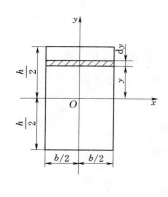

图 4.10

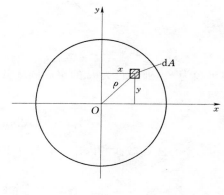

图 4.11

【例 4.5】　图 4.11 所示圆图形，半径为 R，x 轴和 y 轴为其形心轴。求圆形截面对过形心的 x 轴、y 轴的惯性矩。

解：由式（4.11）可知，图形对任一点的极惯性矩，恒等于此图形对过该点的任一对直角坐标轴的两个惯性矩之和，即

$$I_P = I_x + I_y \qquad\qquad ①$$

因为圆图形对任一形心轴的惯性矩均相同，即

$$I_x = I_y \qquad\qquad ②$$

将式②代入式①中可得圆形截面对形心轴 x、轴 y 的惯性矩为

$$I_x = I_y = \frac{I_P}{2} = \frac{\pi R^4}{2} \times \frac{1}{2} = \frac{\pi R^4}{4}$$

同理可得圆环截面对过圆心的任一 x 轴惯性矩为

$$I_x = \frac{\pi R^4}{4}(1 - \alpha^4)$$

惯性半径　在工程中，因为某些计算的特殊需要，常将图形的惯性矩表示为式（4.10）的形式，即将图形对轴的惯性矩定义为图形面积 A 与某一长度的平方之乘积，这一长度值可定义为

$$i_x = \sqrt{\dfrac{I_x}{A}}$$
$$i_y = \sqrt{\dfrac{I_y}{A}}$$

$$(4.12)$$

式中：i_x、i_y 分别为图形对 x 轴、y 轴的惯性半径，单位为 m 或 mm。

惯性矩的几何意义　惯性矩反映了图形面积相对于坐标轴的分布远近问题。如图 4.12 所示的面积相同的两矩形，图 4.12（a）对 x 轴的惯性矩 I_x 就小于图 4.12（b）对 x 轴的惯性矩 I_x。在工程中，梁弯曲时横截面要绕截面形心轴转动，若截面对绕转动的形心轴惯性矩大，则梁的抗弯曲能力就大。

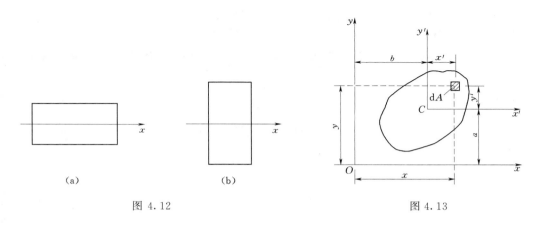

图 4.12　　　　　　　　　　　　　　　图 4.13

平行轴定理　图 4.13 所示为一任意平面图形，图形面积为 A，设 x'、y' 轴为通过图形形心 C 的一对正交坐标轴，x 轴、y 轴是分别与 x' 轴、y' 轴平行的另一对正交坐标轴，x' 轴与 x 轴相距为 a，y' 轴与 y 轴相距为 b。微面积 $\mathrm{d}A$ 在 Oxy 与 $Cx'y'$ 坐标系中的坐标有如下关系

$$x = x' + b$$
$$y = y' + a$$

则由式（4.9）可知，截面对 x 轴的惯性矩为

$$I_x = \int_A y^2 \mathrm{d}A = \int_A (y'+a)^2 \mathrm{d}A = \int_A (y')^2 \mathrm{d}A + 2a\int_A y' \mathrm{d}A + \int_A a^2 \mathrm{d}A$$

在上式中：等号右边第一项代表图形对形心轴 x' 的惯性矩 I_{xC}；第二项中的积分 $\int_A y' \mathrm{d}A$ 代表截面对形心轴 x' 的静矩，由本章第 4.1 节中所述可知，截面对形心轴 x' 的静矩应为零。于是可得如下等式

$$I_x = I_{xC} + Aa^2$$

$$(4.13)$$

式（4.13）表明：截面对任一 x 轴的惯性矩，等于与此轴平行的形心轴 x' 的惯性矩加上图形面积与两轴距离平方之乘积。此定理称为惯性矩的平行轴定理。

组合图形的惯性矩　如图 4.14 所示组合图形，由惯性矩定义可知，组合图形对任一

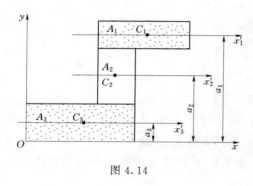

图 4.14

轴的惯性矩等于组成组合图形的各简单图形对同一轴的惯性矩之和，即

$$I_x = I_{x1} + I_{x2} + \cdots + I_{xn} = \sum I_{xi} \quad (4.14)$$

式中：I_{xi} 为第 i 个图形对 x 轴的惯性矩，可根据平行轴公式（4.13）计算。

在计算组合图形对组合图形的形心轴的惯性矩时，首先应确定组合图形的形心位置；然后求出各简单图形对自身形心轴的惯性矩；再应用平行轴定理求各简单图形对组合图形形心轴的惯性矩；最后应用式（4.14）求组合图形对其形心轴的惯性矩。

【例 4.6】　计算图 4.15 中的组合图形对 x 轴的惯性矩。

解：将图形可看成是由矩形中挖去圆形得到的组合图形。应用平行轴定理可求得各图形对 x 轴的惯性矩为

圆形：

$$I_{x1} = (I_{xC} + Aa^2)_1 = \frac{1}{4} \times \pi \times (25)^4 + \pi \times (25)^2 \times (75)^2 = 11.4 \times 10^6 (\text{mm}^4)$$

矩形：

$$I_{x2} = (I_{xC} + Aa^2)_2 = \frac{1}{12} \times 100 \times (150)^3 + 100 \times 150 \times (75)^2 = 112.5 \times 10^6 (\text{mm}^4)$$

整个图形对 x 轴的惯性矩为

$$I_x = I_{x2} - I_{x1} = 112.5 \times 10^6 - 11.4 \times 10^6 = 101.1 \times 10^6 (\text{mm}^4)$$

此组合图形中，圆是被挖去的图形，因此，在惯性矩求和时是要减去的。

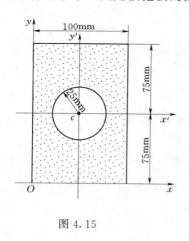

图 4.15

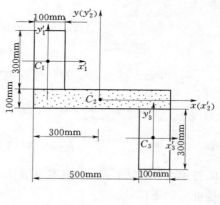

图 4.16

【例 4.7】　求图 4.16 所示组合图形对 x 轴和 y 轴的惯性矩。

解：将此组合图形分解为三个矩形，应用平行轴定理可求得各图形对 x 轴和 y 轴的惯性矩。

矩形 1：

$$a_1 = \frac{300}{2} + \frac{100}{2} = 200 (\text{mm}), b_1 = 300 - 50 = 250 (\text{mm})$$

$$I_{x1} = (I_{xC} + Aa^2)_1 = \frac{1}{12} \times 100 \times (300)^3 + 100 \times 300 \times (200)^2 = 1.425 \times 10^9 (\text{mm}^4)$$

$$I_{y1} = (I_{yC} + Ab^2)_1 = \frac{1}{12} \times 300 \times (100)^3 + 100 \times 300 \times (250)^2 = 1.90 \times 10^9 (\text{mm}^4)$$

矩形 2：

$$a_2 = 0, b_2 = 0$$

$$I_{x2} = (I_{xC} + Aa^2)_2 = \frac{1}{12} \times 600 \times (100)^3 = 0.05 \times 10^9 (\text{mm}^4)$$

$$I_{y2} = (I_{yC} + Ab^2)_2 = \frac{1}{12} \times 100 \times (600)^3 = 1.80 \times 10^9 (\text{mm}^4)$$

矩形 3：

$$a_3 = \frac{300}{2} + \frac{100}{2} = 200 (\text{mm}), b_3 = (500 - 300) + \frac{100}{2} = 250 (\text{mm})$$

$$I_{x3} = (I_{xC} + Aa^2)_3 = \frac{1}{12} \times 100 \times (300)^3 + 100 \times 300 \times (200)^2 = 1.425 \times 10^9 (\text{mm}^4)$$

$$I_{y3} = (I_{yC} + Ab^2)_3 = \frac{1}{12} \times 300 \times (100)^3 + 100 \times 300 \times (250)^2 = 1.90 \times 10^9 (\text{mm}^4)$$

整个图形的惯性矩为

$$I_x = I_{x1} + I_{x2} + I_{x3} = 2.90 \times 10^9 (\text{mm}^4)$$
$$I_y = I_{y1} + I_{y2} + I_{y3} = 5.60 \times 10^9 (\text{mm}^4)$$

4.4　形 心 主 惯 性 矩

主惯性轴的概念　图 4.17 所示为任意形状的平面图形，过图形任一 O 点可以作无数对正交坐标轴，图形对不同轴的惯性矩是不相同的。但是，经数学证明，平面图形对于通过同一点的任意一对正交坐标轴的惯性矩之和为一常数，并等于该图形对该坐标原点的极惯性矩，即

$$I_{xi} + I_{yi} = I_{x1} + I_{y1} = I_P$$

一般情况下，在通过同一点的所有坐标轴中，图形只对其中的一个轴可取得最大惯性矩，对与最大惯性矩轴正交的另一轴可取得最小惯性矩。将通过平面图形上

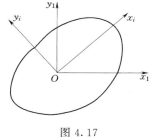

图 4.17

某点可取得最大和最小惯性矩的轴称过该点的主惯性轴，简称主轴。平面图形对主轴的惯性矩称为主惯性矩。

以上结论表明，过平面图形上一点必有一对互相垂直的主轴；主惯性矩是平面图形对过该点的所有轴的惯性矩中的极大值和极小值。

形心主惯性轴的概念　通过平面图形形心 C 的主惯性轴称为形心主惯性轴，简称形

心主轴。对于具有对称轴的平面图形，其形心主轴的位置可按如下方法确定。

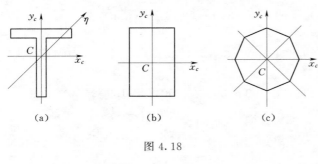

图 4.18

如果图形有一根对称轴，则该轴必是形心主轴，与此形心主轴垂直且通过图形形心的另一轴也为形心主轴 [图 4.18（a）]。如果图形有两根对称轴，则两轴都是形心主轴 [图 4.18（b）]。如果图形具有两个以上的对称轴，则任一根对称轴都是形心主轴，且对任一形心主轴的惯性矩都相等 [图 4.18（c）]。

形心主惯性矩的概念　平面图形对形心主轴的惯性矩称为形心主惯性矩。如图 4.18（a）所示，图中 x_C、y_C 为形心主惯性轴，该图形对通过形心 C 的任一轴 η 的惯性矩满足下列不等式

$$I_{xC} \geqslant I_{\eta} \geqslant I_{yC}$$

思考题

4.6　机械中的传动轴大多采用空心圆截面轴，这种轴有什么优点？

4.7　惯性矩反映了图形面积相对坐标轴分布的远近程度，梁横截面对其形心轴的惯性矩愈大，其抗弯能力愈大。你是否还可以在生活和工程中找出相似的实例？

4.8　平行移轴定理中，所求惯性矩的轴可以是任意的，但是对与此轴对应的图形形心轴有何要求？

4.9　已知图示三角形截面对 z 轴的惯性矩为 $I_z = \dfrac{bh^3}{12}$，用平行轴公式求得该截面对 z_1 轴的惯性矩为

$$I_{z1} = I_z + h^2 A = \frac{bh^3}{12} + h^2 \frac{bh}{2} = \frac{7}{12} bh^3$$

此计算结果对不对？为什么？

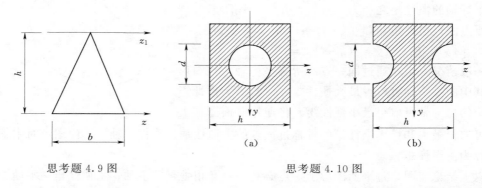

思考题 4.9 图　　　　　　思考题 4.10 图

4.10　图示为两截面图形，两截面中尺寸 h 和 d 相同，对比两截面对图示坐标轴的惯性矩大小。

习题

4.7　计算图示图形对 z、y 形心轴的惯性矩。

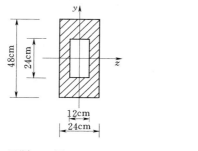

习题 4.7 图

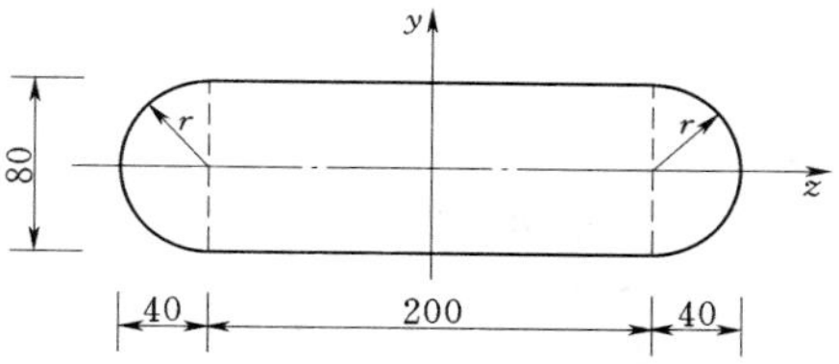

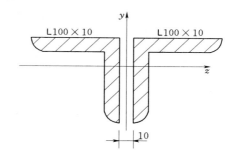

习题 4.8 图

4.8　计算图示图形对 z、y 形心轴的惯性矩。

4.9　图示由两个 20a 号槽钢组成的平面图形，y、z 轴为组合图形的形心轴。若要使 $I_z = I_y$，试求间距 a 的大小。

4.10　计算图示图形对 z 形心轴的惯性矩。图形由两根等边角钢组成。

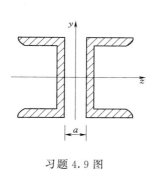

习题 4.9 图

L100×10　　L100×10

习题 4.10 图

第5章 平面体系的几何组成分析

本章主要内容：
- 说明几何组成分析的目的。
- 介绍平面几何不变体系的组成规则。
- 研究平面体系的几何组成分析方法。
- 介绍静定结构和超静定结构的概念。

5.1 几何组成分析概述

平面体系的几何性质　结构要能承受荷载，首先要求其几何形状保持不变；其次是要满足强度、刚度和稳定性。结构受荷载作用后是要发生变形的，这种变形一般是微小的，因此，在不考虑材料的变形情况下，单从几何性质方面考虑，将杆件体系就可以分为以下两类：

- 几何不变体系。体系受任意荷载作用后，其几何形状和位置都不改变，如图 5.1 （a）所示。

- 几何可变体系。体系受任意荷载作用后，其几何形状和位置都是可以改变的，如图 5.1 （b）所示。

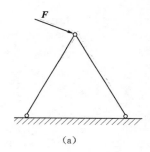　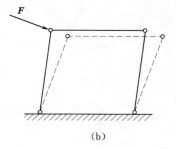

(a)　　　　　　　　　　　　　　　(b)

图 5.1

几何组成分析的目的　分析几何体系是属于几何可变体系还是几何不变体系的过程，称为体系的几何组成分析。几何组成分析的目的主要有以下几个方面。

- 通过对体系的几何组成分析，可判别某一体系是否几何不变，从而决定它能否作为结构应用。结构必须是几何不变体系，而不能采用几何可变体系。

- 通过对结构体系的几何组成分析，能正确区分静定结构和超静定结构，以便选择计算方法。

●　通过对结构体系的几何组成分析，可明确各构件之间的几何组成顺序，在求解静定结构的约束力时能确定选取研究对象的次序。

●　通过对结构体系的几何组成分析，可明确各构件之间的几何组成过程的依赖关系，以便确定结构的施工顺序。

刚片的概念　在几何组成分析中，由于不考虑杆件的变形，因此可把体系中的每一杆件或几何不变的某一部分看作一个刚体。平面内的刚体称为刚片。

5.2　平面体系的自由度和约束

自由度　平面体系的自由度是指确定体系的位置所需独立参数的数目。在平面内，一个点的位置要由两个坐标 x 和 y 来确定 [图 5.2（a）]，所以，平面内一个点的自由度是 2。一个刚片的位置将由它上面的任一点 A 的坐标 x、y 和过点 A 某一直线 AB 的倾角 φ 来确定 [图 5.2（b）]，因此，平面内一个刚片的自由度是 3。

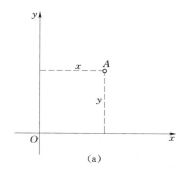
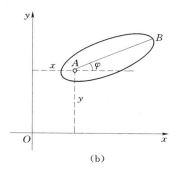

（a）　　　　　　　　　　　　　　　（b）

图 5.2

约束　凡是能减少自由度的装置都可称为约束。能减少一个自由度，就说它相当一个约束。常见的约束有链杆、铰链（单铰、复铰、虚铰）和刚性连接等。

●　链杆约束。链杆是两端以铰与别的物体相连的刚性杆。如图 5.3（a）所示，用一链杆将一刚片与基础相连，刚片将不能沿链杆方向移动，刚片 AB 的位置可由角度 α 和 β 决定，因而减少了一个自由度，所以一根链杆相当于一个约束。

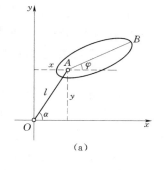
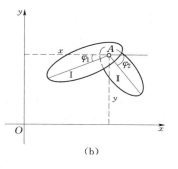
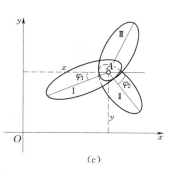

（a）　　　　　　　　　　（b）　　　　　　　　　　（c）

图 5.3

● 单铰约束。单铰是连接两个刚片的铰。如图 5.3（b）所示，用铰将刚片 Ⅰ 和刚片 Ⅱ 在点 A 连接起来，对于刚片 Ⅰ，其位置可由 3 个坐标来确定；对于刚片 Ⅱ，因为它与刚片 Ⅰ 连接，刚片 Ⅱ 除了能保持独立的转角外，只能随着刚片 Ⅰ 移动，已经丧失了自由移动的可能。整个系统减少了两个自由度。所以一个单铰相当于两个约束。

● 复铰约束。复铰是连接 3 个或 3 个以上刚片的铰。如图 5.3（c）所示。它的连接过程可分解为：先有刚片 Ⅰ，然后用单铰将刚片 Ⅱ 连接于刚片 Ⅰ 上，再以单铰将刚片 Ⅲ 连接于刚片 Ⅰ 上。这样连接 3 个刚片的复铰相当于两个单铰。同理，连接 n 个刚片的复铰相当于 $n-1$ 个单铰，也相当于 $2(n-1)$ 个约束。

● 虚铰约束。如图 5.4（a）所示，两刚片用两根不共线的链杆相连，两链杆的延长线相交于 O 点，现对其运动特点加以分析。把刚片 Ⅱ 固定不动，则刚片 Ⅰ 上的 A、C 两点只能沿链杆的垂直方向运动，即相当绕两根链杆延长线的交点 O 转动，O 点称为瞬时转动中心。在此瞬时，刚片 Ⅰ 的运动情况与刚片 Ⅰ 在 O 点用铰与刚片 Ⅱ 相连时的运动情况［图 5.4（b）］相同。由此可见，两根链杆的约束作用相当于一个单铰，不过，这个铰的位置是在两链杆轴线的延长线交点处，且其位置随链杆的转动而变化，与一般的铰不同，称之为虚铰。当连接两个刚片的两根链杆平行时［图 5.4（c）］，则认为虚铰位置在无穷远处。

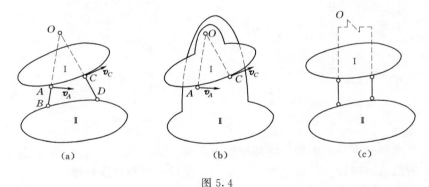

(a)　　　　　　　　(b)　　　　　　　　(c)

图 5.4

● 刚性连接。如图 5.5 所示，刚片 Ⅰ 和刚片 Ⅱ 在 B 处刚性连接成一个整体，原来两个刚片在平面内有 6 个自由度，当刚性连接成一个整体后减少了 3 个自由度，所以一个刚性连接相当于 3 个约束。

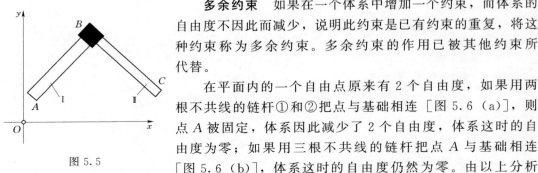

图 5.5

多余约束　如果在一个体系中增加一个约束，而体系的自由度不因此而减少，说明此约束是已有约束的重复，将这种约束称为多余约束。多余约束的作用已被其他约束所代替。

在平面内的一个自由点原来有 2 个自由度，如果用两根不共线的链杆①和②把点与基础相连［图 5.6（a）］，则点 A 被固定，体系因此减少了 2 个自由度，体系这时的自由度为零；如果用三根不共线的链杆把点 A 与基础相连［图 5.6（b）］，体系这时的自由度仍然为零。由以上分析

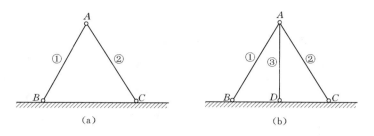

图 5.6

可知，三根链杆只是减少了 2 个自由度，有一根是多余约束（可把三根链杆中的任何一根视为多余约束）。

5.3　平面几何不变体系的组成规则

三刚片规则　三个刚片用不在同一直线的三个铰两两相连，所组成的体系是没有多余约束的几何不变体。

如图 5.7（a）所示，刚片Ⅰ、刚片Ⅱ和刚片Ⅲ用不在同一直线的 A、B、C 三个铰两两相连。若刚片Ⅰ固定，则刚片Ⅱ将只能绕点 A 转动，其上点 B 只能在半经为 BA 的圆弧上运动；而刚片Ⅲ只能绕点 C 转动，其上点 B 也只能在半经为 BC 的圆弧上运动。现在用销钉将刚片Ⅱ、刚片Ⅲ上的销孔 B 连接在一起，点 B 不可能同时在两个不同的圆弧上运动，故知各刚片之间不可能发生相对运动，因此，这样组成的体系是无多余约束的几何不变体。

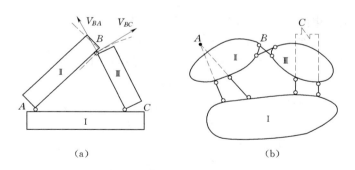

图 5.7

当然，两两相连的铰也可以是由两根链杆构成的虚铰，如图 5.7（b）所示。

两刚片规则　两刚片用一个铰和一根不通过该铰的链杆相连，所组成的体系是没有多余约束的几何不变体。

将图 5.8（a）与图 5.7（a）相比较，显然体系也是按三个刚片规则构成的，只是把图 5.7（a）中刚片Ⅲ视为一根链杆 BC 时就成为两刚片规则，有时用两刚片规则来分析问题更方便些。

前边已指出，两根链杆的约束作用相当于一个铰的约束作用。因此，若将图 5.8（a）所示

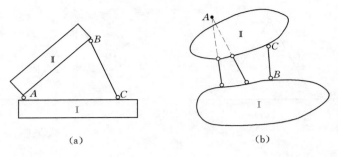

(a)　　　　　　　　　　　(b)

图 5.8

体系中的铰 A 用两根链杆来代替〔图 5.8（b）〕，则两刚片规则也可叙述为：两个刚片用三根不完全平行也不完全交于一点的链杆相连，所组成的体系是没有多余约束的几何不变体。

二元体规则　如图 5.9（a）、（b）所示，用两根不共线链杆连接一个新结点的构造称为二元体。

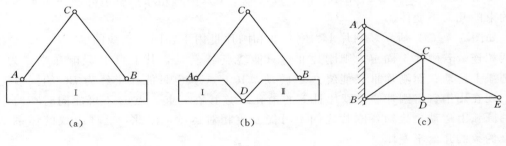

(a)　　　　　　　　(b)　　　　　　　(c)

图 5.9

在一个无多余约束的刚片上增加一个二元体，组成无多余约束的几何不变体系，此规则称为二元体规则。如图 5.9（a）所示。

应用连续增加二元体的方法，可以得到更为一般的几何不变体。如图 5.9（c）所示体系，则是从一个基本的铰结三角形 ABC 开始，依次增加二元体结点 D、E，组成一个没有多余约束的几何不变体系。

从二元体规则可以看出，在任何体系上加上或拆去一个二元体时其几何组成性质不变。也就是说，在原来的几何不变体系上加上或拆去一个二元体后依然几何不变；在原来的几何可变体系上加上或拆去一个二元体后依然几何可变，如图 5.9（b）所示；在原来的有多余约束的几何不变体系上加上或拆去一个二元体后，体系仍然是有多余约束的几何不变体。

瞬变体系　在上述组成规则中，对刚片间的连接方式都提出了一些限制条件，如连接三个刚片的三铰不能在同一直线上；连接两个刚片的铰与链杆不能共线或三链杆不能全交于一点也不能全平行。如果不满足这些条件，将会出现下面所述的情况。如图 5.10（a）所示，设基础为刚片Ⅰ，杆 AC 为刚片Ⅱ，杆 CB 为刚片Ⅲ。三个刚片之间用位于同一直线上的三个铰 A、C、B 两两相连，此时，点 C 位于以 AC 和 BC 为半经的两个圆弧的公切线上，故点 C 可沿此公切线作微小位移 Δ_{CV}，体系是几何可变的。但在发生一微小位移后，三个铰就不再位于同一直线上，因而体系又变成为几何不变体。这种本来是几何可变的，经微小位移后又成为几何不变的体系称为瞬变体系。

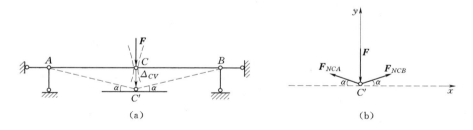

图 5.10

当体系约束个数足够，但布置不合理时，即不符合规则中的约束布置要求，几何体系可成为瞬变体。如图 5.10（a）所示的瞬变体系，在发生瞬变后三铰虽不共线，体系成为几何不变体系，但角 α 很小。取点 C 为研究对象，受力图如图 5.10（b）所示，由 $\sum F_y = 0$ 求得杆件 AC、BC 的内力为

$$F_{NCA} = F_{NCB} = \frac{F}{2\sin\alpha}$$

因 α 为一无穷小量，α 趋于 0 时，得

$$F_{NCA} = F_{NCB} = \lim_{\alpha \to 0} \frac{F}{2\sin\alpha} = \infty$$

由此可见，杆件 AC、BC 将产生很大的内力，可导致杆件破坏。

通过分析，虽然瞬变体经过微小瞬变后，体系转化为几何不变形式，但杆件中将产生很大的内力，这些杆件首先发生破坏。因此，瞬变体系是属于几何可变的一类，不能作为结构使用。

5.4　平面体系的几何组成分析方法

几何不变体系的组成规则虽然简单，但在分析比较复杂的几何体系时，往往感到无从下手。为使复杂问题简单明了化，可遵循以下步骤和方法进行分析。

对几何体系进行简化　对于复杂的几何体系可先利用下述方法简化。

● 拆除二元体。拆除体系中的二元体结点或体系中的二元体系。二元体系是指连续应用二元体规则构成的几何体系。如图 5.11（a）所示体系，依次连续拆除二元体结点 A、B、C、D、E、G 可将体系简化为图 5.11（b）所示体系进行分析。

● 构件等效代换。任何形状的构件，只要是只由两个铰与其他构件相连，都可以用过两铰的链杆代换之。如图 5.12（a）所示体系中的构件 AB、AC，分别可用链杆 AB、AC 代换

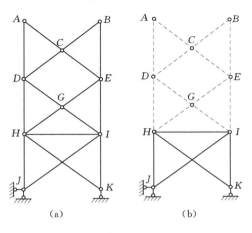

图 5.11

［图 5.12（b）］。

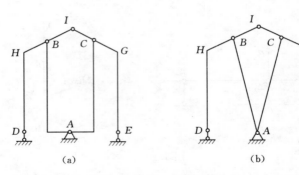

图 5.12

对刚片和链杆的认定 刚片和链杆的认定是否合理，直接影响能否顺利地套用规则进行分析。对刚片和链杆可应用以下方法认定：

● 要将具有链杆支座或可动铰支座的构件必须认定为刚片，如图 5.13（a）所示体系中的构件 BC 和构件 CD 可认定为刚片；如图 5.13（b）所示体系中的杆 BH 可认定为刚片。

● 要将整个基础连同固定铰支座以及一端与基础固结相连的杆件也必须认定为一个大刚片，如图 5.13（b）所示体系中的杆 EA、杆 JD、固定铰 C 支座和整个基础可认定为一个刚片。

● 可将体系中铰结三角形以及在铰结三角形基础上用增加二元体方法拓展成三角形体系的认定为一个刚片，如图 5.13（c）所示体系中的三角形 ACD 可认定为刚片；如图 5.13（d）所示体系中的三角形体系 ABCDE 及三角形体系 DFHK 可分别认定为刚片。

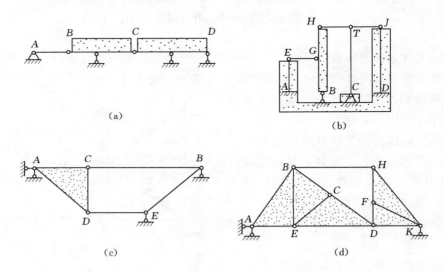

图 5.13

● 在杆件体系中，有很多杆件都是用两个杆端铰与其他构件相连，对于这类杆件是将其认定为链杆（刚片之间的约束）还是认定为刚片，一般情况下可根据刚片和链杆要相间隔认定的原则而定。在图 5.14（a）所示几何体系中，当把杆 *DM* 认定为刚片后，则与此刚片铰连的杆 *ML* 应认定为链杆①，链杆①的 *L* 端铰连刚片 Ⅳ，刚片 Ⅳ 在 *H* 处铰连的杆 *HG* 则应认定为链杆②，而链杆②的 *G* 端铰连刚片 Ⅱ，这就是按刚片→链杆→刚片→链杆→刚片的相间隔认定。图 5.14（a）所示几何体系的刚片和链杆认定如图 5.14（b）所示。

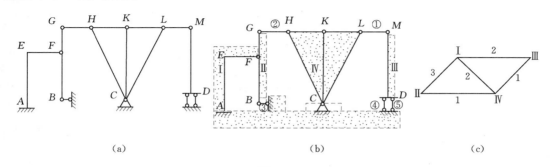

图 5.14

作刚片联系网络图　用刚片代号（Ⅰ、Ⅱ、Ⅲ、…）表示刚片；当两个刚片之间有约束时，可在两个刚片代号之间画连接线，表明两刚片之间有约束联系；在连接线中部用数字（1、2、3、…）表达刚片之间的约束个数。将这种图形称刚片联系网络图。图 5.14（b）所示几何体系，刚片联系网络图如图 5.14（c）所示。这种刚片联系网络图将几何体系构造的约束必要条件抽象出来，并用紧凑简洁的图像表达，消除了具体的刚片形状和约束分布对分析产生的不利影响。

套用组成规则进行分析　从刚片联系网络图中可直接全面观察到各刚片间有无约束及约束个数情况，根据刚片数和约束个数（两刚片之间至少有 3 个约束，才可应用两刚片规则分析；三刚片中两两之间至少有 2 个约束，才可应用三刚片规则分析）确定应用什么规则进行分析。

在图 5.14（c）所示的刚片联系网络图中，首先可明显看出刚片 Ⅰ 和 Ⅱ 之间有 3 个约束，具备二刚片规则所需约束个数的必要条件；再从图 5.14（b）中可看出两刚片之间约束布置也满足规则要求（链杆③与铰 *F* 不共线）；则刚片 Ⅰ 和 Ⅱ 可构成一个无多余约束的几何不变体，即构成第一构造层大刚片。

将第一构造层大刚片在刚片联系网络图中现在只作为一个刚片看待，再观察第一构造层大刚片和其他刚片之间的约束个数，根据刚片数和约束个数确定应用什么规则进行第二构造层分析。显然，图 5.14（c）所示的刚片联系网络图中这个第一构造层大刚片与刚片 Ⅳ 之间能形成 3 个约束，当约束布置满足二刚片规则要求时，第一构造层大刚片与刚片 Ⅳ 也可构成一个无多余约束的第二构造层大刚片。

继续从刚片联系网络图中观察已构成的大刚片团和其他刚片之间的约束情况，可应用以上方法完成后续构造层分析。当然，在构成某些刚片团后，各刚片团和刚片之间也可能由于约束个数不够形成几何可变体系，或约束布置不合理而形成几何瞬变体系。

【例 5.1】　对图 5.15（a）所示体系进行几何组成分析。

解：（1）刚片和链杆的认定。整个地基连同固定铰支座可认定为刚片 Ⅰ；几何体系中铰结三角形 HBC 是有可动铰支座的，可将其认定为刚片Ⅱ。与刚片Ⅱ连接的①、②、③杆可作为链杆，这些链杆的另一端所连接的铰结三角形 ADE 则可认定为刚片Ⅲ。刚片和链杆的认定符合相间认定规律。刚片和链杆的认定如图 5.15（b）所示。

（2）作刚片联系网络图如图 5.15（c）所示。显然，几何体系满足三刚片规则的必要条件。

（3）套用规则分析。刚片Ⅰ、Ⅱ由平行的①、④两链杆连接，虚铰在铅直方向无穷远处；刚片Ⅰ、Ⅲ由铰 A 相连；刚片Ⅱ、Ⅲ由②、③两链杆连接，虚铰在 G 处。显然，三铰不共线，根据三刚片规则，体系为无多余约束的几何不变体系。

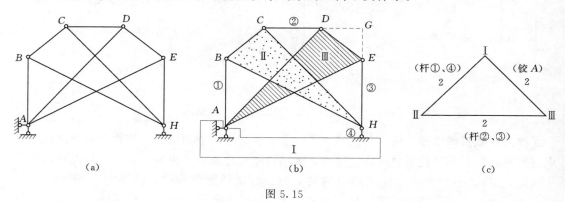

图 5.15

上面的分析过程可简捷地用括号分层式表达为：

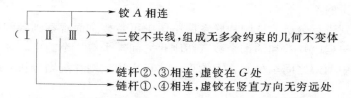

在上述表达形式中，括号里边的数字符号Ⅰ、Ⅱ、Ⅲ表示参与分析的刚片，括号下边用文字描述刚片之间的约束个数和布置情况。括号右边的文字表述括号里边的刚片所组成的几何体系的几何性质。

【例 5.2】 对图 5.16（a）所示体系进行几何组成分析。

解：（1）对几何体系进行简化。几何体系中的折杆 HKB 可用链杆 HB 代替，如图 5.16（b）所示。

（2）刚片和链杆的认定。整个地基可认定为刚片Ⅰ；几何体系中铰结三角形 ACB 是几何不变体，因其具有可动铰支承，所以将其认定为刚片Ⅱ。与刚片Ⅱ相连的杆①、②、③、④认定为链杆。链杆③、④的另一端相连的折杆 HGD 则要认定为刚片Ⅲ。与刚片Ⅲ相连的杆⑤、⑥认定为链杆。刚片和链杆的认定符合相间认定规律。刚片和链杆的认定如图 5.16（b）所示。

（3）作刚片联系网络图如图 5.16（c）所示。显然，几何体系满足三刚片规则的必要条件。

（4）套用规则分析。从刚片联系网络图可知，直接套用三刚片规则，分析过程如下：

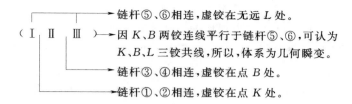

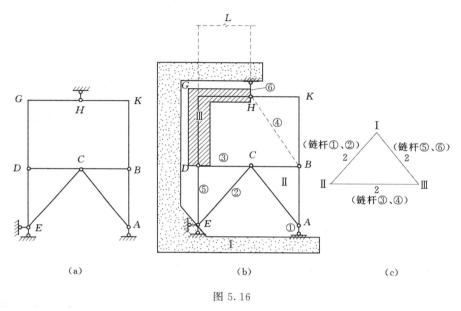

图 5.16

【例 5.3】　对图 5.17（a）所示体系进行几何组成分析。

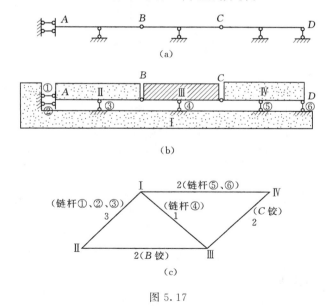

图 5.17

解：（1）对刚片和链杆的认定。此几何体系中杆件 *AB*、*BC*、*CD* 都有可动铰支承，因此，将这些杆件都要认定为各个刚片。整个地基认定为刚片Ⅰ。杆 AB 认定为刚片Ⅱ。杆 BC 认定为刚片Ⅲ。杆 CD 认定为刚片Ⅳ。刚片和链杆的认定如图 5.17（b）所示。

（2）作刚片联系网络图如图 5.17（c）所示。首先刚片Ⅰ、Ⅱ满足二刚片规则的必要条件，有可能组成第一构造层大刚片。若第一构造层大刚片成立，其与刚片Ⅲ满足二刚片规则的必要条件，有可能组成第二构造层大刚片。若第二构造层大刚片成立，其与刚片Ⅳ也满足二刚片规则的必要条件，有可能组成第三构造层大刚片。

（3）套用规则分析。连续应用二刚片规则。分析过程如下

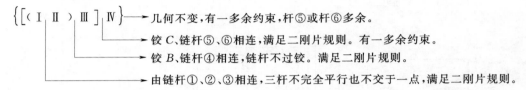

【例 5.4】 对图 5.18（a）所示体系进行几何组成分析。

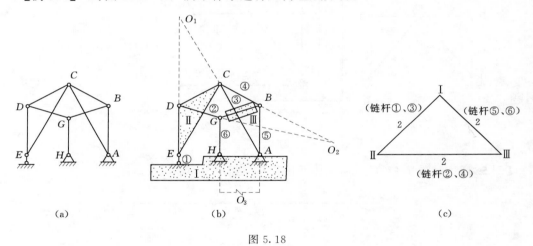

图 5.18

解：（1）对刚片和链杆的认定。整个地基认定为刚片Ⅰ；几何体系中铰结三角形 ECD 是几何不变体，因其具有可动铰支承，所以将其认定为刚片Ⅱ；与刚片Ⅱ相连的杆 DG、CA、CB 则要认定为链杆②、③和④；链杆 DG 的 G 端和链杆 CB 的 B 端相连的杆件 GB 认定为刚片Ⅲ；与刚片Ⅲ相连的杆 BA 和杆 GH 则认定为链杆⑤和⑥，刚片和链杆是间隔认定的，如图 5.18（b）所示。

（2）作刚片联系网络图如图 5.18（c）所示。显然，几何体系满足三刚片规则的必要条件。

（3）套用规则分析。分析过程如下：

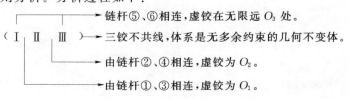

思考题

5.1　可伸缩的电动门是典型的可变杆系体系。你是否可增设一个链杆，使其只保持伸或缩的某一种几何不变状态？

5.2　建筑施工中的脚手架主要由竖杆和水平横杆连接构成，但为什么还要必须设置一定数量的斜杆支撑？

5.3　课桌只设置三个桌腿时就能保持稳定，但还是设置四个桌腿的居多，第四个桌腿不是多余了吗？为什么要这样做？

5.4　常变体系与瞬变体系的区别是什么？怎样用几何组成规则判定？

5.5　自行车的车架多采用三角形构造，以确保其几何不变性。你是否还可以找出生活和工程中与之相似的结构实例？

5.6　在几何组成分析中，为什么一定要将有可动铰支座的构件认定为刚片？

5.7　几何可变体系一定是无多余约束的体系吗？试举例说明。

5.8　用增加二元体的办法，能将可变体系变为不变体系吗？

5.9　几何不变体系的几个简单规则之间有何联系？能归结为一个基本规则吗？

5.10　对链杆较多的体系进行几何组成分析时，为什么对刚片和链杆要相间隔认定？

习题

5.1　对图示体系进行几何组成分析。

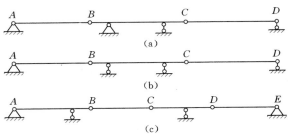

习题 5.1 图

5.2　对图示体系进行几何组成分析。

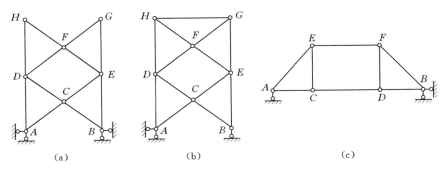

习题 5.2 图

5.3 对图示体系进行几何组成分析。

5.4 对图示体系进行几何组成分析。

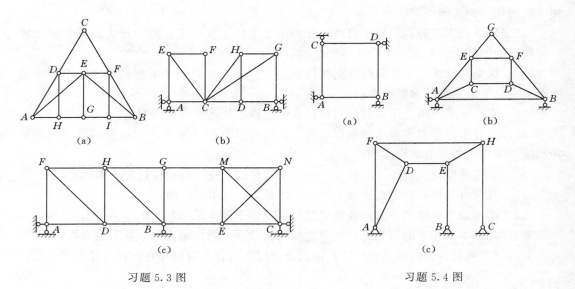

习题5.3图　　　　　　　　　习题5.4图

5.5 对图示体系进行几何组成分析。

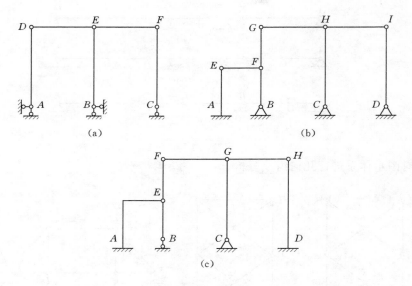

习题5.5图

5.6 对图示体系进行几何组成分析。

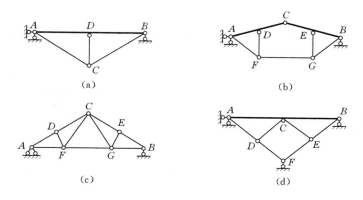

习题 5.6 图

5.7　对图示体系进行几何组成分析。

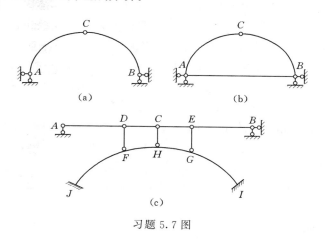

习题 5.7 图

5.5　静定结构和超静定结构

静定结构和超静定结构的概念　平面杆系结构可分为静定结构和超静定结构两种：结构的全部约束力和构件内力，只由静力平衡条件即可确定，这种结构称静定结构；结构的全部约束力和构件内力，不能只由静力平衡条件而确定，这种结构称超静定结构。如图 5.19（a）所示梁，其受力图如图 5.19（b）所示；梁上作用的是平面任意力系，其中有 3 个未知约束力（F_{Ax}、F_{Ay}、F_B），可列 3 个静力平衡方程 $[\sum F_x = 0 \text{、} \sum F_y = 0 \text{、} \sum M_A(\boldsymbol{F}) = 0]$；未知力个数等于静力平衡方程数，因此，只由静力平衡方程可解出全部约束力，此结构为静定结构。如图 5.19（c）所示梁，其受力图如图 5.19（d）所示；梁上作用的也是平面任意力系，但有 4 个未知约束力（F_{Ax}、F_{Ay}、M_A、F_B），可列 3 个静力平衡方程 $[\sum F_x = 0 \text{、} \sum F_y = 0 \text{、} \sum M_A(\boldsymbol{F}) = 0]$；未知力个数大于静力平衡方程数，因此，不能由静力平衡方程解出全部约束力，此结构为超静定结构。

几何组成与静定结构的关系　通过对一个平面杆系体系的几何组成分析，可以判定

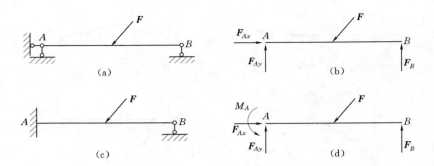

图 5.19

出体系是几何可变还是几何不变。对于几何不变的体系，又可分为有多余约束和无多余约束的两种体系。作为结构都应是几何不变的体系，根据有无多余约束情况，将结构划分为无多余约束结构和有多余约束结构。如图 5.20（a）所示结构，是在基础刚片上由两根不共线链杆组成的二元体桁架，其几何性质显然是无多余约束的几何不变体，结点 A 的两个自由度由两个链杆约束限制，即一个位移只由一个约束限制；结点 A 的受力图如图 5.20（b）所示，可应用平衡方程 $\sum F_x = 0$、$\sum F_y = 0$ 求出两个未知约束力 F_{AB} 和 F_{AC}。如图 5.20（c）所示结构，是在基础刚片上由 3 根链杆组成的桁架，其几何性质显然是有一个多余约束的几何不变体；结点 A 的水平方向位移受到 AC 和 AD 两杆的共同约束限制，即一个位移由两个约束限制，其中有一个是多余的；结点 A 的受力图如图 5.20（d）所示，在 x 方向的力投影平衡方程（$F_{AD} - F_{AC} + F\cos\alpha = 0$）中包含了两个未知约束力 F_{AC}、F_{AD}，显然在这一个方程中不能确定两个未知量；当然，在 y 方向的力投影平衡方程（$F_{AB} - F\sin\alpha = 0$）中可确定出 F_{AB} 这个未知力；总之，用静力平衡方程不能解出全部约束力。

由以上分析可知，静定结构是无多余约束的几何不变体系，超静定结构是有多余约束的几何不变体系。静定结构可由静力平衡条件求解，超静定结构的求解不但要考虑结构的静力平衡条件，还必须考虑结构的变形条件。

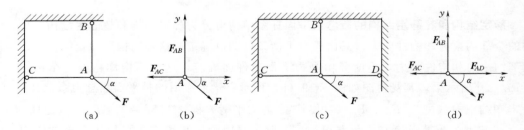

图 5.20

第6章 静定结构的内力分析

本章主要内容：

- 介绍变形固体及构件内力的概念，了解杆件的基本变形形式。
- 讨论轴向拉压杆的轴力及静定平面桁架杆内力的计算方法。
- 介绍扭转轴的扭矩计算方法。
- 对静定梁的剪力、弯矩进行分析，讨论剪力、弯矩图的绘制方法。
- 介绍平面静定刚架的内力计算及内力图的绘制。

6.1 杆件的基本变形及内力的概念

变形固体 在建筑物中，组成结构的各单个构件都是用固体材料制成，它们在使用过程中要受到外力的作用，并产生变形。在前面各章中，我们在忽略物体变形的情况下，研究了作用于物体上的外力系的合成与平衡问题。显然，实际的构件并不是刚体，在力作用下或多或少是要产生一定变形，甚至发生破坏，如果再使用刚体模型，那就没有任何实际意义。因此，从本章开始，研究问题时，要考虑固体材料在外力作用下的变形。当变形量与构件本身尺寸相比特别微小时称为小变形。在应用平衡条件求解构件的某些未知力时，为了便于计算而忽略材料变形的影响，因为在小变形的假设前提下，这样做对计算精度影响不大。通常将在外力作用下能产生一定变形的固体称为变形固体。

变形固体的变形按其性质可分为两种：一是弹性变形，即外力解除后，变形也随之消失；二是塑性变形，即外力解除后，变形不能消失而保留的变形。建筑工程中所用的材料，在正常使用中，可以近似地看成是只有弹性变形的。只有弹性变形的物体称为理想弹性体或完全弹性体。

基本假设 制作构件的材料是多种多样的，其性质也不尽相同。为了便于研究，可忽略对研究问题影响不大的一些次要因素，我们对变形固体作如下三点基本假设：

- 连续性假设。认为在变形固体的整个体积内连续不断地充满了物质，无任何空隙。实际上，组成固体的微粒之间存在有空隙，但这种空隙极其微小，可以忽略不计。根据这一假设，固体内的一些力学量可用坐标的连续函数表达，给研究问题带来很大方便。

- 均匀性假设。材料在外力作用下所表现的性能，称为材料的力学性能。所谓均匀性假设，就是认为在变形固体内各点处的力学性质完全相同。

- 各向同性假设。认为固体材料在各个方向的力学性质完全相同。工程中使用的材料大部分都符合各向同性的特点。如金属材料，虽然不同方向各晶粒的性质并不完全相同，但是，在金属构件内包含了数量很多的晶粒，它们无规则地排列着，金属沿任意方向的力学性能是各晶粒的统计平均值，因此，可将金属看成各向同性材料。工程中也有少部分材料，如木材、胶合板等就是各向异性材料，对于各向异性材料应按各向异性问题处理。

杆件的基本变形形式 杆件是指某一个方向（一般为长度方向）的尺寸远大于其另外两个方向尺寸的构件。将垂直于杆件长度方向的截面称为横截面，杆件中各横截面形心的连线称为杆的轴线，如图 6.1 所示。

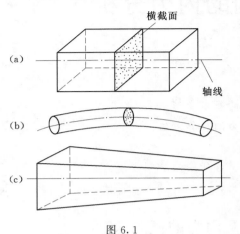

图 6.1

按照杆件的轴线形状，将杆分为直杆〔图 6.1（a）、（c）〕、曲杆〔图 6.1（b）〕；按照杆件横截面沿杆轴线方向是否有变化，又将杆分为等截面杆〔图 6.1（a）、（b）〕、变截面杆〔图 6.1（c）〕。工程中大部分杆件是等截面的，并且是直杆，称这类杆为等截面直杆。

工程中，杆件在不同形式的外力作用下，将产生不同形式的变形。经研究发现，杆件变形的基本形式有以下四种：

● 轴向变形。外力或外力的合力作用线与杆轴线重合，杆件主要沿轴向伸长或缩短，如图 6.2 所示。

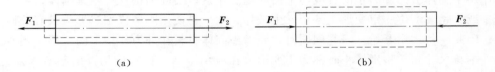

（a）   （b）

图 6.2

图 6.3（a）所示为一厂房结构中的牛腿柱，柱顶受有屋盖传来的压力 F_1，作用在柱的轴线上。两边牛腿受有桁吊传来的压力 F_2 和 F_3，若 $F_2 = F_3$，且 F_2 和 F_3 对称作用在柱轴线两侧，则 F_2 和 F_3 的合力为 F_R，$F_R = 2F_2$，合力 F_R 必作用在柱轴线上，柱也只产生轴

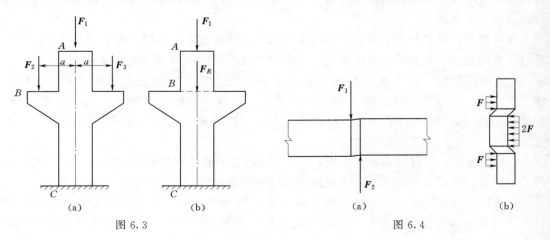

图 6.3   图 6.4

向变形，如图 6.3（b）所示。

● 剪切变形。外力垂直于杆件轴线，相邻外力方向相反，作用线平行且相距很近，相邻外力之间的微段两侧截面沿外力方向产生相对错动，如图 6.4 所示。

● 扭转变形。外力偶作用在杆的横截面内，相邻外力偶之间的杆段两侧横截面绕轴线产生相对转动，如图 6.5 所示。

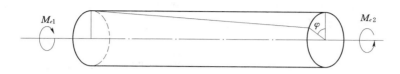

图 6.5

● 平面弯曲变形。外力或外力偶作用在杆的同一纵向对称面内，且外力垂直于杆轴线，杆轴线由直线变成在外力作用面内的平面曲线，如图 6.6 所示。

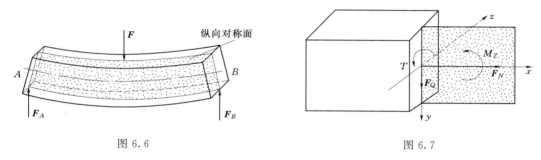

图 6.6　　　　　　　　　　　图 6.7

工程实际中的杆件可能同时承受不同方向的外力，变形情况比较复杂。但不论怎样复杂，其变形均是由基本变形组成的。将杆件同时发生两种或两种以上的基本变形称为组合变形。

内力的概念　材料是由分子、原子等组成，当杆件不受外力作用时，杆件内相邻微粒之间已有相互作用力，将这种作用力称为固体的固有内力。当杆件受到外力作用，引起内部相邻各部分相对位置发生变化，势必引起相邻微粒之间固有内力发生改变，将在固有内力基础上产生的改变量称之附加内力，简称内力。因此可将内力定义为：由于外力作用，杆件内部相邻部分之间产生的相互作用力。杆件的强度、刚度及稳定性，与内力的大小及其在杆件内的分布情况有关，内力分析是解决强度、刚度及稳定性问题的基础。截面上的内力是连续分布的，但为了方便计算，将截面上的分布内力向截面形心简化，然后用各向分力表示。常见的内力有轴力、剪力、扭矩、弯矩等。轴力是作用线与杆轴线重合的内力主矢分量 F_N；剪力是作用线在杆横截面上的内力主矢分量 F_Q；扭矩是作用面与杆横截面重合的内力主矩分量 T；弯矩是作用面与杆横截面垂直的内力主矩分量 M。各种内力如图 6.7 所示。

6.2　轴向变形杆的内力分析

轴向变形的概念　在工程结构中，很多构件所受外力的作用线与杆轴重合或平行，杆件的主要变形为轴向伸长或缩短。例如，在楼房建筑结构中的柱子和桥梁结构中的桥墩主要以轴向压缩变形为主。以轴向伸长或缩短为主要特征的变形称为轴向变形。作用线与杆轴重合或平行的外力称为轴向力。

轴向变形杆的轴力分析　轴向变形是杆件基本变形形式中最简单的一种，它所涉及的概念、理论和方法虽然比较简单，但在杆件的其他变形分析中都可以借鉴。

● 轴向变形和轴力的正向规定。为了使用代数量反映轴向变形的性质，规定杆微段沿轴向伸长的变形为正，如图 6.8（a）所示；杆微段沿轴向缩短的变形为负，如图 6.8（b）所示。杆在轴向力作用下引起轴向变形时，在杆的截面上必然会产生相应的轴向内力——轴力 F_N，为了使轴力的符号与其产生变形的符号相匹配，规定正轴力的指向是离开截面的拉力，如图 6.8（a）所示；负轴力的指向是向着截面的压力，如图 6.8（b）所示。正轴力将产生正轴向变形；负轴力将产生负轴向变形。

(a)　　　　　　　　　　　　　　(b)

图 6.8

● 轴向力与轴力的关系。图 6.9（a）所示受力杆的 E 截面，截面左侧（或右侧）杆段上的轴向力 F_1（或 F_3）是离开截面的，能使截面处微段发生正轴向变形，在截面上产生相应的正轴力。图 6.9（b）所示受力杆的 E 截面，截面左侧（或右侧）杆段上的轴向力 F_2（或 F_4）是向着截面的，能使截面处微段发生负轴向变形，在截面上产生相应的负轴力。总之，杆段上的轴向力若在截面处微段产生正轴向变形，则在截面上必产生相应的正轴力；反之产生相应的负轴力。

● 截面上的轴力计算。图 6.9（c）所示为一轴向受力杆，在外力作用下保持平衡。试计算杆横截面 E 上的轴力。用假想截面将杆件在 E 处截开。先取左杆段为对象，将去掉的右杆段对左杆段的作用用正向轴力代替，受力图如图 6.9（d）所示。列 x 轴向的投影平衡方程

$$\sum F_x = 0 \qquad\qquad F_N + F_2 - F_1 = 0$$

得
$$F_N = F_1 - F_2 \qquad\qquad ①$$

将轴向外力的数值代入式①得

$$F_N = 20 - 60 = -40 \ (\text{kN})$$

若取右杆段为研究对象，受力图如图 6.9（e）所示。同理可得

$$F_N = F_3 - F_4 \qquad\qquad ②$$

以上求内力的方法称为截面法。截面法是求杆件内力的基本方法，不管杆件产生何种变形，都可以用截面法求内力。另外，将图 6.9（c）所示轴向受力杆可视为图 6.9（a）、（b）所示两轴向受力杆的叠加。截面 E 上的轴力可视为截面左侧杆段上单独作用轴向力 F_1 和单独作用轴向力 F_2 时产生的各个相应轴力之代数和。也可视为截面右侧杆段上单独

作用 F_3 产生的轴力和单独作用 F_4 产生的轴力之代数和。

由以上截面法或叠加法可得，截面上的轴力等于截面任一侧杆段上的每一个轴向外力单独作用时，在截面上产生的各个轴力之代数和。用公式表示为

$$F_N = \sum F_x \tag{6.1}$$

这种直接用杆段上外力写等式求内力的方法称为直接法。

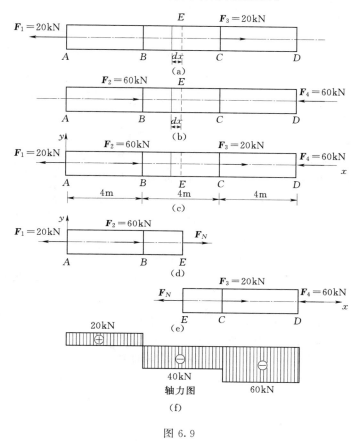

图 6.9

● 杆端的轴向力可视为杆端截面的轴力。当孤立地看图 6.9（d）所示杆段 AE 时，必定将杆 E 端的力 F_N 认定为轴向力，但实质上力 F_N 是我们所求的 E 截面的轴力。因此，可将任何杆的杆端视为截出的截面，此处的轴向力可视为端截面的轴力。如图 6.9（c）所示杆，A 端截面的轴力为 $+20$kN，D 端截面的轴力为 -60kN。

● 杆中部轴向力作用处两侧截面轴力不相等。图 6.9（c）所示轴向受力杆，在 B 处作用 F_2 轴向力，B 的左截面轴力为 $F_{NB左} = 20$kN，B 的右截面轴力为 $F_{NB右} = -40$kN。由此可知，杆中部轴向力作用处两侧轴力不相等，两面轴力之差的绝对值等于此处轴向力的大小。

● 杆的轴力沿杆轴方向分段变化。如图 6.9（c）所示轴向变形杆，$AB_左$、$B_右C_左$ 和 $C_右D$ 等三个杆段的轴力是不相等的。但每一段内各截面轴力相等。由此可得，杆上相邻两轴向力之间的杆段上各截面轴力相等。在杆中部轴向力作用处是轴力变化的不连续划

分点。

轴力方程 将轴力沿杆轴方向变化的规律用方程表达出来，即为轴力方程。一般选杆左端为坐标原点，取沿杆轴向右为 x 轴正向。用 x 坐标表示杆的截面位置。在杆中部的轴向力作用处进行间断点划分，将杆划分为若干段。在每一段内取一 x 面，用式（6.1）求出此面的轴力值，并标明 x 的变化区间，即得此杆段的轴力方程。图 6.9（c）所示轴向变形杆的轴力方程如下

$$F_N = \begin{cases} F_1 = 20(\text{kN}) & (0 \leqslant x < 4) \\ F_1 - F_2 = -40(\text{kN}) & (4 < x < 8) \\ F_4 = -60(\text{kN}) & (8 < x \leqslant 12) \end{cases}$$

轴力图 为了形象地表明杆内轴力随截面位置的变化情况，判定最大轴力的所在截面位置，将轴力随截面位置的变化规律用图线表达出来，即为轴力图。作图过程和方法可概括为"三画两标注"。画基线，作与杆轴等长的平行线，表示截面位置的横坐标；画轴力纵标线，在垂直基线方向按比例画出杆段两端截面轴力纵标，正轴力纵标画在基线上方，负轴力纵标画在基线下方，一个杆段内两端截面轴力纵标端点连线；画示纵标线，在垂直基线方向画均匀分布的与纵标线等长的细线，以显示纵标值；标注符号、数值和单位（在正的纵标区标注正号 $\oplus$，在负的纵标区标注负号 $\ominus$，标明纵标数值和单位）；标注图名。图 6.9（c）所示轴向变形杆的轴力图如图 6.9（f）所示。

【例 6.1】 试作图 6.10（a）所示等截面直杆的轴力图。

解：（1）对杆分段。由于杆中部 B 和 C 处作用轴向力，所以将杆划分为 $AB_{左}$、$B_{右}C_{左}$ 和 $C_{右}D$ 等三个杆段。尽管 D 端为固定端支座，其约束力未知，但此约束力必然是轴向约束力。对于此悬臂杆，计算各杆段轴力时，只取截面一侧无支座的杆段为研究对象，因此，固端支座 D 处的约束力不必求出。

（2）写轴力方程。从左向右依次写出各杆段的轴力方程为

$$F_N = \begin{cases} F_1 = 50(\text{kN}) & (AB_{左}) \\ F_1 - F_2 = -30(\text{kN}) & (B_{右}C_{左}) \\ F_1 - F_2 - F_3 = -130(\text{kN}) & (C_{右}D) \end{cases}$$

（3）绘制轴力图。选取与杆轴线平行的坐标轴为 x 轴，F_N 轴与 x 轴垂直，按比例绘制轴力图（F_N 图）如图 6.10（b）所示。

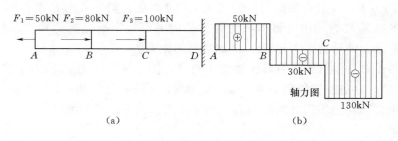

$F_1 = 50\text{kN}$ $F_2 = 80\text{kN}$ $F_3 = 100\text{kN}$

50kN

30kN

轴力图

130kN

(a) (b)

图 6.10

在轴力图 6.10（b）中，B 处两侧截面轴力由正值突变为负值，这是由于 B 处作用有轴向力 $\boldsymbol{F}_2$，使得 B 处左侧截面轴力为 50kN，B 处右侧截面轴力变为 -30kN；C 处的轴

力突变是由轴向力 F_3 引起的。

思考题

6.1　用刀将筷子沿纵向劈开和沿横向砍断，其难易程度显然不同。用刀切豆腐有这种感觉吗？根据材料各向同性和各向异性的概念，试比较这两种材料的力学性能的差异。

6.2　直立的桌子腿以及人们站立状态下的脊柱都是轴向压缩变形，工程中脚手架竖杆的主要变形也是轴向压缩。生活和工程中这种轴向变形的实例很多，你现在能列举出几种？

6.3　我们规定杆的微段沿轴向伸长的变形为正，沿轴向缩短的变形为负。你判定打气筒在工作时的活塞杆是何种轴向变形？

6.4　试判定图示两个杆件是不是单纯的轴向变形？

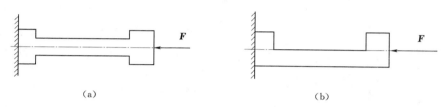

　　　　(a)　　　　　　　　　　　　　　　　(b)

思考题 6.4 图

习题

6.1　试求图示杆指定截面的轴力，并绘制杆件的轴力图。

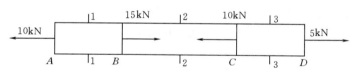

习题 6.1 图

6.2　试求图示杆指定截面的轴力，并绘制杆件的轴力图。

6.3　试求图示杆指定截面的轴力，并绘制杆件的轴力图。

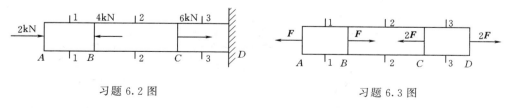

　　习题 6.2 图　　　　　　　　　　　　　习题 6.3 图

6.3　静定平面桁架的内力计算

桁架的计算简图　桁架是指由若干直杆在其两端用铰连接而成的结构。在平面桁架中，通常采用如下假定：

● 桁架的各杆之间都是用杆端部铰链相连，且都是绝对光滑无摩擦的理想铰结点。

● 各杆的轴线都是直线并通过两端的铰链中心，且各杆的轴线都在同一平面内。

● 荷载和支座约束力都作用在结点上，且位于桁架平面内。

符合上述假设的桁架，称为理想平面桁架。实际的桁架并不完全符合上述理想情形。如在钢结构中，结点通常都是铆接或焊接的，有些杆件在结点处可能还是连续的，这就使得结点具有一定的刚性；在木结构中各杆是用榫接或螺栓连接的，它们在结点处可作某种相对转动，但其结点构造也不完全符合理想铰的情况。另外，各杆轴并非绝对顺直，结点上各杆的轴线也不一定完全交于一点，有时荷载不一定都作用在结点上。但是，通过理论计算和实际测量结果表明，用理想桁架作为计算模型，可以得到令人满意的结果，因此本节只限于讨论理想桁架的情况。

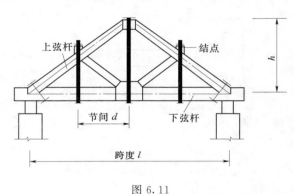

图 6.11

桁架的杆件依其所在位置不同，可分为弦杆和腹杆两大类。弦杆是指桁架上下外围的杆件，上边的杆件称上弦杆，下边的杆件称下弦杆。桁架上弦杆和下弦杆之间的杆件称腹杆。腹杆又分为竖杆和斜杆。弦杆上两相邻结点之间的区间称为节间，其水平间距 d 称为节间长度。两支座间的水平距离 l 称为跨度。两支座连线至桁架最高点的距离 h 称为桁高，如图 6.11 所示。

桁架的分类　平面桁架按几何组成方式可分为三类。

● 简单桁架。在基础或在一个基本铰结三角形上，依次增加二元体而组成的桁架，如图 6.12 （a） 所示。

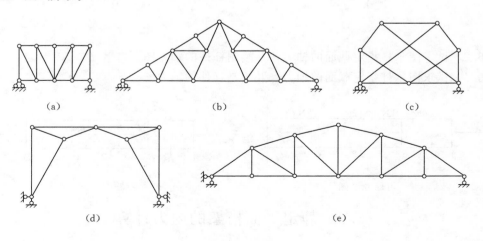

图 6.12

● 联合桁架。由几个简单桁架按几何不变体系的组成规则组成的桁架，如图 6.12

（b）所示。

● 复杂桁架。不是按以上两种方式组成的桁架，如图 6.12（c）所示。

桁架还可按支座约束特点分类，如平面桁架在竖向荷载作用下不能产生水平推力的称为梁式桁架［图 6.12（a）～（c）］；能产生水平推力的称为拱式桁架［图 6.12（d）］。根据桁架的外形，又可分为平行弦桁架［图 6.12（a）］、三角形桁架［图 6.12（b）］和抛物线桁架［图 6.12（e）］等。

结点法　计算桁架轴力时，每次截取一个结点为隔离体，可以列出平面汇交力系的两个平衡方程：$\sum F_x = 0$、$\sum F_y = 0$，计算两个杆件的未知轴力。此方法称为结点法。

【例 6.2】　图 6.13（a）所示为施工托架的计算简图和作用荷载。求各杆的轴力。

解：（1）求支座约束力。取整个桁架为对象，作受力图，由静力平衡条件可求得支座约束力为

$$F_A = F_B = 19(\text{kN})$$

（2）取结点 A，作其受力图如图 6.13（b）所示，未知力 F_{NAC}、F_{NAD} 假设为拉力。

$$\sum F_y = 0 \qquad F_A - 8 - F_{NAD}\frac{0.5}{1.58} = 0$$

则

$$F_{NAD} = \frac{1.58}{0.5}(19 - 8) = \frac{1.58}{0.5} \times 11 = 34.76(\text{kN})$$

$$\sum F_x = 0 \qquad F_{NAC} + F_{NAD}\frac{1.5}{1.58} = 0$$

则

$$F_{NAC} = -\frac{1.58}{0.5} \times 11 \times \frac{1.5}{1.58} = -33.00(\text{kN})$$

（3）取结点 C，作其受力图如图 6.13（c）所示。

$$\sum F_x = 0 \qquad F_{NCE} - F_{NCA} = 0$$

则

$$F_{NCE} = F_{NCA} = -33.00(\text{kN})$$

$$\sum F_y = 0 \qquad -F_{NCD} - 8 = 0$$

则

$$F_{NCD} = -8.00(\text{kN})$$

（4）取结点 D，作其受力图如图 6.13（d）所示。

$$\sum F_y = 0 \qquad F_{NDE}\frac{0.5}{0.9} + F_{NDA}\frac{0.5}{1.58} + F_{NDC} = 0$$

则

$$F_{NDE} = -\frac{0.9}{0.5}\left(F_{NDA}\frac{0.5}{1.58} + F_{NDC}\right)$$

$$= -\frac{0.9}{0.5}\left(\frac{1.58}{0.5} \times 11 \times \frac{0.5}{1.58} - 8\right) = -5.40(\text{kN})$$

$$\sum F_x = 0 \qquad F_{NDF} + F_{NDE}\frac{0.75}{0.9} - F_{NDA}\frac{1.5}{1.58} = 0$$

则

$$F_{NDF} = -F_{NDE}\frac{0.75}{0.9} + F_{NDA}\frac{1.5}{1.58} = 4.50 + 33.00 = 37.50(\text{kN})$$

（5）由于此桁架和荷载都是对称的，处于对称位置的两根杆具有相同的轴力，也就是说，桁架中的内力也是对称分布的。因此，只需计算此桁架半边的轴力，整个桁架的轴力

如图 6.13（e）所示。

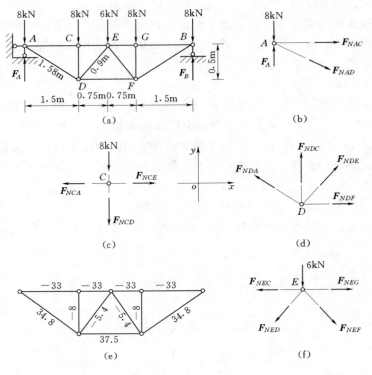

图 6.13

（6）校核。可用对称轴上的结点平衡条件来校核。图 6.13（f）为结点 E 的受力图。由于对称，平衡条件 $\sum F_x = 0$ 已经自然满足。因此，只需校核另一个方向的平衡，即

$$\sum F_y = -F_{NED} \times \frac{0.5}{0.9} - F_{NEF} \times \frac{0.5}{0.9} - 6 = -\frac{0.5}{0.9}(-5.4-5.4) - 6 = 0$$

此结点平衡，说明以上计算无误。

上例中的桁架是一个简单桁架。可以认为它是从三角形 BFG 开始，每次用两根不共线杆依次连接一个新结点 E、D、C、A 组成的。只要按照与几何组成相反的次序 A、C、D、E、F、G 截取结点，则在每个结点上只遇到两个未知力。总之，用结点法计算简单桁架时，如果截取结点的次序与桁架组成时添加结点的次序相反，就可顺利地求出桁架的全部轴力。

零杆的判别　轴力为零的杆称为零杆。判别零杆是结点法的特殊情形。计算前若先判断出零杆，可使计算得到简化。此种情况有以下几种：

● 不共线二杆组成的结点（$0° < \alpha < 180°$），其上无外力作用时，二杆均为零件［图 6.14（a）］。

● 不共线二杆组成的结点（$0° < \alpha < 180°$），其中有一杆与外力共线，则不与外力共线的另一杆为零件［图 6.14（b）］。

● 三杆组成的结点（$0° < \alpha < 180°$），其上无外力作用时，若其中二杆共线，则不共线

杆为零杆，并且共线杆内力相等 ［图 6.14 （c）］。

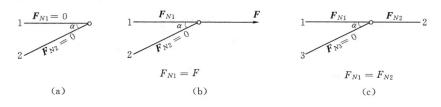

图 6.14

【例 6.3】 判定如图 6.15 所示桁架中的零杆。

解： 首先观察结点 E，属于图 6.14 （b）所示情况，可知杆 EC 为零杆。再观察结点 D，属于图 6.14 （c）所示情况，可知杆 DC 为零杆。杆 EC 和 DC 已判定为零杆，因此结点 C 可视为图 6.14 （a）所示情况，所以杆 CA 和 CB 也可判定为零杆。最后观察结点 B，则属于图 6.14 （c）所示情况，可知杆 BA 为零杆。所以，图 6.15 所示桁架中共有五根零杆。

截面法 用一假想截面截取桁架的一部分为隔离体（包含两个以上的结点），如果在切断的所有杆中未知轴力若只有三个，它们既不相交于一点，也不相互平行，则可列出平面任意力系的三个平衡方程，即可求出这三个未知轴力。因此，截面法最适合用于联合桁架中各简单桁架在联合处的约束力计算，也可用于简单桁架中少数杆轴力的计算。

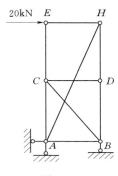

图 6.15

【例 6.4】 用截面法计算图 6.16 （a）所示桁架中杆 CF、CE、DE 的轴力。

解：（1）求支座约束力。取桁架为对象，作受力图如图 6.16 （b）所示。

$$\sum M_A(\boldsymbol{F}) = 0 \qquad F_B \times 8 - 10 \times 4 - 20 \times 2 = 0$$

则

$$F_B = \frac{1}{8}(10 \times 4 + 20 \times 2) = 10(\text{kN})$$

$$\sum F_y = 0 \qquad F_A + F_B - 10 - 20 - 10 = 0$$

则

$$F_A = 40 - F_B = 30(\text{kN})$$

（2）用截面 1—1 将桁架在杆 CF、CE、DE 处截开，取左半部分为对象，作其受力图如图 6.16 （c）所示。

$$\sum M_C(\boldsymbol{F}) = 0 \qquad F_{NDE} \times 1 + 10 \times 2 - 30 \times 2 = 0$$

则

$$F_{NDE} = 30 \times 2 - 10 \times 2 = 40(\text{kN})$$

$$\sum M_E(\boldsymbol{F}) = 0 \qquad -F_{NCF}\frac{1}{\sqrt{5}} \times 4 - 30 \times 4 + 10 \times 4 + 20 \times 2 = 0$$

则

$$F_{NCF} = \frac{\sqrt{5}}{4}(-30 \times 4 + 10 \times 4 + 20 \times 2)$$

$$= -22.36(\text{kN})$$

$$\sum M_A(\boldsymbol{F}) = 0 \qquad -F_{NCE}\frac{1}{\sqrt{5}} \times 4 - 20 \times 2 = 0$$

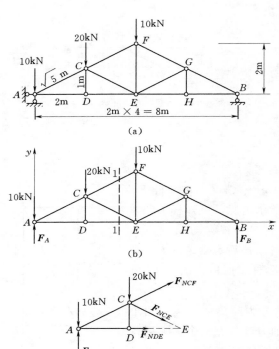

图 6.16

则 $F_{NCE} = -\dfrac{\sqrt{5}}{4} \times 20 \times 2 = -22.36(\text{kN})$

此例中为了计算方便，采用了三个矩方程，并且在取矩时将力沿其作用线滑移到便于计算力臂的位置。如计算 F_{NCF} 对点 E 的矩时，将其滑移到点 A；计算 F_{NCE} 对点 A 的矩时，将力滑移到点 E。

用截面法求桁架各杆件的轴力，所假想的截面既可以是开放的，也可以是闭合的，或平面或曲面都行。在列平衡方程进行计算时，矩心应选取在大多数未知轴力的交点，而投影轴应使之垂直于大多数未知力，以使计算更简便。

联合法 在桁架计算中，通常联合应用结点法和截面法更为便利。如先用截面法计算联合桁架中连接杆的轴力，或用截面法计算某些杆的轴力，然后用结点法计算其他杆件的轴力。

【例 6.5】 求图 6.17（a）所示桁架中 1、2、3 杆的轴力。

解：（1）求支座约束力。由平衡条件可求得

$$F_A = 18\text{kN}, \quad F_J = 6\text{kN}$$

（2）作截面 m—m，求 F_{N4}。取截面 m—m 以右部分为对象，作其受力图如图 6.17（b）所示。

$$\sum M_G(\boldsymbol{F}) = 0 \qquad F_{N4} \times 4 - 6 \times 8 = 0$$

则
$$F_{N4} = 12\text{kN}$$

（3）作截面 n—n，取截面左部分为对象，作其受力图如图 6.17（c）所示。

$$\sum M_D(\boldsymbol{F}) = 0 \quad 18 \times 4 - 3 \times 4 - 6 \times 2 - F_{N4} \times 4 - F_{N2}\dfrac{\sqrt{2}}{2} \times 4 = 0$$

则
$$F_{N2} = \dfrac{\sqrt{2}}{4}(72 - 12 - 12 - 48) = 0$$

（4）取结点 E 为对象，作其受力图如图 6.17（d）所示。

$$\sum F_x = 0 \qquad F_{N4} - F_{N3}\dfrac{\sqrt{2}}{2} = 0$$

则
$$F_{N3} = 12\sqrt{2} = 16.97\text{kN}$$

$$\sum F_y = 0 \qquad F_{N1} + F_{N3}\dfrac{\sqrt{2}}{2} = 0$$

则
$$F_{N1} = -12\sqrt{2} \times \frac{\sqrt{2}}{2} = -12(\text{kN})$$

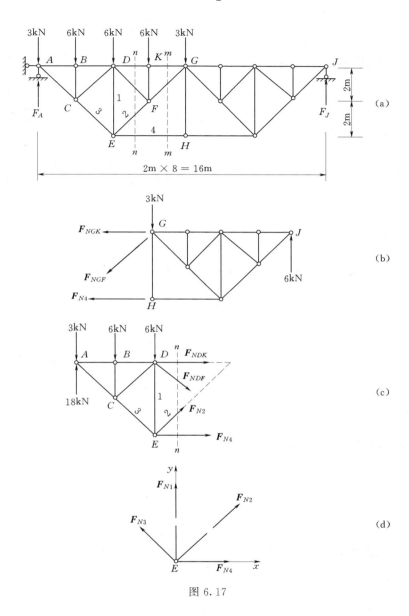

图 6.17

思考题

6.5　在分析静定桁架的内力时，如何利用其几何组成特点来确定选取研究对象的次序？

6.6　实际桁架与理想桁架有无区别？为什么能用理想桁架作为实际桁架的计算简图？

6.7　人字形屋架中有粗杆有细杆，有的杆甚至还是用钢筋做的。你是否可以从中找出粗细杆的分布规律？

6.8 在某一荷载作用下，静定桁架中可能存在零杆。由于零杆表示该杆不受力，因此该杆可以拆去，此种做法是否正确？

习题

6.4 判断图示桁架中的零杆。

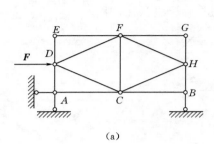
（a）

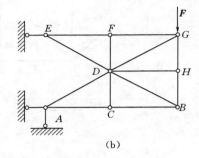
（b）

习题 6.4 图

6.5 试用结点法求图示桁架中各个杆件的轴力。

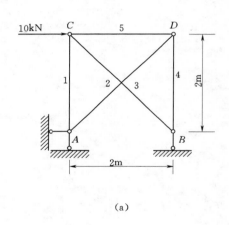
（a）

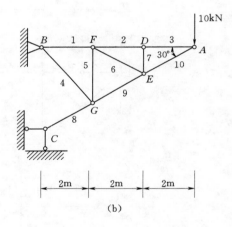
（b）

习题 6.5 图

6.6 试用结点法求图示桁架中各个杆件的轴力。

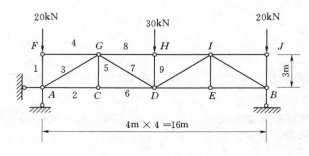

习题 6.6 图

6.7　用截面法求图示桁架中指定杆件的轴力。

6.8　求图示桁架中指定杆件的轴力。

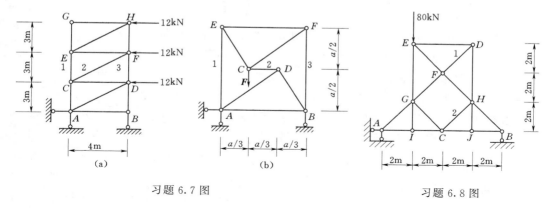

习题 6.7 图　　　　　　　　　　　　　习题 6.8 图

6.4　扭转轴的内力分析

扭转的概念　图 6.18（a）所示驾驶方向盘轴系统，作用在方向盘边缘一对方向相反大小相等的切向力，构成一力偶（F_1，F_2），其力偶矩为 M。由平衡条件可知，在轴的下端，必存在一反向作用力偶 M'，其力偶矩为 $M' = -M$。又如搅拌器的主轴［图 6.18（b）］，钻探机的钻杆［图 6.18（c）］等的受力和变形都与转动轴相同。由此可见，在垂直于杆件轴线的平面内作用力偶，杆的横截面绕轴线作相对旋转。将以横截面绕轴线作相对旋转为主要特征的变形称为扭转。使杆产生扭转变形的外力偶，称为扭力偶，其矩称为扭力偶矩。将以扭转为主要变形的直杆称为轴。

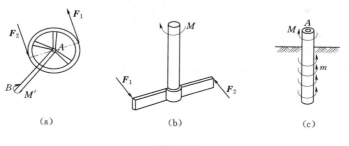

（a）　　　　　　　　（b）　　　　　　　　（c）

图 6.18

扭力偶矩的计算　在分析传动轴的内力之前，首先需要根据转速与功率计算轴所承受的扭力偶矩。力偶在单位时间内所作之功称为功率 P，功率等于该力偶之矩 M 与相应角速度 ω 的乘积，即

$$P = M\omega \qquad ①$$

在工程实际中，功率 P 的常用单位为 kW（千瓦），力偶矩 M 的单位为 N·m，转速 n 的单位为 r/min（转/分）。角速度 ω 的单位为 rad/s（弧度/秒）。此外，又由于 $1\text{W} = 1\text{N·m/s}$，$|\omega|_{\text{rad/s}} = \dfrac{2\pi}{60}|n|_{\text{r/min}}$，于是式①变为

$$P \times 10^3 = M \times \frac{2\pi}{60} n$$

由此得
$$M = 9549 \frac{P}{n} \tag{6.2}$$

式（6.2）中 M 的单位为 N·m，P 的单位为 kW，n 的单位为 r/min。

通常输入扭力偶为主动力偶，其转向与轴的转向相同；输出扭力偶为被动力偶矩，其转向与轴的转向相反。

扭矩分析　为了便于理解和计算，将通过以下几点对扭矩进行分析：

● 扭转变形和扭矩的正向规定。为了使用代数量反映扭转变形的性质，规定轴微段的左侧截面相对向上转动，右侧截面相对向下转动为正扭转变形，可简述为左上右下的相对扭转为正；而轴微段的左侧截面相对向下转动，右侧截面相对向上转动为负扭转变形。轴在扭力偶作用下引起扭转变形时，在轴的横截面上产生的分布内力必构成一个力偶——扭矩 T。为了使扭矩的符号与其产生扭转变形的符号相匹配，规定观察者面对截面时，截面上的扭矩以逆时针转向为正，如图 6.19（a）所示；观察者面对截面时，截面上的扭矩以顺时针转向为负，如图 6.19（b）所示。正扭矩将产生正扭转变形；负扭矩将产生负扭转变形。

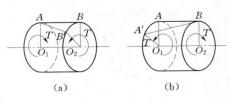

图 6.19

● 扭力偶与扭矩的关系。图 6.20（a）所示轴的截面 E，截面左侧轴段上的扭力偶 M_1 是朝上转向，截面右侧轴段上的扭力偶 M_3 是朝下转向，都能引起截面处微段发生正扭转变形，在截面上产生相应的正扭矩。图 6.20（b）所示轴的截面 E，截面左侧轴段上的扭力偶 M_2 是朝下转向，截面右侧轴段上的扭力偶 M_4 是朝上转向，也都能引起截面处微段发生负扭转变形，在截面上产生相应的负扭矩。总之，轴段上的扭力偶若在截面处微段产生正扭转变形，则在截面上必产生相应的正扭矩，可简述为左上右下转向的扭力偶产生正扭矩；反之在截面上必产生相应的负扭矩。

● 截面上的扭矩计算。图 6.20（c）所示受扭轴，若要求截面 E 的扭矩，将轴用假想截面在 E 处截开，先取左轴段为研究对象，在截面上用正向扭矩代替去掉部分的作用，其受力图如图 6.20（d）所示。由平衡条件得

$$\sum M_x = 0 \qquad\qquad T - M_1 + M_2 = 0$$

则有
$$T = M_1 - M_2 \tag{②}$$

将扭力偶矩的数值代入式②得

$$T = 40 - 80 = -40 (\text{kN·m})$$

若取右轴段为研究对象，其受力图如图 6.20（e）所示。同理可得

$$T = M_3 - M_4 \tag{③}$$

由式②、③可知，截面上的扭矩等于截面任一侧轴段上的各个扭力偶在截面上产生的扭矩之代数和。将图 6.20（c）所示受扭轴还可视为图 6.20（a）、（b）所示两受扭轴的叠加。截面 E 上的扭矩也可视为截面左侧轴段上每一个扭力偶 M_1、M_2 等单独作用时产生的各个扭矩之叠加。也可视为截面右侧轴段上单独作用扭力偶 M_3 产生的扭矩和单独作用扭力偶 M_4 产生的扭矩之叠加。

由以上截面法或叠加法可得，截面上的扭矩等于截面任一侧轴段上的每一个扭力偶单独作用时，在截面上产生的各个扭矩之代数和。左上右下转向的扭力偶在截面上产生正扭矩。用下式表示

$$T = \sum M_{ei} \tag{6.3}$$

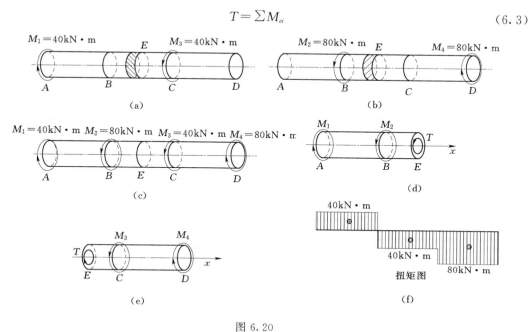

图 6.20

● 轴端的扭力偶可视为轴端截面的扭矩。当孤立地看图 6.20（d）所示轴段 AE 时，必定将轴 E 端的力偶 T 认定为扭力偶，但实质上力偶 T 是我们所求的截面 E 的扭矩。因此，可将任何轴的轴端视为我们截出的截面，此处的扭力偶可视为端截面的扭矩。如图 6.20（c）所示轴，A 端截面的扭矩为 $40\text{kN} \cdot \text{m}$，$D$ 端截面的扭矩为 $-80\text{kN} \cdot \text{m}$。

● 轴中部扭力偶作用处两侧截面扭矩不相等。图 6.20（c）所示轴，在 B 处作用 M_2 扭力偶，B 的左截面扭矩为 $T_{B左} = 40\text{kN} \cdot \text{m}$，$B$ 的右截面扭矩为 $T_{B右} = -40\text{kN} \cdot \text{m}$。由此可知，轴中部扭力偶作用处两侧截面扭矩不相等，两侧截面扭矩之差的绝对值等于此处扭力偶矩的大小。

● 轴的扭矩沿轴线方向分段变化。如图 6.20（c）所示轴，$AB_左$、$B_右 C_左$ 和 $C_右 D$ 等三个轴段的扭矩是不相等的。由此可得，轴中部扭力偶作用处是扭矩变化的分界点，且是扭矩变化的不连续划分点。轴上相邻两扭力偶之间的轴段上各截面扭矩相等。

扭矩方程 将扭矩沿轴线方向变化的规律用方程表达出来，即为扭矩方程。一般选轴左端为坐标原点，取沿轴线向右为 x 轴正向。用 x 坐标表示轴的截面位置。在轴中部的扭力偶作用处进行间断点划分，将轴划分为若干段。在每一段内取一 x 面，求出此面的扭矩值，并标明 x 的变化区间。图 6.20（c）所示轴的扭矩方程如下。

$$T = \begin{cases} M_1 = 40(\text{kN} \cdot \text{m}) & (AB_左) \\ M_1 - M_2 = -40(\text{kN} \cdot \text{m}) & (B_右 \ C_左) \\ -M_4 = -80(\text{kN} \cdot \text{m}) & (C_右 \ D) \end{cases}$$

扭矩图 为了形象地表明轴内扭矩随截面位置的变化情况，判定最大扭矩的所在截面位置，将扭矩随截面位置的变化规律用图线表达出来，即为扭矩图。作扭矩图与作轴力图方法完全相同，仍然是"三画两标注"方法（画基线，画纵标线，画示纵标线，标注符号、数值和单位，标注图名）。图6.20（c）所示扭转变形杆的扭矩图如图6.20（f）所示。

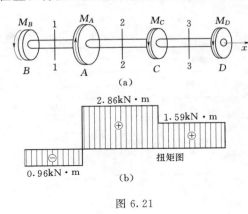

图6.21

【例6.6】 传动轴如图6.21（a）所示，主动轮输入功率 $P_A = 120\text{kW}$，从动轮 B、C、D 输出功率分别为 $P_B = 30\text{kW}$，$P_C = 40\text{kW}$，$P_D = 50\text{kW}$，轴的转速 $n = 300\text{r/min}$。试作出该轴的扭矩图。

解： （1）计算扭力偶矩。由式（6.2）可知，作用在轮 A、B、C、D 上的扭力偶矩分别为

$$M_A = 9549\frac{P_A}{n} = 9549 \times \frac{120}{300} = 3819.6(\text{N} \cdot \text{m}) = 3.82(\text{kN} \cdot \text{m})$$

$$M_B = 9549\frac{P_B}{n} = 9549 \times \frac{30}{300} = 954.9(\text{N} \cdot \text{m}) = 0.96(\text{kN} \cdot \text{m})$$

$$M_C = 9549\frac{P_C}{n} = 9549 \times \frac{40}{300} = 1273.2(\text{N} \cdot \text{m}) = 1.27(\text{kN} \cdot \text{m})$$

$$M_D = 9549\frac{P_D}{n} = 9549 \times \frac{50}{300} = 1591.5(\text{N} \cdot \text{m}) = 1.59(\text{kN} \cdot \text{m})$$

（2）写扭矩方程。根据作用在轴上的扭力偶，将轴划分成 $BA_{左}$、$A_{右}C_{左}$ 和 $C_{右}D$ 等三个轴段，扭矩方程为

$$T = \begin{cases} -M_B = -0.96(\text{kN} \cdot \text{m}) & (BA_{左}) \\ -M_B + M_A = 2.86(\text{kN} \cdot \text{m}) & (A_{右}C_{左}) \\ M_D = 1.59(\text{kN} \cdot \text{m}) & (C_{右}D) \end{cases}$$

（3）作扭矩图。画基线与轴 BD 等长平行，按比例画各轴段的扭矩纵标图。由于 $BA_{左}$ 段各横截面上扭矩为 $-0.96\text{kN} \cdot \text{m}$，故扭矩图为平行于 x 轴的直线，且位于 x 轴下方；而 $A_{右}C_{左}$ 段、$C_{右}D$ 段各横截面上扭矩分别为 $2.86\text{kN} \cdot \text{m}$ 和 $1.59\text{kN} \cdot \text{m}$，故扭矩图均为平行于 x 轴的直线，且位于 x 轴上方；于是得到如图6.21（b）所示的扭矩图。

思考题

6.9 轴扭转时，微段表面平行于杆轴的母线，若其两端在垂直母线方向发生相对顺时针的错动，规定这种扭转变形为正，反之为负。扭转变形的正负规定是人为的，只是为了应用的方便。就像我们生活和工程中有螺纹的装置，在没有特殊需要的情况下，都设计成顺时针转向为拧紧，而逆时针转向为松开。你是否可用拧紧螺栓和松开螺栓的转向来区分扭转变形的正与负？

6.10 图示各杆中，哪个杆将发生扭转变形？

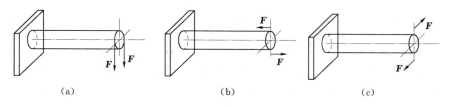

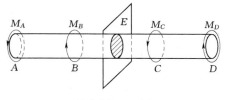

思考题 6.10 图

6.11　图示轴受四个扭力偶 M_A、M_B、M_C 和 M_D 作用。试分析各个扭力偶分别在截面 E 处微段产生的扭转变形是正还是负。

思考题 6.11 图

习题

6.9　求图示各轴段上的扭矩，并作轴的扭矩图。

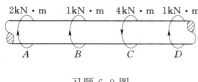

习题 6.9 图

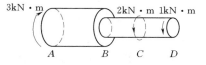

习题 6.10 图

6.10　求图示各轴段上的扭矩，并作轴的扭矩图。

6.11　求图示各轴段上的扭矩，并作轴的扭矩图。

6.12　某传动轴的主动轮输入功率 $P_A = 50\text{kW}$，从动轮输出功率为 $P_B = 20\text{kW}$，$P_C = 30\text{kW}$，轴的转速 $n = 300\text{r/min}$，主动轮与从动轮的位置分别有图（a）和图（b）两种形式，试根据轴的扭矩图选择合理的布置形式。

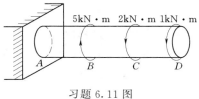

习题 6.11 图

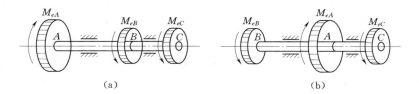

习题 6.12 图

6.5 单跨静定梁的内力分析

弯曲的概念   杆件在垂直于轴线的外力（横向力）或作用面与杆轴共面的外力偶（弯力偶）作用下，杆的轴线由直线变为曲线，如图 6.22（a）所示。以杆轴线变弯为主要特征的变形称为弯曲。凡是以弯曲变形为主的杆件称为梁。

在对梁进行分析计算时，通常用梁的轴线代表梁，外力都简化为作用在梁的轴线上。梁的这种受力图称为梁的计算简图。图 6.22（a）所示梁的计算简图如图 6.22（b）所示。

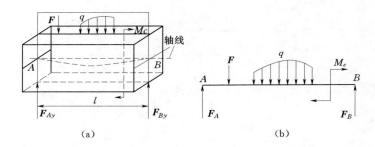

图 6.22

单跨静定梁的类型   单跨静定梁按其支承情况可分为以下三种类型：

● 简支梁。一端为固定铰支座，另一端为可动铰支座的梁，称为简支梁，如图 6.23（a）所示。

● 外伸梁。在简支梁的基础上向一边或两边伸出的梁，称为外伸梁，如图 6.23（b）、（c）所示。

● 悬臂梁。一端为固定端支座，另一端为自由端的梁，称为悬臂梁，如图 6.23（d）所示。

梁弯曲时的剪力分析   当梁在横向外力作用下弯曲时，横截面上必然同时产生两种内力分量：垂直于轴线（平行于横截面）的内力称为剪力 F_Q；作用面与梁轴共面的内力偶（作用面与梁横截面垂直）称为弯矩 M。对梁剪力分析如下。

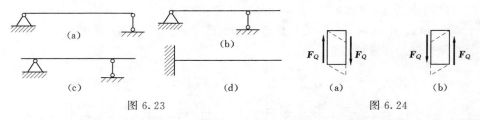

图 6.23   图 6.24

● 剪切变形和剪力的正向规定。为了使用代数量反映剪切变形的性质，规定梁微段的左侧截面相对向上错动，右侧截面相对向下错动为正剪切变形，可简述为左上右下的顺转剪切变形为正；反之为负剪切变形。为了使剪力的符号与其产生剪切变形的符号相匹配，规定梁微段的左侧截面上方向向上，右侧截面上方向向下的剪力为正，也可简述为左上右下的顺转剪力为正，如图 6.24（a）所示；反之剪力为负，如图 6.24（b）所示。正剪力将产生正剪切变形；负剪力将产生负剪切变形。

● 横向力与剪力的关系。图 6.25（a）所示梁的截面 C，截面左侧梁段上的横向力 F_A 方向向上，或截面右侧梁段上的横向力 F 方向向下，都能使截面处微段发生正剪切变形，在截面上产生相应的正剪力。图 6.25（b）所示梁的截面 C，截面左侧梁段上的横向力 q 方向向下，或截面右侧梁段上的横向力 F_B 方向向上，也都能使截面处微段发生负剪切变形，在截面上产生相应的负剪力。

总之，梁段上的横向力若在截面处微段产生正剪切变形，则在截面上必产生相应的正剪力（简述为左上右下指向的横向力产生正剪力）；梁段上的横向力在截面处微段产生负剪切变形，在截面上必产生相应的负剪力。

● 截面上的剪力计算。图 6.25（c）所示梁，若要求截面 C 的剪力，将梁用假想截面在 C 处截开，先取左梁段为研究对象，在截面上用正向剪力代替去掉部分的作用，其受力图如图 6.25（d）所示。由平衡条件得

$$\sum F_y = 0 \qquad\qquad F_A - q \times 2 - F_Q = 0$$

$$F_Q = F_A - q \times 2 \qquad\qquad\qquad ①$$

将横向力数值代入式①得

$$F_Q = 30 - 20 \times 2 = -10 \ (\text{kN})$$

若选取右梁段为研究对象，其受力图如图 6.25（d）所示，同理可得

$$F_Q = F - F_B \qquad\qquad\qquad ②$$

由式①和式②可知，截面上的剪力等于截面任一侧梁段上的各个横向力在截面上产生的剪力之代数和。将图 6.25（c）所示梁的受力还可视为图 6.25（a）和图 6.25（b）所示两梁受力的叠加。则截面 C 上的剪力可视为截面左侧梁段上各个力 F_A、q 在单独作用时产生的各剪力之叠加；也可视为截面右侧梁段上各个力 F、F_B 在单独作用时产生的剪力叠加。

由以上截面法或叠加法可得，截面上的剪力等于截面任一侧梁段上的每一个横向力单独作用时，在截面上产生的各个剪力之代数和。左上右下指向的横向力在截面上产生正剪力。用公式表示为

$$F_Q = \sum F_i \qquad\qquad\qquad (6.4)$$

● 梁端的横向力可视为梁端截面的剪力。当孤立地看图 6.25（d）所示梁段 AC 时，必定将 C 端的 F_Q 力认定为横向外力，但实质上 F_Q 力是我们所求的截面 C 的剪力。因此，可将任何梁的梁端视为我们截出的截面，此处的横向力可视为端截面的剪力。如图 6.25（c）所示梁，A 端截面的剪力为 30kN，B 端截面的剪力为 −40kN。

● 梁中部横向力作用处两侧截面剪力不相等。图 6.25（c）所示梁，在 D 处作用 F 横向力，D 的左截面剪力为 $F_{QD左} = -10$kN，D 的右截面剪力为 $F_{QD右} = -40$kN。由此可知，梁中部横向力作用处两侧截面剪力不相等，两侧截面剪力之差的绝对值等于此处横向力的大小。

● 梁的剪力沿轴线方向分段变化。如图 6.25（c）所示梁，AC、$CD_{左}$ 和 $D_{右}B$ 等三

个梁段的剪力变化规律是不相同的。总之，梁中部分布力分布区间的端点（C）、横向力作用处（D）等都是剪力变化的分界点。其中梁中部横向力作用处是剪力变化的不连续划分点（$D_左$、$D_右$）；分布力分布区间的两端处是剪力变化的连续划分点；梁上的弯力偶对剪力变化无影响。

● 剪力方程。将剪力沿梁轴线方向变化的规律用方程表达出来，即为剪力方程。选梁左端为坐标原点，取沿梁轴线向右为 x 轴正向。用 x 坐标表示梁的截面位置。注意剪力的间断划分点和连续划分点。在每一梁段内取一 x 面，用式（6.4）求出此面的剪力值，并标明 x 的变化区间。图 6.25（c）所示梁的剪力方程如下

$$F_Q = \begin{cases} F_A - qx = 30 - 20x & (0 \leqslant x \leqslant 2) \\ F_A - q \times 2 = -10(\text{kN}) & (2 \leqslant x < 3) \\ F_A - q \times 2 - F = -40(\text{kN}) & (3 < x \leqslant 5) \end{cases} \begin{cases} F_{QA} = 30(\text{kN}) \\ F_{QC} = -10(\text{kN}) \\ F_{QC} = -10(\text{kN}) \\ F_{QD左} = -10(\text{kN}) \\ F_{QD右} = -40(\text{kN}) \\ F_{QB} = -40(\text{kN}) \end{cases}$$

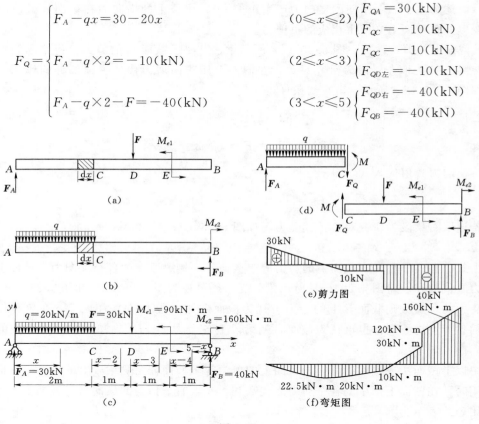

图 6.25

● 剪力图。为了形象地表明梁内剪力随截面位置的变化情况，判定最大剪力的所在截面位置，将剪力随截面位置的变化规律用图线表达出来，即为剪力图。作剪力图方法与作轴力图方法完全相同，仍然是"三画两标注"方法（画基线，画纵标线，画示纵标线，标注符号、数值和单位，标注图名）。图 6.25（c）所示梁的剪力图如图 6.25（e）所示。

梁弯曲时的弯矩分析 当梁在横向力或弯力偶作用下弯曲时，横截面上必然产生弯矩，对横截面上的弯矩分析如下：

● 弯曲变形和弯矩的正向规定。为了使用代数量反映弯曲变形的性质，对于水平梁，规定梁微段上部纤维缩短，下部纤维伸长的弯曲变形为正；反之弯曲变形为负。为了使弯

矩的符号与其产生弯曲变形的符号相匹配，规定梁微段的左侧截面处顺时针转向，右侧截面处逆时针转向的弯矩为正，可简述为左顺右逆转向的弯矩为正，如图 6.26（a）所示；反之弯矩为负，如图 6.26（b）所示。正弯矩将产生正弯曲变形；负弯矩将产生负弯曲变形。

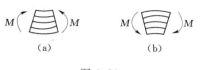

图 6.26

● 弯力矩与弯矩的关系。图 6.25（a）所示梁的截面 C，截面左侧梁段上的横向力 F_A 方向向上，对截面取得顺转矩，能使截面处微段发生正弯曲变形，在截面上产生相应的正弯矩。图 6.25（b）所示梁的截面 C，截面右侧梁段上的横向力 F_B 方向向上，对截面取得逆转矩，也能引起截面处微段正弯曲变形，在截面上产生相应的正弯矩。

　　总之，梁段上指向向上的横向力对截面取矩，将引起截面处微段正弯曲变形，在截面上必产生相应的正弯矩；左梁段上的顺转弯力偶或右梁段上的逆转弯力偶（简述为左顺右逆），也将引起截面处微段正弯曲变形，在截面上必产生相应的正弯矩。反之，在截面上产生相应的负弯矩。

　　● 截面上的弯矩计算。图 6.25（c）所示梁，若要求截面 C 的弯矩，将梁用假想截面在 C 处截开，先取左梁段为研究对象，在截面上用正向弯矩代替去掉部分的作用，其受力图如图 6.25（d）所示。由平衡条件得

$$\sum M_C(F)=0 \qquad M-F_A\times 2+q\times 2\times 1=0$$
$$M=F_A\times 2-q\times 2\times 1 \qquad \qquad ③$$

将横向外力和弯力偶矩的数值代入式③得

$$M=30\times 2-20\times 2\times 1=20(\text{kN}\cdot\text{m})$$

若选取右梁段为研究对象，受力图如图 6.25（d）所示，同理可得

$$M=F_B\times 3+M_{e1}-F\times 1-M_{e2} \qquad \qquad ④$$

　　由式③、式④可知，截面上的弯矩等于截面任一侧梁段上的各个横向力矩和弯力偶在截面上产生的弯矩之代数和。将图 6.25（c）所示梁的受力还可视为图 6.25（a）和图 6.25（b）所示两梁受力的叠加。截面 C 上的弯矩也可视为截面左侧梁段上每一个力 F_A、q 单独作用时产生的各个弯矩之叠加。也可视为截面右侧梁段上单独作用每一个力 F、M_{e1}、M_{e2} 和 F_B 产生的各个弯矩的叠加。

　　由以上截面法或叠加法可得，截面上的弯矩等于截面任一侧梁段上的每一个横向力和弯力偶单独作用时，在截面上产生的各个弯矩之代数和。左顺右逆的弯力偶或指向向上的横向力对截面之矩在截面上产生正弯矩。用公式表示为

$$M=\sum M_c(F_i) \qquad \qquad (6.5)$$

　　● 梁端的弯力偶矩可视为梁端截面的弯矩。当孤立地看图 6.25（d）所示梁段 AC 时，必定将 C 端的 M 力偶认定为弯力偶，但实质上 M 力偶是所求的截面 C 的弯矩。因此，可将任何梁的梁端视为我们截出的截面，此处的弯力偶矩视为端截面的弯矩。如图 6.25（c）所示梁，A 端截面的弯矩为 0，B 端截面的弯矩为 $M_B=-M_{e2}=-160\text{kN}\cdot\text{m}$。

　　● 梁中部弯力偶作用处两侧截面弯矩不相等。图 6.25（c）所示梁，在 E 处作用 M_{e1} 弯力偶，E 的左截面弯矩为 $M_{E左}=-30\text{kN}\cdot\text{m}$，$E$ 的右截面弯矩为 $M_{E右}=-120\text{kN}\cdot\text{m}$。

两侧截面弯矩之差的绝对值等于此处弯力偶矩的大小。

- 梁的弯矩沿轴线方向分段变化。如图 6.25（c）所示梁，AC、CD、$DE_{左}$、$E_{右}B$ 等四个梁段的弯矩变化规律是不相同的。总之，梁中部的分布力分布区间的端点（C）、横向力作用处（D）、弯力偶作用处（E）等都是弯矩变化的分界点。其中梁中部弯力偶作用处是弯矩变化的不连续划分点；分布力分布区间的两端和横向力作用处都是弯矩变化的连续划分点。

- 弯矩方程。将弯矩沿梁轴线方向变化的规律用方程表达出来，即为弯矩方程。选梁左端为坐标原点，取沿梁轴线向右为 x 轴正向。用 x 坐标表示梁的截面位置。在梁中部的横向外力作用处、分布力分布的起点和终点处进行连续点划分；在梁中部的弯力偶作用处进行间断点划分。在每一梁段内取一 x 面，求出此面的弯矩值，标明 x 的变化区间。图 6.25（c）所示梁的弯矩方程如下

$$M=\begin{cases} F_A x-\dfrac{qx^2}{2}=30x-10x^2 & (0\leqslant x\leqslant 2)\begin{cases}M_A=0\\ M_{x=1.5}=22.5\text{kN}\cdot\text{m}\\ M_C=20\text{kN}\cdot\text{m}\end{cases}\\[2em] F_A x-q\times2(x-1)=40-10x & (2\leqslant x\leqslant 3)\begin{cases}M_C=20\text{kN}\cdot\text{m}\\ M_D=10\text{kN}\cdot\text{m}\end{cases}\\[2em] F_B(5-x)+M_{e1}-M_{e2}=130-40x & (3\leqslant x<4)\begin{cases}M_D=10\text{kN}\cdot\text{m}\\ M_{E左}=-30\text{kN}\cdot\text{m}\end{cases}\\[2em] F_B(5-x)-M_{e2}=40-40x & (4<x\leqslant 5)\begin{cases}M_{E右}=-120\text{kN}\cdot\text{m}\\ M_B=-160\text{kN}\cdot\text{m}\end{cases}\end{cases}$$

- 弯矩图。为了形象地表明梁内弯矩随截面位置的变化情况，判定最大弯矩的所在截面位置，将弯矩随截面位置的变化规律用图线表达出来，即为弯矩图。作弯矩图方法与作轴力图方法完全相同，仍然是"三画两标注"方法。但在画弯矩纵标线时，将正弯矩纵标画在基线下方，负弯矩纵标画在基线上方（弯矩纵标始终画在梁的受拉侧）；只标注数值和单位（不标注正负号）。图 6.25（c）所示梁的弯矩图如图 6.25（f）所示。

【例 6.7】 作图 6.27（a）所示外伸梁的剪力图和弯矩图。

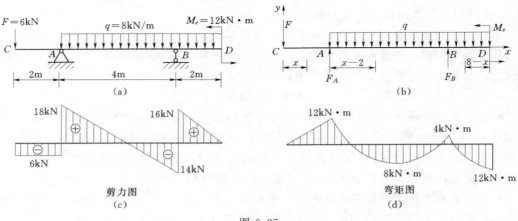

图 6.27

解：（1）作梁的受力图并求支座约束力。取整个梁为对象，作受力图如图 6.27（b）所示。由平衡方程 $\sum M_A(F) = 0$ 和 $\sum M_B(F) = 0$，求得支座约束力为 $F_A = 24\text{kN}$，$F_B = 30\text{kN}$。

（2）列剪力方程。将梁分为 $CA_\text{左}$、$A_\text{右}\ B_\text{左}$ 和 $B_\text{右}\ D$ 等三个梁段，分段写方程如下

$$F_Q = \begin{cases} -F = -6(\text{kN}) & (0 \leqslant x < 2) \\ -F + F_A - q(x-2) = 34 - 8x & (2 < x < 6) \\ q(8-x) = 64 - 8x & (6 < x \leqslant 8) \end{cases}$$

因此，根据列剪力方程求出各梁段两端的剪力值为

$$\begin{cases} F_{QA\text{右}} = 18(\text{kN}) \\ F_{QB\text{左}} = -14(\text{kN}) \end{cases}$$

$$\begin{cases} F_{QB\text{右}} = 16(\text{kN}) \\ F_{QD} = 0 \end{cases}$$

应用各梁段两端的剪力值作剪力图如图 6.27（c）所示。

（3）列弯矩方程。将梁分为 CA、AB 和 BD 等三个梁段，分段写方程如下

$$M = \begin{cases} -Fx = -6x & (0 \leqslant x \leqslant 2) \\ -Fx + F_A(x-2) - \dfrac{q(x-2)^2}{2} = -64 + 34x - 4x^2 & (2 \leqslant x \leqslant 6) \\ M_e - \dfrac{q(8-x)^2}{2} = -244 + 64x - 4x^2 & (6 \leqslant x \leqslant 8) \end{cases}$$

因此，根据弯矩方程求出各梁段两端和中点的弯矩值为

$$\begin{cases} M_C = 0 \\ M_A = -12(\text{kN} \cdot \text{m}) \end{cases}$$

$$\begin{cases} M_{x=4} = 8(\text{kN} \cdot \text{m}) \\ M_B = -4(\text{kN} \cdot \text{m}) \end{cases}$$

$$\begin{cases} M_{x=7} = 8(\text{kN} \cdot \text{m}) \\ M_D = 12(\text{kN} \cdot \text{m}) \end{cases}$$

应用控制截面的弯矩值作弯矩图如图 6.27（d）所示。

【**例 6.8**】　作图 6.28（a）所示外伸梁的剪力图和弯矩图。

解：（1）作梁的受力图、计算支座约束力。取整个梁为研究对象，作受力图如图 6.28（b）所示。由平衡方程 $\sum M_B(F) = 0$ 和 $\sum F_y = 0$，求得支座约束力为

$$F_A = 16\ (\text{kN})，\quad F_B = 26\ (\text{kN})$$

（2）列剪力方程、画剪力图。将梁分为 $CA_\text{左}$、$A_\text{右}\ E$ 和 EB 等三个梁段。分段列剪力方程。

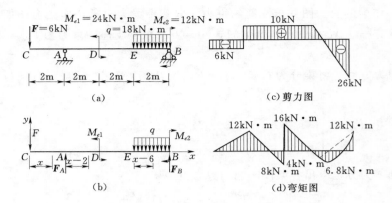

图 6.28

$$F_Q = \begin{cases} -F = -6(\text{kN}) & (0 \leqslant x < 2) \\ -F + F_A = 10(\text{kN}) & (2 < x \leqslant 6) \\ -F + F_A - q \times (x-6) = 118 - 18x & (6 \leqslant x \leqslant 8) \begin{cases} F_E = 10(\text{kN}) \\ F_B = -26(\text{kN}) \end{cases} \end{cases}$$

由控制面剪力作剪力图如图 6.28（c）所示。

（3）列弯矩方程、作弯矩图。将梁划分为 CA、$AD_{左}$、$D_{右}E$ 和 EB 等四个梁段，分段列弯矩方程。

$$M = \begin{cases} -Fx = -6x & (0 \leqslant x \leqslant 2) \\ -Fx + F_A(x-2) = -32 + 10x & (2 \leqslant x < 4) \\ -Fx + F_A(x-2) - M_{e1} = -56 + 10x & (4 < x \leqslant 6) \\ -Fx + F_A(x-2) - M_{e1} - q\dfrac{(x-6)^2}{2} = -380 + 118x - 9x^2 & (6 \leqslant x \leqslant 8) \end{cases}$$

由各控制面弯矩值作弯矩图如图 6.28（d）所示。

思考题

6.12　用手钳剪断铁丝，武术师用立掌劈断砖块等都是剪切变形。这种变形的共同特点是杆件都受到横向力作用，在某一截面处两侧杆段产生了错动。工程中的梁大多都受到垂直于杆轴的横向力作用，这种梁是否也存在剪切变形？举例说明。

6.13　在梁的某截面处取微段，微段轴线发生了顺时针转向的变形（微段左截面相对右截面向上的错动或右截面相对左截面向下的错动），这种剪切变形规定为正，反之为负。据此规定，你是否可判定截面两侧都向上的横向外力，各自将在截面处产生的剪切变形是正还是负？

6.14　梁中部的横向力作用处左侧和右侧截面剪力是不相等的，为什么？左侧和右侧截面剪力之差等于多少？

6.15　杆微段上部纤维伸长下部纤维缩短，也即向上凸出的弯曲变形规定为负，反之为正。扁担中部受有肩膀向上的支撑力，而两端受重物向下的作用力，扁担产生的弯曲变形为负。据此规定，你是否可判定阳台的挑梁和房间的主梁中部产生的弯曲变形分别是正还是负？

6.16　截面右侧或左侧梁段上向上的横向外力对截面之矩，将在截面处产生正弯曲变形。据此，你是否可以分析截面左侧梁段或右侧梁段上何种转向的弯力偶在截面上将产生正弯曲变形？

6.17　梁中部弯力偶作用处两侧截面上的弯矩值不相等，这是为什么？两侧截面上的弯矩值之差是多少？

6.18　列梁的剪力方程和弯矩方程时，在何处需要分段？为什么？

6.19　在求梁中部某截面内力时，用假想截面将杆在所求内力处截开，把内力暴露出来，任取一段为对象，用平衡条件求解。暴露出来的内力对研究杆段来说，也是此杆端部外力。因此，对作用于任何杆端部处的外力是否还可看成是端截面的内力？

习题

6.13　用直接法计算图示各梁指定截面的剪力和弯矩。

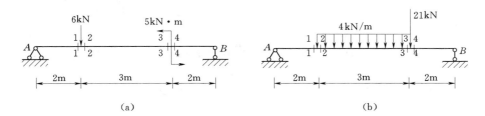

习题 6.13 图

6.14　用直接法计算图示各梁指定截面的剪力和弯矩。

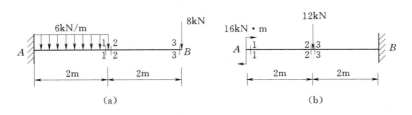

习题 6.14 图

6.15　列图示各梁的剪力方程和弯矩方程，并作剪力图和弯矩图。

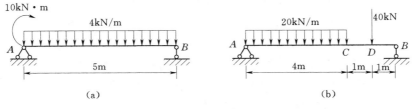

习题 6.15 图

6.16 列图示各梁的剪力方程和弯矩方程，并作剪力图和弯矩图。

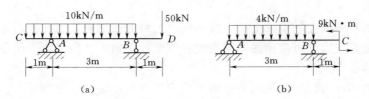

(a)   (b)

习题 6.16 图

6.17 列图示梁的剪力方程和弯矩方程，并作梁的剪力图和弯矩图。

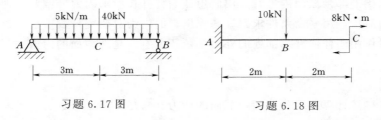

习题 6.17 图   习题 6.18 图

6.18 列图示梁的剪力方程和弯矩方程，并作梁的剪力图和弯矩图。

6.6 用简捷法绘制梁的剪力图和弯矩图

剪力、弯矩与荷载集度间的微分关系 ［例 6.8］中梁段 CA 和 EB 的剪力方程、弯矩方程和分布荷载函数分别为：

CA 梁段 　　　　　　　　$F_Q = -6(\text{kN}), M = -6x, q = 0$

EB 梁段 　$F_Q = 118 - 18x, M = -380 + 118x - 9x^2, q = -18(\text{kN/m})$

考察各梁段的剪力方程、弯矩方程以及分布荷载函数，它们三者之间存在着如下微分关系

$$\frac{\mathrm{d}F_Q}{\mathrm{d}x} = q \tag{6.6}$$

$$\frac{\mathrm{d}M}{\mathrm{d}x} = F_Q \tag{6.7}$$

$$\frac{\mathrm{d}^2 M}{\mathrm{d}x^2} = q \tag{6.8}$$

通过数学证明，这种微分关系是普遍的，不是偶然的。

式（6.6）表明：梁的剪力方程对 x 的一阶导函数等于对应梁段上的分布荷载集度 q 函数。即剪力图在某点处的切线斜率，等于相应截面处的荷载集度。

式（6.7）表明：梁的弯矩方程对 x 的一阶导函数等于对应梁段上的剪力方程。即弯矩图在某点处的切线斜率，等于相应截面处的剪力。

式（6.8）表明：梁的弯矩方程对 x 的二阶导函数，等于对应梁段上的荷载集度函数。即弯矩图在某点的曲率等于该点对应截面处的分布荷载集度。

利用微分关系判定梁内力图的形状 将梁在集中力作用处、集中力偶作用处、分布荷载的分布起末点处分段，根据各段上的荷载集度判定内力图形状，判定方法如下：

● 无分布荷载作用梁段，由于 $q(x)=0$ ，所以 $\dfrac{\mathrm{d}F_Q}{\mathrm{d}x}=q(x)=0$ ，因此，梁段的剪力 F_Q 为常数，即剪力图为平行于基线的直线；由于 $\dfrac{\mathrm{d}M}{\mathrm{d}x}=F_Q(x)=$ 常数，所以 $M(x)$ 是 x 的一次函数，相应的弯矩图为斜交于基线的直线。将这种梁段上的分布荷载图、剪力图、弯矩图三图图形依次变化规律可简述为"零、平、斜"。变化规律如图 6.29（a）所示，至于斜线的倾斜方向及倾角大小则取决于梁段端截面内力值大小。

● 均布荷载作用梁段，由于 $q(x)=$ 常数 ，分布荷载图为一平行于梁轴的直线，因为 $\dfrac{\mathrm{d}F_Q}{\mathrm{d}x}=q(x)=$ 常数 ，所以，$F_Q(x)$ 是 x 的一次函数，相应的剪力图为斜交于基线的直线；由于 $\dfrac{\mathrm{d}M}{\mathrm{d}x}=F_Q(x)$ 为 x 的一次函数，所以 $M(x)$ 必定是 x 的二次函数，相应的弯矩图为二次抛物弯曲线。将这种梁段上的分布荷载图、剪力图、弯矩图三图图形依次变化规律也可简述为"平、斜、弯"。变化规律如图 6.29（b）所示，弯矩图弯曲的凸向按本书规定，始终与均布荷载指向一致。

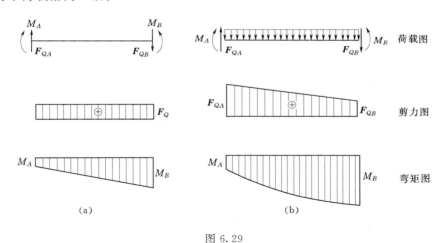

图 6.29

将以上常见的两种梁段的分布荷载图、剪力图、弯矩图三图图形依次变化规律简述为"零、平、斜、弯"。至于线性分布荷载（$q=ax+b$）作用的梁段以及其他分布荷载作用的梁段，三图图形的变化规律，读者可自己进行讨论。

弯矩的极值点　弯矩 $M(x)$ 在梁段上 x_0 处取极值的充分条件是：在 x_0 处，$\dfrac{\mathrm{d}M(x)}{\mathrm{d}x}=F_Q(x)=0$ ，$\dfrac{\mathrm{d}^2M(x)}{\mathrm{d}x^2}=q(x)\neq0$ 。因此，可以说，当梁段上有分布荷载 $q(x)\neq0$ 时，若存在剪力为零 $F_Q(x)=0$ 的截面，则弯矩 $M(x)$ 在剪力为零的截面 x_0 处可取得极值。当剪力从左向右由正变负时，弯矩有极大值［图 6.30（a）］；当剪力从左向右由负变正时，变矩有极小值［图 6.30（b）］。对于图 6.30 所示的斜线分布的剪力图，梁段上必有均布荷载 q ，剪力为零的点到左端（均布荷载的起点）的距离 x_0 ，可由左端的剪力值 $|F_Q|$ 除以均布荷载集度 $|q|$ 求得，即

$$x_0 = \left| \frac{F_Q}{q} \right| \tag{6.9}$$

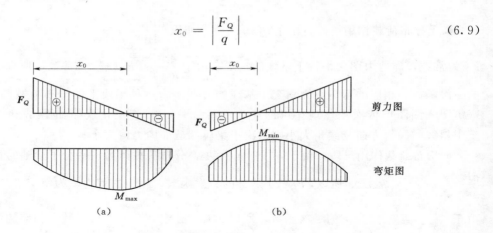

图 6.30

用简捷法绘制梁的剪力图和弯矩图　利用梁的剪力、弯矩与荷载集度间的微分关系绘制梁的内力图，因这种方法简便、快捷而称为简捷法。同时，我们还可以用这些规律来校核用其他方法作出的内力图的正确性。用以下例题说明简捷法作梁内力图的步骤和方法。

【例 6.9】　用简捷法作图 6.31（a）所示梁的内力图。

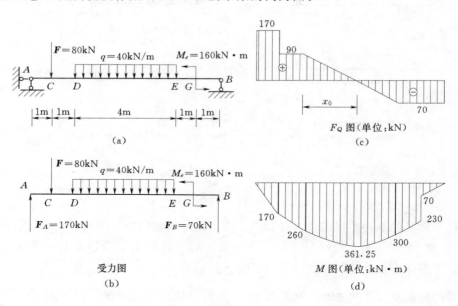

图 6.31

解：（1）作梁的受力图、求支座约束力。取整个梁为对象，作其受力图如图 6.31（b）所示。由平衡方程求得 A 与 B 端支座约束力分别为

$$F_A = 170(\text{kN}), F_B = 70(\text{kN})$$

（2）作梁的剪力图。对梁进行剪力分段。分段方法与用方程作剪力图时相同。因梁上 C 处作用有集中力，所以将梁划分为 $AC_左$、$C_右D$、DE、EB 等四段（力偶作用对剪力分布无影响，因此在力偶作用 G 处不进行剪力划分）。

判断剪力图图形，求控制面剪力。对于每一梁段，根据梁段上的分布荷载图，由微分关系"零、平、斜、弯"规律判定剪力图图形；由梁段上的外力求控制面剪力。

为了简捷表达，方便作图，可将剪力分段、剪力图形判断和相应控制面剪力值用列表表达（表 6.1）。

表 6.1　　　　　　　　　　剪力分段、剪力图形判断和相应控制面剪力值

梁　段	剪力图形	控　制　面　剪　力　值
$AC_左$	水平直线	$F_{QA} = F_{QC_左} = F_A = 170(\text{kN})$
$C_右 D$	水平直线	$F_{QC_右} = F_{QD} = F_A - F = 90(\text{kN})$
DE	为斜直线	$F_{QD} = F_A - F = 90(\text{kN})$，$F_{QE} = F_A - F - q \times 4 = -70(\text{kN})$ $x_0 = \left\| \dfrac{F_Q}{q} \right\| = \dfrac{90}{40} = 2.25(\text{m})$
EB	水平直线	$F_{QE} = F_{QB} = -70(\text{kN})$

由控制面剪力纵标作剪力图。梁的剪力图如图 6.31（c）所示。

（3）作梁的弯矩图。对梁进行弯矩分段。分段方法与用方程作弯矩图相同。因梁上 C 处作用有集中力，在 D、E 处为均布荷载的分布起末点，G 处作用有集中力偶。所以将梁划分为 AC、CD、DE、$EG_左$、$G_右B$ 等五段。逐段判断弯矩图形；求控制面弯矩并作图（表 6.2）。

表 6.2　　　　　　　　　　弯矩分段、弯矩图形和相应控制面弯矩值

梁　段	弯矩图形	控　制　面　弯　矩　值
AC	图为斜直线	$M_A = 0$，$M_C = F_A \times 1 = 170(\text{kN} \cdot \text{m})$
CD	图为斜直线	$M_D = F_A \times 2 - F \times 1 = 260(\text{kN} \cdot \text{m})$
DE	图为二次曲线	$M_{x=4.25m} = F_A \times 4.25 - F \times 3.25 - \dfrac{q}{2} \times 2.25^2 = 361.25(\text{kN} \cdot \text{m})$ $M_E = F_B \times 2 + M_e = 300(\text{kN} \cdot \text{m})$
$EG_左$	图为斜直线	$M_{G_左} = F_B \times 1 + M_e = 230(\text{kN} \cdot \text{m})$
$G_右 B$	图为斜直线	$M_{G_右} = F_B \times 1 = 70(\text{kN} \cdot \text{m})$，$M_B = 0$

由控制面弯矩纵标作弯矩图。梁的弯矩图如图 6.31（d）所示。

思考题

6.20　一定要掌握根据梁上的外力分布情况准确判定内力图形状的方法，这种判定你掌握了吗？若弯矩图是二次图形，对应梁段上的剪力图是什么图形？梁段上荷载又是如何分布？

6.21　在有分布荷载的梁段内，当有剪力为零的点存在时，此点弯矩必有极值。你如何判定是极大值还是极小值？

6.22　试根据弯矩、剪力和荷载集度之间的关系，指出图示剪力图和弯矩图的错误。

6.23　已知图示为外伸梁的剪力图，求荷载图和弯矩图（梁上无集中力偶）。

6.24　已知图示为简支梁的弯矩图，求剪力图和荷载图。

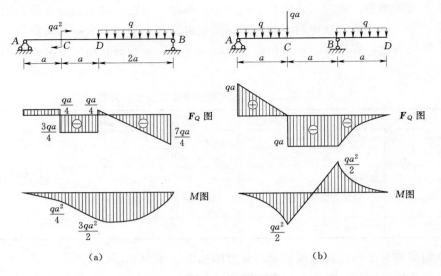

（a）　　　　　　　　　　　（b）

思考题 6.22 图

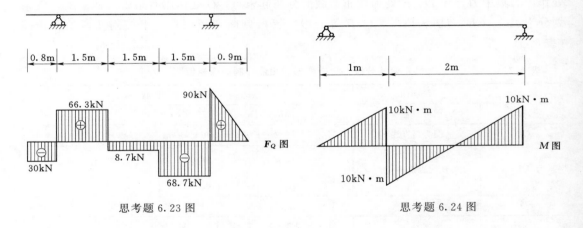

思考题 6.23 图　　　　　　　　　　　思考题 6.24 图

习题

6.19　用简捷法作图示梁的剪力图和弯矩图。

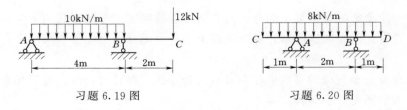

习题 6.19 图　　　　　　　　　　　习题 6.20 图

6.20　用简捷法作图示梁的剪力图和弯矩图。

6.21　用简捷法作图示各梁的剪力图和弯矩图。

6.22　用简捷法作图示梁的剪力图和弯矩图。

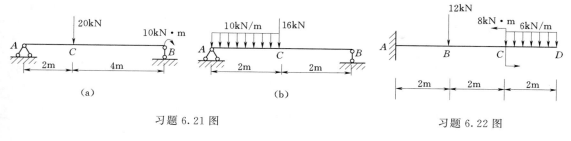

习题 6.21 图　　　　　　　习题 6.22 图

6.7　用叠加法作梁的内力图

用叠加法作简支梁的内力图　在小变形条件下，梁上作用几种荷载时，梁的约束力及截面内力均与各个作用荷载呈线性关系。也就是说，求其约束力或内力时，可先求每一种荷载单独作用下引起的约束力或内力，然后再代数相加，即得所有荷载共同作用下产生的约束力和内力。这种方法称为叠加法。

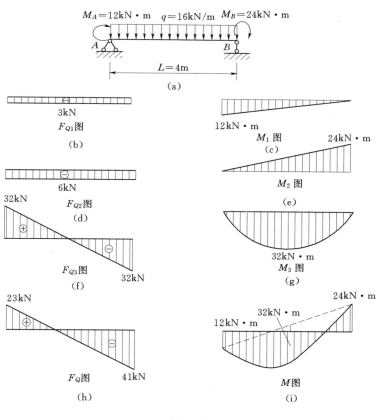

图 6.32

图 6.32（a）所示简支梁，在梁两端分别作用有力偶 M_A、M_B 和跨中作用均布荷载 q。当梁单独作用力偶 M_A 时，其剪力图和弯矩图分别如图 6.32（b）、（c）所示；梁单独作用力偶 M_B 时，其剪力图和弯矩图分别如图 6.32（d）、（e）所示；梁单独作用均布荷载

q 时，其剪力图和弯矩图分别如图 6.32（f）、（g）所示。当简支梁同时作用端力偶 M_A、M_B 和跨中均布荷载 q 时，梁 A、B 端的剪力 F_{QA}、F_{QB} 分别为图 6.32（b）、（d）、（f）的 A、B 端剪力叠加之和，即 $F_{QA} = -3 - 6 + 32 = 23$（kN），$F_{QB} = -3 - 6 - 32 = -41$（kN），由梁端剪力作剪力图如图 6.32（h）所示。显然，简支梁在均布荷载和梁端力偶作用下，其剪力图是直线型，只要求出梁两端的剪力，即可由梁两端的剪力作其剪力图。当简支梁同时作用端力偶 M_A、M_B 和跨中均布荷载 q 时，先根据 AB 两端的力偶矩 M_A、M_B 作直线弯矩图 $\overline{M}$，如图 6.32（i）所示的虚直线图，此图实由图 6.32（c）、（e）两弯矩图叠加而成；然后以此虚直线为基线，再叠加相应简支梁 AB 在跨间均布荷载作用下的二次抛线图 [6.32（g）所示弯矩图]，即得图 6.32（i）所示曲线弯矩图。

　　应当指出的是，这里所说的叠加是指内力图的纵标代数值相加，而不是图形的简单拼合。

　　区段叠加法做梁的弯矩图　如图 6.33（a）所示梁中的 AB 直梁段，其隔离体如图 6.33（b）所示，隔离体上作用力除荷载 q 外，在端截面还有弯矩（M_A、M_B）和剪力（F_{QA}、F_{QB}）。如图 6.33（c）所示简支梁，承受与 AB 梁段相同的荷载 q 和相同的杆端力偶（M_A、M_B），由平衡方程求得约束力（F_A、F_B）与图 6.33（b）所示梁段端截面剪力（F_{QA}、F_{QB}）值相等。由此可知，图 6.33（b）所示梁段受力状态与图 6.33（c）所示简支梁受力状态完全等效，即二者的弯矩图相同。这样就将作任意直梁段弯矩图的问题转化为作相同简支梁的弯矩图问题。在作梁段的弯矩图时，只要知道梁段两端的弯矩值和梁段上的荷载，该梁段就可看做简支梁。先根据两端的弯矩作直线弯矩图 $\overline{M}$，再以此直线为基线，叠加相应简支梁在跨间荷载作用下的弯矩图，如图 6.33（d）所示。这种作图方法称为区段叠加法。

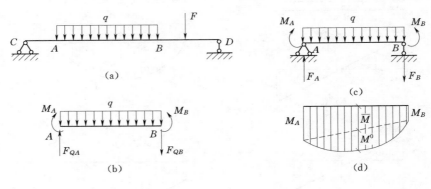

图 6.33

　　区段叠加法作梁的弯矩图的步骤可归纳如下：

　　● 对梁进行弯矩划分。在梁上的集中力作用点、分布荷载起点和终点、集中力偶作用处的左侧点和右侧点将梁划分，求出各划分点处的弯矩值。

　　● 画直线弯矩图。在各划分点量取相应的弯矩纵标，相邻划分点处纵标端连直线，即得直线弯矩图。

　　● 叠加梁段跨间荷载弯矩图。当相邻划分点之间梁段有分布荷载作用时，在直线弯矩图的基础上，再叠加简支梁在分布荷载作用下的弯矩图。

【例 6.10】　用叠加法作图 6.34（a）所示外伸梁的弯矩图。

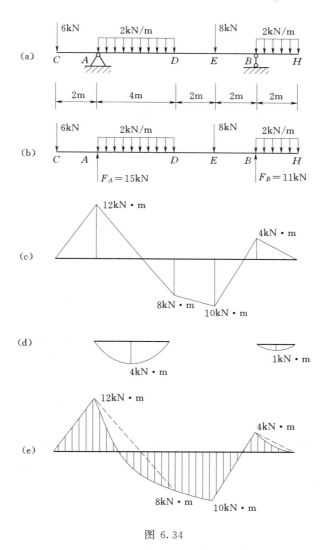

图 6.34

解：（1）作梁的受力图如图 6.34（b）所示，由平衡条件求得 A 与 B 支座约束力分别为

$$F_A = 15(\text{kN}), \quad F_B = 11(\text{kN})$$

（2）将梁划分为 CA、AD、DE、EB、BH 等五个梁段，即可视为五个简支梁，各控制面弯矩值分别为

$$M_C = 0, \quad M_A = -12(\text{kN} \cdot \text{m})$$

$$M_D = 8(\text{kN} \cdot \text{m}), \quad M_E = 10(\text{kN} \cdot \text{m})$$

$$M_B = -4(\text{kN} \cdot \text{m}), \quad M_H = 0$$

由各控制面弯矩作出直线弯矩图如图 6.34（c）所示。因在 AD 和 BH 梁段还有均布荷载，均布荷载作用在简支梁上产生的弯矩图如图 6.34（d）所示。将图 6.34（c）、（d）所示弯矩叠加得图 6.34（e），即为图 6.34（a）所示外伸梁的弯矩图。

思考题

6.25 何谓叠加法？它的适用条件是什么？

6.26 图（a）所示简支梁受梁端弯力偶和跨中集中力作用。图（c）所示为简支梁只在梁端弯力偶作用下产生的弯矩图；图（b）所示为简支梁只在跨中集中力作用下产生的弯矩图。将图（b）和图（c）拼接得图（d），图（d）所示即为简支梁同时作用两种荷载时的弯矩图。你认为这种叠加作图对吗？

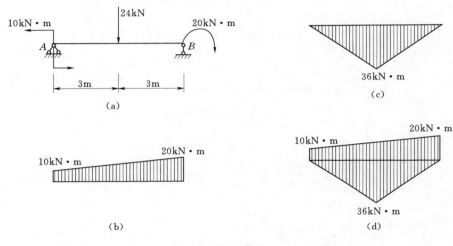

思考题 6.26 图

6.27 应用区段叠加法作任意梁段的弯矩图或剪力图时，是将任意梁段视为简支梁（简支梁作用原梁段上对应的荷载，简支梁两端作用原梁段两端截面对应的弯矩）。试分析这种变换是否与原梁段受力等效。

习题

6.23 用叠加法作图示梁的剪力图和弯矩图。

6.24 用叠加法作图示梁的剪力图和弯矩图。

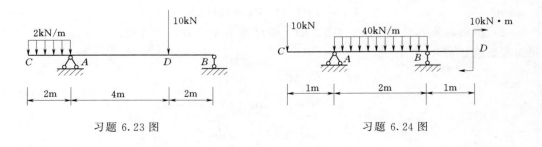

习题 6.23 图   习题 6.24 图

6.25 用叠加法作图示梁的剪力图和弯矩图。

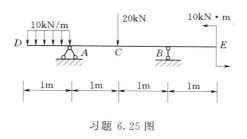

习题 6.25 图

6.8 多跨静定梁的内力分析

多跨静定梁的概念 若干根梁段彼此用铰相连，并用若干支座与基础相连而组成的静定结构称多跨静定梁。在工程结构中，常用它来跨越几个相连的跨度。

多跨静定梁的类型 根据多跨静定梁的几何组成规律，将多跨静定梁分为三种类型。

● 连续简支型。基本梁段是一个简支梁，也可以是外伸梁或悬臂梁。前边的梁段与基础组成一个无多余约束的几何不变体。后边的梁段与前边的梁段总是用一个中间铰链相连，而与地基则用一个可动铰支座相连。用这种方式组成的多跨静定梁称连续简支型，如图 6.35（a）所示。

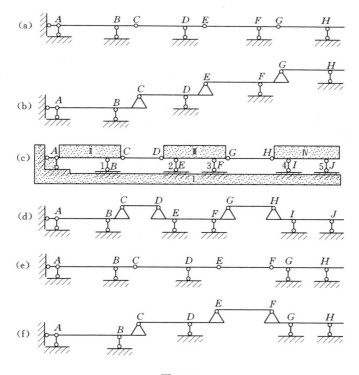

图 6.35

● 间隔搭接型。基本梁段是一个简支梁，也可以是外伸梁或悬臂梁。前边的梁段与基础组成一个无多余约束的几何不变体。搭接梁段与其前后的梁段都是用中间铰链相连；搭接梁段无支座约束；后边的梁段与地基则用两个链杆支座约束相连。若搭接梁段是间隔出现的，将这种多跨静定梁称间隔搭接型，如图 6.35（c）所示。

● 混合型。由简支与搭接混合形成的多跨静定梁称混合型多跨静定梁，如图 6.35（e）所示。

多跨静定梁的层次图 根据多跨静定梁的几何组成规律，将其各部分划分为基本部分和附属部分。所谓基本部分，是指不依赖于其他部分能独立地与基础组成一个几何不变的部分，或者说本身就能独立地承受荷载并能维持平衡的部分。所谓附属部分，是指需要依赖基本部分才能保持其几何不变性。一般情况下，对于连续简支型多跨静定梁，在几何组成分析的括号分层表达中，内层梁段都是外层梁段的基本部分，外层梁段是内层梁段的附属。对于间隔搭接型的多跨静定梁，中间搭接梁段都是两侧梁段的附属，两侧梁段是中间搭接梁段的基本。将多跨静定梁的基本部分画在下部，附属部分画在上部，梁段之间的中间铰链用形式上的固定铰支座（支座与基本部分固定）表示，即将基本部分与附属部分用分层图表示，这种图形称为层次图。

图 6.35（a）所示多跨静定梁除左边第一跨为基本部分外，其余各跨均分别为其左边部分的附属部分，其层次图如图 6.35（b）所示。

图 6.35（c）所示多跨静定梁，整个基础认定为刚片Ⅰ，ABC 梁认定为刚片Ⅱ，$DEFG$ 梁认定为刚片Ⅲ，HIJ 梁认定为刚片Ⅳ。体系的几何组成分析如下：

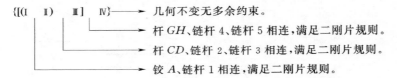

在几何组成分析中，刚片Ⅱ、Ⅲ之间的 CD 梁段是作为链杆应用的，是搭接梁段，因此，CD 梁段是刚片Ⅱ、Ⅲ的附属部分。同理，刚片Ⅲ、Ⅳ之间的 GH 梁段是刚片Ⅲ、Ⅳ的附属部分。将基本部分画在下部，附属部分画在基本部分的上部。将原来的中间铰连接变换为固定铰支座连接形式，这样就可划分开上下层次。其层次图如图 6.35（d）所示。

图 6.35（e）所示多跨静定梁的层次图如图 6.35（f）所示。

分析多跨静定梁的步骤 把多跨静定梁的基本部分和附属部分用层次图表示，从力的传递来看，作用在基本部分上的荷载，将只对基本部分有影响，而附属部分不受影响。作用在附属部分上的荷载，则不仅对附属部分有影响，而且基本部分也受影响。因此，多跨静定梁的计算顺序应该是先附属部分，后基本部分，即与几何组成分析的顺序相反。这种先附属部分后基本部分的计算顺序，也适用于由基本部分和附属部分组成的其他类型的结构。

计算多跨静定梁的步骤可归纳为以下三步：

● 先对结构进行几何组成分析，按几何组成分析中刚片的选取次序确定基本部分和附属部分，作出层次图。

● 根据所作层次图，从上层向下层依次取研究对象，计算各梁的约束力。

● 按照作单跨梁内力图的方法，分别作出各梁段的内力图，然后按原来梁段次序将其排列在一条直线上，再将其连在一起，即得多跨静定梁的内力图。

【**例 6.11**】 作图 6.36（a）所示多跨静定梁的剪力图和弯矩图。

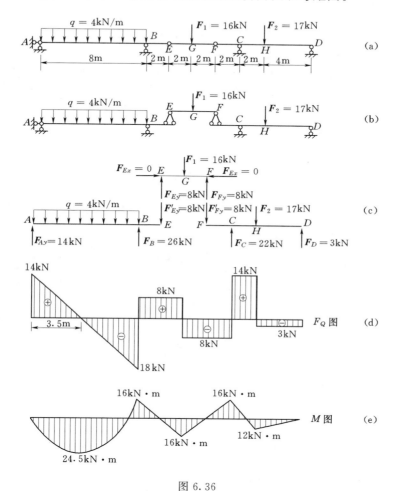

图 6.36

解：（1）进行几何组成分析并作层次图。认定地基为刚片Ⅰ，梁 ABE 为刚片Ⅱ，梁 FCD 为刚片Ⅲ。几何组成分析如下：

作层次图如图 6.36（b）所示。

（2）计算约束力。先取梁 EF 为研究对象，再取梁 FCD 为研究对象，后取 ABE 梁为研究对象。图 6.36（c）所示各梁的受力图。应用平衡条件依次求出各梁的约束力。求解过程这里不再详述。将所求得的各约束力值标在受力图中。

（3）作内力图。根据各梁的荷载及约束力情况，分别画出各梁的弯矩图和剪力图，最后分别把它们按原顺序连在一起。即得多跨静定梁的弯矩图和剪力图，如图 6.36（d）、（e）所示。

思考题

6.28　你是否可根据层次图排列出由各梁段构建多跨静定梁的施工次序？排列出求解多跨静定梁约束力时选取研究对象的顺序。

6.29　为什么多跨静定梁的弯矩分布总比同样多跨数独立简支梁的弯矩分布均匀？

6.30　多跨静定梁在梁段之间的铰链处无弯力偶作用时，弯矩总是等于零。铰链处有弯力偶作用时，弯矩应等于多少？

习题

6.26　绘制图示多跨静定梁的剪力图和弯矩图。

6.27　绘制图示多跨静定梁的剪力图和弯矩图。

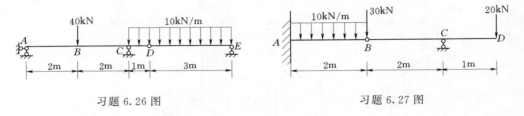

习题 6.26 图　　　　　　　　习题 6.27 图

6.28　绘制图示多跨静定梁的剪力图和弯矩图。

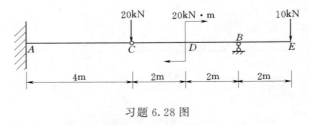

习题 6.28 图

6.29　绘制图示多跨静定梁的剪力图和弯矩图。

6.30　绘制图示多跨静定梁的剪力图和弯矩图。

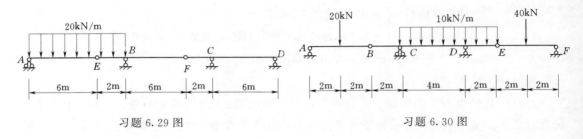

习题 6.29 图　　　　　　　　习题 6.30 图

6.9　静定平面刚架的内力分析

刚架的构造和受力特点　刚架是由梁、柱等直杆组成的，是具有刚结点的结构。由于刚结点所连接各杆的杆端不能发生相对转动，能传递力和力矩，因此，刚架的内力、变形峰值比用铰结点连接时小，而且能跨越较大空间，整体性能好，刚度大，能节省材料。图 6.37（a）所示为站台上的 T 形刚架，它由两根横梁和一根立柱组成。梁与柱的联结处在构造上为刚性联结，即当刚架受力而变形时，汇交于联结处的各杆端之间的夹角始终保持不变，如图 6.37（b）所示。

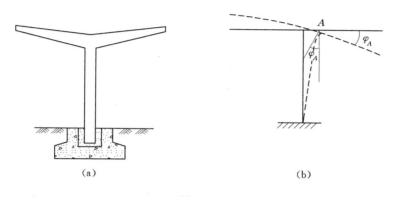

图 6.37

静定平面刚架的类型　凡由静力平衡条件即可确定全部约束力和内力的平面刚架，称为静定平面刚架，静定平面刚架主要有以下几种型式：悬臂刚架，如图 6.38（a）、（b）所示；简支刚架，如图 6.38（c）、（d）所示；三铰刚架，如图 6.38（e）、（f）所示。

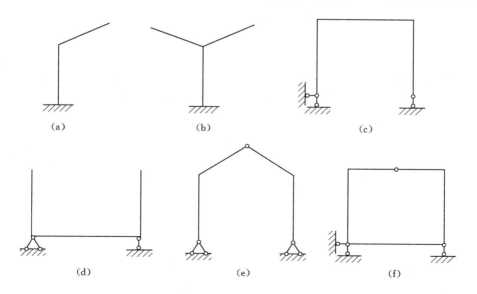

图 6.38

支座约束力的计算

● 对于简支、悬臂式刚架，支座约束力只有 3 个。即可取整体为研究对象，由平面任意力系的 3 个平衡方程计算支座约束力。

● 三铰刚架，如图 6.39 所示，支座约束力有 4 个；除用整体的 3 个平衡方程外，再取一半刚架为对象，利用中间铰不能承受弯矩的特点，补充一个中间铰 C 弯矩为零的方程，共可列出 4 个平衡方程，即

$$\sum F_x = 0, \sum F_y = 0, \sum M_A(\boldsymbol{F}) = 0, \sum M_C(\boldsymbol{F}) = 0$$

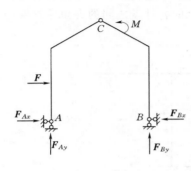

图 6.39

由这 4 个方程可求出 4 个支座约束力，注意方程 $\sum M_C(\boldsymbol{F}) = 0$ 是指左半部分（AC）或右半部分（BC）上的外力对点 C 取矩的代数和。

● 对于多跨或多层刚架，在支座约束力多于 3 个时，可先进行几何组成分析，按照几何组成分析次序相反的顺序选取构件单元，计算支座约束力。

杆端截面内力分析 刚架的内力有弯矩、剪力、轴力。

● 截面内力的正负规定。剪力以能使微段顺时针旋转为正；轴力以能使杆受拉为正；对于水平杆和斜杆，能使其下侧受拉的弯矩规定为正；对于竖直杆，能使其左侧受拉的弯矩规定为正。

● 杆端截面内力的表示方法。因刚架在刚结点处联结了多个杆件，刚结点处有多个杆件的杆端截面，因此，刚架的杆端截面内力用两个下标字母表示截面位置，第一个下标表示截面所在杆端，第二个下标表示杆的另一端。

● 杆端截面内力的计算。杆端截面内力可直接用杆端截面一侧部分刚架上的外力列内力等式计算。即

$$F_N = \sum F_x, \quad F_Q = \sum F_y, \quad M = \sum M_C(F)$$

在应用以上公式计算截面内力时，外力、外力矩或弯力偶在截面处产生正变形时，则在截面上产生相应的正内力；否则产生负内力。

内力图的绘制 绘制内力图时，规定弯矩图纵坐标画在杆件受拉侧，不注正负号；剪力图、轴力图将正、负纵标分别画在杆件的两侧，应注明正负号。

可应用剪力、弯矩与荷载集度间的微分关系对内力图进行校核。也可以应用刚结点或某一杆件的平衡条件进行校核。

【例 6.12】 作图 6.40（a）所示刚架的内力图。

解：（1）求支座约束力。取整个刚架为对象，作其受力图如图 6.40（b）所示。由静力平衡方程 $\sum F_x = 0$、$\sum M_A(\boldsymbol{F}) = 0$、$\sum F_y = 0$ 可依次求得约束力为

$$F_{Bx} = 4(\text{kN}), F_{By} = 65(\text{kN}), F_A = 19(\text{kN})$$

（2）作剪力图。

杆 AD：杆段上无分布荷载，剪力图为平行于杆轴的直线。

$$F_{QAC} = F_{QCA} = 0, F_{QCD} = F_{QDC} = -4(\text{kN})$$

杆 BE：杆段上无分布荷载，剪力图为平行于杆轴的直线。

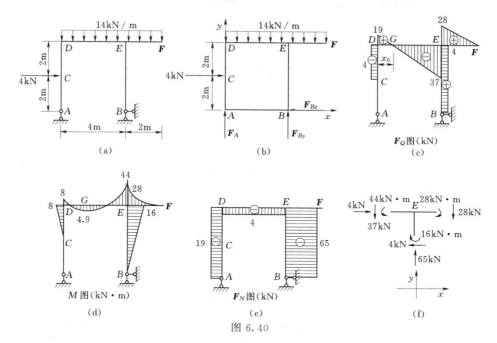

图 6.40

$$F_{QBE} = F_{QEB} = F_{Bx} = 4(\text{kN})$$

杆 EF：杆段上有均布荷载，剪力图为斜直线。

$$F_{QFE} = 0, F_{QEF} = 14 \times 2 = 28(\text{kN})$$

杆 DE：杆段上有均布荷载，剪力图为斜直线。

$$F_{QDE} = F_A = 19(\text{kN}), F_{QED} = F_A - 14 \times 4 = -37(\text{kN})$$

$$x_0 = \frac{19}{14} = 1.357(\text{m})$$

剪力图如图 6.40（c）所示。

（3）作弯矩图。

杆 AD：剪力图为平行于杆轴的直线，所以杆 CD 段弯矩图为一斜直线。

$$M_{AC} = M_{CA} = 0, M_{DC} = 4 \times 2 = 8(\text{kN} \cdot \text{m})（左侧受拉）$$

杆 BE：剪力图为平行于杆轴的直线，杆 BE 段弯矩图为一斜直线。

$$M_{BE} = 0, M_{EB} = -F_{Bx} \times 4 = -16(\text{kN} \cdot \text{m})（右侧受拉）$$

杆 EF：剪力图为斜直线。杆 EF 段弯矩图为二次抛物线。

$$M_{FE} = 0, M_{EF} = -\frac{14}{2} \times 2^2 = -28(\text{kN} \cdot \text{m})（上侧受拉）$$

杆 DE：剪力图为斜直线。杆 DE 段弯矩图为二次抛物线。

$$M_{DE} = -4 \times 2 = -8(\text{kN} \cdot \text{m})（上侧受拉）$$

$$M_{ED} = -F_{Bx} \times 4 - \frac{14}{2} \times 2^2 = -44(\text{kN} \cdot \text{m})（上侧受拉）$$

截面 G 的弯矩（极值）为

$$M_G = F_A \times 1.357 - 4 \times 2 - \frac{14}{2} \times 1.357^2 = 4.9(\text{kN} \cdot \text{m})（下侧受拉）$$

弯矩图如图 6.40（d）所示。

（4）作轴力图。

杆 AD $F_{NAD} = F_{NDA} = -F_A = -19(\text{kN})$

杆 BE $F_{NBE} = F_{NEB} = -F_{By} = -65(\text{kN})$

杆 EF $F_{NEF} = F_{NFE} = 0$

杆 DE $F_{NDE} = F_{NED} = -F_{Bx} = -4(\text{kN})$

轴力图如图 6.40（e）所示。

（5）校核。取刚结点 E 为对象，受力如图 6.40（f）所示（各截面内力按真实方向画，并标明内力大小绝对值）。

$$\sum F_x = 4 - 4 = 0$$
$$\sum F_y = -37 + 65 - 28 = 0$$
$$\sum M = 44 - 16 - 28 = 0$$

以上计算无误。

【例 6.13】 试作图 6.41（a）所示三铰刚架的内力图。

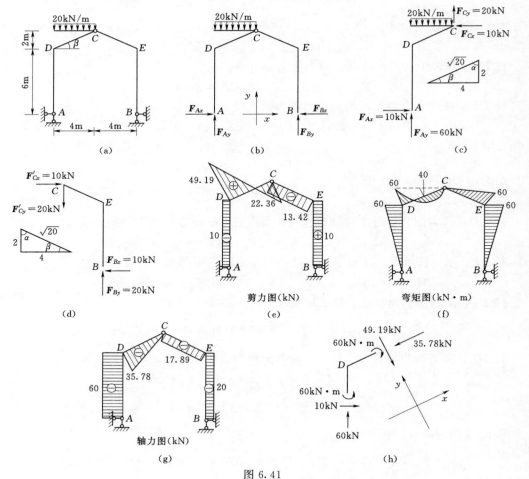

图 6.41

解：（1）求支座约束力。取整个刚架为对象，作其受力图如图 6.41（b）所示。

$$\sum M_B(\boldsymbol{F}) = 0 \qquad F_{Ay} \times 8 - 20 \times 4 \times 6 = 0$$

$$F_{Ay} = 60(\text{kN})$$

$$\sum F_y = 0 \qquad F_{By} + F_{Ay} - 20 \times 4 = 0$$

$$F_{By} = 20(\text{kN})$$

$$\sum F_x = 0 \qquad F_{Ar} - F_{Br} = 0$$

$$F_{Ar} = F_{Br}$$

取 AC 部分为对象，作其受力图如图 6.41（c）所示。

$$\sum M_C(\boldsymbol{F}) = 0 \qquad F_{Ar} \times 8 + 20 \times 4 \times 2 - F_{Ay} \times 4 = 0$$

$$F_{Ar} = 30 - 20 = 10(\text{kN})$$

则有

$$F_{Br} = 10(\text{kN})$$

$$\sum F_y = 0 \qquad F_{Ay} + F_{Cy} - 80 = 0$$

$$F_{Cy} = 20(\text{kN})$$

$$\sum F_x = 0 \qquad F_{Ar} - F_{Cr} = 0$$

$$F_{Cr} = 10(\text{kN})$$

（2）作剪力图。

DC 段：剪力图为斜直线。由图 6.41（c）隔离体中的外力求控制面剪力。

$$F_{QDC} = F_{Ay}\sin\alpha - F_{Ar}\sin\beta = 60\frac{4}{\sqrt{20}} - 10\frac{2}{\sqrt{20}} = 49.19(\text{kN})$$

$$F_{QCD} = -F_{Cy}\sin\alpha - F_{Cr}\sin\beta = -20\frac{4}{\sqrt{20}} - 10\frac{2}{\sqrt{20}} = -22.36(\text{kN})$$

AD 段：剪力图平行于杆轴。

$$F_{QAD} = F_{QDA} = -F_{Ar} = -10(\text{kN})$$

CE 段：剪力图平行于杆轴。由图 6.41（d）隔离体中的外力可求控制面剪力。

$$F_{QCE} = F_{QEC} = -F'_{Cy}\sin\alpha + F'_{Cr}\sin\beta = -20\frac{4}{\sqrt{20}} + 10\frac{2}{\sqrt{20}} = -13.42(\text{kN})$$

BE 段：剪力图平行于杆轴。

$$F_{QEB} = F_{QBE} = F_{Br} = 10(\text{kN})$$

剪力图如图 6.41（e）所示。

（3）作弯矩图。

DC 段：弯矩图为二次曲线。由图 6.41（c）隔离体中的外力求控制面弯矩。

$$M_{CD} = 0, \quad M_{DC} = -F_{Ar} \times 6 = -10 \times 6 = -60(\text{kN} \cdot \text{m})（上侧受拉）$$

AD 段：弯矩图为斜直线。

$$M_{AD} = 0, \quad M_{DA} = F_{Ar} \times 6 = 10 \times 6 = 60(\text{kN} \cdot \text{m})（左侧受拉）$$

CE 段：弯矩图为斜直线。由图 6.41（d）隔离体中的外力求控制面弯矩。

$$M_{CE} = 0, \quad M_{EC} = -F_{Br} \times 6 = -10 \times 6 = -60(\text{kN} \cdot \text{m})（上侧受拉）$$

BE 段：弯矩图为斜直线。

$$M_{BE} = 0, \quad M_{EB} = -F_{Br} \times 6 = -10 \times 6 = -60(\text{kN} \cdot \text{m})（右侧受拉）$$

弯矩图如图 6.41 （f）所示。

（4）作轴力图。

DC 段：轴力图为斜直线。由图 6.41 （c）隔离体中的外力求控制面轴力。

$$F_{NDC} = -F_{Ay}\cos\alpha - F_{Ax}\cos\beta = -60\frac{2}{\sqrt{20}} - 10\frac{4}{\sqrt{20}} = -35.78(\text{kN})$$

$$F_{NCD} = +F_{Cy}\cos\alpha - F_{Cx}\cos\beta = 20\frac{2}{\sqrt{20}} - 10\frac{4}{\sqrt{20}} = 0$$

AD 段：轴力图与杆轴平行。

$$F_{NAD} = F_{NDA} = -F_{Ay} = -60(\text{kN})$$

CE 段：轴力图与杆轴平行。由图 6.41 （d）隔离体中的外力求控制面轴力。

$$F_{NCE} = F_{NEC} = -F'_{Cy}\cos\alpha - F'_{Cx}\cos\beta = -20\frac{2}{\sqrt{20}} - 10\frac{4}{\sqrt{20}} = -17.89(\text{kN})$$

BE 段：轴力图与杆轴平行。

$$F_{NBE} = F_{NEB} = -F_{By} = -20(\text{kN})$$

轴力图如图 6.41 （g）所示。

（5）校核。取刚结点 D 为对象，受力如图 6.41 （h）所示（各截面内力按真实方向画，并标明内力大小绝对值）。

$$\sum F_x = -35.78 + 60 \times \cos\alpha + 10\cos\beta$$

$$= -35.78 + 60 \times \frac{2}{\sqrt{20}} + 10 \times \frac{4}{\sqrt{20}} = 0$$

$$\sum F_y = 60\sin\alpha - 10\sin\beta - 49.19$$

$$= 60 \times \frac{4}{\sqrt{20}} - 10 \times \frac{2}{\sqrt{20}} - 49.19 = 0$$

$$\sum M = 60 - 60 = 0$$

以上计算无误。

思考题

6.31 刚架中的刚结点是能传递弯矩的，如果刚架的某刚结点上只有两个杆件，且无外力偶作用，结点上的两个杆端弯矩有何关系？如果有外力偶作用，这种关系存在吗？

6.32 如何根据刚架的弯矩图作它的剪力图，又如何根据剪力图作轴力图？

6.33 组合结构在构造上有哪些特点？链杆和梁式杆的受力性能如何？

习题

6.31 作图示各刚架的内力图（剪力图、弯矩图、轴力图）。

6.32 作图示各刚架的内力图。

6.33 作图示各刚架的内力图。

6.34 计算图示组合结构的内力，在二力杆旁标明其轴力，并作出梁式杆 AB 的弯矩图。

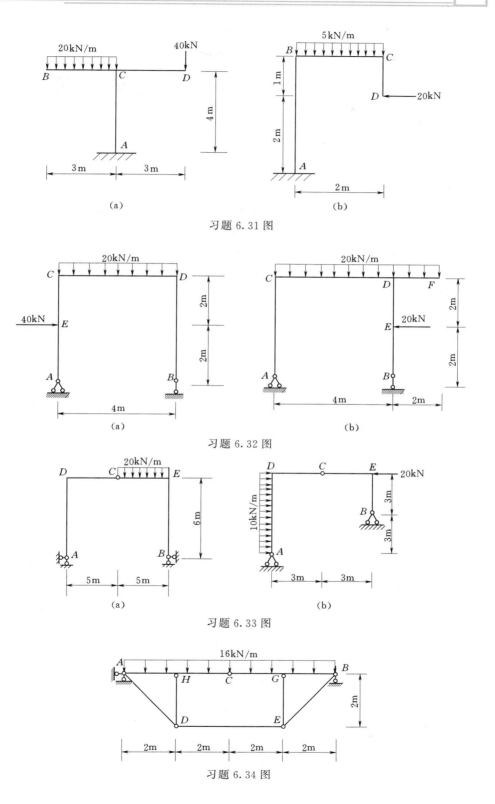

习题 6.31 图

习题 6.32 图

习题 6.33 图

习题 6.34 图

第 7 章　杆件的应力与强度计算

本章主要内容：

- 介绍材料在单向拉伸和压缩时的一般力学性质。
- 讨论杆件在轴向拉伸和压缩时的应力及正应力强度条件。
- 介绍连接件的剪切和挤压强度的实用计算方法。
- 介绍扭转轴的切应力及切应力强度条件。
- 研究平面弯曲梁横截面上正应力的分布规律，介绍切应力的分布规律及计算方法。
应用正应力强度条件和切应力强度条件对梁进行强度计算。
- 讨论分析组合变形的应力计算方法。

7.1　轴向拉压杆的应力

应力的概念　图 7.1（a）、（b）所示的两根材料相同，受力相同，但截面积不同的拉杆，二者的轴力相等。但当拉力逐渐加大时，截面积小的杆首先被拉断。这表明，解决杆件的强度问题不仅要研究内力的合力，而且要研究杆件截面上内力的分布情况，现在引入内力分布集度即应力的概念。

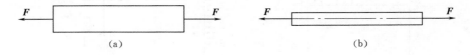

(a)　　　　　　　　　　　　　　　　(b)

图 7.1

图 7.2（a）所示构件，为了研究构件 m—m 截面上任一点 K 处的内力分布情况，利用假想的截面将构件在 m—m 处截开，在截面上点 K 的周围取一微小面积 ΔA，设作用在该面积上的内力为 ΔF ［图 7.2（b）］，将 ΔF 与 ΔA 的比值称为 ΔA 内的平均应力，用 p_{av} 表示，即

$$p_{av} = \frac{\Delta F}{\Delta A} \tag{7.1}$$

一般情况下，内力在截面内并非均匀分布，平均应力的大小与方向将随所取面积 ΔA 的大小而异。为了更精确地反映内力的分布情况，应使 ΔA 趋于零，由此所得平均应力的极限值，称为截面 m—m 上点 K 处的应力或总应力，并用 p 表示，即

$$p = \lim_{\Delta A \to 0} \frac{\Delta F}{\Delta A} = \frac{\mathrm{d} F}{\mathrm{d} A} \tag{7.2}$$

总应力 p 是一个矢量，应力 p 的方向即 ΔF 的极限方向，在通常情况下总应力 p 既不

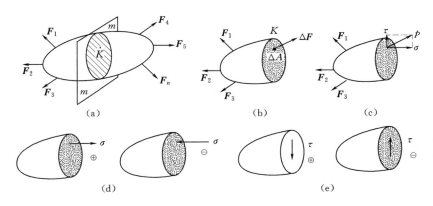

图 7.2

与截面垂直，也不与截面相切。为了方便分析，将应力 p 沿截面法向与切向分解为两个分量 [图 7.2（c）]。沿截面法向的应力分量称为正应力，用 σ 表示。沿截面切向的应力分量称为切应力，用 τ 表示。

对于正应力 σ 通常规定：拉应力（箭头指向与截面外法线一致）为正，压应力（箭头指向与截面外法线相反）为负 [图 7.2（d）]；对于切应力 τ 规定：应力对作用部分内任一点取矩时，力矩的转向为顺时针时为正，逆时针时为负 [图 7.2（e）]。

在我国法定计量单位中，力与面积的基本单位分别为 N 与 m²，应力的基本单位为"帕斯卡"即 Pa，$1\mathrm{Pa}=1\mathrm{N/m}^2$。当应力数值较大时，常用千帕（kPa）、兆帕（MPa）、吉帕（GPa）为单位。它们之间的换算关系为

$$1\mathrm{GPa} = 10^3\mathrm{MPa} = 10^6\mathrm{kPa} = 10^9\mathrm{Pa}$$

拉压杆横截面上的应力　首先进行拉压杆的变形实验。图 7.3（a）所示为一等截面直杆，拉伸前在杆表面画两条垂直于杆轴的横线 1—1 与 2—2，然后，在杆两端施加一对大小相等、方向相反的轴向力 F。从试验中观察到：横线 1—1 与 2—2 仍为直线，且垂直于杆轴线，只是间距增大，分别平移至 $1'—1'$ 与 $2'—2'$ 位置。由拉伸变形实验所表现的表面现象，可对杆内变形作如下假设：变形后横截面仍保持平面，且与杆轴垂直，只是横截面间沿杆轴发生相对平移。此假设称为拉压杆的平面假设。

根据拉压杆的平面假设，可对杆内横截面上应力分布作如下推论：如果设想杆件是由无数纵向"纤维"所组成，则由上述假设可知，任意两横截面间的所有纤维变形均相同。对均匀性材料，当各纤维的横截面相同，如果变形相同，则各纤维受力也相同。设杆件横截面面积为 A，轴力为 F_N，杆件由 n 根纤维组成。则每根纤维的横截面面积为 ΔA，每根纤维所受的轴力为 ΔF_N。根据拉压杆的平面假设，杆横

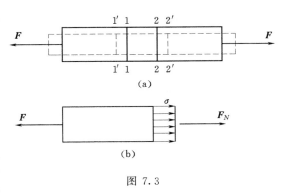

图 7.3

截面上的正应力为

$$\sigma = \lim_{\Delta A \to 0} \frac{\Delta F_N}{\Delta A} = \lim_{n \to \infty} \frac{\dfrac{F_N}{n}}{\dfrac{A}{n}} = \frac{F_N}{A} \tag{7.3}$$

式（7.3）表明，轴向拉压杆横截面上各点仅存在正应力 σ，正应力是均匀分布的，如图 7.3（b）所示。式（7.3）已为试验所证实，可适用于横截面为任意形状的等截面拉压杆；应用此式时，正应力与轴力具有相同的正负号。

应用式（7.3）计算应力时，注意式中各量的单位。因为 $1\mathrm{Pa}=1\mathrm{N/m}^2$，若轴力 F_N 的单位用 N，面积的单位用 m^2，则应力的单位为 Pa；又因为 $1\mathrm{MPa}=1\mathrm{N/mm}^2$，若轴力 F_N 的单位用 N，面积的单位用 mm^2，则应力的单位为 MPa。由于应力的单位通常用 MPa，因此，在计算时，往往应用后一种单位系统较为方便。

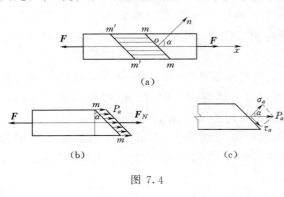

图 7.4

拉压杆斜截面上的应力　为了更全面地了解杆内的应力情况，现在进一步研究拉压杆斜截面上的应力。在图 7.4（a）所示的受拉杆上，利用截面法，沿任一斜截面 $m—m$ 将杆切开，取截面左侧杆段为研究对象［图 7.4（b）］。该截面的方位用其外法线 on 与 x 轴的夹角 α 表示。通常规定，以横截面外法线 x 轴为始边，向斜截面外法线 on 逆时针转向的角度 α 为正，反之为负角。

由拉压杆的平面假设可知，斜截面 $m—m$ 与 $m'—m'$ 间各纤维的变形也相同［图 7.4（a）］。所以，斜截面 $m—m$ 上各点的应力 p_α 沿截面均匀分布，且方向与杆轴平行［图 7.4（b）］。设杆件横截面的面积为 A_0，斜截面的面积为 A_α，截面上的轴力为 F_N。因应力 p_α 沿斜截面均匀分布，可得应力 p_α 为

$$p_\alpha = \frac{F_N}{A_\alpha} \tag{①}$$

由图 7.4（b）可知，斜截面面积 A_α 与横截面面积 A_0 的关系为

$$A_\alpha = \frac{A_0}{\cos\alpha} \tag{②}$$

将式②代入式①中，可得斜截面上的总应力

$$p_\alpha = \frac{F_N}{A_0}\cos\alpha = \sigma_0 \cos\alpha \tag{7.4}$$

式（7.4）中 $\sigma_0 = \dfrac{F_N}{A_0}$ 是杆横截面上的正应力。

将斜截面上的总应力 p_α 沿截面法向与切向分解［图 7.4（c）］，可得斜截面上的正应

力与切应力分别为

$$\sigma_\alpha = p_\alpha \cos\alpha = \sigma_0 \cos^2\alpha \tag{7.5}$$

$$\tau_\alpha = p_\alpha \sin\alpha = \frac{\sigma_0}{2}\sin 2\alpha \tag{7.6}$$

式（7.5）和式（7.6）反映了轴向拉压杆任意截面上应力随截面方位角的变化规律。由此可得出以下结论：

● 由式（7.5）可知，当 $\alpha = 0°$ 时，正应力最大。即轴向拉压杆中的最大正应力发生在横截面上，其值为 $\sigma_{msx} = \sigma_0$。

● 由式（7.6）可知，当 $\alpha = 45°$ 时，切应力最大。即轴向拉压杆中的最大切应力发生在与杆轴成 $45°$ 的斜截面上，其值为 $\tau_{msx} = \dfrac{\sigma_0}{2}$。

● 由式（7.6）可知，当 $\beta = \alpha + 90°$ 时（β 斜面与 α 斜面垂直），则有

$$\tau_\beta = \frac{\sigma_0}{2}\sin 2\beta = \frac{\sigma_0}{2}\sin(180° + 2\alpha) = -\frac{\sigma_0}{2}\sin 2\alpha = -\tau_\alpha$$

由此可得以下定理：杆件中任一点处的任意两个相互垂直的斜面上，垂直于两截面交线的切应力数值相等，符号相反，方向均指向或离开该两面交线 ［图 7.5（a）、（b）］，此关系称为切应力互等定理。

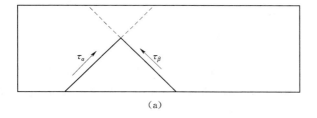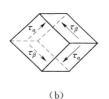

图 7.5

圣维南原理　只有当外力沿着杆的轴线方向，并使杆产生均匀轴向变形，如图 7.6（a）所示，横截面上的正应力才是均匀分布的，只有这时，式（7.3）才是适用的。当杆的两端直接施加集中力时，如图 7.6（b）所示，虽然力也是沿杆轴线方向，但在加力点附近将产生非均匀变形。在这些非均匀变形区域的横截面上的正应力将不是均匀分布的。但是，这种应力非均匀分布区域很小。圣维南原理指出，力作用于杆端的分布方式，只影响杆端局部范围的应力分布，影响区的轴向范围约距杆端 $1\sim2$ 个杆的横向尺寸。此原理已为大量试验与计算所证实。

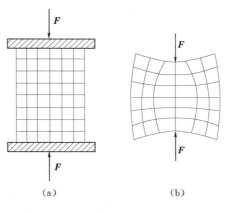

图 7.6

除了专门研究局部加载区域内的应力外，在工程常规计算中，一般都不考虑端部加载方式对应力分布的影响。对于拉压杆，只要横截面上的轴向力通过截面形心，并沿着杆轴

线方向，即可应用式（7.3）计算横截面上的正应力。

【例 7.1】 图 7.7（a）所示右端固定的阶梯形圆截面杆，承受轴向力 F_1 与 F_2 作用，试计算杆内横截面上的最大正应力。已知 $F_1 = 20\mathrm{kN}$，$F_2 = 50\mathrm{kN}$，$d_1 = 20\mathrm{mm}$，$d_2 = 30\mathrm{mm}$。

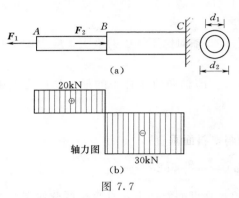

（a）

（b）

图 7.7

解：（1）轴力分析。用直接法求各杆段轴力，并作轴力图。

AB 杆段　$F_{N1} = \sum F_x = F_1 = 20(\mathrm{kN})$

BC 杆段　$F_{N2} = \sum F_x = F_1 - F_2$
$$= 20 - 50 = -30(\mathrm{kN})$$

根据上述轴力值，画杆的轴力图如图 7.7（b）所示。

（2）应力分析。AB 段的轴力较小，但横截面面积也较小；BC 段的轴力虽然大，但横截面面积也大。因此，应对两段杆的应力分别进行计算。

AB 段内任一横截面上的正应力为

$$\sigma_0 = \frac{F_{N1}}{A_1} = \frac{4F_{N1}}{\pi d_1^2} = \frac{4 \times 20 \times 10^3}{\pi \times 20^2} = 63.7(\mathrm{MPa})$$

BC 段内任一横截面上的正应力为

$$\sigma_0 = \frac{F_{N2}}{A_2} = \frac{4F_{N2}}{\pi d_2^2} = \frac{4 \times (-30 \times 10^3)}{\pi \times 30^2} = -42.4(\mathrm{MPa})$$

由此可见，杆内横截面上的最大正应力为 $\sigma_{\max} = 63.7\mathrm{MPa}$，且为拉应力。

【例 7.2】 图 7.8（a）所示轴向受压等截面杆，横截面面积 $A = 400\mathrm{mm}^2$，荷载 $F = 50\mathrm{kN}$。试求斜截面 m—m 上的正应力与切应力。

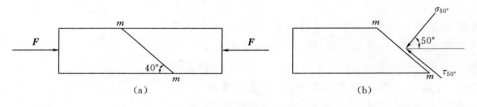

（a）　　　　　　　　　　　　　（b）

图 7.8

解：杆横截面上的正应力为

$$\sigma_0 = \frac{F_N}{A} = \frac{-50 \times 10^3}{400} = -125(\mathrm{MPa})$$

斜截面 m—m 的方位角为：$\alpha = 50°$

由式（7.5）和式（7.6）计算斜截面 m—m 上的正应力与切应力为

$$\sigma_{50°} = \sigma_0 \cos^2\alpha = -125\cos^2 50° = -51.6(\mathrm{MPa})$$

$$\tau_{50°} = \frac{\sigma_0}{2}\sin 2\alpha = \frac{-125}{2}\sin 100° = -61.6(\mathrm{MPa})$$

斜截面上应力方向如图 7.8（b）所示。

7.2 材料在拉伸和压缩时的力学性质

材料在外力作用下所呈现的有关强度和变形方面的特征，称为材料的力学性质。材料的力学性质是杆件进行承载力计算或确定构件截面大小的重要依据。材料的力学性质通常采用试验的方法测定。这里主要介绍在常温、静荷载条件下，材料拉伸和压缩时的力学性质。

拉压杆的变形 当杆件承受轴向荷载时，其轴向与横向尺寸均发生变化。杆件沿轴线方向的变形称为轴向变形或纵向变形；垂直于轴线方向的变形称为横向变形。设杆的原长为 l，在轴向拉力 F 作用下，杆的变形如图 7.9 所示，轴向绝对变形量 Δl 为

$$\Delta l = l_1 - l$$

图 7.9

杆件的轴向绝对变形量 Δl 与杆件的原长 l 之比称为轴向正应变，即

$$\varepsilon = \frac{\Delta l}{l} \tag{7.7}$$

杆在轴向拉伸时，轴向的绝对变形量 Δl 与正应变 ε 都为正值，压缩时为负值。

杆件的横向绝对变形量 $\Delta b = b_1 - b$ 与杆件的原宽度 b 之比称为横向正应变 ε'，即

$$\varepsilon' = \frac{\Delta b}{b} \tag{7.8}$$

试验表明：当轴向拉压杆的应力不超过某一值时，横向线应变与纵向线应变之比值的绝对值为一常数，将这一常数称为泊松比，用 μ 表示，即

$$\mu = \left| \frac{\varepsilon'}{\varepsilon} \right| \tag{7.9}$$

泊松比是一个无量纲数。它的值与材料有关，此值可由试验测定。由于杆的横向线应变与纵向线应变总是正、负号相反，当轴向拉压杆的应力不超过某一值时，总有下式成立

$$\varepsilon' = -\mu\varepsilon \tag{7.10}$$

拉伸试验 拉伸试验是研究材料的力学性质最基本、最常用的试验。为了得出可靠的和可比较的试验结果，应按照国家标准，将试样做成标准的尺寸。图 7.10（a）所示为一根中间直径为 d 的圆截面型试样，两端的直径比中间部分大，以便于在试验机夹头上夹持。

在试样中间取一段长为 l 的等直部分，作为试验段。称试验段长 l 为标距。规定标距 l 与直径 d 的关系为

$$l = 10d \quad 或 \quad l = 5d$$

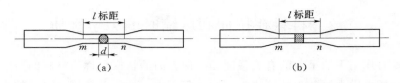

图 7.10

试样也可制成截面为矩形的，如图 7.10（b）所示。若试验段横截面面积为 A，则规定标距长度 l 为

$$l = 11.3\sqrt{A} \quad 或 \quad l = 5.65\sqrt{A}$$

试验时，先将试样安装在材料试验机的上、下夹头内，并在试样标距的标记 m 与 n 处安装测量轴向变形的仪器，如图 7.11 所示。然后开动机器，缓慢加载，随着荷载 F 的增大，试样逐渐被拉长，试验一直可进行到试样拉断为止。在整个拉伸过程中，试验机会自动采集任一时刻试验段的拉伸变形量 Δl 及与之对应的轴向拉力 F 的大小数据，试验机对所采集数据进行处理。试验机的自动绘图系统即可绘出在整个拉伸过程中拉力 F 的大小与变形量 Δl 的关系曲线图（以 Δl 为横坐标，以 F 为纵坐标），此图称试样的拉伸图。

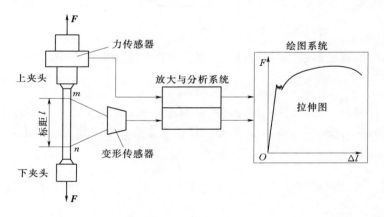

图 7.11

拉伸图不仅与试样的材料有关，而且与试样的横截面尺寸及标距的大小有关。当试验段的横截面积愈大，在同样变形条件下，所需的拉力愈大；在同一拉力作用下，标距愈大，拉伸变形 Δl 也愈大。因此，试样的拉伸图只能代表试样的力学性质，不能准确地表征材料的力学性能。为了能较普遍地反映材料的力学性质，消除试件尺寸的影响，可将拉伸图的纵坐标 F 除以试样加载前的截面积 A，即得到所谓的工程应力 $\sigma = \dfrac{F}{A}$（随着荷载的增加，试样截面面积在逐渐减小，任一时刻的拉力 F 除以对应时刻的面积 A_a，所得到的应力 $\sigma_a = F/A_a$ 称为真应力。工程应力始终小于真应力。但在从开始加载的大部分过程中，截面积 A 的变化很小，为了方便起见，我们采用工程应力）；将拉伸图的横坐标 Δl 除以试件原标距 l，即得到轴向应变 $\varepsilon = \dfrac{\Delta l}{l}$。画出以应变 ε 为横坐标，以工程应力 σ 为纵坐标的曲线，此曲线称材料的应力—应变图，有的试验机也可自动绘出此图。低碳钢的应力

—应变图如图 7.12 所示。此图描述了试样从加载直到拉断的全过程中应力与应变关系，此关系曲线与试件的尺寸无关，只反映材料本身的一些力学性质。

低碳钢的拉伸力学性能　低碳钢是工程中广泛应用的金属材料，其应力—应变图也非常具有典型意义。图 7.12 所示为低碳钢 Q235 的应力—应变图，现以该曲线为基础，并结合试验过程中所观察到的现象，介绍低碳钢的拉伸力学性能。

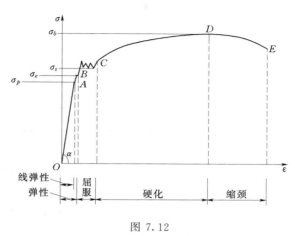

图 7.12

● 弹性阶段。图 7.12 曲线中的 OB 段，此阶段的应变全为弹性，即在此阶段的任一时刻卸载，卸载过程的应力—应变曲线与原加载曲线重合，当完全卸载后，试样变形完全消失。弹性阶段的最高点 B 对应的正应力值称为材料的弹性极限，用符号 σ_e 表示。

在弹性阶段中，从开始加载到点 A，OA 是一条直线，表明应力与应变成正比，即

$$\sigma = E\varepsilon \qquad (7.11)$$

式中 E 为直线 OA 的斜率，E 称材料的弹性模量，即

$$E = \tan\alpha \qquad (7.12)$$

弹性阶段中的直线段最高点 A 所对应的正应力，称为材料的比例极限，用 σ_p 表示。由材料的单向拉伸试验表明，在正应力 σ 作用下，材料沿正应力作用方向发生正应变 ε，而且在正应力不超过材料的比例极限 σ_p 时，正应力与正应变成正比。上述关系称为胡克定律。胡克定律是具有普遍性的，对于其他变形固体材料同样适用。低碳钢 Q235 的比例极限约为 $\sigma_p = 200$MPa，弹性模量约为 $E = 200 \sim 210$GPa。

在弹性阶段中，AB 段为曲线，虽然 AB 段的应变也是弹性，但应力与应变不成正比关系。由于低碳钢的弹性极限与比例极限非常接近，以至于很难区分这两点。将应力—应变曲线有明显的线性弹性阶段的材料称线弹性材料。为便于查阅与比较，现将几种常用材料的弹性模量及泊松比列于表 7.1 中。

表 7.1　材料的弹性模量 E 及泊松比 μ

材料名称	E/GPa	μ	材料名称	E/GPa	μ
Q235（低碳）钢	$200 \sim 210$	$0.24 \sim 0.28$	混凝土	$15 \sim 36$	$0.16 \sim 0.18$
Q345（16Mn）钢	$200 \sim 220$	$0.25 \sim 0.33$	木材（顺纹）	$9 \sim 12$	
铸铁	$115 \sim 160$	$0.23 \sim 0.27$	砖石料	$2.7 \sim 3.5$	$0.12 \sim 0.20$
铝合金	$70 \sim 72$	$0.26 \sim 0.33$	花岗岩	49	$0.16 \sim 0.34$

● 屈服阶段。图 7.12 曲线中的 BC 段，当应力超过弹性极限后，变形以塑性为主，当应力增加至某一定值时，应力—应变曲线出现了一段接近水平的锯齿形线段，此时增加的应变几乎全是塑性的，此时材料暂时失去了抵抗变形的能力。我们把应力达到一定值时，应力

虽不增加或在小范围内波动，而变形却急剧增大的现象，称为屈服。使材料发生屈服的正应力，称为材料的屈服极限，用 σ_s 表示。低碳钢 Q235 的屈服极限约为 $\sigma_s=235\text{MPa}$。

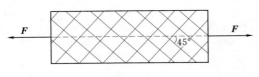

图 7.13

低碳钢材料屈服时，在抛光的试件表面将出现与试样轴线成 45°的线纹（图 7.13）。杆件在单向拉伸时，与轴线成 45°的斜面上切应力最大，由此可推测，上述线纹可能是材料晶格产生剪切滑移所造成，而晶格之间的滑移导致材料产生不可恢复的塑性变形。材料屈服时试样表面出现的线纹，通常称为滑移线。

在屈服阶段，材料将产生很大的塑性变形，工程结构中的杆件，一般不允许产生过大的塑性变形，所以设计中常取屈服极限 σ_s 作为材料的一个强度指标。

● 硬化阶段。图 7.12 曲线中的 CD 段。经过屈服阶段，材料的内部结构重新得到了调整，材料又恢复了抵抗变形的能力，要使试样继续变形就得继续增加荷载，这一阶段内产生的变形既有弹性又有塑性。经过屈服滑移之后，材料重新呈现抵抗继续变形的能力，这种现象称为应变硬化。硬化阶段的最高点所对应的正应力，称为材料的强度极限，用 σ_b 表示。低碳钢 Q235 的强度极限约 $\sigma_b=380\text{MPa}$。强度极限是材料所能承受的最大应力。

● 局部变形阶段。图 7.12 曲线中的 DE 段，当应力增大至最大值 σ_b 之后，试样的某一局部显著收缩（图 7.14），产生所谓缩颈。缩颈出现后，使试件继续变形所需的拉力减小，应力—应变曲线

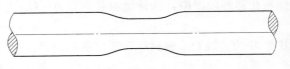

图 7.14

呈现下降趋势，最后导致试样在缩颈处断裂。这一阶段的变形主要发生在缩颈的局部，而前三个阶段试件的变形基本上是各截面均匀收缩。

● 卸载与再加载规律。在硬化阶段某一点 A_1 逐渐减小荷载，则卸载过程中的应力—应变曲线如图 7.15 中的直线 A_1O_1，该直线几乎与直线 OA 平行。线段 O_1O_2 代表随卸载而消失的弹性应变；而线段 OO_1 则代表应力减小至零时残留的塑性应变。因此可见，当应力超过弹性极限后，材料的应变包括弹性应变和塑性应变。但在卸载过程中，应力与应变之间仍保持线性关系。

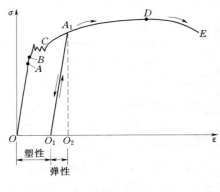

图 7.15

对卸载至点 O_1 后的已有塑性变形的这种新型试样，立即重新加载，则加载时的应力—应变关系基本上沿卸载时的直线 O_1A_1 变化，当加载到点 A_1 后，曲线仍沿原曲线 A_1DE 变化，并至点 E 断裂。显然，这种已有塑性变形的新型试样，其比例极限将得到提高，而断裂时的残余变形则减小。由于预加塑性变形，而使材料的比例极限或弹性极限提高的现象，称为冷作硬化。冷作硬化，一方面可提高材料的比例极限，即提高了材料在弹性范围内的承载能力；另一方面却降低了材料的塑性性能，使材料变硬、变脆，增加了机械加工的困难，而且容易

在构件上产生裂纹。前者可以充分利用，后者则应力求避免和克服。在建筑构件中，有的钢筋预先经过冷拉，以提高它们在弹性阶段的承载能力。同时，又注意使其预拉应力不超过屈服极限过多，以保证其具有一定的塑性性能。

● 材料的塑性。材料能经受较大塑性变形而不破坏的能力，称为材料的塑性。材料的塑性用延伸率或断面收缩率度量。设断裂后试验段的残余变形 Δl_0 与试验段原长 l 的比值，即

$$\delta = \frac{\Delta l_0}{l} \times 100\% \tag{7.13}$$

δ 称为材料的延伸率；如果试验段横截面的原面积为 A，断口的横截面面积为 A_1，所谓断面收缩率 ψ 即为

$$\psi = \frac{A - A_1}{A} \times 100\% \tag{7.14}$$

低碳钢 Q235 的延伸率 $\delta \approx 25\% \sim 30\%$，断面收缩率 $\psi \approx 60\%$。

在工程中，通常将延伸率较大（$\delta \geqslant 5\%$）的材料称为塑性材料，如钢、铜、铅等金属材料为塑性材料；将延伸率较小（$\delta < 5\%$）的材料称为脆性材料，如铸铁、石料、混凝土等为脆性材料。需要指出的是，通常所说的塑性材料和脆性材料，是按材料在常温下，以低应变率的拉伸试验所得的延伸率 δ 来区分的。实际上，材料的塑性和脆性并非是固定不变的性质。在一定条件下（如温度、变形速度、应力状况）材料性能是会变化的。例如，在常温下静载试验表现为塑性的低碳钢，在低温下可以像铸铁一样呈现脆性。

其他材料拉伸时的力学性能   现在我们把材料分为两大类，塑性材料和脆性材料。通过拉伸试验，画出它们的应力—应变图。分析它们的力学性质时，一方面注意与低碳钢的应力—应变曲线进行比较；另一方面注意对它们本身在试验过程出现的一些现象进行分析。

● 其他塑性材料拉伸时的力学性能。图 7.16 所示为低碳钢和其他几种材料拉伸时的应力—应变图。从图中可以看出，它们断裂时均具有较大的塑性变形。其中 16 锰钢是常用的低合金钢，它的应力—应变曲线与 Q235 钢很相似，其弹性模量与 Q235 钢几乎一样。它的强度极限 σ_b 和屈服极限 σ_s 较 Q235 钢有明显的提高。有些材料的应力—应变曲线没有明显的屈服阶段（如铜、硬铝），有些也很难精确地确定比例极限。

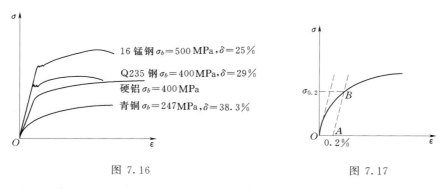

图 7.16   图 7.17

对于没有明显屈服阶段的塑性材料，不存在屈服极限 σ_s，其他三个阶段仍然比较明显。对这些材料，我国的标准规定，取对应于试样卸载后能产生 0.2% 的残余应变的对应应力值，作为材料的屈服极限，称为名义屈服极限，用 $\sigma_{0.2}$ 表示。具体的作法是：从原点作应力—应变曲

线的切线，并在横轴上 $\varepsilon=0.2\%$ 的点 A 开始，作与此切线的平行线，此平行线与应力—应变曲线相交点 B，点 B 对应的应力就是该材料的名义屈服极限 $\sigma_{0.2}$，如图 7.17 所示。

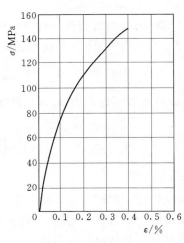

图 7.18

● 其他脆性材料拉伸时的力学性能。工程上常用的脆性材料有铸铁、混凝土、陶瓷等。在拉伸试验时，它们从开始拉伸直到断裂，试件的变形都非常小。如图 7.18 所示是灰口铸铁在拉伸时的应力—应变曲线。由图可见，在拉伸过程中没有屈服现象，试件断裂时变形很小，断裂后的横截面几乎没有什么变化，材料的延伸率很小，$\delta=0.4\%\sim0.6\%$。脆性材料一般拉伸强度极限很低，断裂总是突然发生。因此，脆性材料不用作受拉杆件，也不宜制作承受动荷载的重要构件。

材料压缩时的力学性能 压缩试验的金属试样通常做成短圆柱形，高度为直径的 $1.5\sim3.0$ 倍。这是为了避免试样在压缩时产生失稳。

● 塑性材料压缩时的力学性能。图 7.19（a）中的实线是低碳钢压缩时的应力—应变曲线，虚线是拉伸时的曲线。由图可见，在屈服之前，压缩曲线与拉伸曲线基本重合，压缩与拉伸时的比例极限、屈服极限、弹性模量等大致相同。不同的是，随着压力不断增大，低碳钢试样将愈压愈扁平，但并不破坏［图 7.19（b）］，因此无法测出其抗压强度极限。

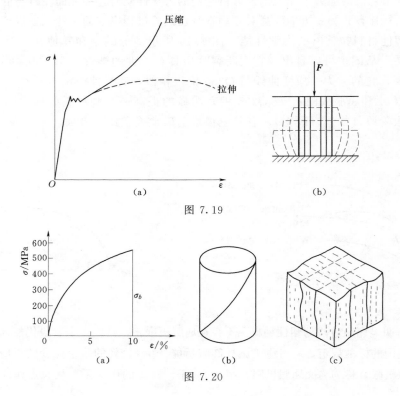

图 7.19

图 7.20

● 脆性材料压缩时的力学性能。灰口铸铁压缩时的应力—应变曲线如图 7.20（a）所示，压缩强度极限远高于拉伸强度极限（约为 3～4 倍）。其他脆性材料如混凝土与石料等也具有上述特点，所以，脆性材料宜作承压构件。灰口铸铁压缩破坏的形式如图 7.20（b）所示，断口的方位与柱轴线夹角约 55°～60°，由于在该截面上存在较大切应力，所以，灰口铸铁压缩破坏的方式是剪断。石料与铸铁的压缩破坏形式不同，石料破坏时材料沿许多纵向截面裂开，如图 7.20（c）所示。

7.3　拉压杆的强度计算

失效与极限应力　工程结构的构件由于过载或由于材料的抗力（品质）下降，使构件不能正常工作时，称为失效。杆件的断裂显然是失效，但失效不都是以断裂的形式发生。塑性材料由于屈服而产生显著的塑性变形，工程中也是不容许的。因此，从强度角度出发，材料发生屈服时，即使应力不增加而变形急剧增大，杆件也不能正常工作，这也是杆件失效的一种形式。

材料丧失正常工作能力时的应力称为危险应力或极限应力，用符号 σ_u 表示。极限应力是标志材料失效的一个参数，是材料的属性。对于脆性材料，一般没有屈服过程，且断裂前不产生显著的塑性变形，强度极限为其唯一的强度指标，因此，以强度极限作为其极限应力，即 $\sigma_u = \sigma_b$；对于塑性材料，由于屈服极限小于强度极限，故以屈服极限作为其极限应力，即 $\sigma_u = \sigma_s$。

影响安全的因素与许用应力　在设计中，用力学原理分析计算得到的在已知荷载作用下杆件各处的应力称为工作应力。在设计时，绝对不能使工作应力等于极限应力，显然要使工作应力小于极限应力。至于工作应力应该限制到什么程度才安全，需要考虑许多因素，以下是一些主要影响安全的因素。

理论分析是在对实际结构的简化后建立在理想化模型基础上进行的。理论计算的工作应力与实际材料中的实际应力有差别。设计荷载用的是确定的值，然而作用在实际结构上的荷载往往是随机的，外力常常估计不准确。实际材料的组成与品质等难免存在差异，不能保证构件所用材料与标准试样具有完全相同的力学性能，更何况由标准试样测得的力学性能，本身也带有一定分散性，这种差别在脆性材料中尤为显著。为了确保安全，构件还应具有适当的强度储备，特别是对于因失效将带来严重后果的构件，更应给予较大的强度储备。

由以上分析可知，一定要使杆件的工作应力低于材料的极限应力，并且要低于一定的程度，给构件以必要的强度储备。具体做法是引进材料的许用应力 $[\sigma]$ 作为工作应力的最大容许值，使得

$$[\sigma] = \frac{\sigma_u}{n} \tag{7.15}$$

式中：n 为大于 1 的因数，称为安全因数。

如上所述，安全因数是由多种影响安全的因素决定的。各种材料在不同工作条件下的安全因数或许用应力，可从有关规范或设计手册中查到。在一般静强度计算中，对于塑性材料，按屈服极限 σ_s 所规定的安全因数 n_s 通常取为 1.5～2.2；对于脆性材料，按强度极

限 σ_b 所规定的安全因数 n_b 通常取为 3.0～5.0，甚至更大。

强度条件　为了保证拉压杆在工作时不致因强度不够而失效。杆内的最大工作拉应力 $\sigma_{t,\max}$ 不得超过材料的许用拉应力 $[\sigma_t]$，杆内的最大工作压应力 $\sigma_{c,\max}$ 不得超过材料的许用压应力 $[\sigma_c]$，即要求

$$\left.\begin{aligned}\sigma_{t,\max} = \left(\frac{F_{N,t}}{A}\right)_{\max} \leqslant [\sigma_t]\\ \sigma_{c,\max} = \left(\frac{F_{N,c}}{A}\right)_{\max} \leqslant [\sigma_c]\end{aligned}\right\} \tag{7.16}$$

上述判据称为拉压杆的强度条件。

对于一些抗拉强度与抗压强度相同的塑性材料，其许用拉应力等于许用压应力，这时就不再区分拉与压，统称为许用应力 $[\sigma]$，强度条件也就不区分拉与压，则上述强度条件变为

$$\sigma_{\max} = \left(\frac{|F_N|}{A}\right)_{\max} \leqslant [\sigma] \tag{7.17}$$

对于等截面拉压杆，最大应力必定出现在轴力绝对值最大的截面，式（7.17）可表达为

$$\sigma_{\max} = \frac{|F_N|_{\max}}{A} \leqslant [\sigma] \tag{7.18}$$

强度计算　利用强度条件，可以解决以下几类强度计算问题：

● 校核强度。当已知拉压杆的截面尺寸、许用应力和所受外力时，通过比较工作应力与许用应力的大小，以判断该杆在所受外力作用下能否安全工作。

● 选择截面尺寸。如果已知拉压杆所受外力和许用应力，根据强度条件可以确定该杆所需横截面面积。若应用强度条件式（7.18），其所需横截面面积应满足下列不等式。

$$A \geqslant \frac{|F_N|_{\max}}{[\sigma]}$$

● 确定承载能力。如果已知拉压杆的截面尺寸和许用应力，根据强度条件可以确定该杆所能承受的最大轴力，即许用轴力 $[F_N]$。若应用强度条件式（7.18），则许用轴力为

$$[F_N] = A[\sigma] \tag{7.19}$$

这里需要指出，当工作应力 $\sigma_{\max}$ 不超过许用应力 $[\sigma]$ 的 5%，在工程中仍然是允许的。

【例 7.3】　图 7.21（a）所示一正方形截面的阶梯形变截面杆，边长 $a_1 = 18\text{mm}$，$a_2 = 35\text{mm}$；外荷载 $F_1 = 40\text{kN}$，$F_2 = 20\text{kN}$。材料的许用应力 $[\sigma] = 150\text{MPa}$，试校核杆件强度。

解：由于 AB、BC 两段杆横截面尺寸不同，则最大工作应力 $\sigma_{\max}$ 不一定出现在最大轴力所在的截面，应分别求出两面的应力后，再确定最大工作应力 $\sigma_{\max}$。

（1）绘制杆轴力图。

AB 段　　　　$F_{N1} = 40(\text{kN})$

BC 段　　　　$F_{N2} = 60(\text{kN})$

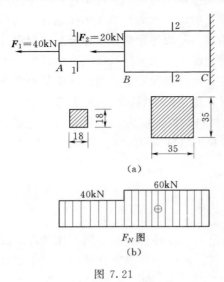

图 7.21

杆件的轴力图如图 7.21 (b) 所示。

(2) 求最大工作应力。

AB 段横截面的正应力 $\sigma_{AB} = \dfrac{F_{N1}}{A_1} = \dfrac{40 \times 10^3}{18 \times 18} = 123.5 (\text{MPa})$

BC 段横截面的正应力 $\sigma_{BC} = \dfrac{F_{N2}}{A_2} = \dfrac{60 \times 10^3}{35 \times 35} = 49.0 (\text{MPa})$

整个杆的最大工作应力是 AB 段的正应力，$\sigma_{max} = 123.5\text{MPa}$。

(3) 强度校核。

由于 $\sigma_{max} < [\sigma]$，所以，此杆满足强度条件。

【例 7.4】 图 7.22 (a) 所示为一组合屋架。已知：屋架受到竖直向下的均布荷载 $q = 10\text{kN/m}$，水平拉杆为实心圆截面钢杆，材料的许用应力 $[\sigma] = 160\text{MPa}$，$l = 8.4\text{m}$，$h = 1.4\text{m}$。试按强度要求设计拉杆的直径。

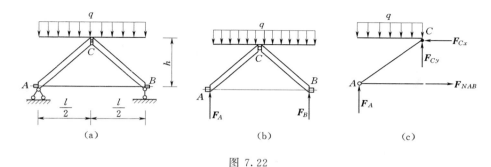

图 7.22

解：(1) 求支座约束力。取整体为研究对象，受力图如图 7.22 (b) 所示，由平衡条件得

$$\sum M_A(\boldsymbol{F}) = 0 \qquad F_B \cdot l - q \cdot l \cdot \frac{l}{2} = 0, F_B = \frac{ql}{2} = 42(\text{kN})$$

$$\sum M_B(\boldsymbol{F}) = 0 \qquad -F_A \cdot l + q \cdot l \cdot \frac{l}{2} = 0, F_A = \frac{ql}{2} = 42(\text{kN})$$

(2) 求拉杆的轴力。用截面法截取屋架左半部分为研究对象，作受力图如图 7.22 (c) 所示，由平衡条件得

$$\sum M_C(\boldsymbol{F}) = 0 \qquad F_{NAB} \cdot h - F_A \cdot \frac{l}{2} + q \cdot \frac{l}{2} \cdot \frac{l}{4} = 0$$

$$F_{NAB} = \frac{1}{h}\left(F_A \cdot \frac{l}{2} - \frac{ql^2}{8}\right) = 63(\text{kN})$$

(3) 设计拉杆的截面。由强度条件得

$$A \geqslant \frac{F_{NAB}}{[\sigma]}$$

将 $A = \dfrac{\pi d^2}{4}$ 代入上式得

$$d \geqslant \sqrt{\frac{4F_{NAB}}{\pi[\sigma]}} = \sqrt{\frac{4 \times 63 \times 10^3}{\pi \times 160}} = 22.39(\text{mm})$$

取拉杆直径 $d = 23\text{mm}$。

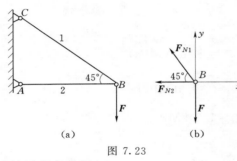

图 7.23

【例 7.5】　图 7.23（a）所示桁架，由杆 1 与杆 2 组成，在节点 B 承受荷载 F 作用。已知杆 1 与杆 2 的横截面面积均为 $A=100\text{mm}^2$，许用拉应力为 $[\sigma_t]=200\text{MPa}$，许用压力为 $[\sigma_c]=150\text{MPa}$，试计算荷载 F 的最大允许值，即许用荷载 $[F]$。

解：（1）轴力分析。取节点 B 为研究对象，作受力图如图 7.23（b）所示，根据节点 B 的平衡条件得

$$\sum F_x = 0 \qquad\qquad -F_{N1}\cos45°-F_{N2}=0$$

$$\sum F_y = 0 \qquad\qquad F_{N1}\sin45°-F=0$$

联合求解得

$$F_{N1}=\sqrt{2}F,\text{即}\ F_{N1,t}=\sqrt{2}F \qquad\qquad ①$$

$$F_{N2}=-F,\text{即}\ F_{N2,c}=F \qquad\qquad ②$$

（2）确定荷载 F 的许用值。由杆 1 的强度条件可得

$$F_{N1,t}\leqslant[\sigma_t]A_1$$

将式①代入上式可得

$$\sqrt{2}F\leqslant[\sigma_t]A_1$$

即杆 1 的许用荷载为

$$[F]_1=\frac{[\sigma_t]A_1}{\sqrt{2}}=\frac{200\times100}{\sqrt{2}}=14.14\times10^3\ (\text{N})$$

由杆 2 的强度条件可得

$$F_{N2,c}\leqslant[\sigma_c]A_2$$

将式②代入上式可得

$$F\leqslant[\sigma_c]A_2$$

即杆 2 的许用荷载为

$$[F]_2=[\sigma_c]A_2=150\times100=15\times10^3\ (\text{N})$$

结构中所有各杆的许用荷载的最小值即为结构的许用荷载。因此，此结构的许用荷载为 $[F]=14.14\text{kN}$。

应力集中概念　在建筑物的结构中，由于构造和使用等方面的要求，有时要在构件上开槽、预留孔洞等，使截面尺寸发生突然改变。由实验和理论分析证明，杆件在外力作用下，在杆件截面尺寸发生突然变化处的局部范围内，应力急剧增大。图 7.24（a）所示含圆孔的受拉薄板，圆孔处截面 m—m 上的应力分布如图 7.24（b）所示，最大应力 $\sigma_{\max}$ 显著超过该截面的平均应力。而在离这一范围较远的位置处，应力又趋均匀，如图 7.24（c）所示的截面 n—n 上的应力分布。

由于截面急剧变化所引起的应力局部增大现象，称为应力集中。应力集中的程度用应力集中因数 k 表示，其定义为

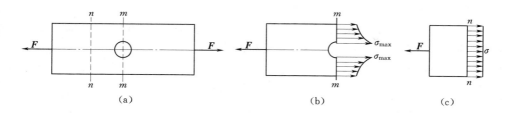

图 7.24

$$k = \frac{\sigma_{\max}}{\sigma_n} \qquad (7.20)$$

式中：σ_n 为名义应力；$\sigma_{\max}$ 为最大局部应力。

名义应力是在不考虑应力集中的条件下求得的。例如上述含圆孔薄板，若所受拉力为 F，板厚为 δ，板宽为 b，孔径为 d，则截面 m—m 上的名义应力为

$$\sigma_n = \frac{F}{(b-d)\delta}$$

最大局部应力 $\sigma_{\max}$ 可由实验或理论计算方法确定。已经证明，截面尺寸改变的程度越急剧，应力集中的现象越明显，应力集中因数愈大。例如，圆孔或圆角的半径愈小，应力集中因数愈大。

应力集中对杆件强度的影响　应力集中对杆件是不利的，在设计和施工时应尽可能不使杆的截面尺寸发生突变，也可以采用适宜的材料来减小应力集中的影响，因为应力集中对杆件强度的影响还与材料有关。对于由脆性材料制成的构件，当应力集中处的最大应力 $\sigma_{\max}$ 达到材料的强度极限时，就很快导致杆件丧失承载能力，因此，应力集中严重降低了脆性材料杆件的强度。对于由塑性材料制成的构件，应力集中对其在静荷载作用下的强度几乎无影响。因为当最大应力 $\sigma_{\max}$ 达到屈服应力 σ_s 之后，如果继续增大荷载，则所增加的荷载将由同一截面的未屈服部分承担，以致屈服区域不断扩大（图 7.25），截面上应力分布逐渐趋于均匀化（图 7.25 中虚线分布）。所以，在研究塑性材料杆件的静强度问题时，通常可以不考虑

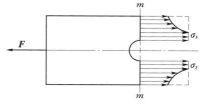

图 7.25

应力集中的影响。但在随时间作周期性变化的外力或冲击力作用时，不论是塑性材料还是脆性材料，应力集中对杆件强度的影响较大，这种情况必须考虑应力集中的影响。

思考题

7.1　内力与应力有什么区别和联系？横截面上的法向内力就是该截面上正应力的合力，这种说法是否正确？

7.2　你根据什么现象判定轴向拉压杆横截面上正应力是均匀分布的？

7.3　拉压杆斜截面上不但有正应力而且还有切应力，根据理论分析，哪一个斜截面上切应力最大？

7.4　在岩石裸露的河谷，常常可看到两组相互垂直的铅直裂隙面，将岩石分切成象

豆腐块似的，你知道这是什么原因产生的吗？

7.5 对Q235低碳钢钢筋进行冷拉，当应力达到屈服极限后卸载，得到了一种预加塑性变形的新低碳钢钢筋，这样做可以使钢材的哪些力学性能发生改变？

7.6 有一低碳钢试件，测得其应变为$\varepsilon=0.002$，是否可由式$\sigma=E\varepsilon$计算其正应力σ（低碳钢的$\sigma_p=200\text{MPa}$，$E=200\text{GPa}$），并说明理由。

7.7 将材料丧失正常工作能力时的应力称为危险应力，材料发生显著的塑性变形或断裂都是丧失正常工作能力的表现。塑性材料与脆性材料的危险应力分别应定为何种极限应力？

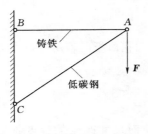

思考题7.8图

7.8 图示为两直杆铰接的托架，若杆AB的材料选为铸铁，杆AC的材料选为低碳钢，试分析这种选用材料是否合理？

7.9 低碳钢一类的塑性材料，其应力达到σ_s时材料并没有断裂，而都把σ_s作为塑性材料的强度指标，其理由是什么？有一构件由于受力过大，而产生不可恢复的变形，是属于强度问题这一说法对吗？说明理由。

7.10 由于应力集中对脆性材料的强度影响比较敏感，因此人们可用玻璃刀裁切玻璃。生活和工程中应用应力集中效应事例非常之多，你能列举出几个实例？

习题

7.1 图示硬铝试样，厚度$\delta=2\text{mm}$，试验段板宽$b=20\text{mm}$，标距$l=70\text{mm}$。在轴向拉力$F=6\text{kN}$的作用下，测得试验段伸长$\Delta l=0.15\text{mm}$，板宽缩短$\Delta b=0.014\text{mm}$，材料受力处于线性弹性范围，试计算硬铝的弹性模量E与泊松比μ。

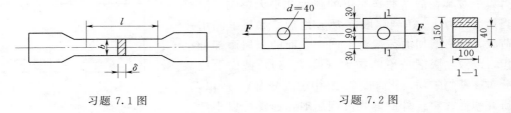

习题7.1图   习题7.2图

7.2 图示为一矩形截面木杆，其两端的截面被圆孔削弱，中间的截面被两个切口削弱，杆端承受轴向拉力$F=70\text{kN}$，已知$[\sigma]=7\text{MPa}$，问杆是否安全？

7.3 各杆段的横截面及荷载情况如图示，求杆的最大工作拉应力和最大工作压应力。

7.4 用绳索吊起重10kN的管子，绳索的直径$d=40\text{mm}$，许用应力$[\sigma]=10\text{MPa}$，试校核绳索的强度。绳索的直径应为多少将更经济？

7.5 图示为雨篷的计算简图，沿水平梁的均布荷载$q=10\text{kN/m}$，BC杆为由两根等边角钢组成，材料的许用应力$[\sigma]=160\text{MPa}$，试选择角钢的型号。

7.6 图示为一正方形混凝土柱，设混凝土的容重$\gamma=20\text{kN/m}^3$，柱顶荷载$F=300\text{kN}$，许用压应力$[\sigma_c]=2\text{MPa}$，试根据柱的正应力强度条件选择截面边长a。

7.7 图示为一支架，在B处需承受荷载80kN的力，AB为圆形截面的钢杆，其许

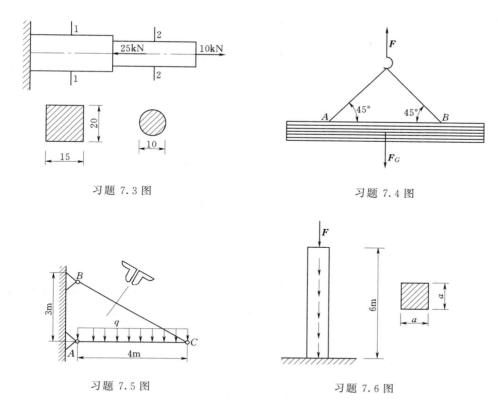

习题 7.3 图　　　　　　　　　　　　习题 7.4 图

习题 7.5 图　　　　　　　　　　　　习题 7.6 图

用拉应力 $[\sigma_t]=160$MPa；BC 为正方形截面的木杆，其许用压应力 $[\sigma_c]=4$MPa。试确定钢杆的直径和木杆截面的边长。

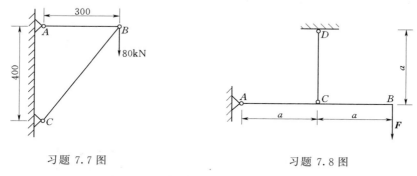

习题 7.7 图　　　　　　　　　　　　习题 7.8 图

7.8　在图示结构中，杆 AB 可视为刚性杆，杆 CD 的横截面面积 $A=500$mm^2，材料的许用应力 $[\sigma]=160$MPa。试求点 B 能承受的最大荷载 $F_{\max}$。

7.9　在图所示结构中，杆 AC 与杆 BC 的许用应力分别为 $[\sigma_1]=100$MPa、$[\sigma_2]=160$MPa，两杆的截面面积均为 $A=200$mm^2。求许用荷载 $[F]$。

7.10　图示为一三角形屋架，已知杆 AC 与 BC 的横截面面积 $A_1=1.2\times10^4$mm^2，许用应力 $[\sigma_1]=7$MPa；杆 AB 的横截面面积 $A_2=8\times10^2$mm^2，许用应力 $[\sigma_2]=160$MPa。求三角形屋架的许用荷载 $[F]$。

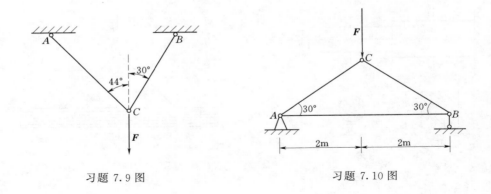

习题 7.9 图　　　　　　　　　　　习题 7.10 图

7.4　连接件的强度计算

在工程中，往往要把若干构件按工程需要连接起来，组成一个物体系统。物体系中构件之间的连接形式是各种各样的，如图 7.26 所示，有铆钉连接、销轴连接、键块连接等。其中起连接作用的铆钉、销轴、键块等部件称为连接件。对于这些连接件也必须满足强度要求。

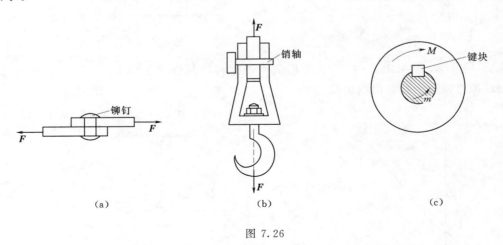

（a）　　　　　　　　　　（b）　　　　　　　　　　（c）

图 7.26

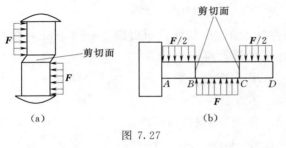

（a）　　　　　　（b）

图 7.27

剪切与挤压的概念　将两个受拉钢板用一个铆钉连接 ［图 7.26 （a）］，其中上、下钢板对铆钉两侧半圆柱表面上有作用力，每一个半圆柱表面上的合力都与外力 F 大小相等，且这两个力方向相反，都与铆钉的轴线垂直 ［图 7.27 （a）］，当外力足够大时，铆钉将沿两块钢板的接触面方向错动。图 7.26 （b）所示为吊钩连接系统，其中用销轴连接了吊钩与上部拉杆，销轴的受力如图 7.27 （b）所示，当力 **F** 足够大时，销轴的中间 BC 部分将相对两边 AB 和 CD 部分向上错动。由以上两例可以看出，连接杆件的受力特点是：杆件受到垂直轴线方向的一组平行平衡力系，且相邻两力的方向相反，作用线相距很近。其变形特点是：介于相邻作用力之间的截面两侧杆段，有发生相对错动的趋势。杆件的这种变形称剪切变形。发生相对错动的截面称为剪切面。杆件中只有一个剪切面的剪切称为单剪 [图 7.27（a）]；杆件中有两个剪切面的剪切称为双剪 [图 7.27（b）]。

连接杆件在受剪切时，往往是连接件与被连接件之间依靠局部接触面压紧传力，变形只发生在接触面的附近局部，将这种变形称之挤压。如图 7.26（a）所示的铆钉与钢板之间是以铆钉的半圆柱面与钢板的铆孔内壁接触压紧传力。当两个物体局部接触面的面积较小，而传递的压力都比较大时，可致使接触表面产生局部的塑性变形，使铆钉或铆孔变形，产生压陷现象，这就是挤压破坏，如图 7.28 所示。

连接件的剪切强度计算   对连接件进行剪切强度计算时，按以下步骤进行：

● 计算剪切力。如图 7.29（a）所示的连接系统，试验表明，当外力 **F** 过大时，销钉将沿 1—1 和 2—2 横截面被剪断。因此 1—1 和 2—2 截面为剪切面。分析销钉的内力时，仍然

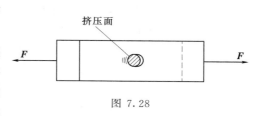

图 7.28

利用截面法。沿剪切面 1—1 和 2—2 假想地将销钉切断，连接系统将分为两个部分，任取一部分为研究对象，在剪切面上用剪切力 F_s 代替取掉部分对留下部分的作用。如图 7.29（b）所示，取右部分为对象。然后，用静力平衡条件根据系统外力求剪切面上的剪切力 F_s。

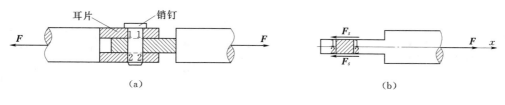

（a）   （b）

图 7.29

由平衡条件可得

$$\sum F_x = 0 \qquad\qquad F - 2F_s = 0, F_s = \frac{F}{2}$$

● 计算切应力。在连接件的强度计算中，通常均假定剪切面上的切应力均匀分布，则切应力实用计算公式为

$$\tau = \frac{F_s}{A_s} \qquad\qquad (7.21)$$

式中：A_s 为剪切面的面积。

● 连接件的剪切强度计算。为了保证连接件不发生剪切破坏，要求剪切面上的切应力不超过材料的许用切应力。所以抗剪强度条件为

$$\tau \leqslant [\tau] \quad 或 \quad \frac{F_s}{A_s} \leqslant [\tau] \tag{7.22}$$

式中：$[\tau]$ 为连接件的许用切应力，其值等于连接件的剪切强度极限 τ_b 除以安全因数，由剪切破坏试验测出破坏剪切力 F_s^0，再应用式（7.21）计算剪切强度极限 τ_b。金属材料的许用切应力 $[\tau]$ 与许用拉应力 $[\sigma_t]$ 之间有下列关系：

对于塑性材料　　　　　　　　$[\tau] = (0.6 \sim 0.8)[\sigma_t]$

对于脆性材料　　　　　　　　$[\tau] = (0.8 \sim 1.0)[\sigma_t]$

材料的许用切应力也可从有关设计手册中查得。

连接件的剪切强度条件，在工程中也能解决三类强度计算问题，即强度校核、设计截面和确定许用荷载。

连接件的挤压强度计算　对于连接件来说，往往剪切与挤压同时发生，究竟哪个因素使连接件破坏，要根据具体情况而定。因此，对连接件除了进行剪切计算外，还要进行挤压计算。在对连接件进行挤压强度计算时，可按以下步骤进行：

● 计算挤压力。在外力作用下，连接件与被连接件之间表面直接接触压紧力。直接接触的压紧力面称为挤压面。挤压面上的压力称为挤压力，用 $\boldsymbol{F}_b$ 表示。挤压力是表面分布力。销钉与销孔之间相互作用的挤压力分布如图 7.30（a）、（b）所示。计算挤压力比较方便的方法是：从求解剪切力的研究对象中，取出被截断的连接件，在其受挤压的面上，用挤压力 $\boldsymbol{F}_b$ 代替另一部分的作用，画其受力图，根据平衡条件用截面上的剪切力求挤压面上的挤压力。例如，欲求图 7.29（a）所示连接系统中销钉所受的挤压力，则从求剪切力的研究对象 ［图 7.29（b）］中取出被截断的销钉（图中阴影部分），作其受力图如图 7.30（c）所示。

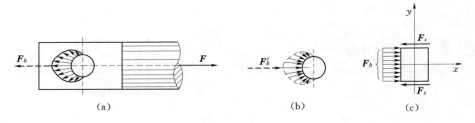

图 7.30

由平衡方程可得

$$\sum F_x = 0 \qquad\qquad -2F_s + F_b = 0, F_b = 2F_s$$

● 计算挤压应力。一般情况下，挤压应力与其对应的挤压力在挤压面上的分布情况相同。例如销钉侧面半圆柱面上的挤压应力分布如图 7.31 所示，最大挤压应力 σ_{bs} 发生在该表面的中部，其值约为

$$\sigma_{bs} \approx \frac{F_b}{\delta d} \tag{7.23}$$

式中：F_b 为表面上的挤压力；δ 为耳片厚度；d 为销钉或销孔直径。

由图 7.31 可以看出，受挤压的圆柱面在相应经向平面上的投影面积也为 δd，因此，最大挤压应力 σ_{bs} 数值上等于上述径向截面的平均压应力。对于实际的挤压面为平面时

（键块与键槽之间的挤压面为平面），挤压应力按挤压面上的平均应力计算。

● 挤压强度计算。试验表明，当挤压应力过大时，在连接件与被连接件接触的局部区域内，将产生显著的塑性变形。这种显著塑性变形通常也是不容许的。为了防止挤压破坏，限制最大挤压应力 σ_{bs} 不能超过构件的许用挤压应力 $[\sigma_{bs}]$，即挤压强度条件为

$$\sigma_{bs} \leqslant [\sigma_{bs}] \qquad (7.24)$$

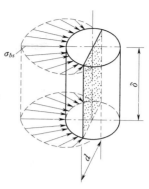

图 7.31

许用挤压应力等于连接件的挤压极限应力除以安全因数。

【例 7.6】　图 7.32（a）所示铆接接头，接头由两块钢板用四个直径与材料均相同的铆钉搭接而成。承受的轴向力 $F=80\text{kN}$。板宽 $b=80\text{mm}$，板厚 $t=10\text{mm}$，铆钉直径 $d=16\text{mm}$，许用切应力 $[\tau]=100\text{MPa}$，许用挤压应力 $[\sigma_{bs}]=300\text{MPa}$，许用拉应力 $[\sigma_t]=160\text{MPa}$，试校核接头的强度。

解：（1）铆钉的剪切强度校核。分析表明，当各铆钉的材料与直径均相同，且外力作用线在铆钉群剪切面上的投影是通过铆钉群剪切面的形心，通常认为各铆钉剪切面的剪力相同。在铆钉的剪切面处假想的切开，将铆接接头系统分为两部分，取下部分为对象，作受力图如图 7.32（c）所示，由静力平衡条件可得

$$\sum F_x = 0 \qquad\qquad 4F_s - F = 0$$

$$F_s = \frac{F}{4} = \frac{80}{4} = 20(\text{kN})$$

剪切面上的切应力为

$$\tau = \frac{F_s}{A_s} = \frac{20 \times 10^3 \times 4}{\pi d^2}$$

$$= \frac{80 \times 10^3}{\pi \times 16^2} = 99.5(\text{MPa})$$

因为　$\tau = 99.5(\text{MPa}) < [\tau] = 100(\text{MPa})$
所以，铆钉满足剪切强度条件。

（2）铆钉的挤压强度校核。在图 7.32（c）中取出一个被截断的半个铆钉，其受力图如图 7.32（d）所示。由静力平衡条件可得

$$\sum F_x = 0 \qquad F_s - F_b = 0$$

则　　　　　　　　　$F_b = F_s = 20(\text{kN})$

最大挤压应力为

$$\sigma_{bs} = \frac{F_b}{td} = \frac{20 \times 10^3}{10 \times 16} = 125(\text{MPa})$$

因为 $\sigma_{bs} < [\sigma_{bs}]$，所以铆钉满足挤压强度条件。

（3）板的拉伸强度校核。板的轴力图如图 7.32（e）所示。由图可以看出，横截面 1—1 的轴

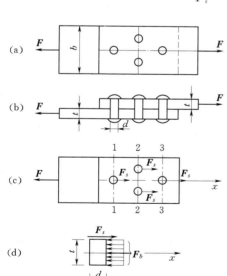

图 7.32

力最大，而截面 2—2 削弱严重，因此，应对两截面进行强度校核。

截面 1—1 的上应力为

$$\sigma_{1-1} = \frac{F_{N1}}{A_1} = \frac{F_{N1}}{(b-d)t} = \frac{80 \times 10^3}{(80-16) \times 10} = 125(\text{MPa})$$

截面 2—2 的正应力为

$$\sigma_{2-2} = \frac{F_{N2}}{A_2} = \frac{F_{N2}}{(b-2d)t} = \frac{60 \times 10^3}{(80-32) \times 10} = 125(\text{MPa})$$

因为 $\sigma_{1-1} = \sigma_{2-2} < [\sigma]$，所以板满足拉伸强度条件。

【例 7.7】 宽度 $b = 300\text{mm}$ 的两块矩形木杆互相扣接，如图 7.33（a）所示。已知 $l = 200\text{mm}$，$a = 30\text{mm}$，木材的许用切应力 $[\tau] = 1.5\text{MPa}$，许用挤压应力 $[\sigma_{bs}] = 12\text{MPa}$。试求许用荷载 $[F]$。

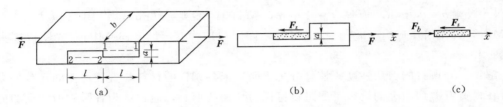

图 7.33

解：当木杆受到拉力作用时，可能发生剪断的面如图 7.33（a）所示中的 1—1 或 2—2 截面。

（1）按剪切强度计算许用荷载。在剪切面 1—1 处切开，连接系统分为两部分，取下部分为对象，作受力图如图 7.33（b）所示，由平衡条件可得

$$\sum F_x = 0 \qquad F - F_s = 0, F_s = F$$

根据剪切强度条件可得 $F_s \leqslant [\tau]A_s$，则有

$$[F] = [\tau]A_s = [\tau]lb = 1.5 \times 200 \times 300 = 90(\text{kN})$$

（2）按挤压强度计算许用荷载。在图 7.33（b）中取出被切断的部分，受力图如图 7.33（c）所示，由平衡条件可得

$$\sum F_x = 0 \qquad F_b - F_s = 0, F_b = F_s = F$$

根据挤压强度条件可得 $F_b \leqslant [\sigma_{bs}]A_b$，则有

$$[F] = [\sigma_{bs}]ab = 12 \times 30 \times 300 = 108(\text{kN})$$

综合考虑剪切和挤压强度，该木板的许用荷载应为 $[F] = 90\text{kN}$。

【例 7.8】 电瓶车挂钩用插销连接，如图 7.34（a）所示。已知 $t = 8\text{mm}$，插销的材料许用切应力 $[\tau] = 30\text{MPa}$，许用挤压应力 $[\sigma_{bs}] = 100\text{MPa}$，牵引力 $F = 15\text{kN}$，试确定插销的直径 d。

解：由图 7.34（a）可以看出，插销的剪切面为 1—1 与 2—2 截面。

（1）按剪切强度条件确定插销的直径。在剪切面 1—1 与 2—2 处切开，连接系统分为两部分，取中间部分为研究对象，作受力图如图 7.34（b）所示。由平衡条件得

$$\sum F_x = 0 \qquad F - 2F_s = 0, F_s = \frac{F}{2} = 7.5(\text{kN})$$

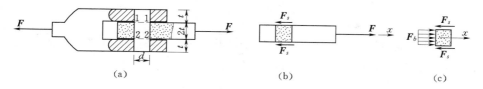

图 7.34

由剪切强度条件可得

$$\frac{\pi d^2}{4} \geqslant \frac{F_s}{[\tau]}$$

则插销的直径应为 $d \geqslant \sqrt{\dfrac{4 \times 7.5 \times 10^3}{\pi \times 30}} = 17.85(\text{mm})$

可取 $d = 18\text{mm}$。

（2）对挤压强度进行校核。在图 7.34（b）中取出被切断的部分插销，作受力图如图 7.34（c）所示，由平衡条件可得

$$\sum F_x = 0 \qquad F_b - 2F_s = 0, F_b = 2F_s = 15(\text{kN})$$

最大挤压应力

$$\sigma_{bs} = \frac{F_b}{A_b} = \frac{F_b}{d \times 2t} = \frac{15 \times 10^3}{18 \times 16} = 52.08(\text{MPa})$$

因为 $\sigma_{bs} < [\sigma_{bs}]$，所以，满足挤压强度条件。

思考题

7.11　将门板上的锁舌插入到门框中的锁孔内，门就不能被推开。在强行推门的过程中，锁舌和锁孔将会产生何种变形破坏？

7.12　挤压与压缩有什么区别？为什么许用挤压应力比许用压应力大？

7.13　对于铆钉、销钉等圆柱形连接件，在校核圆孔处的挤压强度问题，为什么可以采用"直径截面"，而不是用直接受挤压的圆柱面来计算挤压应力呢？

7.14　图示钢质螺栓拉杆与木板之间放置金属垫圈能起到什么作用？

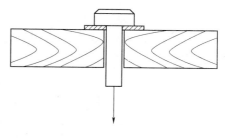

思考题 7.14 图

7.15　图示为两块钢板用四个铆钉搭接，从钢板的拉伸强度考虑，问哪一种铆钉布置较为合理？

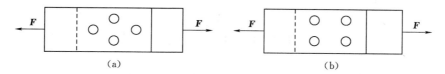

思考题 7.15 图

习题

7.11 夹剪如图所示，用力 $F=0.3$kN 可将直径 $d=5$mm 的铁丝剪断。已知 $a=30$mm，$b=100$mm。计算铁丝剪断面上的切应力。

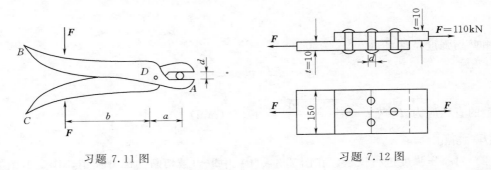

习题 7.11 图　　　　　　　习题 7.12 图

7.12 图示铆钉接头的铆钉直径 $d=20$mm，抗剪许用应力 $[\tau]=145$MPa；钢板许用挤压应力 $[\sigma_{bs}]=340$MPa，抗拉许用应力 $[\sigma_t]=170$MPa，试校核铆钉接头的强度。

7.13 图示铆钉连接，承受轴力 $F_N=280$kN，铆钉直径 $d=20$mm，抗剪许用应力 $[\tau]=140$MPa。试按剪切强度条件确定所需铆钉个数。

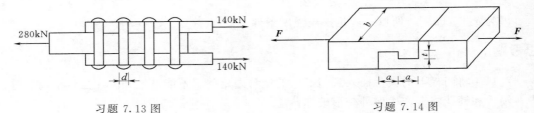

习题 7.13 图　　　　　　　习题 7.14 图

7.14 图示为两个宽 $b=100$mm 的矩形木杆互相扣接，$a=34$mm，$t=15$mm，木材的许用切应力 $[\tau]=1.5$MPa，许用挤压应力 $[\sigma_{bs}]=12$MPa。试求许用荷载 $[F]$。

7.15 图示为一正方形截面的混凝土柱，边长 $b=200$mm，该柱放置在边长为 $a=1$m 的正方形混凝土基础板上，该柱在柱顶受到轴向压力 $F=120$kN。假设地基对混凝土基础板的约束力均匀分布，混凝土的许用切应力 $[\tau]=1.5$MPa。求柱不将混凝土基础板穿透时，混凝土基础板的最小厚度 t。

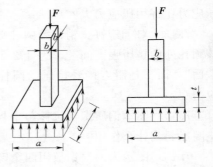

习题 7.15 图

7.5　扭转轴的应力和强度计算

切应变与剪切胡克定律　在杆件中任一点处取出一个矩形六面体微元［图 7.35（a）］，若其右侧面有切应力 τ，根据剪切互等定理可知，微元体的上、下面及左侧面也有切应力，各面上的切应力大小都等于 τ 值，方向如图所示。当六面体微元各面上无正应力只有切应力时，将这种受力称为纯剪切。在切应力 τ 和 τ' 作用下，微元的两个侧面将发生相对错动，使原来的矩形六面体变成菱形六面体，微元体的直角发生微小的改变，这个直角的改变量称为切应变，如图 7.35 (b) 所示。显然在小变形条件小，切应变 γ 可表示为

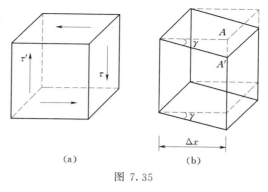

图 7.35

$$\gamma \approx \tan\gamma = \frac{\overline{AA'}}{\Delta x} \qquad (7.25)$$

纯剪切试验表明：在切应力 τ 作用下，材料发生切应变 γ，当切应力 τ 不超过材料的剪切比例极限 τ_p 时，切应力 τ 与切应变 γ 成正比，即

$$\tau = G\gamma \qquad (7.26)$$

式 (7.26) 称为剪切胡克定律。式中，比例常数 G 称为材料的切变模量，它反映材料抵抗剪切变形的能力。切变模量的单位常用 GPa。常用材料的 G 值可从有关手册中查出。

根据理论研究和试验证实，对于各向同性材料，在线弹性变形范围内，切变模量 G、弹性模量 E、泊松比 μ 之间有下列关系

$$G = \frac{E}{2(1+\mu)} \qquad (7.27)$$

圆轴扭转横截面上切应力　取一等截面圆轴，在其表面等间距地画上纵线与圆周线 [图 7.36 (a)]，然后在轴两端施加一对大小相等、转向相反的扭力偶。从试验中观察到 [图 7.36 (b)]：各圆周线的形状不变，而当变形很小时，各圆周线的大小与间距均不改变；各圆周线仅绕轴线作相对旋转；各纵线倾斜同一角度，所有矩形网格均变为同样大小的平行四边形。

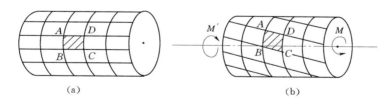

图 7.36

根据以上表面变形现象，对轴内变形作如下假设：圆轴扭转时，各横截面如同刚性圆片，仅绕轴作相对旋转。此假设称为圆轴扭转平面假设。

为了确定横截面上各点处的应力，用相距 $\mathrm{d}x$ 的两个横截面以及夹角无限小的两个径向纵截面，从轴内切取一楔形体 O_1ABCDO_2 进行分析 [图 7.37 (a)]。现在从以下几个方面推求圆轴扭转横截面上切应力公式：

● 几何方面。根据平面假设，楔形体的变形如图中虚线所示，距轴线 ρ 处的任一矩形 $abcd$ [图 7.37 (a)] 变为平行四边形 $abc'd'$，即在垂直于半径的平面内发生剪切变形。

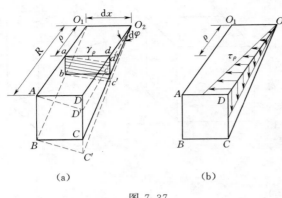

图 7.37

设上述楔形体左、右端两横截面间的相对扭转角为 $\mathrm{d}\varphi$，矩形 $abcd$ 的切应变为 γ_ρ，则由几何关系可得

$$\gamma_\rho \approx \tan\gamma_\rho = \frac{\overline{dd'}}{\overline{ad}} = \rho\frac{\mathrm{d}\varphi}{\mathrm{d}x} \qquad ①$$

根据平面假设，矩形 ab 边与 cd 边之间的距离在扭转前后没有改变。因此，在轴线方向上没有线应变。

● 物理方面。由剪切胡克定律可知，在剪切比例极限内，切应力与切应变成正比，所以横截面上距圆心 ρ 处的切应力为

$$\tau_\rho = G\gamma_\rho = G\rho\frac{\mathrm{d}\varphi}{\mathrm{d}x} \qquad ②$$

切应力方向垂直于该点处的半径 [图 7.37（b）]。

式②表明：扭转切应力沿截面径向呈线性变化，实心与空心圆轴的扭转切应力在横截面上的分布分别如图 7.38（a）、（b）所示。

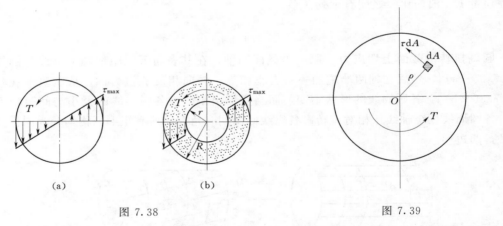

图 7.38　　　　　　　　　　图 7.39

● 静力学方面。如图 7.39 所示，在距圆心 ρ 处的微面积 $\mathrm{d}A$ 上，作用有微剪力 $\tau\mathrm{d}A$，它对圆心 O 的力矩为 $\rho\tau\mathrm{d}A$。由静力平衡条件可知：在整个横截面上，所有微力矩之和等于该截面的扭矩，即

$$\int_A \rho\tau\,\mathrm{d}A = T \qquad ③$$

将式②代入式③中可得

$$G\frac{\mathrm{d}\varphi}{\mathrm{d}x}\int_A \rho^2\,\mathrm{d}A = T$$

上式中的积分 $\int_A \rho^2\,\mathrm{d}A$ 代表截面对圆心的极惯性矩 I_P，于是由上式得

$$\frac{\mathrm{d}\varphi}{\mathrm{d}x} = \frac{T}{GI_P} \tag{7.28}$$

再将式（7.28）代入式②，于是得

$$\tau = \frac{T\rho}{I_P} \tag{7.29}$$

式（7.29）为圆轴扭转切应力的计算公式。圆轴扭转变形公式（7.28）和应力公式（7.29），是在扭转平面假设的基础上建立的。试验表明，只要圆轴内的最大扭转切应力不超过材料的剪切比例极限，上述公式的计算结果与试验结果一致。

最大扭转切应力　由式（7.29）可知，在 $\rho=R$ 时，即圆截面边缘各点处，切应力最大，其值为

$$\tau_{\max} = \frac{TR}{I_P} = \frac{T}{I_P/R}$$

式中，比值 I_P/R 是一个仅与截面尺寸有关的量，称为抗扭截面系数，用 W_P 表示，即

$$W_P = \frac{I_P}{R} \tag{7.30}$$

于是，圆轴扭转时某一横截面上的最大切应力为

$$\tau_{\max} = \frac{T}{W_P} \tag{7.31}$$

对于半径为 R 的圆截面轴，其抗扭截面系数为

$$W_P = \frac{I_P}{R} = \frac{\frac{\pi R^4}{2}}{R} = \frac{\pi R^3}{2} \tag{7.32}$$

而对于内半径为 r，外半径为 R 的空心圆截面，其抗扭截面系数为

$$W_P = \frac{I_P}{R} = \frac{\frac{\pi R^4}{2}(1-\alpha^4)}{R} = \frac{\pi R^3}{2}(1-\alpha^4) \tag{7.33}$$

扭转的强度条件　要进行受扭圆轴的强度计算，需先通过扭转试验确定其失效形式与相应的极限应力。扭转试验是用圆截面试样 [图 7.40（a）] 在扭转试验机上进行。试样在两端扭力偶作用下，发生扭转变形，直至破坏。

试验表明：塑性材料试样（如 Q235 钢）受扭时，当扭力偶矩达到一定数值时，材料发生屈服，这时，在试样表面的横向与纵向出现滑移线。屈服阶段过后也有硬化阶段，如果继续增大扭力偶矩，试样最后沿横截面被剪断，断口较光滑，如图 7.40（b）所示。脆性材料试样（如铸铁）受扭时，变形则始终很小，最后在与轴线约成 45° 倾角的螺旋面发生断裂，如图 7.40（c）所示。由此可见，圆轴受扭时，由于材料不同，将发生两

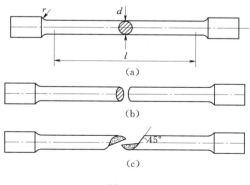

图 7.40

种形式的失效：屈服和断裂。对于塑性材料的扭转失效是屈服，试样扭转屈服时横截面上的最大切应力称为扭转屈服应力 τ_S，故取屈服应力 τ_S 作为极限应力，即 $\tau_u = \tau_S$；对于脆性材料的扭转失效是断裂，试件扭转断裂时横截面上的最大切应力称为扭转强度极限 τ_b，取强度极限 τ_b 作为极限应力，即 $\tau_u = \tau_b$。

强度计算时，为确保安全，材料的强度需要有一定的安全储备。将材料的扭转极限应力 τ_u 除以大于 1 的安全系数 n，得扭转许用切应力，即

$$[\tau] = \frac{\tau_u}{n} \tag{7.34}$$

为保证轴工作时不致因强度不够而破坏，应使最大扭转切应力 τ_{max} 不得超过扭转许用切应力 $[\tau]$，即要求

$$\tau_{max} = \left(\frac{|T|}{W_P}\right)_{max} \leqslant [\tau] \tag{7.35}$$

式（7.35）即为圆轴扭转强度条件。对于等截面圆轴，则要求

$$\frac{|T|_{max}}{W_P} \leqslant [\tau] \tag{7.36}$$

各种材料的许用切应力可从有关手册中查得。在常温静载下，材料纯剪切时的许用切应力 $[\tau]$ 与许用拉应力 $[\sigma_t]$ 之间存在下述关系：

对于塑性材料 $\qquad\qquad [\tau] = (0.5 \sim 0.577)[\sigma_t]$

对于脆性材料 $\qquad\qquad [\tau] = (0.8 \sim 1.0)[\sigma_t]$

应用式（7.35）或式（7.36）可以解决圆轴扭转时的三类强度问题，即进行扭转强度校核、圆轴截面尺寸设计及确定许用荷载。

【例 7.9】 某传动轴，轴内的最大扭矩 $T = 1.5\text{kN·m}$，若许用切应力 $[\tau] = 50\text{MPa}$，试按下列两种方案确定轴的横截面尺寸，并比较其重量。①实心圆截面轴；②空心圆截面轴，其内、外半径的比值 $r_2/R_2 = 0.9$。

解：（1）确定实心圆轴的半径。根据强度条件式（7.36）可得

$$W_P \geqslant \frac{|T|_{max}}{[\tau]}$$

将实心圆轴的抗扭截面系数 $W_P = \frac{\pi R^3}{2}$ 代入上式得

$$R_1 \geqslant \sqrt[3]{\frac{2|T|_{max}}{\pi[\tau]}} = \sqrt[3]{\frac{2 \times 1.5 \times 10^6}{\pi \times 50}} = 26.73(\text{mm})$$

取 $$R_1 = 27(\text{mm})$$

（2）确定空心圆轴的内、外半径。将空心圆轴的抗扭截面系数 $W_P = \frac{\pi R^3}{2}(1-\alpha^4)$ 代入强度条件式（7.36）可得

$$R_2 \geqslant \sqrt[3]{\frac{2|T|_{max}}{\pi[\tau](1-\alpha^4)}} = \sqrt[3]{\frac{2 \times 1.5 \times 10^6}{\pi \times 50 \times (1-0.9^4)}} = 38.15(\text{mm})$$

其内半径的取值范围为

$$r_2 \leqslant 0.9R_2 = 0.9 \times 38.15 = 34.34(\text{mm})$$

取 $\qquad R_2 = 39(\mathrm{mm}) \quad r_2 = 34(\mathrm{mm})$

（3）重量比较。上述空心与实心圆轴的长度与材料均相同，所以，二者的重量比 β 等于其横截面面积之比，即

$$\beta = \frac{\pi(R_2^2 - r_2^2)}{\pi R_1^2} = \frac{39^2 - 34^2}{27^2} = 0.5$$

上述数据充分说明，在强度相同的情况下，空心轴远比实心轴轻。

矩形截面杆的自由扭转简介　在建筑工程中，经常采用矩形、T 形、工字形等非圆截面的杆件，因此必须了解非圆截面杆，特别是矩形截面杆的扭转问题。

试验与分析表明，非圆截面轴扭转时，横截面不再保持平面而发生翘曲 [图 7.41 (b)]。在轴的固定端支座处，横截面的翘曲将受到限制，这时，横截面上不仅存在切应力，而且还存在正应力。反之，如果轴扭转时各横截面均可自由翘曲，则横截面上将只有切应力而无正应力。横截面的翘曲受到限制的扭转，称为限制扭转。各横截面的翘曲不受任何约束，各横截面的翘曲程度完全相同，这种扭转称为自由扭转或纯扭转。精确分析表明，对于一般非圆的实心轴，限制扭转引起的正应力很小，实际计算时可以忽略不计。

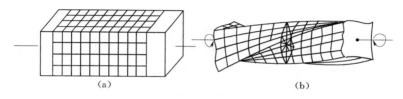

图 7.41

对于非圆截面杆的扭转，由于横截面不再是平面而发生翘曲，平面假设不再成立。因此，在平面假设基础上推导出的关于圆截面杆扭转时横截面上的应力与变形的计算公式都不再适用。非圆截面杆的扭转属于弹性力学研究的问题。在非圆的实心轴中，矩形截面轴最为常见，下面只简单介绍矩形截面杆在纯扭转时由试验和弹性力学分析得出的一些结论。

● 横截面周边各点处的切应力方向与周边相切（图 7.42），角点处的切应力为零；最大切应力 $\tau_{\max}$ 发生在截面长边的中点处，而短边中点处的切应力 τ_1 也有相当大的数值。切应力沿周边均呈非线性变化。

● 截面内两条对称轴上各点处切应力方向都垂直于对称轴，其他线上各点的切应力则是程度不同的倾斜。截面中心处切应力为零。

根据弹性理论的研究结果，矩形截面轴的扭转切应力 $\tau_{\max}$ 与 τ_1 以及扭转变形的计算公式分别为

$$\tau_{\max} = \frac{T}{\alpha h b^2} \qquad (7.37)$$

$$\tau_1 = \gamma \tau_{\max} \qquad (7.38)$$

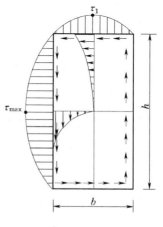

图 7.42

$$\varphi = \frac{Tl}{G\beta hb^3} \tag{7.39}$$

式中：h 与 b 分别代表矩形截面长边与短边的长度，系数 α、β 及 γ 与比值 h/b 有关，其值见表 7.2。

表 7.2 矩形截面扭转的有关系数 α、β 与 γ

h/b	1.0	1.2	1.5	1.75	2.0	2.5	3.0	4.0	6.0	8.0	10.0	∞
α	0.208	0.219	0.231	0.239	0.246	0.258	0.267	0.282	0.299	0.307	0.313	0.333
β	0.141	0.166	0.196	0.214	0.229	0.249	0.263	0.281	0.299	0.307	0.313	0.333
γ	1.000	0.930	0.859	0.820	0.795	0.766	0.753	0.745	0.743	0.742	0.742	0.742

从表中可以看出，当 $h/b \geqslant 10$ 时，α 与 β 均接近于 $1/3$。所以，对于长为 h，宽为 δ 的狭长矩形截面轴（图 7.43），其最大扭转切应力和扭转变形分别为

$$\tau_{max} = \frac{3T}{h\delta^2} \tag{7.40}$$

$$\varphi = \frac{3Tl}{Gh\delta^3} \tag{7.41}$$

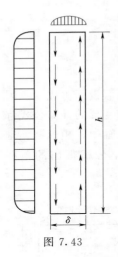

图 7.43

● 狭长矩形截面扭转杆切应力变化规律如图 7.43 所示。虽然最大切应力 τ_{max} 在长边的中点，但沿长边各点切应力实际变化不大，接近相等，只在靠近短边处才迅速减小为零。

【例 7.10】 有一矩形截面杆，横截面尺寸为 $h = 100\text{mm}$，$b = 60\text{mm}$，在杆两端作用一对扭力偶，矩为 $4\text{kN} \cdot \text{m}$。钢的许用切应力 $[\tau] = 100\text{MPa}$，试校核此杆的强度。

解：（1）求杆的扭矩。
$$T = M = 4(\text{kN} \cdot \text{m})$$

（2）查 α 系数。因为 $\frac{h}{b} = \frac{100}{60} = 1.67$，查表 7.2 中的 $\frac{h}{b} = 1.5$ 和 $\frac{h}{b} = 1.75$ 对应的两个 α 值，用内插法求 $\frac{h}{b} = 1.67$ 对应的 α 值，即

$$\alpha = 0.231 + \frac{0.239 - 0.231}{(1.75 - 1.5)} \times (1.67 - 1.5) = 0.236$$

（3）强度校核。由式（7.37）得

$$\tau_{max} = \frac{T}{\alpha hb^2} = \frac{4 \times 10^6}{0.236 \times 100 \times 60^2} = 47.08(\text{MPa})$$

因为 $\tau_{max} < [\tau]$ 所以此杆满足强度条件。

思考题

7.16 扭转轴的破坏先从轴的表面开始还是从轴心开始？为什么？

7.17 塑性材料圆轴的扭转破坏面与脆性材料圆轴的扭转破坏面是否相同？

7.18 圆轴扭转时横截面上各点的切应力方向与截面扭矩转向有什么关系？图示切应力分布图是否正确？

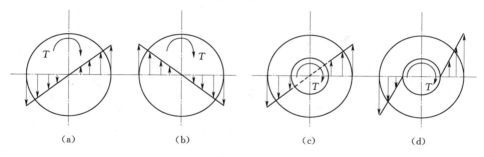

(a)　　　　　(b)　　　　　(c)　　　　　(d)

思考题 7.18 图

7.19　圆轴扭转时横截面上是否有正应力？为什么？

习题

7.16　图示变截面圆轴受外力偶矩 $M_{eA}=3\text{kN}\cdot\text{m}$，$M_{eB}=1\text{kN}\cdot\text{m}$，$M_{eC}=2\text{kN}\cdot\text{m}$ 的作用，试求：

（1）轴截面 m—m 上离圆心 20mm 的 a、b 两点的切应力，并画出 a、b 两点的切应力方向。

（2）截面 m—m 上的最大切应力。

（3）轴 AD 的最大切应力。

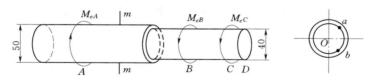

习题 7.16 图

7.17　图示为一钢制的传动轴，已知材料的许用切应力 $[\tau]=40\text{MPa}$，轴的直径 $d=55\text{mm}$，所受外力偶的矩分别为 $M_{e1}=500\text{N}\cdot\text{m}$，$M_{e2}=1580\text{N}\cdot\text{m}$，$M_{e3}=1080\text{N}\cdot\text{m}$。试校核该轴的强度。

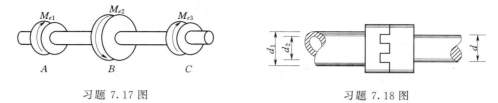

习题 7.17 图　　　　　　　　　　　习题 7.18 图

7.18　图示实心圆轴与空心圆轴通过牙嵌离合器相连接，已知轴的转速 $n=100\text{r/min}$，传递功率 $P=10\text{kW}$，许用切应力 $[\tau]=80\text{MPa}$，$d_2/d_1=0.6$。试确定实心圆轴的直径 d，空心圆轴的内径和外径。

7.19　图示两个轴用突缘与螺栓相连接，六个螺栓的材料、直径相同，并均匀地排列在直径为 $D=100\text{mm}$ 的圆周上，突缘的厚度为 $\delta=10\text{mm}$，轴所承受的扭力矩为 $M_e=5\text{kN}\cdot\text{m}$，螺栓的许用切应力 $[\tau]=100\text{MPa}$，许用挤压应力 $[\sigma_{ls}]=300\text{MPa}$。试确定螺栓的直径 d。

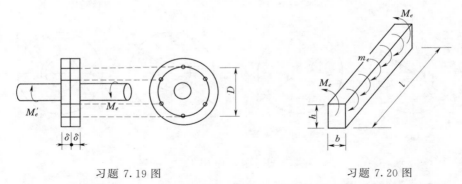

习题 7.19 图　　　　　　　　　　　习题 7.20 图

　　7.20　图示矩形截面杆的两端受集中力偶矩 $M_e=12\text{kN}\cdot\text{m}$ 的作用，沿杆全长作用均布力偶，其集度为 $m_e=10\text{kN}\cdot\text{m/m}$。已知：$l=2.4\text{m}$，$b=0.2\text{m}$，$h=0.3\text{m}$。作杆的扭矩图；求矩形杆的最大切应力。

7.6　平面弯曲梁的正应力

　　平面弯曲的概念　由梁轴与横截面对称轴所决定的平面称为纵向对称面。在工程结构中有许多梁至少有一个纵向对称面。这种梁称为对称截面梁。图 7.44（a）列举了一些常见的梁对称截面。如果外力和外力偶都作用在梁的纵向对称面内，梁变形后的轴线成为该对称面内的平面曲线［图 7.44（b）］，这种弯曲称为平面弯曲，或称为对称弯曲。平面弯曲是弯曲变形的最基本形式。

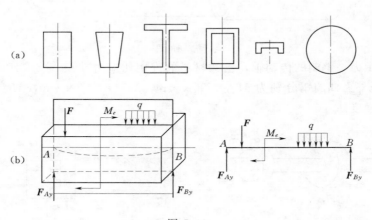

图 7.44

　　平面纯弯曲梁横截面上的正应力　在矩形截面梁的表面，画上平行于梁轴的纵线与垂直于梁轴的横线［图 7.45（a）］。然后，在梁两端纵向对称面内，施加一对大小相等、方向相反的力偶，使梁仅承受弯矩作用。只有弯矩的梁段弯曲称为纯弯曲。显然，图 7.45（b）所示梁只发生平面纯弯曲。平面纯弯曲试验表明，梁表面的横线仍为直线，只是横线间发生了相对转动；梁表面纵线变为弧线，但其仍与横线正交；靠近梁顶面的纵线缩短，靠近梁底面的纵线伸长；在纵线伸长区，梁的宽度减小，而在纵线缩短区，梁的宽度

则增加，情况与轴向拉压时的变形相似。根据
上述情况，对梁内变形与受力作如下假设：平
面假设，即变形后、横截面仍保持平面，且与
纵线正交；单向受力假设，即梁内各纵向纤维
仅承受轴向拉应力或压应力作用。

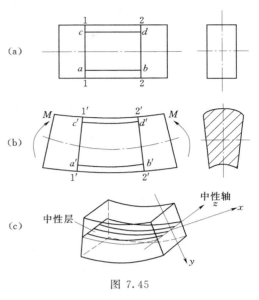

　　根据平面假设，当梁弯曲时，一部分纤维
伸长，另一部分纤维缩短，而由伸长到缩短区
的变形是线性变化的；其间必存在一长度不变
的过渡层。弯曲时梁内长度不变的过渡层称为
中性层 ［图 7.45 （c）］。中性层与横截面的交
线称为中性轴。平面弯曲时，梁的变形对称于
纵向对称面。因此，中性轴垂直于横截面的纵
向对称轴。

　　根据上述分析，应用几何、物理与静力学
等三方面条件，建立平面纯弯曲的正应力
公式。

图 7.45

● 几何方面。用横截面1—1与2—2从梁中切取长为 $\mathrm{d}x$ 的一微段，沿横截面纵向对
称轴与中性轴分别建立坐标轴 y 与 z ［图 7.46 （a）］。梁弯曲后，纵坐标为 y 的一层纵线
ab 变为弧线 $a'b'$ ［图 7.46 （b）］；截面1—1与2—2间的相对转角为 $\mathrm{d}\theta$；中性层 O_1O_2 的
曲率半径为 ρ。过 O_2 点作 $1'{-}1'$ 线段的平行线 O_2c，此平行线与弧线 $a'b'$ 交于 c 点。显然，
弧线 cb' 为纵线 ab 的变形。由几何关系得，扇形 OO_1O_2 与扇形 O_2cb' 相似，由相似条件可
得纵线 ab 的正应变为

$$\varepsilon = \frac{cb'}{a'c} = \frac{cb'}{O_1O_2} = \frac{y}{\rho} \qquad ①$$

　　由于距中性层同距离各纤维的变形相同，所以，上述应变 ε 即代表纵坐标为 y 的一层
纤维的正应变。

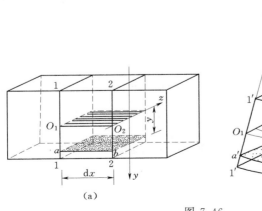

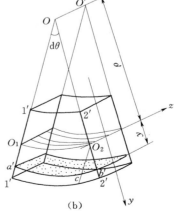

图 7.46

● 物理方面。因假设纵向纤维处于单向受力，当正应力不超过材料的比例极限时，纵向纤维所受的正应力 σ 与正应变 ε 符合胡克定律，将式①代入式（7.11）中。由此得横截面上 y 处的正应力为

$$\sigma = E\varepsilon = \frac{Ey}{\rho} \qquad ②$$

对于某一截面来说，E、ρ 都为常数，由上式可知，正应力沿截面高度呈线性变化，而中性轴上各点处的正应力则均为零（图 7.47）。

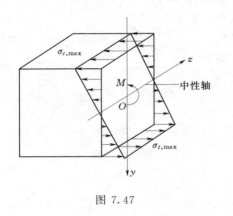

图 7.47

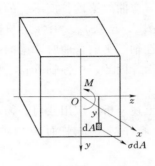

图 7.48

● 静力学方面。如图 7.48 所示，横截面上各点处的法向微内力 σdA 组成一空间平行力系。由于横截面上没有轴力，仅存在位于 $x—y$ 平面内的弯矩 M。所以，横截面上的微内力 σdA 在 x 轴上投影的代数和为零，各微力对 z 轴之矩的代数和应等于截面上的弯矩，即

$$\int_A \sigma dA = 0 \qquad ③$$

$$\int_A y\sigma dA = M \qquad ④$$

将式②代入式③中得

$$\frac{E}{\rho}\int_A y dA = 0 \qquad ⑤$$

式⑤中 $\int_A y dA = S_z$ 为横截面对中性轴的面积矩，将 S_z 代入式⑤中得

$$\frac{E}{\rho}S_z = 0 \qquad ⑥$$

由于 $E/\rho \neq 0$，所以 $S_z = 0$。因此，中性轴必须通过截面的形心。将式②代入式④中得

$$\frac{E}{\rho}\int_A y^2 dA = M \qquad ⑦$$

式⑦中的积分 $\int_A y^2 dA = I_z$ 是横截面对中性轴（z 轴）的惯性矩，将 I_z 代入式⑦中得

$$\frac{EI_z}{\rho} = M$$

于是得到用曲率表示的弯曲变形公式为

$$\frac{1}{\rho} = \frac{M}{EI_z} \tag{7.42}$$

式（7.42）表明，中性层的曲率 $1/\rho$ 与弯矩 M 成正比，与乘积 EI_z 成反比。乘积 EI_z 称为截面的抗弯刚度。它表示梁抵抗弯曲变形的能力。EI_z 的值越大，梁的曲率越小。

将式（7.42）代入式②，于是得横截面上 y 处的正应力为

$$\sigma = \frac{My}{I_z} \tag{7.43}$$

式（7.43）即为平面纯弯曲梁横截面上的正应力公式。此公式的使用条件为：梁产生平面纯弯曲；正应力不超过材料的比例极限；公式（7.43）是由矩形截面梁推导出的，但是在推导过程中并没有涉及矩形截面特有的几何性质，所以对有纵向对称轴的其他形状截面梁都适用。

平面剪切弯曲梁横截面上的正应力　将横截面上有切应力的弯曲称剪切弯曲，由于剪切弯曲时梁的横截面不再保持平面，会产生翘曲；同时，由于剪力的作用，梁各纵向纤维不再是单向受力了，而在各纵向纤维之间还存在着挤压。因此，在推导纯弯曲梁横截面上正应力时的平面假设和单向受力假设已不再成立。但是由弹性力学的精确分析证明，当跨度与横截面高度之比 l/h 大于 5 时，可以忽略切应力对正应力的影响，仍可采用公式（7.43）计算梁的正应力。这种近似解有足够的精确度，可以满足工程的需要。对于剪切弯曲的梁，弯矩 M 是 x 的函数，所以曲率 $1/\rho$ 是 x 的函数。对于平面剪切弯曲的梁，弯曲变形的曲率计算公式为

$$\frac{1}{\rho} = \frac{M(x)}{EI_z} \tag{7.44}$$

中性轴为截面对称轴的梁截面上最大弯曲正应力　由式（7.43）可知，任一截面上的最大拉应力 $\sigma_{t,\max}$ 和最大压应力 $\sigma_{c,\max}$ 都发生在离中性轴距离最远处，即横截面的上、下边缘处，上、下边缘到中性轴的距离相等，最大拉应力 $\sigma_{t,\max}$ 值等于最大压应力 $\sigma_{c,\max}$ 值。因此，这里不再区分最大拉应力 $\sigma_{t,\max}$ 和最大压应力 $\sigma_{c,\max}$，统称最大正应力 $\sigma_{\max}$，并采用绝对值表示。截面上的弯矩也不区分正负，采用弯矩的绝对值。则横截面上最大弯曲正应力可表示为

$$\sigma_{\max} = \frac{|M| y_{\max}}{I_z} = \frac{|M|}{W_z} \tag{7.45}$$

式（7.45）中的比值 $I_z/y_{\max}$ 仅与截面的形状与尺寸有关，此比值称为抗弯截面系数，用 W_z 表示，即

$$W_z = \frac{I_z}{y_{\max}} \tag{7.46}$$

工程中最常见的矩形、圆形、圆环形截面［图 7.49（a）、（b）、（c）］的抗弯截面系数为：

矩形截面的
$$W_z = \frac{bh^2}{6} \tag{7.47}$$

圆形截面的
$$W_z = \frac{\pi R^3}{4} \tag{7.48}$$

圆环形截面的

$$W_z = \frac{\pi R^3}{4}(1 - \alpha^4) \tag{7.49}$$

对于各种标准型钢截面的抗弯截面系数，可从型钢表中查得。

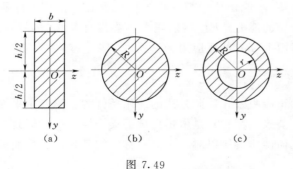

图 7.49

中性轴不为截面对称轴的梁截面上最大弯曲正应力　中性轴不为对称轴的截面梁，任一截面上最大拉应力 $\sigma_{t,\max}$ 和最大压应力 $\sigma_{c,\max}$ 虽也发生在梁横截面的上、下边缘，但上、下边缘到中性轴的距离不相等。由式（7.43）可知，最大拉应力 $\sigma_{t,\max}$ 值不等于最大压应力 $\sigma_{c,\max}$ 值。因此，最大拉应力 $\sigma_{t,\max}$ 和最大压应力 $\sigma_{c,\max}$ 要分别计算，即

$$\sigma_{t,\max} = \frac{|M| y_{t,\max}}{I_z} \tag{7.50}$$

$$\sigma_{c,\max} = \frac{|M| y_{c,\max}}{I_z} \tag{7.51}$$

以上两式中：$y_{t,\max}$ 为截面受拉区最远处到中性轴距离（受拉区高度）；$y_{c,\max}$ 为截面受压区最远处到中性轴距离（受压区高度）。截面受拉区与受压区可由弯矩的正负判定。正弯矩作用下，中性轴以上截面为受压区，以下为受拉区 [图 7.50 (a)]；负弯矩作用下，中性轴以下截面为受压区，以上为受拉区 [图 7.50 (b)]。

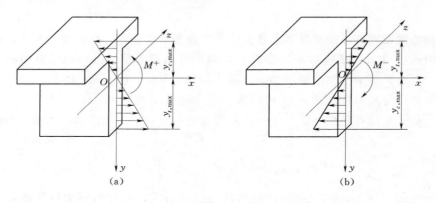

图 7.50

【例 7.11】　矩形截面简支梁受均布荷载 q 作用如图 7.51 (a) 所示。试求：D 截面上 a、b、c 三点处正应力；此截面上的最大正应力 $\sigma_{\max}$；画出 D 截面上的正应力分布图。

解：（1）作梁受力图、求支座约束力。取整个梁为对象，作受力图如图 7.51 (b) 所示。由平衡方程 $\sum M_B(\boldsymbol{F}) = 0$ 和 $\sum M_A(\boldsymbol{F}) = 0$，求得支座约束力为

$$F_A = F_B = 5.25(\text{kN})$$

（2）求截面 D 的弯矩。

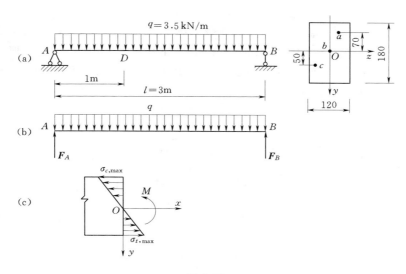

图 7.51

$$M = \sum M_D(\boldsymbol{F}) = F_A \times 1 - q \times 1 \times \frac{1}{2}$$

$$= 5.25 \times 1 - 3.5 \times 1 \times \frac{1}{2} = 3.5 (\text{kN} \cdot \text{m})$$

（3）计算截面 D 上 a、b、c 三点的正应力。截面对中性轴的惯性矩为

$$I_z = \frac{bh^3}{12} = \frac{1}{12} \times 120 \times 180^3 = 58.3 \times 10^6 (\text{mm}^4)$$

a、b、c 三点的坐标分别为

$$y_a = -70\text{mm} \quad y_b = 0, \quad y_c = 50\text{mm}$$

由式（7.43）求三点处的正应力分别为

$$\sigma_a = \frac{My_a}{I_z} = \frac{3.5 \times 10^6 \times (-70)}{58.3 \times 10^6} = -4.2 (\text{MPa})$$

$$\sigma_b = \frac{My_b}{I_z} = \frac{3.5 \times 10^6 \times 0}{58.3 \times 10^6} = 0$$

$$\sigma_c = \frac{My_c}{I_z} = \frac{3.5 \times 10^6 \times 50}{58.3 \times 10^6} = 3 (\text{MPa})$$

（4）计算截面 D 上的最大正应力。梁截面是以中性轴为对称轴，所以，最大拉应力值等于最大压应力值。因截面 D 处为正弯矩，所以，梁截面上部边缘为最大压应力位置，下边缘为最大拉应力位置。抗弯截面系数为

$$W_z = \frac{bh^2}{6} = \frac{1}{6} \times 120 \times 180^2 = 6.48 \times 10^5 (\text{mm}^3)$$

由式（7.45）求最大正应力，即

$$\sigma_{\max} = \frac{|M|}{W_z} = \frac{3.5 \times 10^6}{6.48 \times 10^5} = 5.4 (\text{MPa})$$

（5）画截面 D 上弯曲正应力分布图。截面 D 上弯曲正应力分布图如图 7.51（c）

所示。

【例 7.12】 T 形截面悬臂梁尺寸及荷载如图 7.52（a）所示，截面对形心轴 z 的惯性矩 $I_z = 10180 \text{cm}^4$，$h_1 = 96.4 \text{mm}$。试计算该梁截面 C 上 a、b 两点处的正应力及此截面上的最大拉应力和最大压应力，并说明最大拉应力和最大压应力发生在何处。作出截面 C 上正应力沿截面高度的分布图。

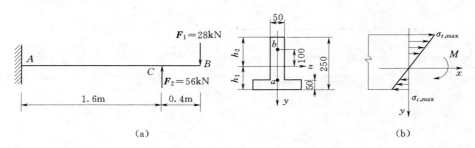

图 7.52

解：（1）求截面 C 的弯矩。

$$M = \sum M_C(\boldsymbol{F}) = -F_1 \times 0.4 = -11.2 (\text{kN} \cdot \text{m})$$

（2）求截面 C 上 a、b 两点处的正应力。

$I_z = 10180 (\text{cm}^4)$，$y_a = h_1 - 50 = 96.4 - 50 = 46.4 (\text{mm})$，$y_b = -100 (\text{mm})$

由式（7.43）得

$$\sigma_a = \frac{M y_a}{I_z} = \frac{-11.2 \times 10^6 \times 46.4}{10180 \times 10^4} = -5.1 (\text{MPa})$$

$$\sigma_b = \frac{M y_b}{I_z} = \frac{-11.2 \times 10^6 \times (-100)}{10180 \times 10^4} = 11.0 (\text{MPa})$$

（3）求截面 C 上的最大拉应力和最大压应力。因为 $M < 0$，所以最大拉应力 $\sigma_{t,\max}$ 发生在截面的上边缘。$y_{t,\max} = h_2 = 153.6 \text{mm}$，最大压应力 $\sigma_{c,\max}$ 发生在截面的下边缘，$y_{c,\max} = h_1 = 96.4 \text{mm}$。由式（7.50）和式（7.51）得

$$\sigma_{t,\max} = \frac{|M| y_{t,\max}}{I_z} = \frac{11.2 \times 10^6 \times 153.6}{10180 \times 10^4} = 16.9 (\text{MPa})$$

$$\sigma_{c,\max} = \frac{|M| y_{c,\max}}{I_z} = \frac{11.2 \times 10^6 \times 96.4}{10180 \times 10^4} = 10.6 (\text{MPa})$$

截面 C 上正应力沿截面高度分布如图 7.52（b）所示。

思考题

7.20 中性面是梁受拉和受压部分的分界面，梁的中性面是如何确定的？

7.21 何谓纯弯曲？为什么推导弯曲正应力公式时，首先从纯弯曲梁开始进行研究？

7.22 梁横截面上的正应力使梁纵向纤维伸长或缩短。根据梁弯曲时的平面假设，定性地分析梁横截面上正应力的分布规律。

习题

7.21 求图示外伸梁 1—1 截面上 a、b、c、d、e 等五点处的正应力，并作出该截面

上正应力沿截面高度的分布图。

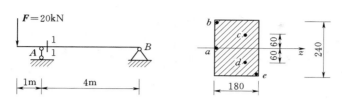

习题 7.21 图

7.22　图示为一外径为 $D=240\text{mm}$，内径为 $d=200\text{mm}$，长 $l=12\text{m}$ 的圆环截面简支梁，受到向下均布荷载 $q=200\text{N/m}$ 的作用，求最大弯矩截面上 a、b 两点的正应力。

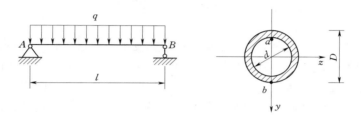

习题 7.22 图

7.23　试计算图示梁在全梁范围内的最大拉应力，并说明最大拉应力所在位置。$I_z=40\times10^6\text{mm}^4$。

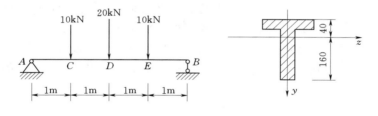

习题 7.23 图

7.24　试计算图示梁在全梁范围内的最大拉应力和最大压应力，并说明最大应力所在位置。梁采用 45a 工字形钢。

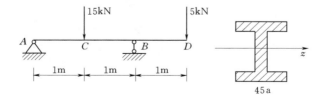

习题 7.24 图

7.25　图示为一 T 形截面铸铁梁，其尺寸如图所示。已知此截面对形心轴 z 的惯性矩为 $I_z=763\text{cm}^4$，且 $y_1=88\text{mm}$，$y_2=52\text{mm}$。试分别求 B、C 两截面上的最大拉应力和最大压应力。

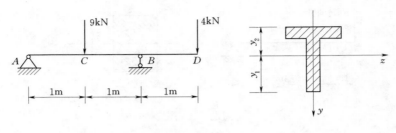

习题 7.25 图

7.7 平面弯曲梁的切应力

梁发生纯弯曲时，横截面上只有正应力；当梁发生剪切弯曲时，其横截面上除了由弯矩引起的正应力外，还有由剪力引起的切应力。如果切应力的数值过大，而梁的材料抗剪强度不足时，也会发生剪切破坏。一般情况下，切应力只是影响梁强度的次要应力，所以本节只简单介绍几种常见截面形状的等截面直梁横截面上切应力的计算公式，而不进行切应力公式的推导。

矩形截面梁平面剪切弯曲切应力 设有一矩形截面梁，其截面宽度为 b、高度为 h（图 7.53）。并在纵向对称面内承受外力作用，梁发生平面剪切弯曲。

由于梁平行于纵向对称面的侧表面上无切应力，根据切应力互等定理可知，在横截面两侧边缘的各点处，切应力一定平行于侧边。如果截面是窄而高的，则又可以认为，在沿截面的宽度方向上，切应力的大小与方向均不可能有显著变化。根据以上分析，对弯曲切应力分布作如下假设：横截面上各点处的切应力均平行于剪力或截面侧边，在距中性轴 z 相等距离各点处切应力均相等。在此基础上经过理论推导得出计算切应力的公式如下

$$\tau = \frac{F_Q S_z(y)}{I_z b} \tag{7.52}$$

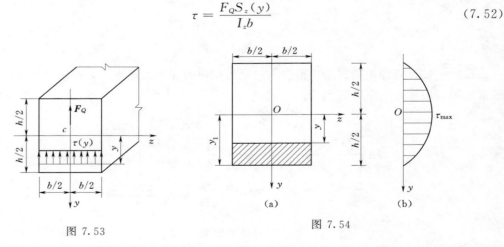

图 7.53　　　　　　　图 7.54

式（7.52）中：F_Q 为所求切应力点所在横截面上的剪力；I_z 为横截面对中性轴的惯性矩；b 为所求切应力点处截面的宽度；$S_z(y)$ 为横截面上在求切应力点处所作平行于中

性轴的直线，此直线以下（或以上）截面面积对中性轴的静矩，如图 7.54（a）所示的阴影部分或阴影以上部分对中性轴 z 取静矩。对于矩形截面，可由下式计算 $S_z(y)$，即 y 坐标处以下面积对 z 轴的静矩，即

$$S_z(y) = \frac{b}{2}y_1^2 - \frac{b}{2}y^2 \qquad \textcircled{1}$$

式①中：y_1 为中性轴到截面下边缘的距离，$y_1 = h/2$；y 为所求切应力点到中性轴的坐标。当 $y = 0$ 时，$S_z(y)$ 可取得最大值，即

$$S_{z,\max} = \frac{b}{2}y_1^2 \qquad \textcircled{2}$$

将式②及 $I_z = bh^3/12$ 代入式（7.52）中，可得矩形截面上最大切应力为

$$\tau_{\max} = \frac{F_Q y_1^2}{2I_z} = 1.5\frac{F_Q}{bh} \qquad (7.53)$$

式（7.53）中 F_Q/bh 为矩形截面上的平均切应力。由式（7.53）可得结论：矩形截面上的最大切应力发生在中性轴处，其值等于截面的平均切应力的 1.5 倍。

将式①及式（7.53）代入式（7.52）中，得矩形截面 y 处的切应力计算公式为

$$\tau = \tau_{\max} - \frac{F_Q y^2}{2I_z} \qquad (7.54)$$

由式（7.54）可以很简便地求出矩形截面上任一点的切应力。由式（7.54）可知，矩形截面梁的弯曲切应力沿截面高度呈抛物线分布 [图 7.54（b）]；在横截面的上、下边缘处切应力为零；在中性轴处，切应力最大。

【**例 7.13**】 矩形截面梁如图 7.55（a）所示，作用荷载 $q = 4\text{kN/m}$，$F = 40\text{kN}$。试

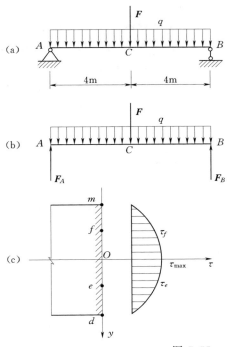
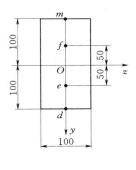

图 7.55

求：C 左截面上 d、e、f、m 四点的切应力；该截面的最大切应力发生在何处，数值等于多大？画出截面上切应力大小分布图。

解：（1）作梁的受力图、求支座约束力。取整个梁为对象，作受力图如图 7.55（b）所示。由平衡方程 $\sum M_B(\boldsymbol{F}) = 0$，$\sum M_A(\boldsymbol{F}) = 0$ 求得支座约束力为

$$F_A = F_B = 36(\text{kN})$$

（2）求 C 左截面的剪力。

$$F_Q = \sum F_y = F_A - q \times 4 = 36 - 4 \times 4 = 20(\text{kN})$$

（3）求 C 左截面上的最大切应力及其他点的切应力。

由式（7.53）得

$$\tau_{\max} = 1.5 \frac{F_Q}{bh} = 1.5 \times \frac{20 \times 10^3}{100 \times 200} = 1.5(\text{MPa})$$

由式（7.54）得

$$\tau_d = \tau_{\max} - \frac{F_Q y^2}{2I_z} = 1.5 - \frac{20 \times 10^3 \times 100^2}{2 \times 100 \times 200^3} \times 12 = 0$$

$$\tau_e = \tau_{\max} - \frac{F_Q y^2}{2I_z} = 1.5 - \frac{20 \times 10^3 \times 50^2}{2 \times 100 \times 200^3} \times 12 = 1.125(\text{MPa})$$

$$\tau_f = \tau_{\max} - \frac{F_Q y^2}{2I_z} = 1.5 - \frac{20 \times 10^3 \times 50^2}{2 \times 100 \times 200^3} \times 12 = 1.125(\text{MPa})$$

$$\tau_m = \tau_{\max} - \frac{F_Q y^2}{2I_z} = 1.5 - \frac{20 \times 10^3 \times 100^2}{2 \times 100 \times 200^3} \times 12 = 0$$

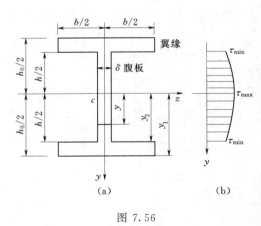

图 7.56

最大切应力发生在 $y=0$ 的中性轴处。截面上切应力大小分布如图 7.55（c）所示。

工字形截面梁的弯曲切应力 工字形截面由上、下翼缘与腹板组成［图 7.56（a）］。由于腹板为狭长矩形，类似于上述研究的矩形截面，所以，腹板上任一点的切应力也可用式（7.52）计算。腹板上 y 处的弯曲切应力为

$$\tau = \frac{F_Q S_z(y)}{I_z \delta}$$

式中：I_z 为整个工字形截面对中性轴 z 的惯性矩；$S_z(y)$ 是静矩，是在截面上的 y 处作中性轴的平行线，此线将截面分为两部分，任一部分对 z 轴的静矩；δ 为腹板厚度。

最大切应力仍发生在 $y=0$ 的中性轴处，将 $S_{z,\max}$ 代入上式即可求得最大切应力 $\tau_{\max}$。对于型钢，在计算时，不必具体算出 I_z 及 $S_{z,\max}$，可以直接从型钢表中查出 $I_z/S_{z,\max}$ 比值，将此比值代入上式中即可计算。

工字形腹板上 y 处的弯曲切应力，经过推导仍可表达成式（7.54）的如下形式

$$\tau = \tau_{\max} - \frac{F_Q y^2}{2I_z}$$

工字形腹板上的弯曲切应力沿腹板高度呈抛物线分布，如图 7.56（b）所示。在腹板与翼缘交接处是腹板上切应力最小值，将腹板与翼缘交接处的 y_2 值代入上式即可求得腹板与翼缘交接处的切应力。

翼缘上的切应力情况比较复杂，而且翼缘上切应力比腹板上的切应力小得多，经计算，工字形截面上 95%～97% 的剪力分布在腹板上。因此，在切应力强度计算时，翼缘部分的切应力一般不必考虑。

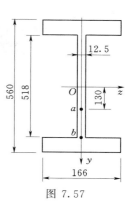

图 7.57

【例 7.14】　工字钢梁的截面尺寸如图 7.57 所示，工字钢型号为 56a，已知截面上的剪力 $F_Q = 60\text{kN}$。试求该截面上的最大切应力，并求该截面上 a、b 两点的切应力。

解：（1）求截面上的最大切应力。查工字形钢表可得 56a 工钢的 $I_z/S_{z,\max} = 47.7\text{cm}$，$\delta = 12.5\text{mm}$，$I_z = 65585.6\text{cm}^4$，由式（7.52）得

$$\tau_{\max} = \frac{F_Q S_{z,\max}}{I_z \delta} = \frac{60 \times 10^3}{47.7 \times 10 \times 12.5} = 10.06\,(\text{MPa})$$

（2）求截面上点 a 处的切应力。由式（7.54）得

$$\tau_a = \tau_{\max} - \frac{F_Q y_a^2}{2I_z} = 10.06 - \frac{60 \times 10^3 \times 130^2}{2 \times 65585.6 \times 10^4}$$

$$= 10.06 - 0.77 = 9.29\,(\text{MPa})$$

（3）求截面上点 b 处的切应力。由式（7.54）得

$$\tau_b = \tau_{\max} - \frac{F_Q y_b^2}{2I_z} = 10.06 - \frac{60 \times 10^3 \times 259^2}{2 \times 65585.6 \times 10^4}$$

$$= 10.06 - 3.07 = 6.99\,(\text{MPa})$$

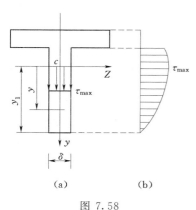

（a）　　　　（b）

图 7.58

T 形截面梁的弯曲切应力　T 形截面可视为由两个矩形组成 [图 7.58（a）]。下面的狭长矩形与工字形截面的腹板相似，该部分上的切应力仍用式（7.52）计算，即

$$\tau = \frac{F_Q S_z(y)}{I_z \delta}$$

最大切应力发生在中性轴处，将 $S_{z,\max} = \dfrac{\delta y_1^2}{2}$ 代入上式得

$$\tau_{\max} = \frac{F_Q y_1^2}{2I_z} \tag{7.55}$$

式中：y_1 为中性轴到腹板外边缘的距离。

在腹板上 y 处的弯曲切应力也可应用式（7.54）计算，即

$$\tau = \tau_{\max} - \frac{F_Q y^2}{2I_z}$$

由上式可知，T 形截面腹板上的切应力沿腹板高度也呈抛物线分布，切应力大小沿腹

板高度的分布如图 7.58（b）所示。

圆形及圆环形截面梁的最大弯曲切应力　圆形及圆环形截面梁的最大弯曲切应力也发生在中性轴处，并沿中性轴均匀分布［图 7.59（a）、（b）］，其值分别为

圆形截面 $$\tau_{\max} = \frac{4}{3} \times \frac{F_Q}{A_1} \tag{7.56}$$

圆环形截面 $$\tau_{\max} = 2 \times \frac{F_Q}{A_2} \tag{7.57}$$

式中：A_1 为圆形截面的面积；A_2 为圆环形截面面积。

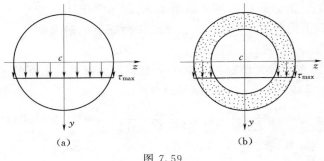

图 7.59

思考题

7.23　梁在横向力作用下，横截面上切应力大小沿截面高度按什么规律变化？横截面上哪些点的切应力最大？

7.24　矩形截面、圆形截面和圆环截面等这三种截面上的最大切应力如何计算？

7.25　工字形或 T 形截面梁，在横向力作用下，腹板与翼缘交界处，在腹板一侧的点切应力较大，而在翼缘一侧的点切应力较小。切应力在此处为什么会发生突变？这种变化是否在箱形截面中也存在？

习题

7.26　图示为一矩形截面木梁。试求在离右支座 0.5m 的截面上与梁的底边相距 40mm 处的切应力，并求此面上中性轴处的最大切应力。

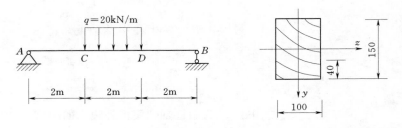

习题 7.26 图

7.27　图示工字形截面上的剪力为 $F_Q = 300 \text{kN}$。试计算腹板上的最大弯曲切应力以及腹板与翼缘交界处的弯曲切应力。

7.28　图示梁截面，剪力 $F_Q = 200\text{kN}$。试计算腹板上的最大弯曲切应力以及腹板与翼缘交界处的弯曲切应力。

7.29　图示梁截面，当剪力 $F_Q = 60\text{kN}$。求 A 和 B 两点的切应力。

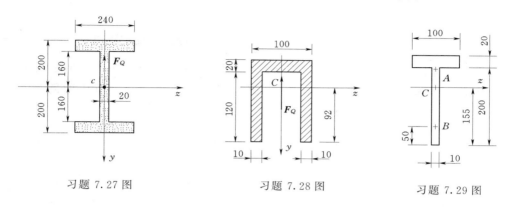

习题 7.27 图　　　　　　习题 7.28 图　　　　　　习题 7.29 图

7.8　梁 的 强 度 条 件

为了保证梁在外力作用下能安全正常地工作，梁必须满足强度条件，即梁内的最大应力不能超过材料的许用应力。产生最大应力的截面称为危险截面。危险面上最大应力作用点称为危险点。

弯曲正应力强度条件　根据材料的抗拉与抗压能力的差异，梁的截面就选择不同形状。针对以下两种截面形状建立梁的弯曲正应力强度条件。

● 中性轴为截面对称轴的等截面梁。由于塑性材料的许用拉应力与许用压应力相等（$[\sigma_t] = [\sigma_c]$），因此，塑性材料梁的截面大多采用中性轴为截面对称轴的截面。许用应力也不必区分拉压，统称许用应力 $[\sigma]$。对于等截面梁来说，弯矩绝对值最大的截面可出现最大的正应力，此面为正应力危险面；此面上距中性轴最远的梁上、下边缘各点为危险点；这些危险点处的切应力一般为零或很小，因此，最大弯曲正应力作用点可看成是处于单向受力状态，所以，弯曲正应力强度条件为

$$\sigma_{\max} = \frac{|M|_{\max}}{W_z} \leqslant [\sigma] \tag{7.58}$$

即要求梁的最大弯曲正应力 $\sigma_{\max}$ 不超过材料在单向受力时的许用应力 $[\sigma]$。

● 中性轴不为截面对称轴的等截面梁。中性轴不为截面对称轴的梁，一般情况下，都是脆性材料梁。由于脆性材料的许用拉应力不等于许用压应力（$[\sigma_t] \neq [\sigma_c]$），所以，此种梁的正应力强度条件为

$$\left.\begin{array}{l} \sigma_{t,\max} \leqslant [\sigma_t] \\ \sigma_{c,\max} \leqslant [\sigma_c] \end{array}\right\} \tag{7.59}$$

即要求梁横截面上的最大拉应力 $\sigma_{t,\max}$ 不超过材料在单向拉伸时的许用拉应力 $[\sigma_t]$；梁横截面上的最大压应力 $\sigma_{c,\max}$ 不超过材料在单向压缩时的许用压应力 $[\sigma_c]$。

这种梁的危险截面可能是两个，即最大正弯矩（$M_{\max}^+$）面和绝对值最大的负弯矩

（$|M^-|_{max}$）面。因为这两个截面上最大拉应力（或压应力）到中性轴的距离不相等，两个弯矩值又不相同，所以，只有通过比较，才能够判定出对整个梁而言，最大拉应力（或压应力）的危险面是哪一个；然后才可确定某种最大正应力的发生位置以及大小。具体的判定方法如下：

先求出 $\dfrac{M^+_{max}}{|M^-|_{max}}=m$ 和 $\dfrac{y_1}{y_2}=k$ 两个值。y_1 为梁下边缘到中性轴距离，y_2 为梁上边缘到中性轴距离 [图 7.60（a）、（c）]，用 $\sigma^+_{t,max}(\sigma^+_{c,max})$ 表示最大正弯矩面上的最大拉应力（最大压应力），如图 7.60（b）所示；用 $\sigma^-_{t,max}(\sigma^-_{c,max})$ 表示最大负弯矩面上的最大拉应力（最大压应力），如图 7.60（d）所示。

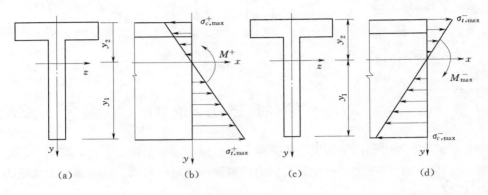

图 7.60

因为 $mk=\dfrac{M^+_{max}}{|M^-|_{max}}\times\dfrac{y_1}{y_2}=\dfrac{M^+_{max}y_1/I_z}{|M^-|_{max}y_2/I_z}=\dfrac{\sigma^+_{t,max}}{\sigma^-_{t,max}}$，所以，最大拉应力 $\sigma_{t,max}$ 危险面可由 mk 值判定。

若 $mk>1$，最大拉应力危险面为最大正弯矩面。

若 $mk<1$，最大拉应力危险面为最大负弯矩面。

同理，最大压应力 $\sigma_{c,max}$ 危险面可由 $\dfrac{m}{k}$ 值判定。

若 $\dfrac{m}{k}>1$，最大压应力危险面为最大正弯矩面。

若 $\dfrac{m}{k}<1$，最大压应力危险面为最大负弯矩面。

弯曲切应力强度条件　最大弯曲切应力通常发生在中性轴上各点处，而该处的弯曲正应力为零，因此，最大弯曲切应力作用点处于纯剪切状态，相应的强度条件为

$$\tau_{max}=\left(\frac{F_Q S_{z,max}}{I_z\delta}\right)_{max}\leqslant[\tau]\qquad(7.60)$$

即要求梁的最大弯曲切应力 τ_{max} 不超过材料在纯剪切时的许用切应力 $[\tau]$。对于等截面直梁，式（7.60）可变为

$$\tau_{max}=\frac{F_{Q,max}S_{z,max}}{I_z\delta}\leqslant[\tau]\qquad(7.61)$$

对于整个梁来说，剪力绝对值最大的截面可出现最大的切应力，此截面为切应力危险

面；此面的中性轴上各点为切应力危险点。

还应指出，在某些薄壁梁的某些点处，如在工字形和 T 字形截面的腹板与翼缘的交界处各点，也是梁的一种危险点，因为此处弯曲正应力与弯曲切应力可能均具有相当大的数值，这种正应力与切应力联合作用下的强度条件，将在强度理论中讨论。

弯曲的强度计算　为了保证梁能够正常使用，不发生因强度不足而破坏，梁就必须同时满足正应力强度条件和切应力强度条件。在一般情况下，正应力对梁的强度起着决定性作用，所以在实际计算时，通常是用梁的正应力强度条件做各种计算，即正应力强度校核、设计截面、确定许用荷载；而对切应力只作强度校核。为了简化计算，可根据实际情况，也只作有选择性的切应力强度校核。对于一般细长的非薄壁截面梁，梁的最大弯曲正应力远大于最大弯曲切应力，当梁满足正应力强度条件时，切应力强度条件都满足，所以对细长的非薄壁截面梁，就可以不作切应力强度校核；但是，对短梁或在支座附近有较大的集中力作用的梁，因其切应力较大而正应力较小，必须作切应力强度校核；对于工字形、T 字形、箱形等组合的薄壁截面梁，当其腹板宽度与梁的高度之比较小时，腹板上的切应力可能很大，所以，对这类薄壁截面梁也必须作切应力强度校核；对于木梁，因木材顺纹方向的抗剪能力较差，剪切弯曲时可能使木梁沿中性层剪坏，所以，需对木梁作切应力校核。

【例 7.15】　矩形截面悬臂梁全跨受均布荷载作用，如图 7.61（a）所示。梁横截面尺寸为 $b=120\text{mm}$，$h=180\text{mm}$，材料的许用正应力 $[\sigma]=100\text{MPa}$，许用切应力 $[\tau]=40\text{MPa}$。试校核此梁的强度。

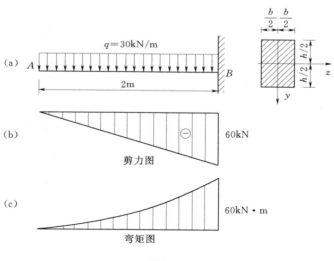

图 7.61

解：（1）作梁的剪力图和弯矩图。梁的内力图如图 7.61（b）、（c）所示。梁的最大剪力及最大弯矩均发生在固端截面上，其值分别为

$$|F_Q|_{\max}=60(\text{kN}),\ |M|_{\max}=60(\text{kN}\cdot\text{m})$$

（2）梁的正应力强度校核。

弯曲截面系数　　　　$W_z = \dfrac{bh^2}{6} = \dfrac{120 \times 180^2}{6} = 6.48 \times 10^5$ （mm^3）

由式（7.45）得

$$\sigma_{max} = \frac{|M|_{max}}{W_z} = \frac{60 \times 10^6}{6.48 \times 10^5} = 92.6(MPa)$$

显然，$\sigma_{max} = 92.6MPa < [\sigma] = 100MPa$，梁满足正应力强度条件式（7.58）要求。

（3）梁的切应力强度校核。由式（7.53）得

$$\tau_{max} = 1.5 \frac{F_{Q,max}}{bh} = 1.5 \times \frac{60 \times 10^3}{120 \times 180} = 4.17(MPa)$$

因为 $\tau_{max} = 4.17MPa < [\tau] = 40MPa$，所以，满足切应力强度条件式（7.61）要求。

【例 7.16】 图 7.62（a）所示一 T 形截面铸铁梁，其尺寸如图所示。若已知此截面对形心轴 z 的惯性矩 $I_z = 763cm^4$，且 $y_1 = 88mm$，$y_2 = 52mm$；铸铁的许用拉应力 $[\sigma_t] = 30MPa$，许用压应力 $[\sigma_c] = 90MPa$。试校核梁的强度。

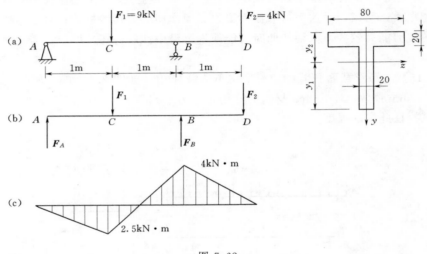

图 7.62

解：（1）作梁的受力图、求支座约束力。作梁的受力图如图 7.62（b）所示。由平衡方程求得支座约束力分别为

$$F_A = 2.5(kN), \quad F_B = 10.5(kN)$$

（2）作梁的弯矩图。根据梁所受外力作梁的弯矩图如图 7.62（c）所示。梁的最大正弯矩在截面 C，最大负弯矩在截面 B，弯矩绝对值分别为

$$M_{max}^+ = 2.5(kN \cdot m), \quad |M^-|_{max} = 4(kN \cdot m)$$

（3）危险截面与危险点判断。

$$m = \frac{M_{max}^+}{|M^-|_{max}} = \frac{2.5}{4} = 0.625, \quad k = \frac{y_1}{y_2} = \frac{88}{52} = 1.69$$

由于 $mk = 0.625 \times 1.69 = 1.06 > 1$，由此可判定，最大拉应力危险面为正弯矩截面 C，最大拉应力危险点在此截面下边缘。

由于 $\dfrac{m}{k} = \dfrac{0.625}{1.69} < 1$，由此可判定，最大压应力危险面为负弯矩截面 B，最大压应力危

险点也在此截面下边缘。

（4）强度校核。

$$\sigma_{t,\max} = \frac{M_{\max}^{+} y_1}{I_z} = \frac{2.5 \times 10^6 \times 88}{763 \times 10^4} = 28.8(\text{MPa})$$

$$\sigma_{c,\max} = \frac{|M^{-}|_{\max} y_1}{I_z} = \frac{4 \times 10^6 \times 88}{763 \times 10^4} = 46.1(\text{MPa})$$

$$\sigma_{t,\max} = 28.8(\text{MPa}) < [\sigma_t] = 30(\text{MPa})$$

$$\sigma_{c,\max} = 46.1(\text{MPa}) < [\sigma_c] = 90(\text{MPa})$$

梁满足正应力强度条件。

【例 7.17】 如图 7.63（a）所示，由普通热轧工字钢制成的简支架。受集中力 $F=120\text{kN}$ 作用，钢材的许用正应力 $[\sigma] = 150\text{MPa}$，许用切应力 $[\tau] = 100\text{MPa}$。试选择工字钢型号。

解：（1）作梁的受力图、求支座约束力。作梁的受力图如图 7.63（b）所示，由平衡方程求得支座约束力为

$$F_A = 80(\text{kN}), \quad F_B = 40(\text{kN})$$

（2）作梁的内力图。根据梁上的外力，作梁的剪力图和弯矩图如图 7.63（c）、（d）所示。梁内最大剪力和最大弯矩分别为

$$F_{Q,\max} = 80(\text{kN}), \quad M_{\max} = 80(\text{kN} \cdot \text{m})$$

（3）按正应力强度条件选择截面。由正应力强度条件得

$$W_z \geqslant \frac{M_{\max}}{[\sigma]} = \frac{80 \times 10^6}{150} = 533 \times 10^3 (\text{mm}^3)$$

查型钢表，选 28b 号工字钢，其抗弯截面系数为 $W_z = 534.29 \times 10^3 \text{mm}^3$，比计算所需的 W_z 略大，故可选用 28b 号工字钢。

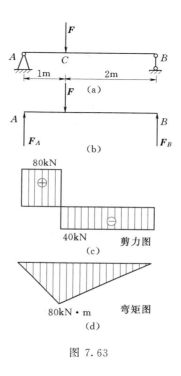

图 7.63

（4）对梁进行切应力强度校核。查型钢表得 28b 号工字钢的截面几何性质为

$$\frac{I_z}{S_{z,\max}} = 24.24\text{cm}, \quad \delta = 10.5\text{mm}$$

梁的最大切应力为

$$\tau_{\max} = \frac{F_{Q,\max} S_{z,\max}}{I_z \delta} = \frac{80 \times 10^3}{24.24 \times 10 \times 10.5} = 31.43(\text{MPa})$$

因为 $\tau_{\max} = 31.43\text{MPa} < [\tau] = 100\text{MPa}$，梁满足切应力强度条件，该梁可选用 28b 号工字钢。

【例 7.18】 如图 7.64（a）所示简支架，截面为 22a 工字钢，已知 $[\sigma] = 160\text{MPa}$，$[\tau] = 100\text{MPa}$。试求梁上荷载 F_1 的许用值（$F_1 = F_2 = F$）。

解：（1）作梁的受力图、求支座约束力。作梁的受力图如图 7.64（b）所示。由

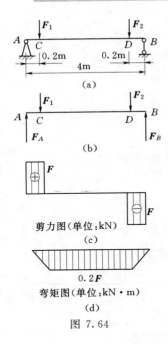

图 7.64

平衡方程求得支座约束力为

$$F_A = F, \quad F_B = F$$

（2）作梁的内力图。根据梁上所受外力作梁的剪力图和弯矩图如图 7.64（c）、（d）所示，梁内最大剪力和最大弯矩分别为

$$F_{Q,\max} = F(\text{kN}), \quad M_{\max} = 0.2F(\text{kN} \cdot \text{m})$$

（3）按正应力强度条件求许用荷载。查型钢表得 $W_z = 309\text{cm}^3$，由正应力强度条件 $M_{\max} \leqslant [\sigma]W_z$ 得

$$0.2F \times 10^6 \leqslant 160 \times 309 \times 10^3$$

$$F \leqslant \frac{160 \times 309 \times 10^3}{0.2 \times 10^6} = 247.2(\text{kN})$$

初步取 $F = 247\text{kN}$。

（4）进行切应力强度校核。查型钢表得 $\dfrac{I_z}{S_{z,\max}} = 18.9\text{cm}$，$\delta = 7.5\text{mm}$，梁的最大切应力为

$$\tau_{\max} = \frac{F_{Q,\max}S_{z,\max}}{I_z\delta} = \frac{247 \times 10^3}{18.9 \times 10 \times 7.5} = 174.3(\text{MPa})$$

显然，梁中 $\tau_{\max} = 174.3\text{MPa} > [\tau] = 100\text{MPa}$，不满足切应力强度条件。

（5）按切应力强度重新确定许用荷载。由切应力强度条件 $F_{Q,\max} \leqslant [\tau]\delta\dfrac{I_z}{S_{z,\max}}$ 得

$$F \times 10^3 \leqslant 100 \times 7.5 \times 18.9 \times 10$$

$$F \leqslant 141.75\text{kN}$$

综合考虑梁同时满足正应力和切应力强度，该梁的许用荷载为 $[F] = 141.75\text{kN}$。

思考题

7.26　由塑性材料构成的梁，一般采用中性轴为对称轴的截面；由脆性材料构成的梁，一般采用中性轴不为对称轴的截面。对这两种梁进行正应力强度计算时，考察的危险面各有几个？

7.27　矩形截面梁的横截面高度增加到原来的两倍，截面的抗弯能力将增加到原来的几倍？矩形截面梁的横截面宽度增加到原来的两倍，则截面的抗弯能力将增加到原来的几倍？

7.28　在铅直荷载作用下，矩形截面梁沿其竖直纵向对称面剖为双梁，其截面的抗弯能力是否有变化？若沿其水平纵向对称面剖为双梁，其截面的抗弯能力是否有变化？

习题

7.30　图示为一受均布荷载的外伸梁，采用矩形截面，$b \times h = 60\text{mm} \times 120\text{mm}$，已知荷载 $q = 1.5\text{kN/m}$，材料的弯曲许用正应力 $[\sigma] = 10\text{MPa}$，许用切应力 $[\tau] = 1.2\text{MPa}$。试校核该梁的强度。

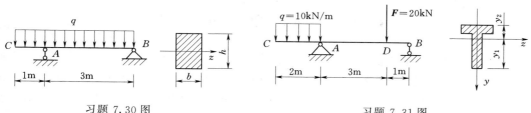

习题 7.30 图　　　　　　　　　习题 7.31 图

7.31　图示为一外伸梁，已知材料的许用拉应力 $[\sigma_t]=35$MPa，许用压应力 $[\sigma_c]$ $=70$MPa，$I_z=40.3\times10^6$mm^4，$y_1=139$mm，$y_2=61$mm。校核梁的正应力强度。

7.32　图示为一简支梁，由四块尺寸相同的木板胶合而成，已知：梁的跨度 $l=$ 400mm，截面宽度 $b=50$mm，截面高度 $h=80$mm，木板的许用应力 $[\sigma]=7$MPa，胶缝的许用切应力 $[\tau]=5$MPa。校核梁的强度。

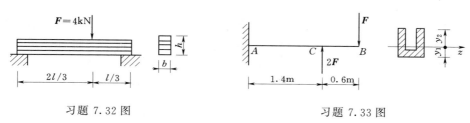

习题 7.32 图　　　　　　　　　习题 7.33 图

7.33　图示为一受力槽形截面梁，其受力及尺寸如图所示。已知：$I_z=1.729\times$ 10^8mm^4，$y_1=183$mm，$y_2=317$mm，材料为铸铁，其许用拉应力 $[\sigma_t]=40$MPa，许用压应力 $[\sigma_c]=80$MPa，试求该梁的许用荷载 $[F]$。

7.34　图示吊车梁用 25a 工字钢制成，已知材料的许用弯曲正应力 $[\sigma]=170$MPa，许用弯曲切应力 $[\tau]=100$MPa。求荷载 F 的许用值。

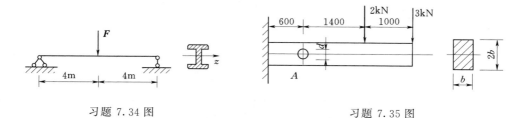

习题 7.34 图　　　　　　　　　习题 7.35 图

7.35　图示矩形截面木梁，尺寸和荷载如图所示。许用应力 $[\sigma]=10$MPa。试根据强度条件确定截面尺寸 b；若在截面 A 处钻一直径为 $d=$ 60mm 的圆孔，梁是否安全？

7.36　图示外伸梁，承受荷载 $F=20$kN 作用，材料的许用正应力 $[\sigma]=160$MPa，许用切应力 $[\tau]=90$MPa，试选择工字钢型号。

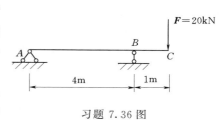

习题 7.36 图

7.9　提高梁强度的措施

在建筑工程中，对于任何构件，在满足强度条件下，从经济的角度考虑，都希望用最少的材料。那么，我们就要根据力学原理，采取一些措施，来实现这一目标。另外，在施工过程中，也可应用这些措施，提高梁的强度，以保证施工安全。一般情况下，梁的强度主要由正应力控制。由梁的正应力强度条件式 $\left(\sigma_{\max} = \dfrac{|M|_{\max}}{W_z} \leqslant [\sigma] \right)$ 可知，提高梁的弯曲强度主要是要降低梁中的最大弯曲正应力（$\sigma_{\max}$），其次采用强度较大的材料（$[\sigma]$）。而降低梁中的最大弯曲正应力则要从降低梁的最大弯矩（$M_{\max}$）及增大抗弯截面系数（W_z）等两方面入手。

降低梁中最大弯矩　在荷载不变的条件下，尽可能降低梁内最大弯矩，可采取以下措施：

● 合理布置荷载。如图 7.65（a）所示简支梁在跨中力 $\boldsymbol{F}$ 作用下，梁的最大弯矩为 $M_{\max} = Fl/4$；若将这一集中力 $\boldsymbol{F}$ 先作用在一根副梁上，再将副梁安置到主梁上，如图 7.65（b）所示，则梁的最大弯矩为 $M_{\max} = Fl/8$。显然，用这种分散集中荷载的方法可以提高梁的强度。我国现存的古建筑中的一些屋架，也就是用这种方法提高木梁的强度，如图 7.65（c）所示。

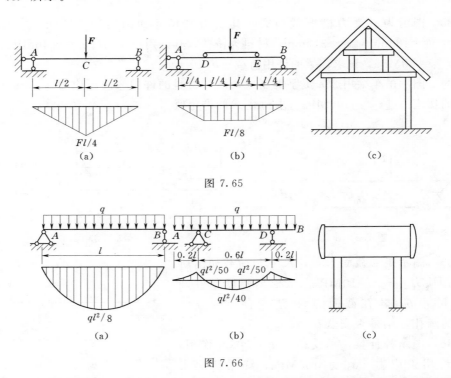

图 7.65

图 7.66

● 合理布置梁的支座。如图 7.66（a）所示简支梁在均布荷载作用下，梁的最大弯矩发生在跨中，其值为 $M_{\max} = ql^2/8$；将简支梁的两个端支座向梁内移动 $0.2l$，如图 7.66

（b）所示，此外伸梁的最大弯矩也发生在跨中，其值为 $M_{max}=ql^2/40$。因此，工程中的龙门吊车的大梁一般多采用外伸梁形式；锅炉筒体都采用外伸梁支承方式，如图 7.66（c）所示。

选用合理的截面　通过增加梁的截面面积来提高梁的抗弯截面系数是不划算的。只有在截面面积不变的前提下，选择合理的截面来提高梁的强度才具有实际应用意义。

● 根据几何性质选截面。从梁的弯曲强度条件可知，梁的抗弯截面系数大，横截面上的最大正应力就越小，即梁的抗弯能力就越大。W_z 一方面与截面的大小有关，同时还与截面的形状有关，梁的横截面面积越大，W_z 越大，但消耗的材料也越多。因此，单从几何性质方面考虑，梁的合理截面形状应该是：用最小的面积得到最大的抗弯截面系数。显然，比值 W_z/A 越大，截面就越经济合理。表 7.3 给出了圆形、矩形、工字形截面的 W_z/A 值。由表中可以看出，矩形优于圆形，而工字形又优于矩形。

表 7.3　　　　　　　　　　圆形、矩形和工字形截面的 W_z/A 值

截面形状	W_z （mm³）	所需尺寸 （mm）	A （mm²）	W_z/A （mm）
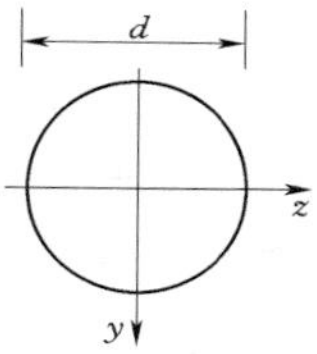	2.50×10^5	$d=137$	1.48×10^4	16.89
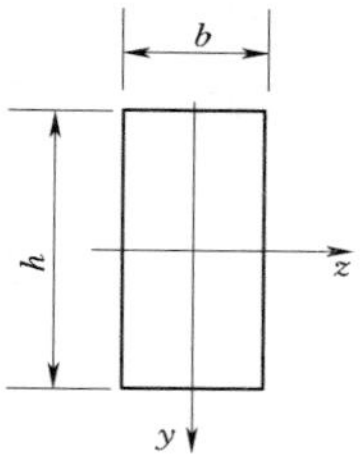	2.50×10^5	$b=72$，$h=144$	1.04×10^4	24.03
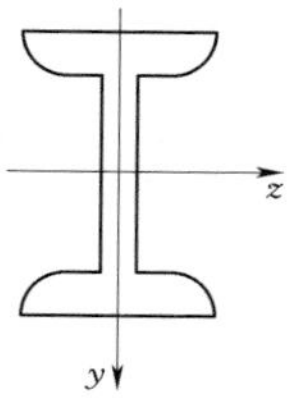	2.50×10^5	20b 工钢	3.95×10^3	63.29

● 根据材料特性选截面。选用合理的截面类型，使材料的抗拉、抗压能力得到同步发挥。对于抗拉与抗压强度相同的塑性材料梁，宜采用以中性轴为对称轴的这一类型截面。因为这一类型截面上的最大拉应力 $\sigma_{t,max}$ 值等于最大压应力 $\sigma_{c,max}$ 值，可使材料的抗拉、抗压能力得到同步发挥，不至于使某种强度浪费。对于抗拉强度低于抗压强度的脆性材料梁，最好采用中性轴偏于受拉一侧的这一类截面，如 T 形与槽形等截面［图 7.67（a）、（b）］。最理想的截面是，在同一截面上最大拉应力 $\sigma_{t,max}$ 与最大压应力 $\sigma_{c,max}$ 都有相同的安

全储备，也不至于使某一种强度浪费，即要求

$$\frac{\sigma_{t,\max}}{[\sigma_t]} = \frac{\sigma_{c,\max}}{[\sigma_c]} \quad 或 \quad \frac{\sigma_{t,\max}}{\sigma_{c,\max}} = \frac{[\sigma_t]}{[\sigma_c]}$$

由上式可推得

$$\frac{y_t}{y_c} = \frac{[\sigma_t]}{[\sigma_c]}$$

式中，y_t 与 y_c 分别代表中性轴一侧受拉区截面高度与受压区截面高度〔图 7.67（a）、（b）所示，y_c、y_t 是在正弯矩作用下的〕。这种类型的截面，能充分发挥材料的抗拉、抗压性能。

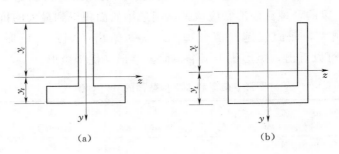

图 7.67

采用变截面梁　等截面梁是根据危险截面上的最大弯矩来确定截面尺寸的，所以只有弯矩最大值所在的截面上，最大应力才有可能接近许用应力，其他截面上，弯矩很小，应力也较低，材料未尽其用。为了节约材料，减轻自重，在弯矩较大的截面，采用大截面，在弯矩较小的截面，则采用小截面。使抗弯截面系数随弯矩而变化，这种截面沿梁轴变化的梁，称为变截面梁。最理想的变截面梁，是使梁内各个截面上的最大正应力 $\sigma_{\max}$ 都等于或接近于材料的许用应力，即

$$\sigma_{\max} = \frac{M(x)}{W_z(x)} = [\sigma]$$

由上式可得

$$W_z(x) = \frac{M(x)}{[\sigma]} \tag{7.62}$$

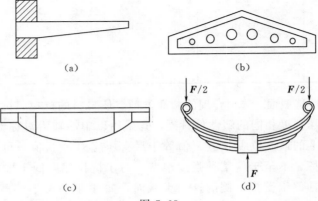

图 7.68

式中，$M(x)$ 为梁的弯矩函数，$W_z(x)$ 为梁的抗弯截面系数随截面位置变化的函数。截面的大小将随弯矩而变化。由式（7.62）设计出的梁称等强度梁。等强度梁是一种理想的变截面梁，但是，考虑到剪切强度的要求，工艺制造以及构造上的需要等，实际构件往往做成近似等强度的。如图 7.68（a）所示为一楼房阳台的悬臂梁、图 7.68（b）为屋盖上的薄腹梁、厂房中常用的鱼腹梁［图 7.68（c）］以及汽车的板弹簧［图 7.68（d）］等都是近似等强度梁。

思考题

7.29　图示为由四根 100mm×80mm×10mm 不等边角钢焊成一体的梁在纯弯曲条件下组合的四种形式。试问哪一种强度最高？哪一种强度最低？

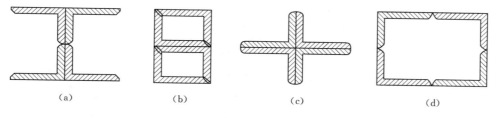

(a)　　　　　(b)　　　　　(c)　　　　　(d)

思考题 7.29 图

7.30　扁担的形状是两头细中间粗且通体扁薄，它是一种近似的等强度变截面梁，这种梁在应用中有何优点？工程中应用近似的等强度变截面梁很多，你能列举出几个实例吗？

7.31　工程中有很多梁的横截面采用工字形，试分析这种截面的各部分所起的主要作用，这种截面的梁有何优点？

7.10　组　合　变　形

组合变形的概念　实际工程结构中有些杆件的受力情况比较复杂，杆件往往会同时发生两种或两种以上的基本变形。这类复杂的变形形式称为组合变形。组合变形的杆件在工程中是比较多的。例如，图 7.69（a）所示屋架檩条，屋面传来的荷载 q 作用线并不在梁的纵向对称面内，檩条同时在 $x—y$ 与 $x—z$ 两个平面内产生平面弯曲变形；图 7.69（b）所示烟囱，除自重 $\boldsymbol{F}_G$ 引起的轴向压缩变形外，还有水平方向的风力引起的平面弯曲变形。

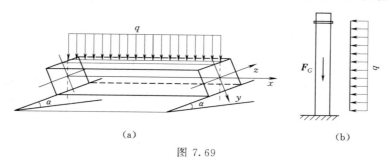

(a)　　　　　　　　　　(b)

图 7.69

　　组合变形的分析方法　对发生组合变形的杆件，计算其应力和变形时，首先根据各基本变形的受力特点，将作用于杆件上的外力进行分组或分解，使每一组力只产生一种基本变形；其次根据各基本变形的计算方法，分别对每一种基本变形进行应力计算；然后根据叠加原理，将各基本变形的应力叠加，即可得杆件在原荷载作用下的应力。

　　斜弯曲　工程中的有些杆件所受的外力虽然与杆轴垂直，而外力的作用平面却不与杆的纵向对称平面重合，实验和理论分析结果表明，在这种情况下，杆的挠曲轴所在平面与外力作用平面之间有一定夹角，即挠曲轴不在外力作用平面内。这种弯曲称为斜弯曲。

　　斜弯曲时，梁的横截面上同时存在正应力和切应力。因切应力值很小，一般不予以考虑。图 7.70（a）所示为矩形截面悬臂梁，在杆端作用一垂直于梁轴的集中力 F，力 F 与截面纵向对称轴 y 夹角 φ。显然，此梁发生斜弯曲。我们通过对此梁的斜弯曲分析，来说明这一类弯曲的正应力计算方法。

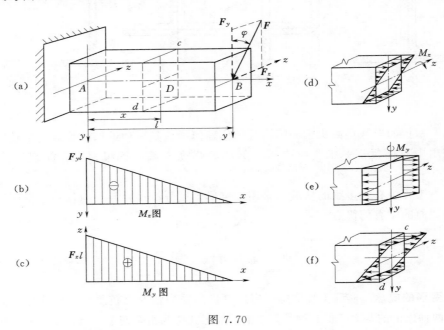

图 7.70

　　● 按基本变形受力特点对外力分组。根据平面弯曲受力特点（外力作用在梁纵向对称面内），将作用荷载分解为作用在 $x—y$ 平面内和 $x—z$ 平面内的两组。显然，两组荷载分别使梁发生两个平面弯曲。对于图 7.70（a）所示的梁，可将力 F 分解为两个平面弯曲组，即

$$F_y = F\cos\varphi, \quad F_z = F\sin\varphi$$

　　● 对各基本变形的内力分析，作弯矩图。在 $x—y$ 平面内的平面弯曲，中性轴为 z 轴，因此，此平面弯曲的弯矩记为 M_z；同理，在 $x—z$ 平面内的平面弯曲，中性轴为 y 轴，弯矩记为 M_y。当 $x—y$ 平面弯曲的凸向与 y 轴正向一致时，M_z 为正，否则 M_z 为负；同样，$x—z$ 平面弯曲的凸向与 z 轴正向一致时，M_y 为正，否则 M_y 为负；两个平面弯曲的弯矩方程分别为

$$M_z = -F_y(l-x) = -F\cos\varphi(l-x) \quad (0 \leqslant x \leqslant l)$$

$$M_y = +F_z(l-x) = +F\sin\varphi(l-x) \quad (0 \leqslant x \leqslant l)$$

弯矩图分别为图 7.70（b）、（c）所示。

● 对各基本变形的应力分析。在 x—y 平面内的平面弯曲，对应的弯矩为 M_z，横截面上正应力分布规律符合式（7.43），即

$$\sigma_{Mz} = \frac{M_z y}{I_z}$$

在 x—z 平面内的平面弯曲，横截面上正应力表达式为

$$\sigma_{My} = \frac{M_y z}{I_y}$$

作各平面弯曲截面上正应力分布图，作此图的目的是为了以后便于判定危险点。对于图 7.70（a）所示梁，在 x—y 平面内及在 x—z 平面内弯曲时，在 D 截面上正应力分布图分别如图 7.70（d）、（e）所示。

● 叠加各基本变形的应力。根据叠加原理，截面上某一点（此点的坐标为 y、z）的正应力 σ 是由弯矩 M_z 产生的正应力 σ_{Mz} 与弯矩 M_y 产生的正应力 σ_{My} 的叠加，即

$$\sigma = \sigma_{Mz} + \sigma_{My} = \frac{M_z y}{I_z} + \frac{M_y z}{I_y} \tag{7.63}$$

● 截面上的最大正应力。通过对两个平面弯曲时横截面上的正应力分布图观察和叠加发现，斜弯曲时，截面上最大拉应力 $\sigma_{t,\max}$ 和最大压应力 $\sigma_{c,\max}$ 都发生在截面的角点，并且最大拉应力 $\sigma_{t,\max}$ 和最大压应力 $\sigma_{c,\max}$ 是截面的一条对角线上的两个对角点。对于图 7.70（a）所示矩形梁的 D 截面，最大拉应力发生在 c 点，最大压应力发生在 d 点，如图 7.70（f）所示。因为最大拉应力值等于最大压应力值，因此，这里不再区分拉压，统称最大应力 $\sigma_{\max}$，其值为

$$\sigma_{\max} = \frac{|M_z|}{W_z} + \frac{|M_y|}{W_y} \tag{7.64}$$

这里我们特别强调一点，在式（7.63）、式（7.64）以及以后所介绍的公式中，对于用角码标注法反映方向或性质的量（如 σ_t 表示拉应力，σ_c 表示压应力，y_t 表示受拉区高度，y_c 表示受压区高度），在计算时均采用其绝对值，未用角码标注而是用正、负号反映其方向或性质的量（如 σ，y，z，M_z，M_y）等，在计算时，均采用代数量。

【例 7.19】　如图 7.71（a）所示跨度为 4m 的简支梁，由 16 号工字钢制成。跨中作用集中力 $F=7$kN，其与横截面铅直对称轴的夹角为 $\varphi=20°$。已知，$[\sigma]=160$MPa。试校核梁的强度。

解：（1）外力分组。将荷载分解为 x—y 平面弯曲组和 x—z 平面弯曲组。即

$$F_y = F\cos 20° = 7 \times 0.940 = 6.578\text{(kN)}$$

$$F_z = F\sin 20° = 7 \times 0.342 = 2.394\text{(kN)}$$

（2）作弯矩图、判定危险面。分别作两组外力作用下的弯矩图。显然，在力 F_y 作用下的弯矩图如图 7.71（b）所示；在力 F_z 荷载作用下的弯矩图如图 7.71（c）所示。由两个对称弯曲的弯矩图可以看出，在跨中截面 C 处，以上两平面弯曲都有相当大的弯矩，

因此，这一截面为危险面，其弯矩为

$$M_z = \frac{F_y l}{4} = \frac{6.578 \times 4}{4} = 6.578 (\text{kN} \cdot \text{m})$$

$$M_y = -\frac{F_z l}{4} = -\frac{2.394 \times 4}{4} = -2.394 (\text{kN} \cdot \text{m})$$

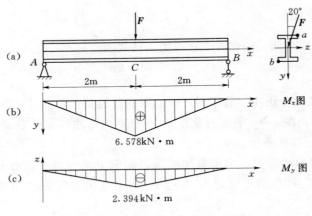

图 7.71

（3）求危险面上的最大应力。查型钢表得，16 号工字钢 $W_z = 141 \text{cm}^3$，$W_y = 21.2 \text{cm}^3$。危险点应为 a、b 两角点，点 a 为压应力，点 b 为拉应力。最大正应力为

$$\sigma_{\max} = \frac{|M_z|_{\max}}{W_z} + \frac{|M_y|_{\max}}{W_y} = \frac{6.578 \times 10^6}{141 \times 10^3} + \frac{2.394 \times 10^6}{21.2 \times 10^3} = 159.6 (\text{MPa})$$

因为 $\sigma_{\max} = 159.6 \text{MPa} < [\sigma] = 160 \text{MPa}$，所以，梁满足强度条件。

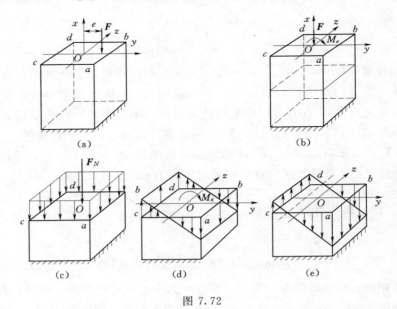

图 7.72

偏心压缩（拉伸）　若直杆所受的荷载仅平行于杆的轴线，而并不与轴线重合，这种

荷载称为偏心荷载。当偏心荷载为压力时，杆的变形称为偏心压缩；当偏心荷载为拉力时，杆的变形称为偏心拉伸。图 7.72（a）所示为矩形截面杆，力的作用点在 y 轴上，力只偏离 z 轴，偏心力的作用点距 z 轴的距离 e 称之偏心距。单向偏心压缩杆的分析方法如下：

● 外力平移分组。把偏心压力 F 平移到截面形心 O 处，附加一力偶。由于偏心压力 F 偏离截面的对称轴 z，因此，附加力偶的矩为偏心力 F 对 z 轴的矩，记为 M_e，其大小为

$$M_e = Fe$$

● 对各基本变形的内力进行分析。图 7.72（b）所示杆的弯矩和轴力分别为

$$M_z = -M_e = -Fe \text{（向 } y \text{ 轴负向凸出变形，则弯矩为负值）}$$

$$F_N = -F$$

● 应力分析。杆横截面上任一点的正应力应为轴向压缩时产生的正应力 σ_N［图 7.72（c）］与弯曲时产生的正应力 σ_M［图 7.72（d）］之叠加，即

$$\sigma = \sigma_M + \sigma_N = \frac{M_z y}{I_z} + \frac{F_N}{A} \tag{7.65}$$

式（7.65）也适用于偏心拉伸。

● 极值应力分析。单向偏心压缩时，横截面上最大压应力发生在纯弯曲时的受压区且距中性轴最远（$y_{c,\max}$）的各点。如图 7.72（e）中的 ab 边上。最大压应力为

$$\sigma_{c,\max} = \frac{|M_z| \, y_{c,\max}}{I_z} + \frac{F_{Nc}}{A} \tag{7.66}$$

式（7.66）中 F_{Nc} 表示轴力为压力，并按绝对值代入式中。单向偏心压缩时，在最大压力作用边的对边［图 7.72（e）中的 cd 边］也出现截面上的极值应力 σ_m，其计算式为

$$\sigma_m = \frac{|M_z| \, y_{t,\max}}{I_z} - \frac{F_{Nc}}{A} \tag{7.67}$$

应用式（7.67）计算时，结果为正，即为最大拉应力；结果为负，即为最小压应力。

● 截面核心的概念。偏心力只要作用在截面形心附近的某个区域内，截面上只出现一种性质的应力（拉应力或压应力），这个区域称之截面核心。土建工程中，大量使用的砖、石、混凝土等材料，其抗拉能力远远小于抗压能力。由这些材料制成的杆件在偏心压力作用下，截面上最好不出现拉应力，以免被拉裂。因此，要求偏心压力的作用点在截面核心之内。

工程上常见的矩形截面、圆形截面、工字形截面的截面核心如图 7.73（a）、（b）、（c）所示。从图 7.73 可以看到，矩形截面的截面核心是连接两对称轴上的三分点所构成的菱形；圆形截面的截面核心是半径为 $R/4$ 的同心圆。

【例 7.20】　图 7.74（a）所示为厂房的牛腿柱，作用屋架传来的压力 $F_1 = 100\text{kN}$，吊车梁传来的压力 $F_2 = 30\text{kN}$。F_2 与柱子轴线有一偏心距 $e = 0.2\text{m}$。如果柱横截面宽度 $b = 180\text{mm}$，试求当 h 为多少时，截面才不会出现拉应力，并求柱这时的最大压应力。

解：（1）外力计算。将 F_2 平移到柱轴线处，柱的受力如图 7.74（b）所示，附加力偶的矩为

$$M_e = -F_2 e = -30 \times 0.2 = -6(\text{kN} \cdot \text{m})$$

（2）内力分析。作柱的轴力图和弯矩图如图 7.74（c）、（d）所示。由内力图可知，

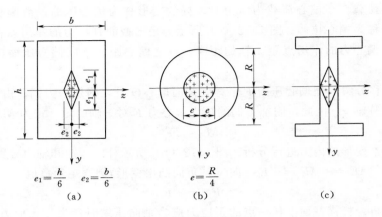

图 7.73

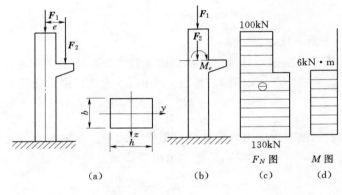

图 7.74

危险面的轴力和弯矩为

$$F_{Nc,\max} = 130(\text{kN}) , \ | M_z |_{\max} = | M_e | = 6(\text{kN} \cdot \text{m})$$

（3）应力计算。使截面不出现拉应力的条件是截面上另一极值应力 σ_m 等于零，由式（7.67）可得

$$\frac{| M_z |_{\max}}{W_z} - \frac{F_{Nc}}{A} = 0$$

则有

$$\frac{6 \times 10^6}{180 \times h^2} \times 6 - \frac{130 \times 10^3}{180 \times h} = 0$$

由上式解得

$$h = \frac{6 \times 10^6 \times 6 \times 180}{180 \times 130 \times 10^3} = 277(\text{mm})$$

由式（7.66）可求柱的最大压应力为

$$\sigma_{c,\max} = \frac{| M_z |_{\max}}{W_z} + \frac{F_{Nc}}{A} = \frac{6 \times 10^6}{180 \times 277^2} \times 6 + \frac{130 \times 10^3}{180 \times 277} = 5.13(\text{MPa})$$

扭转与弯曲组合 工程中有不少杆件同时受弯曲和扭转的作用。图 7.75（a）所示一卷扬机，该机在工作时摇把上作用有推力 F 和鼓轮承受吊装物重量 F_G 的作用。在分析其

受力情况时，假定轴匀速转动，即 F 和 F_G 是不变的。将力 F 和 F_G 向横轴的轴线上平移，这样横轴就受到集中力 F' 和 F'_G，以及力偶矩 $M_{eA}=Fa$ 和 $M_{ec}=F_G R$ 的作用，如图 7.75（b）所示。

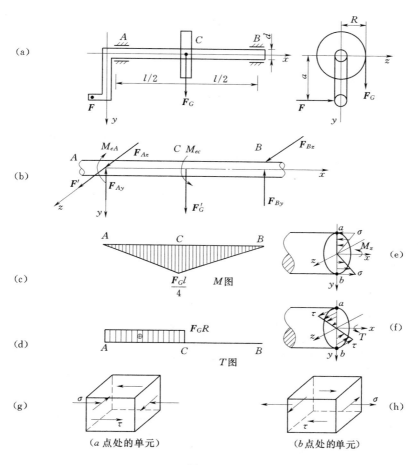

图 7.75

由图 7.75（b）可见，力 F'_G、F_{Ay} 和 F_{By} 引起弯曲，其弯矩图如图 7.75（c）所示。力偶 M_{eA} 和 M_{ec} 引起扭转，其扭矩图如图 7.75（d）所示。

在弯曲时，横截面上的正应力 σ 分布如图 7.75（e）所示，正应力计算式为

$$\sigma = \frac{M_z y}{I_z}$$

在扭转时，横截面上的切应力 τ 分布如图 7.75（f）所示。切应力计算式为

$$\tau = \frac{T\rho}{I_P}$$

在同一截面上同时有较大的弯矩和扭矩时，这个截面就是危险面；这个面上同一点处同时有较大的正应力和切应力时，这些点称为危险点。由内力图和截面上应力分布图可知，图 7.75（a）所示杆的危险面为截面 C，危险面上有两个危险点 a 和 b，两点上弯曲

正应力和扭转切应力均达到最大值，其值分别为

$$\sigma = \frac{M_z}{W_z}, \ \tau = \frac{T}{W_P}$$

在危险点 a 和 b 处，切出一正六面体微元，此微元体上各面的应力作用情况如图 7.75（g）、（h）所示。对于这种应力情况欲作强度计算，须应用强度理论。因此，关于弯曲与扭转组合变形的强度计算将在下一章介绍。

思考题

7.32　何谓平面弯曲？何谓斜弯曲？什么是偏心压缩或拉伸，它与轴向压缩或拉伸有何区别？

7.33　图示为悬臂梁受集中力 F 作用，力 F 与 y 轴的夹角为 β。当截面分别为圆形、长方形和正方形时，梁是否都发生平面弯曲？为什么？

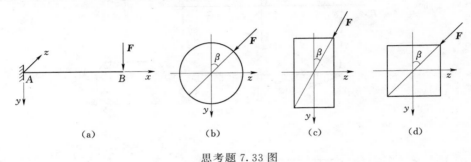

思考题 7.33 图

7.34　图示为在 A 端固定的结构分别受不同方向的力。试分析该构件 AB、BC、CD 杆段各发生何种组合变形？

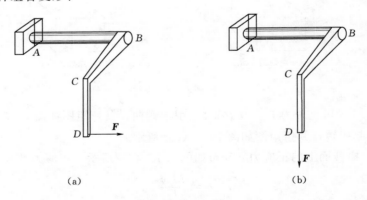

思考题 7.34 图

习题

7.37　图示简支梁，承受偏斜的集中力 $F = 10\text{kN}$ 作用，试计算梁内的最大弯曲正应力。

7.38　混凝土坝高 8m，截面如图所示。欲使坝底没有拉应力，试计算坝底的最小宽

度 a。设混凝土的容重为 $\gamma = 20\text{kN/m}^3$。

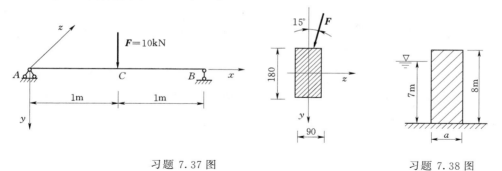

习题 7.37 图　　　　　　　　习题 7.38 图

7.39　图示悬臂梁，承受荷载 F_1 与 F_2 作用。许用应力 $[\sigma] = 160\text{MPa}$，试分别按下列要求确定截面尺寸。(1) 截面为矩形，且 $h = 2b$；(2) 截面为圆形。

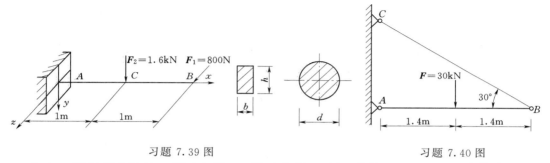

习题 7.39 图　　　　　　　　习题 7.40 图

7.40　图示组合结构，杆 AB 为 18 号工字钢，已知 $[\sigma] = 170\text{MPa}$。试校核 AB 杆的强度。

7.41　图示为一矩形截面厂房边柱，所受压力 $F_1 = 100\text{kN}$，$F_2 = 45\text{kN}$，F_2 与柱轴线偏心距 $e = 200\text{mm}$，截面宽 $b = 200\text{mm}$，如要求柱截面上不出现拉应力，截面高 h 应为多少？此时最大压应力为多大？

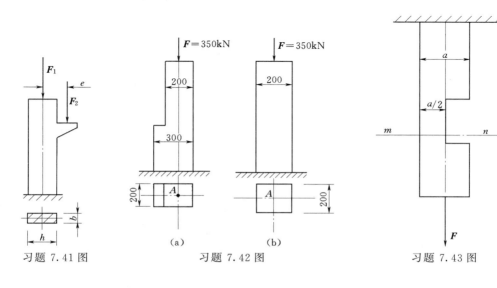

习题 7.41 图　　　　　习题 7.42 图　　　　　习题 7.43 图

7.42　如图（a）所示，一柱上段截面尺寸为 200mm×200mm，下段截面尺寸为 200mm×300mm，柱顶承受轴向压力 $F=350$kN，试求柱脚截面的最大正应力。若柱脚的截面如图（b）所示为 200mm×200mm，试求柱脚截面的最大正应力。比较图（a）、（b）所示两种应力情况，分析哪一种受力较合理。

7.43　图示为一木质杆，截面边长为 a 的正方形，拉力 F 与杆轴线重合。若因使用上的需要，在杆的某一段范围内开一宽为 $a/2$ 的切口。试求截面 $m—n$ 上的最大拉应力和最大压应力。这个最大拉应力是截面削弱前的最大拉应力值的几倍？

第8章 应力状态与强度理论

本章主要内容:

- 介绍应力状态的概念。
- 讨论平面应力状态的解析分析方法和应力圆分析方法。
- 介绍主平面、主应力的概念及主应力的计算公式。
- 介绍常用的四种强度理论。
- 讨论一些特殊应力状态点的强度计算问题。

8.1 应力状态概述

通过前几章的学习,已经知道杆件在基本变形和组合变形时,杆件中任一点在杆的横截面上存在应力,并且可以求出这些应力值,同时根据横截面上的应力以及相应的实验结果,分别建立了只有正应力与只有切应力作用时的强度条件,保证了杆件中任一点在杆的横截面上不发生破坏。事实上,杆件在受力后,不仅在横截面上会产生应力,而且在斜截面上也会产生应力,并且在斜截面上的应力达到相当大时,杆件也会沿斜截面发生破坏。例如,在杆的表面画一斜置的正方形〔图 8.1 (a)〕,杆受拉后,正方形变成了菱形〔图 8.1 (b)〕,这表明,斜截面上存在切应力使得原来正方形的直角变成钝角或锐角,即产生了

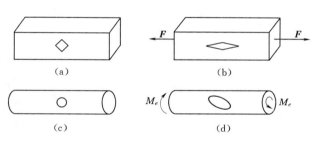

图 8.1

切应变。又如,若在圆轴表面上画一圆〔图 8.1 (c)〕,圆轴受扭后,此圆变成一斜置椭圆〔图 8.1 (d)〕,其长轴方向表示承受拉应力而伸长;短轴方向表示承受压应力而缩短。上述实验现象反映了一点处应力的一般规律:即在过一点的某个方向截面上虽然只有正应力,但在另外一些方向截面上,却还存在切应力。或者,过一点的某个方向截面上虽然只有切应力,但在另外一些方向截面上,却还存在正应力。

应力状态的概念 构件是由各个质点组成,过每一个质点可有无数个面。一般情况下,每一个面上都有两种应力(正应力和切应力)。要保证构件不发生破坏,即要保证每一个质点都不破坏;要保证每一个质点不破坏,即要知道过一点的任意面上的应力,使其都不超过许用应力。因此,为了分析各种破坏现象,建立复杂受力情况下的强度条件,必须研究受力杆件内任一点的不同方位截面上的应力情况。受力构件内一点处沿各个方位截

面上应力的大小和方向的情况，称为这一点的应力状态。

单元体的概念　为了描述一点的应力状态，在一般情况下，总是围绕这一点作一个由三组相互垂直的面围成的六面体，当六面体的各边边长充分小时，这种六面体称为"单元体"。由于单元体非常小，可以认为单元体各表面上的应力是均匀分布的，而且每一组两个平行面上的应力是相同的。当单元体的三组相互垂直面上的应力已知时，就可以采用截面法通过平衡条件求得任意方向面上的应力。这样，一点的应力状态可以完全确定了。因此，可以用单元体的表面上的应力来反映一点的应力状态。

单元体的切取　若要确定过一点任意方向面上的应力，首先要确定代表这一点的单元体上三组相互垂直面上的应力。因此，在截取代表一点的单元体时，单元体表面上的应力为已知或容易由基本变形或组合变形下的应力公式可求得。在矩形截面杆中切取单元体的方法是：单元体三组面中，一组为相距很近的横截面，另外两组面为相距很近、平行于杆表面的纵截面 [图 8.2 (a)]；在圆杆中切取单元体的方法是：单元体三组面中，一组面为相距很近的横截面，另一组为相距很近的同轴圆柱面，再一组则为通过轴线且夹一微小角度的一对纵截面 [图 8.2 (b)]。

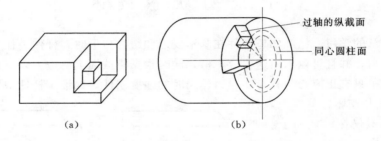

（a）　　　　　　　　　　（b）

图 8.2

单元体各面的命名及应力的正向规定　设有一单元体及坐标系如图 8.3 所示。单元体的平面用其法线来命名，如单元体的左、右面以 x 轴为法线，故称为 x 面；同理，上、下面称为 y 面；前后面称为 z 面。应力字母的右下角码表示应力作用面。如 σ_x 和 τ_x 分别表示 x 面上的正应力和切应力。一般规定：正应力 σ 以拉应力为正，切应力 τ 以绕单元体顺时针转向为正。图 8.3 所示单元体各面上的正应力都为正向。x 面上的切应力 τ_x 为正向，而 y 面上的切应力 τ_y 为负向。

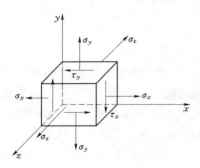

图 8.3

一点应力状态分类　在单元体的三组相互垂直的面中，三组面上都有应力，这种应力状态称为空间应力状态（图 8.3）。若三组面中至少有一组应力为零时，则称为平面应力状态（图 8.4）。在基本变形及部分组合变形的杆件中，所取单元体的应力状态不外乎图 8.4 所示三种形式的平面应力状态中的一种。

工程中许多受力杆件的危险点都是处于平面应力状态。因此，本章主要对平面应力状态进行分析。

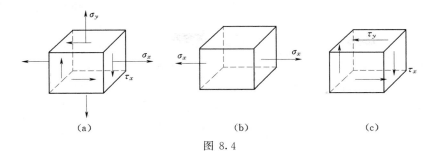

图 8.4

8.2 平面应力状态分析

斜截面上应力分析的解析法 在杆件中某点处取一单元体，如图 8.5（a）所示。单元体 x 面上的应力为 σ_x、τ_x；y 面上的应力为 σ_y、τ_y；z 面上的应力为零。由于单元体的前后面上应力为零，因此，此点的应力状态为平面应力状态。于是，可将单元体简化成平面图形的形式，如图 8.5（b）所示。若单元体表面上的应力均为已知，现在研究与坐标轴 z 平行的任一斜面 ab 上的应力。斜截面的方位用其外法线 n 与坐标轴 x 的夹角 α 表示，由 x 轴逆时针转到斜截面外法线 n 的角 α 为正，该截面上的应力用 σ_α 与 τ_α 表示。

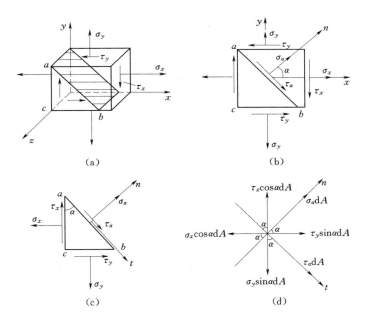

图 8.5

沿斜截面 ab 将单元体切开，选三角形微体 abc 为研究对象。设截面 ab 的面积为 $\mathrm{d}A$，则截面 ac 与 cb 的面积分别为 $\cos\alpha\mathrm{d}A$ 与 $\sin\alpha\mathrm{d}A$，微体 abc 三面上应力如图 8.5（c）所示。微体的受力如图 8.5（d）所示，由三角形微体的平衡条件可得

$$\sum F_n = 0$$

$$\sigma_a dA - \sigma_x \cos\alpha dA \cos\alpha - \sigma_y \sin\alpha dA \sin\alpha + \tau_x \cos\alpha dA \sin\alpha + \tau_y \sin\alpha dA \cos\alpha = 0$$

$$\sigma_a = \sigma_x \cos^2\alpha + \sigma_y \sin^2\alpha - (\tau_x + \tau_y)\sin\alpha\cos\alpha \qquad ①$$

$$\sum F_t = 0$$

$$\tau_a dA - \sigma_x \cos\alpha dA \sin\alpha + \sigma_y \sin\alpha dA \cos\alpha - \tau_x \cos\alpha dA \cos\alpha + \tau_y \sin\alpha dA \sin\alpha = 0$$

$$\tau_a = (\sigma_x - \sigma_y)\sin\alpha\cos\alpha + \tau_x \cos^2\alpha - \tau_y \sin^2\alpha \qquad ②$$

根据切应力互等定理知，τ_x 与 τ_y 的数值相等；由三角函数关系可知

$$\cos^2\alpha = \frac{1 + \cos 2\alpha}{2}$$

$$\sin^2\alpha = \frac{1 - \cos 2\alpha}{2}$$

$$\sin 2\alpha = 2\sin\alpha\cos\alpha$$

将上述关系式代入式①与式②中，于是得平面应力状态下斜截面上应力的一般公式为

$$\sigma_a = \frac{\sigma_x + \sigma_y}{2} + \frac{\sigma_x - \sigma_y}{2}\cos 2\alpha - \tau_x \sin 2\alpha \qquad (8.1)$$

$$\tau_a = \frac{\sigma_x - \sigma_y}{2}\sin 2\alpha + \tau_x \cos 2\alpha \qquad (8.2)$$

由式（8.1）可求出与 α 面垂直的 $\alpha + 90°$ 面上的正应力为

$$\sigma_{a+90°} = \frac{\sigma_x + \sigma_y}{2} - \frac{\sigma_x - \sigma_y}{2}\cos 2\alpha + \tau_x \sin 2\alpha \qquad ③$$

将式③与式（8.1）相加可得

$$\sigma_a + \sigma_{a+90°} = \sigma_x + \sigma_y = 常量 \qquad (8.3)$$

式（8.3）表明，在单元体中相互垂直的两个截面上的正应力之和等于常量。

应力圆的概念 将式（8.1）与式（8.2）改写成如下形式

$$\sigma_a - \frac{\sigma_x + \sigma_y}{2} = \frac{\sigma_x - \sigma_y}{2}\cos 2\alpha - \tau_x \sin 2\alpha$$

$$\tau_a - 0 = \frac{\sigma_x - \sigma_y}{2}\sin 2\alpha + \tau_x \cos 2\alpha$$

先将以上两式各自两边平方，然后将两式相加，于是得

$$\left(\sigma_a - \frac{\sigma_x + \sigma_y}{2}\right)^2 + (\tau_a - 0)^2 = \left(\frac{\sigma_x - \sigma_y}{2}\right)^2 + \tau_x^2 \qquad (8.4)$$

将式（8.4）与圆的一般方程 $(x-a)^2 + (y-b)^2 = R^2$ 比较，可知式（8.4）是以 σ_a 与 τ_a 为变量的圆的方程。可以看出，在以 σ 为横坐标轴、τ 为纵坐标轴的平面内，式（8.4）的轨迹为圆（图 8.6）。圆心坐标为 $\left(\dfrac{\sigma_x + \sigma_y}{2}, 0\right)$，半径为 $\sqrt{\left(\dfrac{\sigma_x - \sigma_y}{2}\right)^2 + \tau_x^2}$，这个圆称应力圆或莫尔圆。

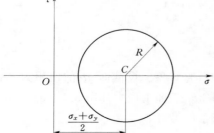

图 8.6

应力圆的作法 已知图 8.7（a）所示单元体，x 面上的应力为 (σ_x, τ_x)，y 面上的应力为 (σ_y, τ_y)，根据 x、y 面上的已知应力作此单元体对应的

应力圆，其方法和步骤如下：

- 建立坐标系，以 σ 轴为横轴，τ 轴为纵轴。
- 在 $\sigma—\tau$ 坐标系中，求 $X(\sigma_x,\tau_x)$、$Y(\sigma_y,\tau_y)$ 两点。
- 连接 X、Y 两点，交横轴于点 C。
- 以 C 为圆心，以 CX 或 CY 为半径作圆，如图 8.7（b）所示。

由上述方法所作圆的圆心 C 的坐标显然为 $\left(\dfrac{\sigma_x+\sigma_y}{2},\ 0\right)$，圆的半径 R 为 $\sqrt{\left(\dfrac{\sigma_x-\sigma_y}{2}\right)^2+\tau_x^2}$，所以，此圆就是式（8.4）的图像表达。

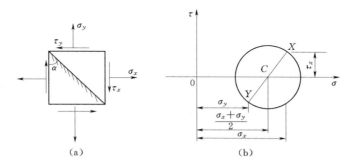

图 8.7

应力圆的应用　在利用应力圆分析应力时，应注意应力圆与单元体的几个对应关系。图 8.8（a）所示单元体与其对应的应力圆 ［图 8.8（b）］ 的对应关系有以下几个方面：

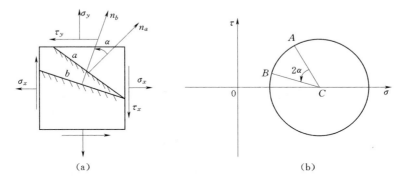

图 8.8

- 一个点的应力状态对应着一个应力圆。
- 过点的一个截面对应着应力圆圆周上一个点。图 8.8（a）中的 a 截面、b 截面分别对应着应力圆 ［图 8.8（b）］ 圆周上的 A 点与 B 点。
- 截面上的两个应力对应着应力圆周上点的两个坐标。
- 过点的两个截面（a 与 b）夹角（α）的二倍角（2α），等于应力圆上相应点 A 与点 B 对应圆心角，且两角的转向相同，如图 8.8 所示。

【例 8.1】　已知一点的应力状态如图 8.9（a）所示，试计算截面 $m—m$ 上的正应力

σ_m 与切应力 τ_m。

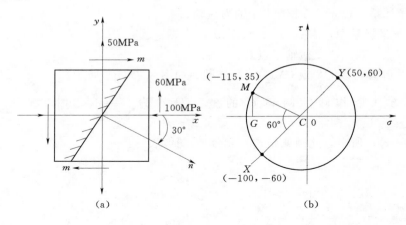

图 8.9

解：（1）用解析法求 m—m 截面上的应力。由图可知，x 与 y 截面上的应力分别为

$$\sigma_x = -100\text{MPa}, \tau_x = -60\text{MPa}$$

$$\sigma_y = 50\text{MPa}, \quad \tau_y = 60\text{MPa}$$

截面 m—m 的方位角为 $\qquad \alpha = -30°$

将以上数据代入式（8.1）与式（8.2）中，得

$$\sigma_m = \frac{\sigma_x + \sigma_y}{2} + \frac{\sigma_x - \sigma_y}{2}\cos 2\alpha - \tau_x \sin 2\alpha$$

$$= \frac{-100 + 50}{2} + \frac{-100 - (50)}{2}\cos(-60°) - (-60)\sin(-60°) = -114.5(\text{MPa})$$

$$\tau_m = \frac{\sigma_x - \sigma_y}{2}\sin 2\alpha + \tau_x \cos 2\alpha$$

$$= \frac{-100 - (50)}{2}\sin(-60°) + (-60)\cos(-60°) = 35.0(\text{MPa})$$

（2）用图解法求 m—m 截面上的应力。在 σ—τ 平面内，按选定的比例尺，由坐标确定点 $X(-100, -60)$ 与点 $Y(50, 60)$ [图 8.9（b）]。然后，以 XY 为直径画圆，即得相应的应力圆。

将半径 CX 沿顺时针方向旋转 $|2\alpha| = 60°$ 至 CM 处，所得点 M 即为截面 m—m 的对应应力坐标点。按选定的比例尺，量得 $OG = 115\text{MPa}$，$GM = 35\text{MPa}$，由此得截面 m—m 的正应力与切应力分别为

$$\sigma_m = -115(\text{MPa}), \tau_m = +35(\text{MPa})$$

8.3　应力极值与主应力

平面应力状态的正应力极值　一点应力状态 [图 8.10（a）] 的应力圆如图 8.10（b）所示，由点的应力状态与应力圆的对应关系可知，在这个平面应力状态的单元体中，最大与最小正应力作用面在应力圆中对应的点为 A 和 B，最大与最小正应力为

$$\left.\begin{array}{c}\sigma_{\max}\\\sigma_{\min}\end{array}\right\}=OC\pm CA=\frac{\sigma_x+\sigma_y}{2}\pm\sqrt{\left(\frac{\sigma_x-\sigma_y}{2}\right)^2+\tau_x^2}\tag{8.5}$$

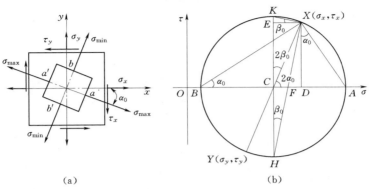

图 8.10

在此应力圆中，由 CX 顺转 $2\alpha_0$ 到达 CA；而在对应的单元体中，将 x 面顺转 α_0 角可到达 a 面位置；即将正应力 σ_x 作用线顺转 α_0 角到达最大正应力 $\sigma_{\max}$ 作用线位置。在图 8.10（b）中，$\angle AXD=\alpha_0$。由几何关系可得 α_0 角应满足以下三角函数关系，即

$$\tan\alpha_0=\tan(\sigma_x,\sigma_{\max})=-\frac{AD}{XD}=\frac{\sigma_x-\sigma_{\max}}{\tau_x}\tag{8.6}$$

在应力圆中，横坐标极值点 A 与点 B 位于应力圆上同一直径的两端，即最大与最小正应力作用线垂直。因此，当最大正应力 $\sigma_{\max}$ 作用方位确定后，最小正应力方位也可随之确定，如图 8.10（a）所示。

平面应力状态的切应力极值　由应力圆［图 8.10（b）］中还可以看出，在这个平面应力状态的单元体中，最大与最小切应力分别为

$$\left.\begin{array}{c}\tau_{\max}\\\tau_{\min}\end{array}\right\}=\pm CK=\pm\sqrt{\left(\frac{\sigma_x-\sigma_y}{2}\right)^2+\tau_x^2}\tag{8.7}$$

在图 8.10（b）中，由几何关系可得一点应力状态中切应力 τ_x 作用线向最大切应力 $\tau_{\max}$ 作用线旋转的角度 β_0，β_0 应满足以下三角函数关系，即

$$\tan\beta_0=\tan(\tau_x,\tau_{\max})=\frac{KE}{XE}=-2\frac{\tau_x-\tau_{\max}}{\sigma_x-\sigma_y}\tag{8.8}$$

最大切应力 $\tau_{\max}$ 作用线与最小切应力 $\tau_{\min}$ 作用线也相互垂直，并与极值正应力作用线成 $45°$ 夹角。

主应力的概念　由图 8.10（b）还可以看出，正应力极值所在截面的切应力为零。将切应力为零的截面称为主平面。因此，图 8.10（a）所示截面 a、a'、b、b' 均为主平面。此外，该单元体的前、后两面的切应力也为零，因此也是主平面。由此三组相互垂直的主平面所围成的单元体称为主平面单元体。

主平面上的正应力称为主应力，主平面单元体上的三个主应力通常按其代数值大小排序命名；依次用 σ_1、σ_2 与 σ_3 表示，即 $\sigma_1\geqslant\sigma_2\geqslant\sigma_3$。

根据一点处主应力的数值，可将应力状态分为三类。三个主应力中，仅有一个主应力

不为零，称单向应力状态；三个主应力中，只有一个主应力为零，称为二向应力状态；三个主应力都不为零，称为三向应力状态。二向与三向应力状态统称为复杂应力状态。

【例 8.2】　从构件中取一单元体，各截面的应力如图 8.11（a）所示。试用解析法与图解法确定主应力的大小及方位，求此平面应力状态的最大切应力及其方位。

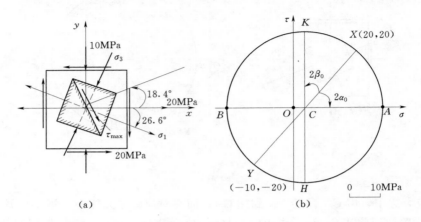

图 8.11

解：（1）用解析法求解。x 与 y 截面的应力分别为

$$\sigma_x = 20\text{MPa}, \ \sigma_y = -10\text{MPa}, \ \tau_x = 20\text{MPa}, \ \tau_y = -20\text{MPa}$$

将以上应力值代入式（8.5）与式（8.6），得

$$\left.\begin{array}{c}\sigma_{\max} \\ \sigma_{\min}\end{array}\right\} = \frac{\sigma_x + \sigma_y}{2} \pm \sqrt{\left(\frac{\sigma_x - \sigma_y}{2}\right)^2 + \tau_x^2}$$

$$= \frac{20 - 10}{2} \pm \sqrt{\left(\frac{20 + 10}{2}\right)^2 + 20^2} = \begin{cases} 30(\text{MPa}) \\ -20(\text{MPa}) \end{cases}$$

$$\tan\alpha_0 = \tan(\sigma_x, \sigma_{\max}) = \frac{\sigma_x - \sigma_{\max}}{\tau_x} = \frac{20 - 30}{20} = -0.5$$

$$\alpha_0 = -26.6°$$

由此可见，三个主应力分别为

$$\sigma_1 = 30(\text{MPa}), \ \sigma_2 = 0, \ \sigma_3 = -20(\text{MPa})$$

主应力 σ_1 的方位角为 $\alpha_0 = -26.6°$ [图 8.11（a）]。

将截面 x 与截面 y 的应力值代入式（8.7）与式（8.8）中可得

$$\tau_{\max} = \sqrt{\left(\frac{\sigma_x - \sigma_y}{2}\right)^2 + \tau_x^2} = \sqrt{\left(\frac{20 - (-10)}{2}\right)^2 + 20^2} = 25(\text{MPa})$$

$$\tau_{\min} = -25\text{MPa}$$

$$\tan\beta_0 = \tan(\tau_x, \tau_{\max}) = -2\frac{\tau_x - \tau_{\max}}{\sigma_x - \sigma_y} = -2\frac{20 - 25}{20 - (-10)} = 0.333$$

$$\beta_0 = 18.4°$$

（2）用图解法求解。在 σ—τ 平面内，按选定的比例尺，在坐标系中确定 $X(20, 20)$ 与 $Y(-10, -20)$ 两点 [图 8.11（b）]；以 XY 为直径画圆，即得此点的应力圆。

应力圆与坐标轴 σ 相交于点 A 与点 B，按选定的比例尺，量得 $OA = 30\text{MPa}$，$OB = 20\text{MPa}$，所以

$$\sigma_1 = 30\text{MPa}, \quad \sigma_3 = -20\text{MPa}$$

从应力圆中量得 $\angle XCA = 53°$，因为由半径 CX 至 CA 的转向为顺时针方向，所以，主应力 σ_1 的方位角为

$$\alpha_0 = -\frac{\angle XCA}{2} = -\frac{53°}{2} = -26.5°$$

从应力圆中量得 $CK = 25\text{MPa}$，所以，

$$\tau_{\max} = 25\text{MPa}$$

从应力圆中量得 $\angle XCK = 37°$，而且，自半径 CX 至 CK 的转向为逆时针方向，因此，最大切应力的方位角

$$\beta_0 = \frac{\angle XCK}{2} = \frac{37°}{2} = 18.5°$$

主应力迹线 图 8.12（a）所示矩形截面简支梁，在横截面 m—m 上分别选取 a、b、c、d、e 等五点，如图 8.12（b）所示。应用此截面的弯矩 M 和剪力 F_Q，求出各点横截面上的弯曲正应力 σ 与切应力 τ。在横截面上、下边缘的点 a 与点 e 处 [图 8.12（b）]，处于单向应力状态；中性轴上的点 c，处于纯剪切状态；而在其间的点 b 与点 d，则同时承受弯曲正应力 σ 与切应力 τ。

应用截面上各点的弯曲正应力 σ 与切应力 τ，根据式（8.5）和式（8.6），求出各点处的主应力大小及其方位角。将 $\sigma_x = \sigma$，$\sigma_y = 0$，$\tau_x = \tau$，代入公式中可得

$$\sigma_1 = \frac{1}{2}\left(\sigma + \sqrt{\sigma^2 + 4\tau^2}\right) > 0 \qquad ①$$

$$\sigma_3 = \frac{1}{2}\left(\sigma - \sqrt{\sigma^2 + 4\tau^2}\right) < 0 \qquad ②$$

$$\sigma_2 = 0$$

$$\tan\alpha_0 = \frac{\sigma - \sigma_1}{\tau}$$

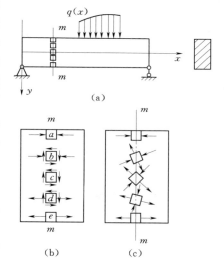

图 8.12

式①与式②表明，在梁内任一点处的两个非零主应力中，其中一个必为拉应力，而另一个必为压应力。m—m 截面上，a、b、c、d、e 等五点的主应力方向如图 8.12（c）所示。在正弯矩作用下，梁横截面上从上向下各点的主拉应力由铅直方向逐渐转向水平方向，各点的主压应力方向则由水平逐渐转向铅直。

把梁等分成多个截面 1—1，2—2，…，n—n [图 8.13（a）]，从 1—1 截面上任一点 a 起，求出点 a 的主应力 σ_1 方向，延长方向线与截面 2—2 交于点 b；再求点 b 的主应力方向，也延长该方向线交于截面 3—3 的点 c，……依次下去。当截面取得较密时，则折线 $abcd\cdots$ 变为一条光滑曲线，曲线上任一点的切线必然是梁主应力 σ_1 的方向，这条曲线称

为主应力迹线。依照这种方法，在梁上可以画出很多主应力迹线 ［图 8.13（b）］。同理可画出 σ_3 的主应力迹线，如图 8.13（b）所示的虚线。由于各点处的主拉应力 σ_1 与主压应力 σ_3 相互垂直，所以，上述两组曲线相互正交。图 8.13（b）所示为承受均布荷载简支梁的主应力迹线。对于钢筋混凝土梁常按主拉应力迹线配置受拉钢筋，使钢筋承担拉力，如图 8.13（c）所示。

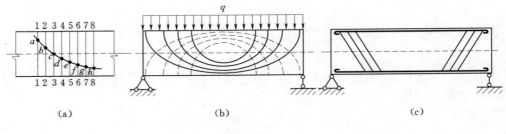

(a)　　　　　　　　　　(b)　　　　　　　　　　(c)

图 8.13

思考题

8.1　根据一点的主应力分布情况，将应力状态分为哪三类？并用工程实例说明。

8.2　一个点的平面应力状态完全可由一个应力圆表达。你是否能将研究点上的面、面上的正应力和切应力与应力圆中的元素相对应？

8.3　图示为一平面应力状态的单元体及应力圆，试在应力圆上表示出单元体中所示三个截面的对应点。

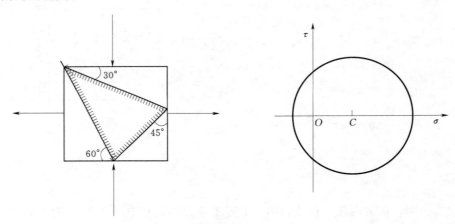

思考题 8.3 图

8.4　一点上的切应力为零的面称为这点的一个主平面。你根据切应力互等定理，推断一点有几个主平面？各面之间存在什么几何关系？

8.5　在单元体中最大正应力作用面上有没有切应力？在最大切应力作用面上有没有正应力？

8.6　图示三个应力圆各表示何种应力状态？画出各应力圆所对应的单元体。

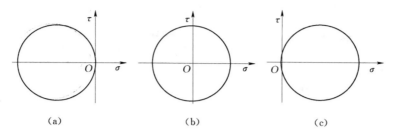

思考题 8.6 图

8.7　主应力迹线反映了构件中每一点的主应力在构件中走向路线。钢筋混凝土构件中主要钢筋的布置一般应与构件的何种主应力迹线相吻合？

习题

8.1　图示为一根等截面直圆杆，直径 $D=100\text{mm}$，承受扭力矩 $M=M'=8\text{kN}\cdot\text{m}$ 及轴向拉力 $F=F'=40\text{kN}$ 作用。如在杆的表面上一点处截取单元体如图所示。求此单元体各面的应力，并将这些应力画在单元体上。

8.2　图示为一直角曲柄把手，AB 段为圆截面，直径 $d=40\text{mm}$，作用力 $F=2\text{kN}$。若在杆的截面 A 处截取如图所示单元体，求此单元体各面的应力，并将这些应力画在单元体上。

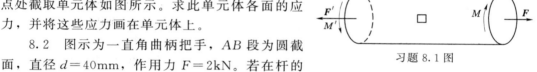

习题 8.1 图

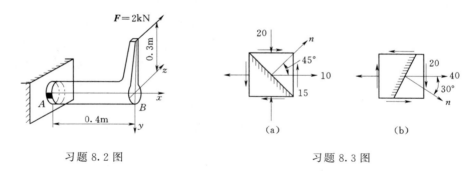

习题 8.2 图　　　　　　　　习题 8.3 图

8.3　已知应力状态如图所示（应力单位为 MPa）。试用解析法计算图中指定截面上的正应力和切应力。

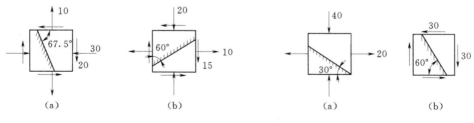

习题 8.4 图　　　　　　　　习题 8.5 图

8.4　已知应力状态如图所示（应力单位为 MPa）。试用解析法计算图中指定截面上的正应力和切应力。

8.5　微元体各截面的应力如图所示（应力单位为 MPa）。试用应力圆求图中指定截面上的正应力和切应力。

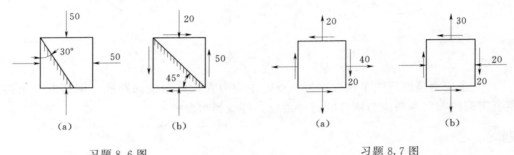

习题 8.6 图　　　　　　　　　　　习题 8.7 图

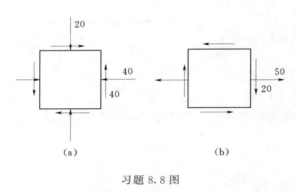

习题 8.8 图

8.6　微元体各截面的应力如图所示（应力单位为 MPa）。试用应力圆求图中指定截面上的正应力和切应力。

8.7　微元体各截面的应力如图所示（应力单位为 MPa）。试用解析法与应力圆计算主应力的大小及所在截面的方位，并在微元体中画出。

8.8　微元体各截面的应力如图所示（应力单位为 MPa）。试用解析法与应力圆计算主应力的大小及所在截面的方位，并在微元体中画出。

8.4　强　度　理　论

强度理论的概念　当材料处于单向应力状态时，其极限应力 σ_u 可利用拉伸与压缩实验测定。工程中许多构件的危险点，处于二向或三向应力状态，这种应力状态的实验比较复杂。而且主应力 σ_1、σ_2 与 σ_3 之间存在无数种数值组合，要测出每种组合情况下的相应极限应力 σ_{1u}、σ_{2u} 与 σ_{3u}，实际上很难实现。因此，研究材料在复杂应力状态下的失效规律极为必要。

长期以来，人们根据对材料的失效现象的分析与研究，提出了各种关于材料破坏规律的假说或学说，称为强度理论。这些假说或学说的正确性，必须经受实验与实践的检验。实际上，也正是在反复实验与实践的基础上，强度理论才逐步得到发展并日趋完善。

大量的工程实例和实验表明，材料在静荷载作用下的失效形式主要有两种：一种为脆性断裂；另一种为塑性屈服。材料发生脆性断裂，失效时没有明显的塑性变形而突然断裂，如铸铁拉伸时沿横截面断裂；材料发生塑性屈服，失效时产生明显的塑性变形，并伴有屈服现象，如低碳钢拉伸时，当应力达到屈服极限 σ_s 后，产生明显的塑性变形。因此，根据材料失效形式把强度理论划分为关于断裂的强度理论与关于屈服的强度理论。

关于断裂的强度理论

● 最大拉应力理论（第一强度理论）。最大拉应力理论认为：引起材料断裂的主要因素是最大拉应力，而且，不论材料处于何种应力状态，只要最大拉应力 σ_1 达到材料单向拉伸断裂时的最大拉应力值 σ_b，材料即发生断裂。

材料的断裂条件为

$$\sigma_1 = \sigma_b \qquad ①$$

式①中 σ_b 为材料单向拉伸断裂时的最大拉应力，即材料的拉伸强度极限。试验表明，脆性材料在二向或三向受拉断裂时，此理论与试验结果相当接近；而当存在压应力的情况下，则只要最大压应力值不超过最大拉应力值或超过不多，此理论也是正确的。

由式①并考虑安全因素后，得相应的强度条件为

$$\sigma_1 \leqslant \frac{\sigma_b}{n}$$

或

$$\sigma_1 \leqslant [\sigma] \qquad (8.9)$$

式中：σ_1 为材料危险点处的最大拉应力；$[\sigma]$ 为材料单向拉伸时的许用应力。

● 最大拉应变理论（第二强度理论）。最大拉应变理论认为：引起材料断裂的主要因素是最大拉应变，而且，不论材料处于何种应力状态，只要最大拉应变 ε_1 达到材料单向拉伸断裂时的最大拉应变 ε_{1u}，材料即发生断裂。

复杂应力状态下的最大拉应变为

$$\varepsilon_1 = \frac{1}{E}[\sigma_1 - \mu(\sigma_2 + \sigma_3)] \qquad ②$$

材料在单向拉伸断裂时的最大拉应变为

$$\varepsilon_{1u} = \frac{\sigma_b}{E} \qquad ③$$

最大拉应变理论的断裂条件为

$$\varepsilon_1 = \varepsilon_{1u}$$

将式②和式③代入上式，即得用主应力表示的断裂条件为

$$\sigma_1 - \mu(\sigma_2 + \sigma_3) = \sigma_b \qquad ④$$

试验表明，脆性材料在两向拉抻一向压缩应力状态下，且压应力值超过拉应力值时，此理论与试验结果大致符合。此外，砖、石等脆性材料，压缩时之所以沿纵向截面裂开，也可由此理论得到说明。

由式④并考虑安全因素后，即得相应的强度条件为

$$\sigma_1 - \mu(\sigma_2 + \sigma_3) \leqslant [\sigma] \qquad (8.10)$$

式中：σ_1、σ_2 与 σ_3 为构件危险点处的主应力；$[\sigma]$ 为材料单向拉伸时的许用应力。

关于屈服的强度理论

● 最大切应力理论（第三强度理论）。最大切应力理论认为：引起材料屈服的主要因素是最大切应力，而且，不论材料处于何种应力状态，只要最大切应力 $\tau_{\max}$ 达到材料单向拉伸屈服时的最大切应力 τ_s，材料即发生屈服。

复杂应力状态下的最大切应力为

$$\tau_{\max} = \frac{\sigma_1 - \sigma_3}{2} \qquad ⑤$$

材料单向拉伸屈服时的最大切应力为

$$\tau_s = \frac{\sigma_s}{2} \qquad ⑥$$

最大切应力理论的屈服条件为

$$\tau_{\max} = \tau_s$$

将式⑤和式⑥代入上式，即得用主应力表示的屈服条件为

$$\sigma_1 - \sigma_3 = \sigma_s \qquad ⑦$$

由式⑦并考虑安全因素后，即得相应的强度条件为

$$\sigma_1 - \sigma_3 \leqslant [\sigma] \qquad (8.11)$$

式中：σ_1 与 σ_3 为构件危险点处的主应力；$[\sigma]$ 为材料单向拉伸时的许用应力。

对于塑性材料，最大切应力理论与试验结果很接近，因此在工程中得到广泛应用。该理论的缺点是未考虑主应力 σ_2 的作用，而试验表明，主应力 σ_2 对材料屈服的确存在一定影响。

● 畸变能理论（第四强度理论）。弹性材料在外力作用下发生变形，弹性体因变形而储存能量。外力作用下的微元体，其形状与体积一般均发生改变，将形状发生改变而储存的能量称为畸变能；把体积发生改变而储存的能量称为体积改变能。单位体积内的畸变能称为畸变能密度，用 υ_d 表示。

畸变能理论认为：引起材料屈服的主要因素是畸变能密度，而且，不论材料处于何种应力状态，只要畸变能密度 υ_d 达到材料单向拉伸屈服时的畸变能密度 υ_{ds}，材料即发生屈服。

复杂应力状态下的畸变能密度为

$$\upsilon_d = \frac{1 + \mu}{6E} \left[(\sigma_1 - \sigma_2)^2 + (\sigma_2 - \sigma_3)^2 + (\sigma_3 - \sigma_1)^2 \right] \qquad ⑧$$

材料单向拉伸屈服时的畸变能密度为

$$\upsilon_{ds} = \frac{1 + \mu}{3E} \sigma_s^2 \qquad ⑨$$

畸变能理论的屈服条件为

$$\upsilon_d = \upsilon_{ds}$$

将式⑧和式⑨ 代入上式，即得用主应力表示的屈服条件为

$$\sqrt{\frac{1}{2} \left[(\sigma_1 - \sigma_2)^2 + (\sigma_2 - \sigma_3)^2 + (\sigma_3 - \sigma_1)^2 \right]} = \sigma_s \qquad ⑩$$

由式⑩ 并考虑安全因素后，即得相应的强度条件为

$$\sqrt{\frac{1}{2} \left[(\sigma_1 - \sigma_2)^2 + (\sigma_2 - \sigma_3)^2 + (\sigma_3 - \sigma_1)^2 \right]} \leqslant [\sigma] \qquad (8.12)$$

式中：σ_1、σ_2 与 σ_3 为构件危险点处的主应力；$[\sigma]$ 为材料单向拉伸时的许用应力，试验表明，对于塑性材料，畸变能理论比最大切应力理论更符合试验结果。这两个理论在工程

中均得到广泛应用。

相当应力　从以上四个强度理论的强度条件表达式可看出，当根据强度理论建立复杂应力状态下构件的强度条件时，形式上是将主应力的某一综合值与材料单向拉伸许用应力相比较，即将复杂应力状态强度问题，表示为单向应力状态强度问题。主应力的上述综合值称为相当应力，即在促使材料失效方面，相当应力可看待成与复杂应力状态等效的单向应力。

以上四个强度理论的相当应力依次可表示为

$$\sigma_{r1} = \sigma_1$$
$$\sigma_{r2} = \sigma_1 - \mu(\sigma_2 + \sigma_3)$$
$$\sigma_{r3} = \sigma_1 - \sigma_3$$
$$\sigma_{r4} = \sqrt{\frac{1}{2}\big[(\sigma_1 - \sigma_2)^2 + (\sigma_2 - \sigma_3)^2 + (\sigma_3 - \sigma_1)^2\big]}$$

材料的脆性状态与塑性状态　一般情况下，脆性材料抵抗断裂的能力低于抵抗剪切滑移的能力；塑性材料抵抗剪切滑移的能力则低于抵抗断裂的能力。因此，最大拉应力理论与最大拉应变理论一般适用于脆性材料；而最大切应力理论与畸变能理论则一般适用于塑性材料。但是，材料失效的形式不仅与材料的性质有关，同时还与其工作条件有关。工作条件包括应力状态的形式、温度以及加载速度等。例如，在三向压缩的情况下，灰口铸铁等脆性材料也可能产生显著的塑性变形，即脆性材料处于塑性状态；在三向近乎等值的拉应力作用下，钢等塑性材料也可能毁于断裂，即塑性材料处于脆性状态。可见，同一种材料在不同工作条件下，可能由脆性状态转入塑性状态，或由塑性状态转入脆性状态。

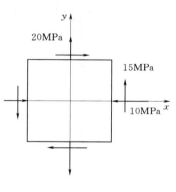

图 8.14

【例 8.3】　有一铸铁零件，其危险点处的单元体应力状况如图 8.14 所示。已知铸铁的许用拉应力 $[\sigma_t] = 50\text{MPa}$，试校核其强度。

解：由图可知，x 与 y 截面上的应力为

$$\sigma_x = -10\text{MPa}, \tau_x = -15\text{MPa}, \sigma_y = 20\text{MPa}$$

由式（8.5）可得

$$\left.\begin{matrix}\sigma_{\max} \\ \sigma_{\min}\end{matrix}\right\} = \frac{-10+20}{2} \pm \sqrt{\left(\frac{-10-20}{2}\right)^2 + (-15)^2} = \left\{\begin{matrix}26.2(\text{MPa}) \\ -16.2(\text{MPa})\end{matrix}\right.$$

则主应力为

$$\sigma_1 = 26.2\text{MPa}, \ \sigma_2 = 0, \ \sigma_3 = -16.2\text{MPa}$$

主应力 σ_3 为压应力，因其绝对值小于主拉应力 σ_1，所以宜采用最大拉应力理论，显然

$$\sigma_1 = 26.2\text{MPa} < [\sigma_t] = 50\text{MPa}$$

构件满足强度条件。

8.5 特殊应力状态点的强度计算

构件在基本变形和组合变形下，曾应用横截面上的正应力强度条件进行强度计算，这些危险点都处于单向应力状态，所应用的强度条件实质上是强度理论中的特例，这些强度计算是十分必要的，也是首先应当满足的。但是，在构件的横截面上某些点处，不但有相当大的正应力，而且还存在相当大的切应力。对于这些处于复杂应力状态的点，也可能成为构件中的危险点，因此，也要进行强度计算。

单向正应力与纯剪切组合的强度计算 如图 8.15（a）所示，工字形截面梁的腹板与翼缘交界各点，在横截面上有相当大的正应力和切应力，应力状态如图 8.15（b）所示。这些点也极有可能成为梁的危险点，因此，我们要根据第三与第四强度理论建立相应的强度条件表达式。

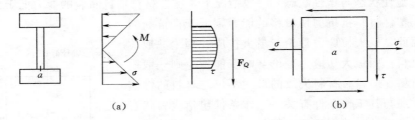

图 8.15

由式（8.5）求得，该微元体的最大与最小正应力分别为

$$\left.\begin{array}{c}\sigma_{\max}\\\sigma_{\min}\end{array}\right\} = \frac{1}{2}(\sigma \pm \sqrt{\sigma^2 + 4\tau^2})$$

相应的主应力为

$$\sigma_1 = \frac{1}{2}(\sigma + \sqrt{\sigma^2 + 4\tau^2})$$

$$\sigma_2 = 0$$

$$\sigma_3 = \frac{1}{2}(\sigma - \sqrt{\sigma^2 + 4\tau^2})$$

由式（8.11）得第三强度理论表达式

$$\sigma_{r3} = \sqrt{\sigma^2 + 4\tau^2} \leqslant [\sigma] \tag{8.13}$$

由式（8.12）得第四强度理论表达式

$$\sigma_{r4} = \sqrt{\sigma^2 + 3\tau^2} \leqslant [\sigma] \tag{8.14}$$

【例 8.4】 简支的工字钢梁及其所受荷载如图 8.16（a）所示，已知许用拉应力 $[\sigma_t]=170\text{MPa}$，试按第三、第四强度理论校核梁 C 左截面上点 a 处的强度。

解：（1）作梁的剪力图、弯矩图如图 8.16（b）、（c）所示，可得 C 左截面的剪力和弯矩分别为

$$F_Q = 200\text{kN}, \quad M = 80\text{kN} \cdot \text{m}$$

（2）计算 I_z 及 S_z（$y=135$）。

$$I_z = \frac{120 \times 300^3}{12} - \frac{111 \times 270^3}{12}$$

$$= 88 \times 10^6 (\text{mm}^4)$$

$$S_z = 120 \times 15 \times (150 - 7.5)$$

$$= 25.65 \times 10^4 (\text{mm}^3)$$

（3）计算 C 左截面上点 a 处的应力。

$$\sigma = \frac{My}{I_z} = \frac{80 \times 10^6 \times 135}{88 \times 10^6}$$

$$= 122.7 (\text{MPa})$$

$$\tau = \frac{F_Q S_z}{I_z d} = \frac{200 \times 10^3 \times 25.65 \times 10^4}{88 \times 10^6 \times 9}$$

$$= 64.8 (\text{MPa})$$

（4）强度校核。绘出点 a 的平面应力状态图 [图 8.16（d）]，根据式（8.13）求第三强度理论相当应力，得

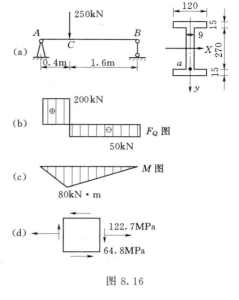

图 8.16

$$\sigma_{r3} = \sqrt{\sigma^2 + 4\tau^2} = \sqrt{122.7^2 + 4 \times 64.8^2} = 178.5 (\text{MPa})$$

显然　　　　　　　　　　　　　$\sigma_{r3} > [\sigma]$

但是，σ_{r3} 与许用应力比较，超值为 $5\%\left(\dfrac{178.5-170}{170} \times 100\%\right)$，而未超过工程允许的 5% 范围，所以，可以应用。

根据式（8.14）求第四强度理论相当应力，得

$$\sigma_{r4} = \sqrt{\sigma^2 + 3\tau^2} = \sqrt{122.7^2 + 3 \times 64.8^2} = 166.3 (\text{MPa})$$

显然，$\sigma_{r4} < [\sigma]$ 满足第四强度条件。

圆轴弯扭组合强度计算　图 8.17（a）所示圆截面轴同时承受横向力 $\boldsymbol{F}$ 与矩为 M_e 的扭力偶作用。轴在扭力偶作用下发生扭转，在横向力作用下发生弯曲。轴的弯矩图与扭矩图如图 8.17（b）、（c）所示。横截面 A 为危险截面。在横截面 A 的铅垂直径线上，上端点 a 与下端点 b 为危险点 [图 8.17（d）]，在此两点处，同时作用有最大弯曲正应力与最

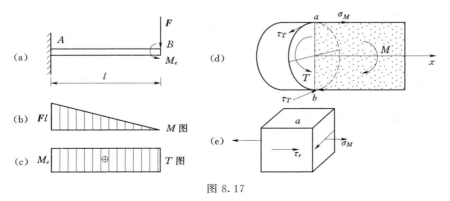

图 8.17

大扭转切应力，其值分别为

$$\sigma_M = \frac{M}{W_z} \qquad\qquad ①$$

$$\tau_T = \frac{T}{W_p} = \frac{T}{2W_z} \qquad\qquad ②$$

　　在点 a 处用横截面、径向纵截面以及平行轴表面的圆柱面切取微元体，则微元体各面的应力如图 8.17（e）所示，显然，微元体处于单向拉伸与纯剪切的组合应力状态。因此，当轴用塑性材料制成时，将式①和式②代入式（8.13）可得第三强度理论强度条件表达式，即

$$\sigma_{r3} = \sqrt{\sigma_M^2 + 4\tau_T^2} = \frac{\sqrt{M^2 + T^2}}{W_z} \leqslant [\sigma] \qquad (8.15)$$

　　将式①和式②代入式（8.14）可得第四强度理论强度条件表达式，即

$$\sigma_{r4} = \sqrt{\sigma_M^2 + 3\tau_T^2} = \frac{\sqrt{M^2 + 0.75T^2}}{W_z} \leqslant [\sigma] \qquad (8.16)$$

　　【例 8.5】　图 8.18（a）所示钢质拐轴，承受铅垂荷载 $F = 1\text{kN}$，已知许用应力 $[\sigma] = 160\text{MPa}$。试按第三强度理论确定轴 AB 的直径。

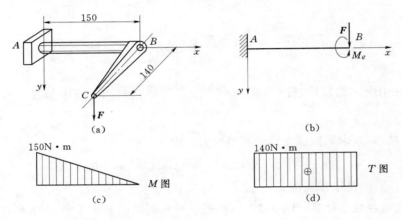

图 8.18

　　解：（1）作轴 AB 的受力图。将力 F 由点 C 平移到点 B，加一附加力偶，其矩 $M_e = F \times CB = 140\text{N} \cdot \text{m}$。轴 AB 的受力如图 8.18（b）所示。

　　（2）作轴 AB 的弯矩图和扭矩图。由受力图可知，轴 AB 在力 $\boldsymbol{F}$ 作用下发生弯曲，在矩为 M_e 的力偶作用下发生扭转。其弯矩图和扭矩图如图 8.18（c）、（d）所示。由内力图可看出，危险面为 A 截面，此面上的最大内力为

$$M_{\max} = F \times AB = 1 \times 10^3 \times 0.15 = 150(\text{N} \cdot \text{m})$$

$$T_{\max} = M_e = 140(\text{N} \cdot \text{m})$$

　　（3）按第三强度理论确定轴直径。由式（8.15）得

$$W_z \geqslant \frac{\sqrt{M^2 + T^2}}{[\sigma]}$$

将 $W_z = \dfrac{\pi R^3}{4}$ 代入上式得

$$R \geqslant \sqrt[3]{4 \, \frac{\sqrt{M^2 + T^2}}{\pi [\sigma]}} = \sqrt[3]{4 \times \frac{\sqrt{150^2 + 140^2}}{\pi \times 160} \times 10^3} = 11.78 (\text{mm})$$

轴 AB 的直径可取 24mm。

思考题

8.8　铸铁在拉伸作用下的断裂面发生在横截面，而铸铁在扭转作用下的断裂面为斜螺旋面。显然，两个破坏面的方向不同。你能用强度理论解释这两种破坏的机理吗？

8.9　关于断裂的强度理论适用于处于脆性状态工作的材料，关于屈服的强度理论适用于处于塑性状态工作的材料。塑性材料在工作时都表现为塑性状态吗？脆性材料在工作时都表现为脆性状态吗？

8.10　在冬天，水管内的水结冰时，水管会因受冰的压力作用而破裂，然而管内的冰在此时也受到同样的反作用压力，冰为什么没有被压破裂而水管却破裂了，为什么？

8.11　低碳钢轴扭转断裂面发生在横截面，而铸铁杆在拉伸时的断裂面也发生在横截面，显然，两个破坏面的方向相同，这两种破坏的机理相同吗？

8.12　在生活和工程中，人们往往对材料的断裂失效关注较多，而对材料的屈服关注较少，甚至还没有意识。你能否在工程中找出关于材料屈服失效的几个实例？

8.13　对于工字形截面钢梁，在横截面上腹板和翼缘交界处各点，有较大的正应力，也有较大的切应力。如何直接应用这两个应力求第三和第四强度理论相当应力？

8.14　同一强度理论，其强度条件可表达成不同的形式。以第三强度理论为例，我们常用有以下三种形式

$$\sigma_{r3} = \sigma_1 - \sigma_3 \leqslant [\sigma], \sigma_{r3} = \sqrt{\sigma^2 + 4\tau^2} \leqslant [\sigma], \sigma_{r3} = \frac{1}{W_z} \sqrt{M_z^2 + T^2} \leqslant [\sigma]$$

问它们的适用范围是否相同？为什么？

习题

8.9　图示为某铸铁构件危险点处的应力情况，已知铸铁的许用拉应力 $[\sigma_t] = 40$MPa。校核其强度。

8.10　导轨与车轮接触处的主应力分别为 $\sigma_1 = -300$MPa，$\sigma_2 = -450$MPa，$\sigma_3 = -500$MPa，若导轨的许用应力 $[\sigma] = 160$MPa，试按第四强度理论校核其强度。

8.11　图示外伸梁承受力 $F = 130$kN 作用，许用应力 $[\sigma] = 170$MPa。对于处于复杂应力状态的危险点，一般取危险面上腹板与翼缘交界处的点。采用第三强度理论校核其强度。

8.12　图示圆截面钢杆，受集中力 $F_1 = 500$N、$F_2 = 15$kN 与扭力偶矩 $M_e = 1.2$kN·m 的作用，许用应力 $[\sigma] = 160$MPa。用第三强度理论校核该杆的强度。

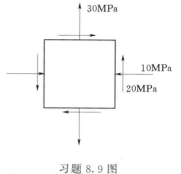

习题 8.9 图

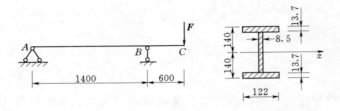

习题 8.11 图

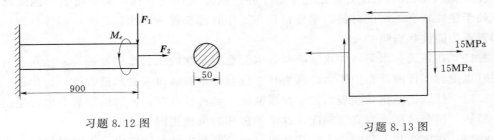

习题 8.12 图　　　　　　　　　　习题 8.13 图

8.13　从某铸铁构件内的危险点处取出的单元体，其各面上的应力如图所示。已知铸铁的泊松比 $\mu=0.25$，许用拉应力 $[\sigma_t]=30$MPa，试用第一和第二强度理论校核其强度。

8.14　图示为一简支钢梁所受荷载及截面尺寸。已知钢材的许用应力 $[\sigma]=170$MPa，$[\tau]=100$MPa。试校核梁内横截面上的最大正应力和最大切应力，并按第四强度理论对危险面上腹板与翼缘交界处的点 a 作强度校核。

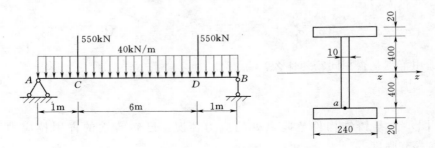

习题 8.14 图

第9章 杆件的变形与结构的位移计算

本章主要内容:

- 介绍拉压杆件的轴向变形、圆轴的扭转变形及其刚度计算。
- 讨论平面弯曲梁的变形及刚度条件。
- 研究结构的位移计算方法。
- 介绍弹性结构的几个互等定理。

9.1 轴向拉压杆的变形

材料在线性弹性范围内,轴向拉压杆横截面上的正应力 σ 与轴向方向的线应变 ε 满足胡克定律

$$\sigma = E\varepsilon$$

将应力公式(7.3)和应变公式(7.7)代入胡克定律表达式中可得杆的轴向绝对变形量 Δl 为

$$\Delta l = \frac{F_N l}{EA} \tag{9.1}$$

式(9.1)是胡克定律的另一表达形式。它适用于等截面常轴力拉压杆。它表明在正应力不超过材料的比例极限时,拉压杆的轴向变形 Δl 与轴力 F_N 及杆长 l 成正比,或者说与乘积 $F_N l$(轴力图面积)成正比;与乘积 EA 成反比。乘积 EA 称为杆抗拉压刚度。显然,对于给定长度的等截面拉压杆,在一定轴向荷载作用下,拉压刚度愈大,杆的轴向变形愈小。由式(9.1)可知,轴向变形 Δl 与轴力 F_N 具有相同的正负符号,即伸长为正,缩短为负。

对于轴力、横截面面积、弹性模量等沿杆轴线逐段变化的拉压杆,要在截面变化处、轴力变化处、材料变化处分段。杆的轴向总变形量 Δl 为各段变形量 Δl_i 的代数和,即

$$\Delta l = \sum \Delta l_i = \sum_{i=1}^{n} \left(\frac{F_N l}{EA} \right)_i \tag{9.2}$$

图 9.1(a)所示阶梯形拉压杆,AB 段为铜材料,$BCDE$ 为钢材,即在点 B 处材料发生了变化;在点 C 处截面发生了变化;由轴力图[图 9.1(b)]可知,在点 D 处轴力发生了变化。若要计算阶梯形杆的轴向变形,要将杆分为 AB、BC、CD、DE 等四段。分别计算各段变形,最后求代数和。

【**例 9.1**】 一截面为正方形的阶梯形砖柱,其各段长度、截面尺寸和受力情况如图 9.2(a)所示。已知材料的弹性模量 $E = 0.03 \times 10^5$ MPa,外力 $F = 50$kN。试求砖柱顶部的位移。

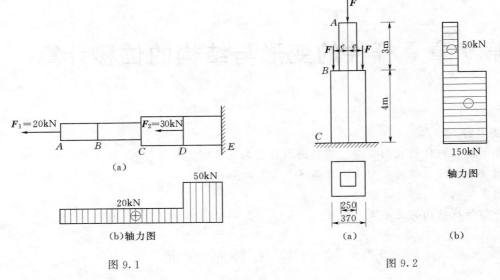

图 9.1

图 9.2

解：(1) 求各杆段的轴力，作其轴力图。

AB 段 $$F_{N1} = -F = -50 \text{ (kN)}$$

BC 段 $$F_{N2} = -F - 2F = -150 \text{ (kN)}$$

作轴力图如图 9.2 (b) 所示。

(2) 求柱的轴向变形。由式 (9.2) 得

$$\Delta l = \sum_{i=1}^{2} \left(\frac{F_N l}{EA} \right)_i = \left(\frac{F_N l}{EA} \right)_1 + \left(\frac{F_N l}{EA} \right)_2$$

$$= \frac{-50 \times 10^3 \times 3 \times 10^3}{0.03 \times 10^5 \times 250^2} + \frac{-150 \times 10^3 \times 4 \times 10^3}{0.03 \times 10^5 \times 370^2} = -2.3 \text{(mm)}$$

计算结果为负，说明柱沿轴线方向缩短。

(3) 求柱顶的位移。因为柱的下端 C 固定不动，柱沿轴线的缩短量等于柱顶的向下位移量，所以，柱顶 A 向下位移了 2.3mm。

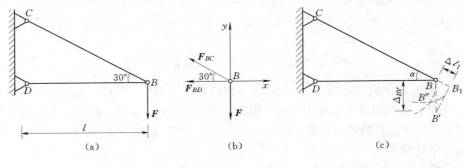

图 9.3

【例 9.2】　图 9.3（a）所示三角桁架，已知 BC 杆的抗拉压刚度为 $(EA)_1$，BD 杆认为是刚性杆 $(EA)_2 \to \infty$。试求结点 B 的位移。

解：（1）根据静力平衡条件求各杆的轴力。取 B 节点为对象，作受力图如图 9.3（b）所示，由静力平衡条件得

$$\sum F_y = 0 \qquad F_{BC}\sin 30° - F = 0, \qquad F_{BC} = 2F$$

$$\sum F_x = 0 \qquad -F_{BC}\cos 30° - F_{BD} = 0, \qquad F_{BD} = -\sqrt{3}F$$

（2）求各杆的变形。

BC 杆　　　　　　$$\Delta l_1 = \frac{F_{BC}l_1}{(EA)_1} = \frac{2Fl}{(EA)_1\cos 30°} = \frac{4\sqrt{3}Fl}{3(EA)_1}$$

BD 杆：因为 $(EA)_2 \to \infty$，认为该杆是刚性杆，所以，$\Delta l_2 = 0$。

（3）求点 B 的位移。桁架受力 $\boldsymbol{F}$ 之后，杆件发生变形，但变形后的杆 BC 及杆 BD 仍然相交于一点 B''。B'' 的位置按如下方法确定，假想地把杆 BC、杆 BD 在点 B 拆开，并沿原来各杆的轴线方向分别增加变形量 Δl_1 和 Δl_2。然后分别以点 C 和点 D 为圆心，以变形后各杆的长度为半径作圆弧，两圆弧的交点即为点 B''。由于各杆的变形都限制在小变形范围内，因此，我们可以用圆弧的切线代替圆弧，即在变形后的杆端作杆的垂线代替圆弧线，即可求出 B' 的位置，如图 9.3（c）所示，用点 B' 代替点 B''。从图中可以看出，点 B 的铅直位移 $\Delta_{VB} = \overline{BB'}$，即

$$\Delta_{VB} = \frac{\Delta l_1}{\sin 30°} = \frac{8\sqrt{3}}{3(EA)_1}Fl$$

点 B 的水平位移　　　　　　　　$$\Delta_{BH} = 0$$

思考题

9.1　在什么条件下，可用公式 $\Delta l = \dfrac{F_N l}{EA}$ 计算杆的绝对轴向变形？

9.2　对于变截面（非阶梯逐段变化）杆或轴力沿杆轴线是线性变化（并非常数）的杆，杆的绝对变形如何计算？

9.3　对简单桁架，在求出各杆的轴向变形后，如何计算结点的位移？

习题

9.1　图示为一截面为方形的梯形砖柱，上段截面面积 $A_1 = 240 \times 240\text{mm}^2$；下段截面面积 $A_2 = 370 \times 370\text{mm}^2$。砖砌体的弹性模量 $E = 3\text{GPa}$，砖柱自重不计。试求：（1）分别计算柱上、下段的应变；（2）柱顶部 C 的位移量。

9.2　图示钢杆的横截面面积为 200mm^2，钢的弹性模量 $E = 200\text{GPa}$，求各段的应变、轴向变形；求杆端 D 沿轴向的线位移。

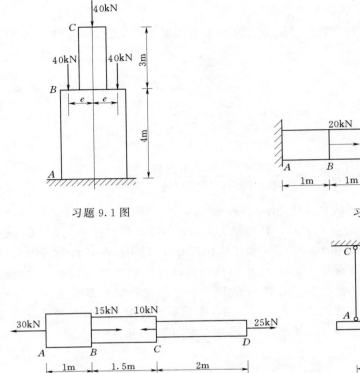

习题9.1图

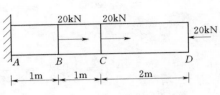

习题9.2图

习题9.3图

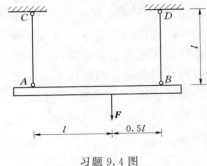

习题9.4图

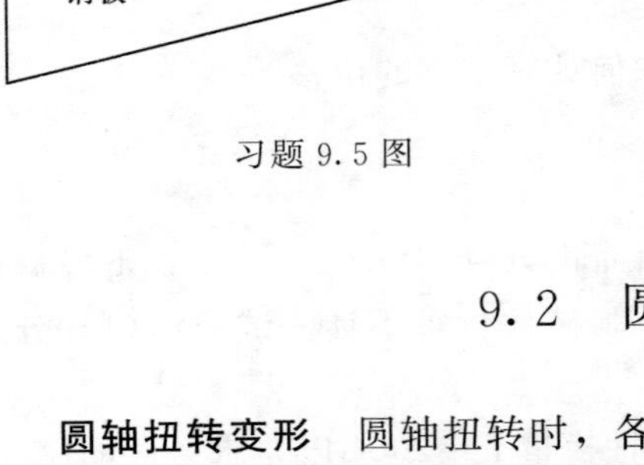

习题9.5图

9.3　图示阶梯形变截面杆，其弹性模量 $E=200\text{GPa}$，杆的横截面面积 $A_{AB}=300\text{mm}^2$，$A_{BC}=250\text{mm}^2$，$A_{CD}=200\text{mm}^2$。求各段的轴向应变；求全杆的轴向总变形。

9.4　图示刚性杆 AB 在力 F 的作用下保持水平下移，AC、BD 两杆材料相同，问 AC、BD 两杆的横截面面积之比。

9.5　图示一厚度均匀的直角三角形钢板，用等长的圆截面钢筋 AB 和 CD 吊起，欲使 BD 线保持水平位置，问 AB、CD 两杆的直径之比为多少？

9.2　圆截面轴的扭转变形

圆轴扭转变形　圆轴扭转时，各横截面之间绕轴线发生相对转动。因此，圆轴的扭转变形是用两端横截面绕轴线的相对扭转角来度量的。由式（7.28）可知，$\mathrm{d}x$ 微段的扭转变形为

$$d\varphi = \frac{T}{GI_P}dx$$

对于扭矩 T 及 GI_P 不随杆截面位置坐标 x 变化的圆轴，则长度为 l 的一段杆两端截面的相对扭转角为

$$\varphi = \int_0^l \frac{T}{GI_P}dx = \frac{Tl}{GI_P} \qquad (9.3)$$

式（9.3）中，φ 的单位为 rad，其正负号与扭矩正负号一致。式（9.3）表明，扭转角 φ 与扭矩 T、轴长 l 成正比，与乘积 GI_P 成反比。乘积 GI_P 称为圆轴的抗扭转刚度。

对于扭矩、横截面面积、切变模量沿杆轴逐段变化的圆截面轴，应在扭矩变化处、截面变化处、切变模量变化处分段，分段计算截面间的相对扭转角，然后求代数和，即得整个轴两端相对扭转角。

$$\varphi = \sum_{i=1}^n \left(\frac{Tl}{GI_P}\right)_i \qquad (9.4)$$

【例 9.3】 如图 9.4（a）所示圆轴受扭力偶作用。已知，$M_1 = 0.8\text{kN} \cdot \text{m}$，$M_2 = 2.3\text{kN} \cdot \text{m}$，$M_3 = 1.5\text{kN} \cdot \text{m}$。$AB$ 段的半径 $R_1 = 2\text{cm}$，BC 段的半径 $R_2 = 3.5\text{cm}$。已知材料的切变模量 $G = 80\text{GPa}$。试计算 φ_{AC}。

解：（1）作扭矩图。

AB 段　　$T_1 = \sum M_i = M_1 = 0.8(\text{kN} \cdot \text{m})$

BC 段　　$T_2 = \sum M = M_1 - M_2 = 0.8 - 2.3$
$$= -1.5(\text{kN} \cdot \text{m})$$

该轴的扭矩图如图 9.4（b）所示。

（2）计算极惯性距。

AB 段　　　　$I_{P1} = \dfrac{\pi R_1^4}{2} = \dfrac{\pi \times 20^4}{2} = 2.51 \times 10^5 (\text{mm}^4)$

BC 段　　　　$I_{P2} = \dfrac{\pi R_2^4}{2} = \dfrac{\pi \times 35^4}{2} = 2.36 \times 10^6 (\text{mm}^4)$

（3）计算扭转角。

由于 AB 段和 BC 段的扭矩和截面尺寸都不相同，故应分段计算相对扭转角。

$$\varphi_{AB} = \left(\frac{Tl}{GI_P}\right)_1 = \frac{0.8 \times 10^6 \times 0.8 \times 10^3}{80 \times 10^3 \times 2.51 \times 10^5} = 0.0319(\text{rad})$$

$$\varphi_{BC} = \left(\frac{Tl}{GI_P}\right)_2 = \frac{(-1.5) \times 10^6 \times 1.0 \times 10^3}{80 \times 10^3 \times 2.36 \times 10^6} = -0.0079(\text{rad})$$

由式（9.4）得

$$\varphi_{AC} = \varphi_{AB} + \varphi_{BC} = 0.0319 - 0.0079 = 0.024(\text{rad})$$

扭转轴的刚度条件　为了保证圆轴的正常工作，除了要求满足强度条件外，还要求圆轴应有足够的刚度，即对其变形有一定的限制。在工程实际中，通常是限制扭转角沿轴线的变化率 $d\varphi/dx$，即要求轴单位长度内的扭转角不超过某一规定的许用值 $[\theta]$。由式

（7.28）可知，扭转角的变化率为

$$\theta = \frac{\mathrm{d}\varphi}{\mathrm{d}x} = \frac{T}{GI_P}$$

圆轴扭转的刚度条件可表示为

$$\theta_{max} = \left(\frac{T}{GI_P}\right)_{max} \leqslant [\theta] \tag{9.5}$$

对于相同材料的等截面圆轴，即要求

$$\frac{T_{max}}{GI_p} \leqslant [\theta] \tag{9.6}$$

式（9.6）中，若切变模量 G 的单位用 Pa，极惯性矩 I_P 的单位用 m^4，扭矩 T 的单位用 N·m，则扭转角变化率 $\mathrm{d}\varphi/\mathrm{d}x$ 的单位为 rad/m。而单位长度许用扭转角的单位一般为（°）/m（度/米），考虑单位换算，则得

$$\frac{T_{max}}{GI_P} \times \frac{180}{\pi} \leqslant [\theta] \tag{9.7}$$

不同用途圆轴的单位长度许用扭转角 $[\theta]$ 的值，可以从有关手册中查得。一般情况下，精密传动轴，$[\theta]$ 的值常取在（0.25°~0.5°）/m 之间，对于一般传动轴，可放宽到 $2°/m$。

应用刚度条件可以解决圆轴的扭转刚度校核、截面设计及确定许用荷载等三方面的问题。

【例 9.4】　一电机传动钢轴，半径 $R = 20mm$，轴传递的功率为 30kW，转速 $n = 1400r/min$。轴的许用切应力 $[\tau] = 40MPa$，切变模量 $G = 80GPa$，轴的许用扭转角 $[\theta] = 0.7$（°）/m。试校核此轴的强度和刚度。

解：（1）计算扭力偶矩和扭矩。

扭力偶矩为　　$M_e = 9549\frac{P}{n} = 9549 \times \frac{30}{1400} = 204.6(N·m)$

轴横截面上的扭矩为　　$T = M_e = 204.6(N·m)$

（2）强度校核。

$$I_P = \frac{\pi R^4}{2} = \frac{\pi \times 20^4}{2} = 2.51 \times 10^5(mm^4) = 2.51 \times 10^{-7}(m^4)$$

$$W_P = \frac{\pi R^3}{2} = \frac{\pi \times 20^3}{2} = 1.257 \times 10^4(mm^3)$$

$$\tau_{max} = \frac{T}{W_P} = \frac{204.6 \times 10^3}{1.257 \times 10^4} = 16.3(MPa)$$

因为 $\tau_{max} < [\tau]$，所以轴满足强度条件。

（3）刚度校核。轴单位长度扭转角为

$$\theta = \frac{T}{GI_P} \times \frac{180}{\pi} = \frac{204.6}{80 \times 10^9 \times 2.51 \times 10^{-7}} \times \frac{180}{\pi} = 0.59[(°)/m]$$

因为 $\theta_{max} < [\theta]$。所以，轴也满足刚度条件。

【例 9.5】　一空心圆截面的传动轴，已知轴的内半径 $r = 42.5mm$，外半径 $R =$

45mm，材料的 $[\tau]=60\text{MPa}$，$G=80\text{GPa}$。轴单位长度的许用扭转角 $[\theta]=0.8$ (°) /m。试求该轴所能传递的许用扭矩。

解：（1）按强度条件计算。

轴的内外径比为
$$\alpha=\frac{r}{R}=\frac{42.5}{45}=0.944$$

由强度条件得
$$T_{\max}\leqslant W_P[\tau]$$
$$T_{\max}\leqslant\frac{\pi R^3}{2}(1-\alpha^4)[\tau]$$

$$T_{\max}\leqslant\frac{\pi\times45^3}{2}(1-0.944^4)\times60=1768\times10^3(\text{N}\cdot\text{mm})=1768(\text{N}\cdot\text{m})$$

（2）按刚度条件计算。

$$I_P=\frac{\pi R^4}{2}(1-\alpha^4)=\frac{\pi}{2}\times45^4(1-0.944^4)=1.326\times10^6(\text{mm}^4)$$

由刚度条件得
$$T_{\max}\leqslant\frac{GI_P\pi[\theta]}{180}$$

$$T_{\max}\leqslant\frac{80\times10^9\times1.326\times10^{-6}\times\pi\times0.8}{180}=1480(\text{N}\cdot\text{m})$$

传动轴应同时满足强度条件和刚度条件，故取扭矩较小者，即传动轴所能传递的许用扭矩 $[T]=1480\text{N}\cdot\text{m}$。

思考题

9.4　在什么条件下，可用公式 $\varphi=\dfrac{Tl}{GI_P}$ 计算轴的绝对扭转角？

9.5　单位长度许用扭转角 $[\theta]$ 工程中一般所用的单位为"度/米"，应用公式 $\theta=\dfrac{T}{GI_P}$ 求单位长度扭转角时，公式中各量将采用何种单位，如何将其再转换为"度/米"的单位？

9.6　用低碳钢制成的传动轴，发现原设计轴的扭转角超过了许用扭转角，故改用优质钢或加大轴的直径，问哪个方案较为有效，为什么？

习题

9.6　图示为一钢制空心圆轴，轴的外径 $D=21\text{mm}$，$\alpha=0.6$，材料的切变模量 $G=80\text{GPa}$。求轴两端截面的相对扭转角 φ_{AC}。

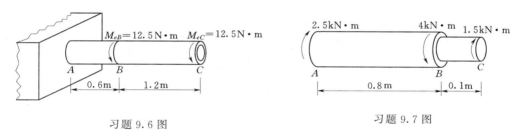

习题 9.6 图　　　　　　　　　　　　习题 9.7 图

9.7 图示为一变截面圆轴，已知轴的 AB 段直径 $d_1=75\text{mm}$，BC 段直径 $d_2=60\text{mm}$，材料的切变模量 $G=80\text{GPa}$。求轴两端截面的相对扭转角 φ_{AC}。

9.8 图示为一变截面圆轴，AB 段直径 $d_1=40\text{mm}$，BC 段直径 $d_2=70\text{mm}$；材料的切变模量 $G=80\text{GPa}$；许用扭转角 $[\theta]=2(°)/\text{m}$。校核该轴的刚度。

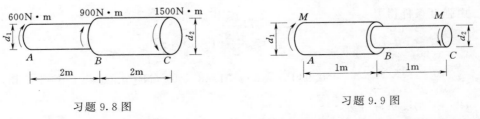

习题 9.8 图 习题 9.9 图

9.9 图示为一变截面圆轴，AB 段直径 $d_1=50\text{mm}$，BC 段直径 $d_2=35\text{mm}$；材料的切变模量 $G=80\text{GPa}$；若轴的两端相对扭转角不超过 0.01rad，求轴的许可扭力矩 M。

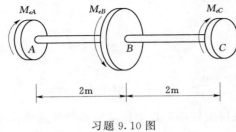

习题 9.10 图

9.10 图示轴的转速 $n=400\text{r/min}$，B 轮输入功率 $P_B=60\text{kW}$，A 轮和 C 轮的输出功率 $P_A=P_C=30\text{kW}$。已知材料的切变模量 $G=80\text{GPa}$；$[\tau]=40\text{MPa}$，$[\theta]=0.5(°)/\text{m}$。试按强度和刚度条件选择轴的直径。

9.3 平面弯曲梁的变形

梁在外力作用下要产生弯曲变形。水闸门的梁变形过大，会影响闸门的正常启闭；桥梁的弯曲变形过大，当机车通过时会引起剧烈振动；楼面梁变形过大会使下面的抹灰层开裂或脱落。因此，梁在满足强度条件的同时，还应限制梁的变形不能超过一定的许可值，所以，我们一定要研究梁的弯曲变形。此外，在解超静定梁时，也需借助梁的变形条件来求梁的多余约束力。同时梁的变形理论也是为以后研究压杆稳定等问题提供有关理论基础。因此，研究梁的变形很有必要。本节主要研究梁在平面弯曲时的变形。

挠曲轴的概念 在外力作用下，梁的轴线由直线变为曲线，变弯后的梁轴称为挠曲轴。它是一条连续光滑的曲线。梁在平面弯曲时，挠曲轴是位于对称面内的平面曲线，如图 9.5 所示。

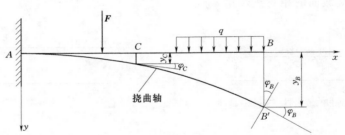

图 9.5

梁截面形心在垂直于梁轴方向的位移称为挠度，并用 y 表示。规定向下位移为正，如图 9.5 中点 C 的挠度为 y_C，点 B 的挠度为 y_B。虽然各截面的挠度不同，但是，挠度 y 沿梁轴 x 方向的变化是连续的。因此，可将挠度沿轴 x 方向的变化规律用 x 的函数表达，即

$$y = y(x) \tag{9.8}$$

当梁弯曲时，由于梁轴的长度保持不变，因此，截面形心沿梁轴方向也存在位移，但在小变形的条件下，截面形心的轴向位移远小于横向位移，因而可以忽略不计。所以，式 (9.8) 亦代表挠曲轴的解析表达式，称为挠曲轴方程。

横截面的角位移，称为转角，并用 φ 表示，规定以顺转为正。由于忽略剪力对变形的影响，梁弯曲时横截面仍保持平面并与挠曲轴正交。因此，任一横截面的转角 φ 也等于挠曲轴在该截面处的切线与坐标轴 x 的夹角 φ，如图 9.5 所示。在工程实际中，转角 φ 一般均很小，于是转角 φ 与挠度 y 可建立如下微分关系式

$$\varphi \approx \tan\varphi = \frac{\mathrm{d}y}{\mathrm{d}x} \tag{9.9}$$

式 (9.9) 表明横截面的转角等于挠曲轴在该截面处的斜率。

挠曲轴近似微分方程　在推导梁横截面正应力公式时，我们已经建立了平面剪切弯曲梁的曲率公式 (7.42)，即

$$\frac{1}{\rho(x)} = \frac{M(x)}{EI} \tag{①}$$

由高等数学知识可知，平面曲线 $y = y(x)$ 上任一点的曲率为

$$\frac{1}{\rho(x)} = \pm \frac{\dfrac{\mathrm{d}^2 y}{\mathrm{d}x^2}}{\left[1 + \left(\dfrac{\mathrm{d}y}{\mathrm{d}x}\right)^2\right]^{3/2}}$$

对于工程中常用的梁，变形均为小变形，转角 $\varphi = \dfrac{\mathrm{d}y}{\mathrm{d}x}$ 一般不超过 $1°$ 或 $0.0175\mathrm{rad}$，对于上式中的 $\left(\dfrac{\mathrm{d}y}{\mathrm{d}x}\right)^2$ 微量可以忽略不计，所以上式可简化为

$$\frac{1}{\rho(x)} = \pm \frac{\mathrm{d}^2 y}{\mathrm{d}x^2} \tag{②}$$

由式①和式②可得

$$\frac{\mathrm{d}^2 y}{\mathrm{d}x^2} = \pm \frac{M(x)}{EI} \tag{③}$$

根据本教材的弯矩正向规定及 x—y 坐标系正向规定，上式右边应取负号，则挠曲轴近似微分方程可表达为

$$\frac{\mathrm{d}^2 y}{\mathrm{d}x^2} = - \frac{M(x)}{EI} \tag{9.10}$$

实践表明，由此方程求得的挠度与转角，对于工程应用已足够精确。

计算梁位移的积分法　将式 (9.10) 积分一次，可得梁的转角方程，即

$$\varphi = \frac{\mathrm{d}y}{\mathrm{d}x} = - \int \frac{M(x)}{EI}\mathrm{d}x + C \tag{9.11}$$

将式（9.11）再积分一次得梁的挠曲轴方程，即

$$y = -\iint \frac{M(x)}{EI} \mathrm{d}x\mathrm{d}x + Cx + D \tag{9.12}$$

对于式（9.11）和式（9.12）中的积分常数 C 与 D，可利用梁上某些截面的已知位移及位移连续条件来确定。将截面的位置坐标与对应的已知位移代入式（9.11）和式（9.12）中，即可求出积分常数 C 和 D。将求出的积分常数再代入式（9.11）和式（9.12）中，即得梁的挠曲轴方程与转角方程的具体表达式，由此方程可求出任一横截面的挠度与转角。

已知梁截面位移的条件称梁的位移边界条件。例如，梁在固端支座处横截面的挠度与转角均为零，即 $y=0$，$\varphi=0$。在铰支座处，横截面的挠度为零，即 $y=0$。

当弯矩方程需要分段建立或弯曲刚度沿梁轴分段变化时，以致使挠曲轴近似微分方程也需分段建立。在各段的积分中，将分别包含两个积分常数。虽然各段得出的位移方程形式不同，但是，挠曲轴是连续光滑的，在相邻两梁段的交界处，应具有相同的挠度和转角，即相邻两段的位移方程在分段交界处的值相等。在分段处挠曲轴所应满足的连续光滑条件，称梁的连续条件。

对于分段积分的挠曲轴方程，可应用梁位移的边界件和连续条件确定出全部积分常数。

【例 9.6】　图 9.6（a）所示，简支梁受满跨向下均布荷载 q 作用，已知梁为等截面直梁，在全梁范围内抗弯刚度 EI 为常数。试求支座 A、B 处的转角及梁的最大挠度。

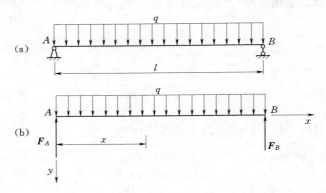

图 9.6

解：（1）作梁的受力图、求支座约束力。作梁的受力图如图 9.6（b）所示。由平衡方程求得约束力为

$$F_A = F_B = \frac{ql}{2}$$

（2）建立坐标系、列梁的弯矩方程。建立坐标系如图 9.6（b）所示，由梁受力图可知，按弯矩变化规律划分，梁只有一个弯矩变化段，梁的弯矩方程为

$$M(x) = F_A x - \frac{q}{2}x^2$$

即
$$M(x) = \frac{ql}{2}x - \frac{q}{2}x^2 \quad (0 \leqslant x \leqslant l)$$

（3）建立挠曲轴近似微分方程并积分。
$$EI\frac{\mathrm{d}^2 y}{\mathrm{d}x^2} = -\frac{ql}{2}x + \frac{q}{2}x^2$$

对上式两边相继积分两次，得

$$EI\varphi = EI\frac{\mathrm{d}y}{\mathrm{d}x} = -\frac{ql}{4}x^2 + \frac{q}{6}x^3 + C \qquad ④$$

$$EIy = -\frac{ql}{12}x^3 + \frac{q}{24}x^4 + Cx + D \qquad ⑤$$

（4）由边界条件确定积分常数。将 $x=0$，$y_A=0$ 的边界条件代入式⑤，得
$$D = 0$$

将 $x=l$，$y_B=0$ 的边界条件代入式⑤，得
$$C = \frac{ql^3}{24}$$

将积分常数值代入式④和式⑤中，得位移方程为

$$\varphi = \frac{1}{EI}\left(-\frac{ql}{4}x^2 + \frac{q}{6}x^3 + \frac{ql^3}{24}\right) \quad (0 \leqslant x \leqslant l) \qquad ⑥$$

$$y = \frac{1}{EI}\left(-\frac{ql}{12}x^3 + \frac{q}{24}x^4 + \frac{ql^3}{24}x\right) \quad (0 \leqslant x \leqslant l) \qquad ⑦$$

（5）求指定截面的位移。将 $x=0$ 代入式⑥可求得支座 A 处的转角为
$$\varphi_A = \frac{ql^3}{24EI}$$

将 $x=l$ 代入式⑥可求得支座 B 处的转角为
$$\varphi_B = -\frac{ql^3}{24EI}$$

挠度 $y(x)$ 在梁段上 x_0 处取极值的充分条件是：在 x_0 处，$\frac{\mathrm{d}y(x)}{\mathrm{d}x} = 0$，$\frac{\mathrm{d}^2 y(x)}{\mathrm{d}x^2} \neq 0$。显然，在 $\frac{\mathrm{d}y(x)}{\mathrm{d}x} = \varphi = 0$ 处，y 可能有极值。由式⑥可得，在 $x = \frac{l}{2}$ 时，$\varphi = 0$，且 $\frac{\mathrm{d}^2 y}{\mathrm{d}x^2} = -\frac{M(x)}{EI} \neq 0$。所以，在 $x = \frac{l}{2}$ 处有最大挠度。最大挠度为

$$y_{\max} = \frac{5ql^4}{384EI}$$

叠加法计算梁的挠度和转角　梁的挠曲轴近似微分方程是在小变形、材料服从胡克定律条件下导出的，因此，当梁上同时作用几个荷载时产生的某量值（包括约束力、内力或变形等）等于在每个荷载单独作用下产生的该量值的代数和。将这种计算方法称为叠加法。但必须注意此法只适合在线性弹性范围内。为了使用上的方便，将梁在简单荷载作用下用积分法计算出的挠曲轴方程、梁端转角、最大挠度等列成表（表 9.1），供计算查用。

用叠加法求挠度和转角的步骤是：将梁上的复杂荷载分解成几个简单荷载；查表 9.1 求梁在各简单荷载作用下的挠度和转角；叠加简单荷载作用下的各挠度和转角，即得复杂

荷载作用下的挠度和转角。

表 9.1　　　　　　　　　　　　梁在简单荷载作用下的挠度和转角

序号	梁及荷载	挠曲轴方程	转角和挠度
1		$y = \dfrac{F_P x^2}{6EI}(3l - x)$	$\varphi_B = \dfrac{F_P l^2}{2EI}$　$y_B = \dfrac{F_P l^3}{3EI}$ $y_{\max} = y_B$
2		$y = \dfrac{F_P x^2}{6EI}(3a - x)$　$(0 \leqslant x \leqslant a)$ $y = \dfrac{F_P a^2}{6EI}(3x - a)$　$(a \leqslant x \leqslant l)$	$\varphi_B = \dfrac{F_P a^2}{2EI}$　$y_B = \dfrac{F_P a^2}{6EI}(3l - a)$ $y_{\max} = y_B$
3		$y = \dfrac{q x^2}{24EI}(x^2 - 4lx + 6l^2)$	$\varphi_B = \dfrac{q l^3}{6EI}$　$y_B = \dfrac{q l^4}{8EI}$ $y_{\max} = y_B$
4		$y = \dfrac{M x^2}{2EI}$	$\varphi_B = \dfrac{Ml}{EI}$　$y_B = \dfrac{M l^2}{2EI}$ $y_{\max} = y_B$
5		$y = \dfrac{F_P x}{48EI}(3l^2 - 4x^2)$ $(0 \leqslant x \leqslant l/2)$	$\varphi_B = -\dfrac{F_P l^2}{16EI}$　$\varphi_A = \dfrac{F_P l^2}{16EI}$ $y_C = \dfrac{F_P l^3}{48EI}$　$y_{\max} = y_C$
6		$y = \dfrac{F_P b x}{6EIl}(l^2 - x^2 - b^2)$ $(0 \leqslant x \leqslant a)$ $y = \dfrac{F_P a (l-x)}{6EIl}(2xl - x^2 - a^2)$ $(a \leqslant x \leqslant l)$	假定 $:a \geqslant b$ $\varphi_B = -\dfrac{F_P ab(l + a)}{6EIl}$　$\varphi_A = \dfrac{F_P ab(l + b)}{6EIl}$ $y_{\max} = \dfrac{\sqrt{3} F_P b}{27EIl}(l^2 - b^2)^{3/2}$ $y_{\max}$ 在 $x = \sqrt{\dfrac{l^2 - b^2}{3}}$ 处
7		$y = \dfrac{q x}{24EI}(l^3 - 2x^2 l + x^3)$	$\varphi_A = \dfrac{q l^3}{24EI}$　$\varphi_B = \dfrac{-q l^3}{24EI}$ $y_{\max} = \dfrac{5 q l^4}{384EI}$ $y_{\max}$ 在 $x = \dfrac{l}{2}$ 处

续表

序号	梁及荷载	挠曲轴方程	转角和挠度
8		$y = \dfrac{Mx}{6EIl}(l-x)(2l-x)$	$\varphi_B = \dfrac{-Ml}{6EI} \quad \varphi_A = \dfrac{Ml}{3EI}$ $y_{\max} = \dfrac{Ml^2}{9\sqrt{3}EI}$ $y_{\max}$ 在 $x = \left(1-\dfrac{1}{\sqrt{3}}\right)l$ 处
9		$y = \dfrac{Mx}{6EIl}(l^2 - x^2)$	$\varphi_B = \dfrac{-Ml}{3EI} \quad \varphi_A = \dfrac{Ml}{6EI}$ $y_{\max} = \dfrac{Ml^2}{9\sqrt{3}EI}$ $y_{\max}$ 在 $x = \dfrac{l}{\sqrt{3}}$ 处
10		$y = \dfrac{Mx}{6EIl}(6al - 3a^2 - 2l^2 - x^2)$ $(0 \leqslant x \leqslant a)$ 当 $a = b = \dfrac{l}{2}$ 时 $y = \dfrac{Mx}{24EIl}(l^2 - 4x^2)$ $(0 \leqslant x \leqslant l/2)$	$\varphi_B = \dfrac{M}{6EIl}(l^2 - 3a^2)$ $\varphi_A = \dfrac{M}{6MIl}(6al - 3a^2 - 2l^2)$ 当 $a = b = \dfrac{l}{2}$ 时 $\varphi_A = \dfrac{Ml}{24EI}$ $\varphi_B = \dfrac{Ml}{24EI}$ 在 $x = \dfrac{l}{2}$ 有 $y = 0$
11		$y = -\dfrac{F_P ax}{6EIl}(l^2 - x^2)$ $(0 \leqslant x \leqslant l)$ $y = \dfrac{F_P(l-x)}{6EI}[(x-l)^2 - 3ax + al]$ $[l \leqslant x \leqslant (l+a)]$	$\varphi_B = \dfrac{F_P al}{3EI} \quad \varphi_A = \dfrac{-F_P al}{6EI}$ $\varphi_C = \dfrac{F_P a}{6EI}(2l + 3a)$ $y_{x=\frac{l}{2}} = -\dfrac{F_P al^2}{16EI}$ $y_C = \dfrac{F_P a^2}{3EI}(l+a)$
12		$y = -\dfrac{qa^2 x}{12EIl}(l^2 - x^2)$ $(0 \leqslant x \leqslant l)$ $y = \dfrac{q(x-l)}{24EI}[2a^2(3x-l)$ $+ (x-l)^2(x-l-4a)]$ $[l \leqslant x \leqslant (l+a)]$	$\varphi_B = \dfrac{qa^2 l}{6EI} \quad \varphi_A = \dfrac{-qa^2 l}{12EI}$ $\varphi_C = \dfrac{qa^2(l+a)}{6EI}$ $y_{x=\frac{l}{2}} = -\dfrac{qa^2 l^2}{32EI}$ $y_C = \dfrac{qa^3}{24EI}(4l + 3a)$
13		$y = -\dfrac{Mx}{6EIl}(l^2 - x^2)$ $(0 \leqslant x \leqslant l)$ $y = \dfrac{M}{6EI}(3x^2 - 4xl + l^2)$ $[l \leqslant x \leqslant (l+a)]$	$\varphi_B = \dfrac{Ml}{3EI}$ $\varphi_A = -\dfrac{Ml}{6EI}$ $\varphi_C = \dfrac{M}{3EI}(l + 3a)$ $y_{x=\frac{l}{2}} = -\dfrac{Ml^2}{16EI}$ $y_C = \dfrac{Ma}{6EI}(2l + 3a)$

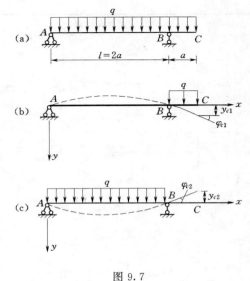

图 9.7

【例 9.7】　外伸梁所受荷载如图 9.7（a）所示，梁的抗弯刚度为常数，求 C 截面的挠度和转角。

解：图示外伸梁的挠度和转角不能从表中直接查出。但可将原荷载变为能在表中查到的几项简单荷载，然后用叠加法进行计算。

（1）将图 9.7（a）所示的荷载分解成图 9.7（b）、（c）所示的两种情况。

（2）由表 9.1 中分别求图 9.7（b）、（c）所示的两种情况下外伸梁截面 C 的挠度和转角。

图 9.7（b）所示截面 C 的挠度和转角为

$$\varphi_{C1} = \frac{qa^2(l+a)}{6EI} = \frac{qa^3}{2EI}$$

$$y_{C1} = \frac{qa^3}{24EI}(4l+3a) = \frac{11qa^4}{24EI}$$

图 9.7（c）所示截面 C 的挠度和转角为

$$\varphi_{C2} = \varphi_B = -\frac{ql^3}{24EI} = -\frac{qa^3}{3EI}$$

$$y_{C2} = \varphi_B a = -\frac{qa^4}{3EI}$$

（3）截面 C 的挠度和转角为上述两部分叠加，即

$$\varphi_C = \varphi_{C1} + \varphi_{C2} = \frac{qa^3}{2EI} - \frac{qa^3}{3EI} = \frac{qa^3}{6EI}$$

$$y_C = y_{C1} + y_{C2} = \frac{11qa^4}{24EI} - \frac{qa^4}{3EI} = \frac{qa^4}{8EI}$$

9.4　梁 的 刚 度 条 件

梁的刚度条件　梁的刚度是指梁抵抗变形的能力。对于工程结构中的许多梁，为了正常工作，不仅应具备足够的强度，而且也应具备必要的刚度。梁的刚度条件是：梁的最大挠度与最大转角分别不超过各自的许用值。设以 $[\varphi]$ 表示许用转角，则梁的转角刚度条件为

$$|\varphi|_{\max} \leqslant [\varphi] \tag{9.13}$$

在土建工程中，对梁进行刚度计算时，通常只对挠度进行计算。梁的挠度容许值通常用许可挠度与梁跨长的比值 $\left[\dfrac{f}{l}\right]$ 作为标准。则梁的刚度条件为

$$\frac{|y|_{\max}}{l} \leqslant \left[\frac{f}{l}\right] \tag{9.14}$$

按照梁的工程用途，在有关设计规范中，对 $\left[\dfrac{f}{l}\right]$ 有具体规定。在土建工程中，

$\left[\dfrac{f}{l}\right]$的值常限制在$\dfrac{1}{250}\sim\dfrac{1}{1000}$范围内。

梁的刚度条件在工程中的应用与强度条件类似。即刚度校核、设计截面、计算许用荷载。但是，对于土建工程中的梁，强度条件能满足要求时，一般情况下，刚度条件也能满足要求。所以，先由强度条件进行强度计算，再由刚度条件校核，若刚度不满足，再按刚度条件重新设计。

【例9.8】 图9.8所示简支梁，用32a工字钢制成。已知，$q=8\mathrm{kN/m}$，$l=6\mathrm{m}$，$E=200\mathrm{GPa}$，$\left[\dfrac{f}{l}\right]=\dfrac{1}{400}$。试校核梁的刚度。

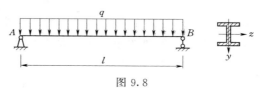

图9.8

解：查型钢表得$I_z=11075.5\mathrm{cm}^4$。由表9.1查得该梁的最大挠度为

$$y_{\max}=\frac{5ql^4}{384EI}$$

则

$$\frac{y_{\max}}{l}=\frac{5ql^3}{384EI}=\frac{5\times8\times6^3\times10^9}{384\times200\times10^3\times11075.5\times10^4}=\frac{1}{985}$$

因为$\dfrac{y_{\max}}{l}=\dfrac{1}{985}<\left[\dfrac{f}{l}\right]=\dfrac{1}{400}$，所以梁的刚度满足要求。

【例9.9】 图9.9（a）所示的一矩形截面悬臂梁。已知，$q=10\mathrm{kN/m}$，$l=3\mathrm{m}$，$[\sigma]=12\mathrm{MPa}$，$\left[\dfrac{f}{l}\right]=\dfrac{1}{250}$，$E=2\times10^4\mathrm{MPa}$，截面尺寸比$\dfrac{h}{b}=2$。试确定截面尺寸$h$、$b$。

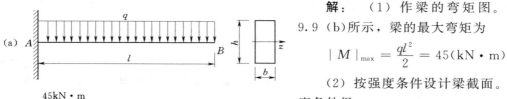

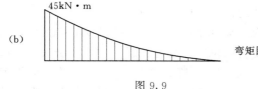

图9.9

解：（1）作梁的弯矩图。如图9.9（b）所示，梁的最大弯矩为

$$|M|_{\max}=\frac{ql^2}{2}=45(\mathrm{kN\cdot m})$$

（2）按强度条件设计梁截面。由强度条件得

$$W_z\geqslant\frac{|M|_{\max}}{[\sigma]}$$

将$W_z=\dfrac{bh^2}{6}=\dfrac{b(2b)^2}{6}=\dfrac{2}{3}b^3$代入上式得

$$b^3\geqslant\frac{3|M|_{\max}}{2[\sigma]}$$

$$b\geqslant\sqrt[3]{\frac{3\times45\times10^6}{2\times12}}=178(\mathrm{mm})$$

取$b=178\mathrm{mm}$，则

$$h=2b=356\mathrm{mm}$$

（3）刚度条件校核。查表9.1得最大挠度为

$$y_{\max}=\frac{ql^4}{8EI_z}$$

则
$$\frac{y_{max}}{l} = \frac{ql^3}{8EI_z} = \frac{10 \times 3^3 \times 10^9 \times 12}{8 \times 2 \times 10^4 \times 178 \times 356^3} = \frac{1}{397}$$

因为$\frac{y_{max}}{l} = \frac{1}{397} < \left[\frac{f}{l}\right] = \frac{1}{250}$，所以，由强度条件设计的截面满足刚度要求。另外工程上截面尺寸应符合模数要求，取整数即 $b = 180mm$，$h = 360mm$。

提高梁刚度的措施 在第 7 章中介绍了提高梁强度的一些措施，一般情况下，能提高梁强度的措施，同样也能提高梁的刚度。但两者还是有一定的差异。强度问题一般只着眼于危险面和危险点，而刚度问题则着眼于全梁；强度问题与材料的极限应力有关，而刚度问题则与材料的弹性模量有关。要注意两个问题之间的联系与区别。

由梁的位移积分式

$$y = \iint \frac{M(x)}{EI} dx dx + Cx + D$$

可知，梁某截面处的挠度 y 实际上是梁的各微段 dx 的变形积累。所以，梁的变形与梁上弯矩 $M(x)$ 的分布以及大小有关；与梁各微段的弯曲刚度 EI 有关；并且与梁的长度有关。因此，我们就从这几方面入手，采取适当措施，来提高梁的刚度。

● 全面提高梁的弯曲刚度。梁的最大弯曲正应力取决于危险面的弯矩与抗弯截面系数；而梁的位移则与梁内所有微段的变形有关。所以，对梁的危险区采用局部加强的措施，即可提高梁的强度。为了提高梁的刚度，则必须在更大范围内增加截面的弯曲刚度 EI。要全面提高梁的弯曲刚度，可采用以下两方面措施：

选用高弹性模量材料。影响梁刚度的材料性能是弹性模量 E。因此，只有选用高弹性模量材料才可以提高梁的刚度。但要注意的是：虽然各种钢材的极限应力差异很大，但它们的弹性模量却十分接近。所以，采用高强度钢材代替低强度钢材对提高梁刚度的作用不大。

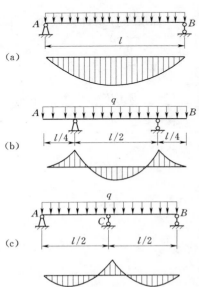

图 9.10

选用惯性矩较大的截面。影响梁刚度的截面几何性质是惯性矩，所以，从提高梁的刚度方面考虑，选用惯性矩较大形状的截面是比较合理的。

● 改变梁的弯矩分布。在提高梁强度的措施中，我们也采用改变约束位置、改变加载方式等方法来改变梁的弯矩分布，但目的是降低弯矩峰值。而提高梁刚度时，也可采用同样的措施来改变梁的弯矩分布，但目的是使梁上正、负弯矩分布均匀。用改善梁的弯矩分布来提高梁刚度，也可采用以下三方面措施：

改变梁的约束位置。图 9.10（a）所示跨度为 l 的简支梁，承受集度为 q 的均布荷载，如果将梁两端的铰支座各向内移动 $l/4$ ［图 9.10（b）］，最大挠度将仅为前者的 8.75%。改变梁的约束位置，可使梁中的正、负弯矩分布图面积接近，使各微段的变形有一定抵消，从而减小位移，增大梁的刚度。

增强约束条件。图 9.10（a）所示简支梁，若在跨

中 C 处增加一可动铰支座 [图 9.10 (c)]。使简支梁转化为两跨超静定梁，梁中的弯矩分布发生了改变，正、负弯矩分布面积趋于接近，使梁的位移减小。

改变加载方式。图 9.11 (a) 所示跨度为 l 的简支梁，在跨中承受集中力为 F 的荷载，如果采用增加副梁的方法将一个集中力分散为两个集中力 [图 9.11 (b)]，最大挠度将变为前者的 68.7%。显然，通过分散加力，可使梁的弯矩分布面积减小，即弯矩分布趋于均匀化。

● 减小梁的跨度。由梁位移的积分公式可知，梁的长度是影响位移的重要因素。例如，悬臂梁在集中荷载作用下，梁的最

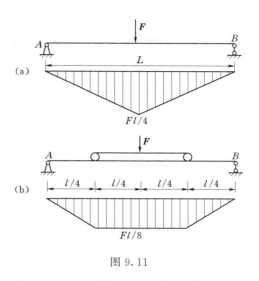

图 9.11

大挠度与梁的跨度 l 的三次方成正比。这表明，梁跨度的微小改变，将引起弯曲变形的显著改变。若将上述梁的跨度缩短 20%，最大挠度将相应减小 48.8%。所以，如果条件允许，应尽量减小梁的跨度以提高其刚度。

思考题

9.7　图示梁的截面位移和变形有何区别？它们之间又有何联系？图示 AC 和 CB 梁段各部分是否都产生了位移？这两段梁是否都有变形存在？

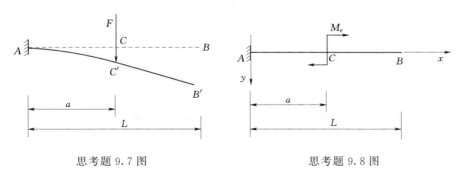

思考题 9.7 图　　　　　　　　思考题 9.8 图

9.8　图示梁 AC 段的挠曲线方程为 $y = \dfrac{M_e x^2}{2EI}$　$(0 \leqslant x \leqslant a)$，则该梁截面 B 的转角及挠度如何计算？

9.9　试分析提高梁的强度与提高梁的刚度所采用的措施有哪些不同，为什么？

习题

9.11　已知梁的抗弯刚度为 EI，用积分法计算图示各梁右端截面的挠度和转角。

9.12　已知梁的抗弯刚度为 EI，用积分法计算图示各梁右端截面的挠度和转角。

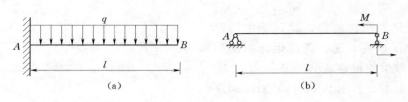

(a)　　(b)

习题 9.11 图

(a)　　(b)

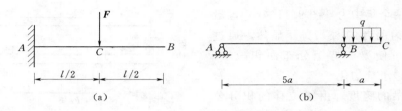

习题 9.12 图

9.13　已知梁的抗弯刚度为 EI，用叠加法计算图示各梁自由端截面的挠度和转角。

(a)　　(b)

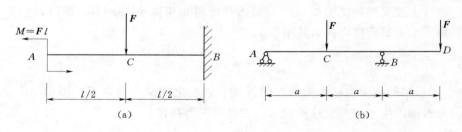

习题 9.13 图

9.14　已知梁的抗弯刚度为 EI，用叠加法计算图示各简支梁跨中截面的挠度。

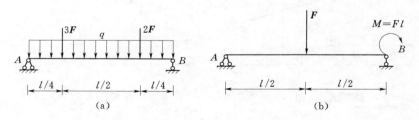

(a)　　(b)

习题 9.14 图

习题 9.15 图

9.15　图示工字形截面悬臂梁，在自由端作用有集中力 $F=10\text{kN}$，梁长 $l=4\text{m}$，工字钢采用 32a，材料弹模 $E=200\text{GPa}$，$\left[\frac{f}{l}\right]=\frac{1}{400}$，校核梁的刚度。

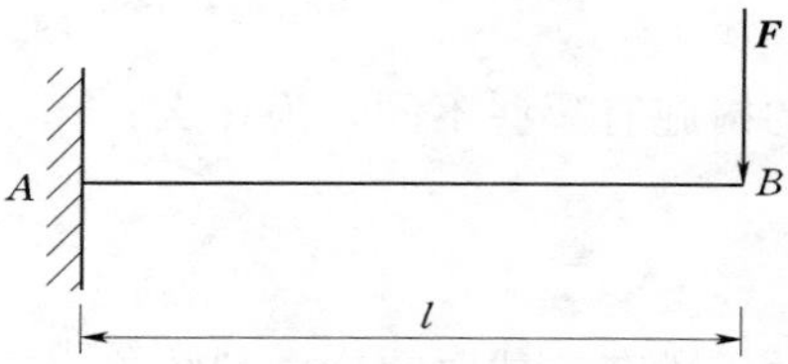

9.16　图示为一木质圆形截面简支梁，已知 $[\sigma]=12\text{MPa}$，$E=10^4\text{MPa}$，$\left[\frac{f}{l}\right]=\frac{1}{200}$，试求梁的截面

直径 D。

9.17　图示吊车梁采用 25a 工字钢，$[\sigma]=170\text{MPa}$，$E=2\times10^5\text{MPa}$，$\left[\dfrac{f}{l}\right]=\dfrac{1}{400}$，求荷载的许用值。

9.18　图示为一矩形截面木梁，$[\sigma]=10\text{MPa}$，$[\tau]=2\text{MPa}$，$E=10^4\text{MPa}$，$\left[\dfrac{f}{l}\right]=\dfrac{1}{300}$。试对梁进行正应力、切应力强度校核以及刚度校核。

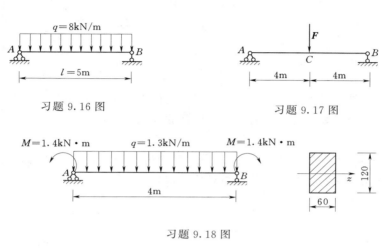

习题 9.16 图　　　　　　　　　习题 9.17 图

习题 9.18 图

9.5　结构位移计算的一般公式

结构位移的概念　杆系结构在荷载或其他外界因素作用下，结构上的各点位置将会发生移动，杆件横截面也发生转动，这种移动和转动统称结构的位移。

如图 9.12（a）所示刚架，在荷载作用下，截面 A 转动了一个角度，称为截面 A 的角位移，用 φ_A 表示；截面 A 的形心点 A 移到点 A'，线段 AA' 称为点 A 线位移，用 Δ_A 表示；还可将 Δ_A 沿水平方向和竖直方向分解，如图 9.12（b）所示，则分量 Δ_{AH} 和 Δ_{AV} 分别称为点 A 的水平线位移和竖直线位移。图 9.12（c）所示刚架，在荷载作用下，截面 A 的角位移 φ_A 为顺时针方向，截面 B 的角位移 φ_B 为逆时针方向，这两个截面的角位移之差构成截面 A、B 的相对角位移，即 $\varphi_{AB}=\varphi_A-\varphi_B$。同样，$C$、$D$ 两点的水平线位移分别为 Δ_{CH}（向右）和 Δ_{DH}（向左），这两个位移之差称为 C、D 两点的相对线位移，即 $\Delta_{CD}=\Delta_{CH}-\Delta_{DH}$。将以上线位移、角位移、相对线位移和相对角位移统称为广义位移。

虚功的概念　如图 9.13（a）所示，在常力 F 的作用下物体从 A 移到 A'，物体产生的位移为 s，在力的作用线方向上的位移分量为 $s\cos\theta$，F 与 $s\cos\theta$ 的乘积称为力 F 在这一位移过程中做的功 W，即 $W=Fs\cos\theta$。如图 9.13（b）所示，有两个大小相等、方向相反的常力 F 作用在圆盘上，组成一力偶，矩为 $M=2FR$，当圆盘转动一角度 θ 时，则常力偶所做的功等于力偶矩与角位移的乘积，即 $W=M\theta$。功为标量，单位为 $\text{N}\cdot\text{m}$ 或 $\text{kN}\cdot\text{m}$。力的功包含两个要素，一个是位移，一个是力。做功的力可以是一个力，也可以是一个力

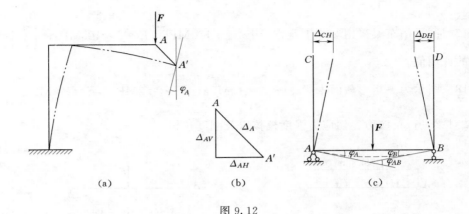

图 9.12

偶，有时甚至可能是一对力或是一对力偶，这些统称为广义力。与广义力对应的是广义位移。因此，功可以统一表示为广义力和广义位移的乘积，即

$$W = F\Delta$$

式中，当力 F 分别为集中力、集中力偶、一对集中力、一对集中力偶时，对应的位移 Δ 分别为线位移、角位移、相对线位移、相对角位移。

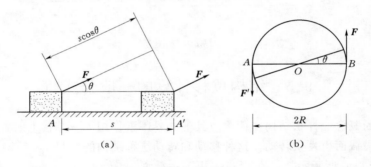

图 9.13

当作功的力与相应位移彼此相关时，即位移是由做功的力本身引起时，此功称为实功。当作功的力与相应位移彼此无关时，把这种功称为虚功。图 9.14（a）所示简支梁在 F_1 作用下产生变形，如图中虚线所示；在此变形基础上梁上再作用力 F_2，梁在 F_2 的作用下产生了新的变形如图 9.14（b）所示。显然，第二次变形不是力 F_1 引起的，但力 F_1 在第二次变形过程中要做功，此功即为虚功。对于虚功的理解应注意以下几点：力 F 与位移 Δ 必须是相应的，即集中力对应线位移；集中力偶对应角位移；两个大小相等方向相反的共线力组成的力系，对应两点的相对线位移；两个大小相等转向相反的共面力偶组成的力偶系，对应两面的相对角位移。力 F 与经历位移 Δ 是互相独立彼此无关的，即无因果关系。

将虚功中的两因素看成是分别属于同一结构的两种彼此无关的状态。其中做功力系所属状态称力状态，位移因素所属状态称位移状态。如图 9.14（a）所示梁作用的力 F_1 与相应的支座约束力以及内力即为力状态；图 9.14（b）所示为第二次加的力 F_2 所产生的

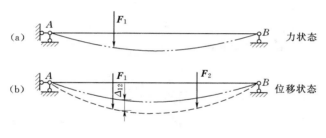

图 9.14

变形及位移即位移状态。外力系在位移状态上所作虚功称外力虚功；力状态中结构产生的内力在位移状态中对应的相对变形上所作虚功称内力虚功或虚应变能。

虚功原理　变形体系的虚功原理可表述为：设变形体系在力系作用下处于平衡状态（力状态），又设该变形体系由于别的原因产生符合约束条件的微小连续变形（位移状态），则力状态的外力在位移状态的位移上所作的虚功，恒等于力状态的内力在位移状态的变形上所作的虚功。或简写为

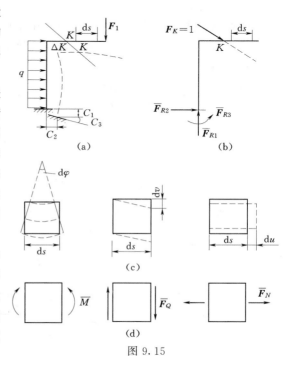

$$W_{\text{外力虚功}} = W_{\text{内力虚功}} \qquad (9.15)$$

结构位移计算一般公式　设图 9.15 (a) 所示平面刚架由于荷载、温度变化及支座移动等因素引起了如图虚线所示的变形，现在要求任一指定点 K 沿任一指定方向 K—K 上的位移 Δ_K。

图 9.15

现在要求的位移是由给定的荷载、温度变化及支座移动等因素引起的，故应以此作为结构的位移状态，亦称实际状态。为了使力状态中的外力能在位移状态中的所求位移 Δ_K 上作虚功，在点 K 沿 K—K 方向加一个单位集中力 $F_K = 1$，其指向可假定，如图 9.15 (b) 所示，以此作为结构的力状态。这个力状态由于是虚设的，故称为虚拟状态。

让力状态在位移状态上作虚功。外力虚功包括单位集中力 $\boldsymbol{F}_K$ 和支座约束力 $\overline{\boldsymbol{F}}_{R1}$、$\overline{\boldsymbol{F}}_{R2}$、$\overline{\boldsymbol{F}}_{R3}$ 在各自相应的位移 Δ_K、C_1、C_2、C_3 上所做的虚功之和，即

$$\begin{aligned} W_{\text{外}} &= F_K\Delta_K + \overline{F}_{R1}C_1 + \overline{F}_{R2}C_2 + \overline{F}_{R3}C_3 \\ &= \Delta_K + \sum\overline{F}_R C \end{aligned}$$

单位集中力 $F_K = 1$（量纲为 1）所做的虚功在数值上恰好等于所要求的位移 Δ_K。式中 $\sum\overline{F}_R C$ 表示单位力引起的支座约束力所做虚功之和。

计算内力虚功时，实际状态中 $\mathrm{d}s$ 微段相应的变形为 $\mathrm{d}\varphi$、$\mathrm{d}v$、$\mathrm{d}u$，如图 9.15 (c) 所

示；设虚拟状态中由单位集中力 $F_K=1$ 作用所引起的 ds 微段上的内力为 $\overline{M}$、$\overline{F}_Q$、$\overline{F}_N$，如图 9.15（d）所示。则内力虚功为

$$W_{内} = \sum \int \overline{M} d\varphi + \sum \int \overline{F}_Q dv + \sum \int \overline{F}_N du$$

由虚功原理得

$$\Delta_K + \sum \overline{F}_R C = \sum \int \overline{M} d\varphi + \sum \int \overline{F}_Q dv + \sum \int \overline{F}_N du \tag{9.16}$$

式（9.16）便是平面杆系结构位移计算的一般公式。这种利用虚功原理在所求位移处沿位移方向虚设单位力 $F=1$ 求位移的方法，称为单位荷载法。在虚设单位荷载时，其指向可以任意假设，如计算结果为正，即表示位移方向与所设单位力指向相同，否则相反。

单位荷载设置　单位荷载法不仅可以用于计算结构的线位移，而且还可以计算任意的广义位移，只要所设的广义单位荷载与所计算的广义位移相对应即可。下面讨论如何依照所求位移类型，设置相应的单位荷载。

- 当要求某点沿某方向的线位移时，应在该点沿所求位移方向加一个单位集中力。如图 9.16（a）所示，设置的单位力是求点 A 铅直方向的线位移。

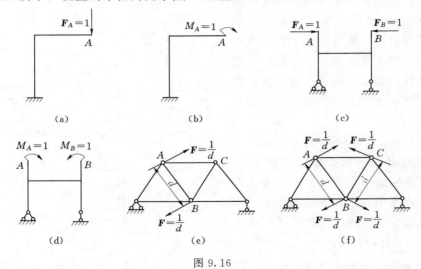

图 9.16

- 当要求某截面的角位移时，则应在该截面处加一个单位力偶。如图 9.16（b）所示，设置的单位力偶是求截面 A 的角位移。
- 当要求结构上两点的相对线位移时，则应在两点连线方向上加一对指向相反的单位力。如图 9.16（c）所示，是求 A、B 两点的相对线位移时所设置的单位力。
- 当要求结构上两截面的相对角位移时，则应在两截面处加一对转向相反的单位力偶。如图 9.16（d）所示，是求 A、B 两截面的相对角位移时所设置的单位力偶。
- 当要求桁架中某根杆的转角时，则应在该杆的两端加垂直杆轴且大小相等方向相反的两个力，两个力组成一个单位力偶，所以，力的大小应等于杆长的倒数 $1/d$。如图 9.16（e）所示，是求杆 AB 的转角时所设置的单位力偶。
- 当要求桁架中两根杆的相对角位移时，则应加两个转向相反的单位力偶。如图 9.16（f）所示，是求杆 AB 与杆 BC 的相对角位移时所设置的单位力偶。

9.6　静定结构在荷载作用下的位移计算

荷载作用下的位移计算一般公式　当结构只受到荷载作用，无支座位移时，则式（9.16）可简化为

$$\Delta_K = \sum \int \overline{M} \mathrm{d}\varphi + \sum \int \overline{F}_Q \mathrm{d}v + \sum \int \overline{F}_N \mathrm{d}u \tag{9.17}$$

式（9.17）中微段的变形是由荷载引起的。如图 9.17（a）所示，以 M_P、F_Q、F_N 表示实际状态中微段 $\mathrm{d}s$ 上所受弯矩、剪力和轴力。在线弹性范围内，这些内力引起微段 $\mathrm{d}s$ 上的变形如图 9.17（b）～（d）所示。这些变形可表示为

$$\mathrm{d}\varphi = \frac{1}{\rho} \mathrm{d}s = \frac{M_P}{EI} \mathrm{d}s, \mathrm{d}v = \gamma \mathrm{d}s = k \frac{F_Q}{GA} \mathrm{d}s, \mathrm{d}u = \varepsilon \mathrm{d}s = \frac{F_N}{EA} \mathrm{d}s \tag{9.18}$$

式（9.18）中：EI、GA、EA 分别为杆件的抗弯刚度、抗剪刚度、抗拉压刚度；k 为截面的切应力分布不均匀系数，它只与截面的形状有关，对于矩形截面 $k = \frac{6}{5}$，对于圆形截面 $k = \frac{10}{9}$，对于薄壁圆环截面 $k = 2$。

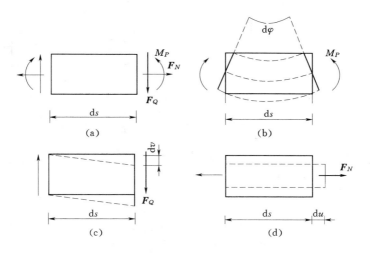

图 9.17

把式（9.18）代入式（9.17）中，得

$$\Delta_K = \sum \int \frac{\overline{M} M_P}{EI} \mathrm{d}s + \sum \int k \frac{\overline{F}_Q F_Q}{GA} \mathrm{d}s + \sum \int \frac{\overline{F}_N F_N}{EA} \mathrm{d}s \tag{9.19}$$

荷载作用下的位移计算简化公式　式（9.19）为平面杆系结构在荷载作用下的位移计算公式。式中 $\overline{M}$、$\overline{F}_Q$、$\overline{F}_N$ 代表虚拟状态中由于广义单位荷载所产生的内力，M_P、F_Q、F_N 则代表原结构由于实际荷载作用所产生的内力。

式（9.19）右边三项分别代表结构的弯曲变形、剪切变形和轴向变形对所求位移的影响。在实际计算中，根据结构的具体情况，常常可以只考虑其中的一项或两项。

● 对于梁和刚架，位移主要是弯矩引起的。轴力和剪力的影响很小，一般可以略去。

故式（9.19）可简化为

$$\Delta_K = \sum \int \frac{\overline{M}M_P}{EI}ds \tag{9.20}$$

● 在桁架中，因只有轴力作用，若同一杆件的轴力 $\overline{F}_N$、F_N 及 EA 沿杆长 l 均为常数，故式（9.19）可简化为

$$\Delta_K = \sum \int \frac{\overline{F}_N F_N}{EA}ds = \sum \frac{\overline{F}_N F_N}{EA}l \tag{9.21}$$

● 在组合结构中，受弯杆件可只计算弯矩一项的影响，对链杆则只计轴力影响，故其位移计算公式为

$$\Delta_K = \sum \int \frac{\overline{M}M_P}{EI}ds + \sum \frac{\overline{F}_N F_N}{EA}l \tag{9.22}$$

● 在曲梁和一般拱结构中，杆件的曲率对结构的影响都很小，可以略去不计，其位移仍可近似地按式（9.19）计算，通常只需考虑弯曲变形的影响。但在扁平拱中（跨度 l 大于 5 倍的拱高），除弯矩外，有时还需考虑轴力对位移的影响。

【例 9.10】 试求图 9.18（a）所示梁跨中点 C 的竖向位移 Δ_{CV} 和截面 B 的转角 φ_B。EI 为常数。

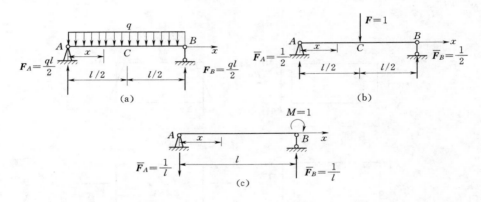

图 9.18

解：（1）求 Δ_{CV}。在简支梁跨中点 C 加一竖向单位力 $F=1$，得虚拟状态如图 9.18（b）所示。设以支座 A 为坐标原点，沿梁轴向右为 x 轴正向。

实际状态［图 9.18（a）］下的弯矩方程为

$$M_P = \frac{ql}{2}x - \frac{q}{2}x^2 = \frac{q}{2}(lx - x^2) \quad \left(0 \leqslant x \leqslant \frac{l}{2}\right)$$

虚拟状态［图 9.18（b）］下的弯矩方程为

$$\overline{M} = \frac{1}{2}x \quad \left(0 \leqslant x \leqslant \frac{l}{2}\right)$$

因为对称，由式（9.20）得

$$\Delta_{CV} = \sum \int \frac{\overline{M}M_P}{EI}dx = 2\int_0^{l/2} \frac{1}{EI} \cdot \frac{x}{2} \cdot \frac{q}{2}(lx - x^2)dx = \frac{5ql^4}{384EI}$$

计算结果为正，表明 C 点竖向位移方向与虚拟单位力方向相同，即向下。

（2）求 φ_B。在简支梁右端截面 B 处加一单位力偶 $M=1$，得虚拟状态如图 9.18（c）所示。坐标轴设置同上。

实际状态［图 9.18（a）］下的弯矩方程为

$$M_P = \frac{q}{2}(lx - x^2) \quad (0 \leqslant x \leqslant l)$$

虚拟状态［图 9.18（c）］下的弯矩方程为

$$\overline{M} = -\frac{x}{l} \quad (0 \leqslant x \leqslant l)$$

由式（9.20）得

$$\varphi_B = \sum \int \frac{\overline{M}M_P}{EI}\mathrm{d}x = \int_0^l -\frac{1}{EI} \cdot \frac{x}{l} \cdot \frac{q}{2}(lx - x^2)\mathrm{d}x = -\frac{ql^3}{24EI}$$

计算结果为负，表明截面 B 的转动方向与虚拟力偶的转向相反，即逆时针方向转动。

【例 9.11】　试求图 9.19（a）所示结构 B 端的水平位移 Δ_{BH}。$E=210\mathrm{GPa}$，$I=24\times10^7\mathrm{mm}^4$。

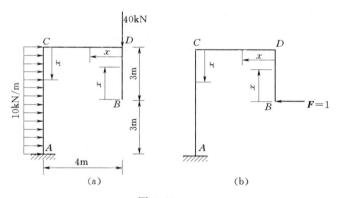

图 9.19

解： 在刚架的截面 B 处加一水平方向单位力 $F=1$，得虚拟状态如图 9.19（b）所示。分别设各杆的 x 坐标如图所示。则实际状态和虚拟状态下各杆的弯矩方程分别为：

BD 段　　　　　$M_P = 0$　　　　　　　　　　　　（$0 \leqslant x \leqslant 3$）

　　　　　　　　$\overline{M} = -x$　　　　　　　　　　　　（$0 \leqslant x \leqslant 3$）

DC 段　　　　　$M_P = -40x$　　　　　　　　　　（$0 \leqslant x \leqslant 4$）

　　　　　　　　$\overline{M} = -3$　　　　　　　　　　　　（$0 \leqslant x \leqslant 4$）

CA 段　　　　　$M_P = 160 + 5x^2$　　　　　　　　（$0 \leqslant x \leqslant 6$）

　　　　　　　　$\overline{M} = (3-x) \times 1 = 3-x$　　　　（$0 \leqslant x \leqslant 6$）

代入式（9.20）得

$$\Delta_{BH} = \sum \int \frac{\overline{M}M_P}{EI}\mathrm{d}x = 0 + \int_0^4 \frac{1}{EI} \times (-40x) \times (-3)\mathrm{d}x + \int_0^6 \frac{1}{EI}(3-x)(160 + 5x^2)\mathrm{d}x$$

$$= 0.833(\mathrm{cm})$$

【例 9.12】   试求图 9.20（a）所示对称桁架结点 D 的竖向线位移 Δ_{DV}。图中括号内数值表示杆件的截面面积 $A(\text{cm}^2)$。设 $E=210\text{GPa}$。

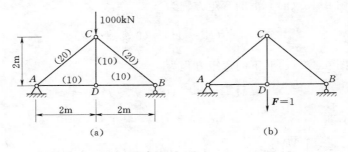

图 9.20

解：（1）求实际状态下各杆的轴力 F_N。实际状态如图 9.20（a）所示。

（2）求虚拟状态下各杆的轴力 $\overline{F}_N$。虚拟状态如图 9.20（b）所示。

计算各杆轴力过程从略，各杆轴力见表 9.2 中。

（3）求结点 D 的位移 Δ_{DV}，根据桁架位移公式（9.21），得

$$\Delta_{DV} = \sum \frac{\overline{F}_N F_N l}{EA} = \frac{24149.8 \times 10^3}{210 \times 10^3 \times 10} = 11.5 (\text{mm})$$

表 9.2   例 9.12 的计算数据

杆件	$l(\text{cm})$	A（cm^2）	$\overline{F}_N$	$F_N(\text{kN})$	$\overline{F}_N \cdot F_N l/A$（$\text{kN/cm}$）
AC	283	20	-0.707	-707.1	7074.9
BC	283	20	-0.707	-707.1	7074.9
AD	200	10	0.5	500	5000
BD	200	10	0.5	500	5000
CD	200	10	1.0	0	0
合计			$\sum \dfrac{\overline{F}_N F_N l}{A}$		24149.8

思考题

9.10   虚功与实功有何不同？你在生活中能找到虚功的实例吗？

9.11   虚功原理是将变形体的外部位移与内部微段的变形用虚功关联在一起，原理中对做虚功的力系及变形体的位移和变形有何要求？

9.12   在荷载作用下的位移计算中，对于梁和刚架，位移主要是弯矩引起的，则计算式可简化为 $\Delta_k = \sum \int \dfrac{\overline{M}M_P}{EI}\text{d}s$，式中 $\dfrac{M_P}{EI}$、$\dfrac{M_P}{EI}\text{d}s$、$\dfrac{\overline{M}M_P}{EI}\text{d}s$ 各自的物理意义是什么？

习题

9.19　用积分法计算图示各梁的指定位移，各梁的 EI 为常数。求图（a）的 φ_A、图（b）的 Δ_{AV}。

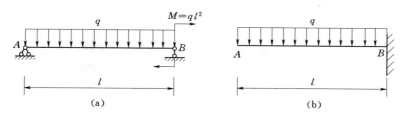

习题 9.19 图

9.20　用积分法计算图示各结构的指定位移。求图（a）的 Δ_{CV}、图（b）的 Δ_{BH}。

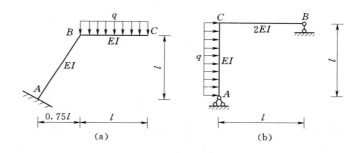

习题 9.20 图

9.21　计算图示桁架点 B 的竖向位移 Δ_{BV}，设各杆的 $A = 10\text{cm}^2$，$E = 2.1 \times 10^5 \text{MPa}$。

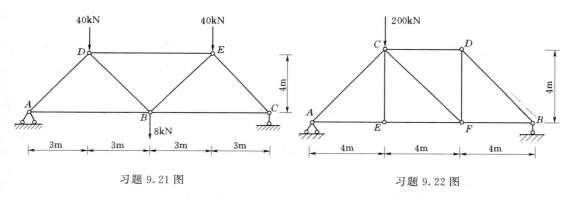

习题 9.21 图　　　　　　　习题 9.22 图

9.22　计算图示桁架 D、E 两点的相对线位移 Δ_{DE}，设各杆的 $A = 12\text{cm}^2$，$E = 2.1 \times 10^5 \text{MPa}$。

9.7　图　乘　法

图乘法的一般公式　若结构上 AB 段为等截面直杆，EI 为常数，$\overline{M}$ 图为一段直线图，

M_P 图为任意形状，如图 9.21 所示。以杆轴为 x 轴，以 $\overline{M}$ 图的延长线与 x 轴的交点 O 为原

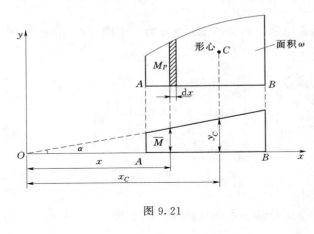

点，建立 Oxy 坐标系。$\overline{M}$ 图上任一纵坐标可表达为 x 的线性函数，即 $\overline{M} = \tan\alpha \cdot x$，则积分式 $\int_A^B \dfrac{\overline{M}M_P}{EI}\mathrm{d}s$ 可演变为

图 9.21

$$\int_A^B \frac{\overline{M}M_P}{EI}\mathrm{d}s = \frac{\tan\alpha}{EI}\int_A^B xM_P\mathrm{d}x$$
$$= \frac{\tan\alpha}{EI}\int_0^\omega x\mathrm{d}\omega \qquad ①$$

式①中，$\mathrm{d}\omega = M_P\mathrm{d}x$ 是 M_P 图中有阴影的微面积；$x\mathrm{d}\omega$ 是微面积对 y 轴的静矩；$\int_0^\omega x\mathrm{d}\omega$ 即为整个 M_P 图的面积对 y 轴的静矩。这个静矩应等于 M_P 图的面积 ω 乘以其形心 C 的 x_C 坐标，即

$$\int_0^\omega x\mathrm{d}\omega = x_C\omega \qquad ②$$

将式②代入式①中，得

$$\int_A^B \frac{\overline{M}M_P}{EI}\mathrm{d}s = \frac{\tan\alpha}{EI}x_C\omega = \frac{y_C\omega}{EI} \qquad ③$$

式③中：y_C 为 M_P 图的形心 C 处所对应的 $\overline{M}$ 图的竖标。

上述公式是将积分运算简化为图形面积 ω 与其形心处对应另一直线图的竖标 y_C 的相乘运算。因此，这种方法称为图乘法。如果结构上所有各杆段均可图乘，则位移计算公式 (9.20) 可变为

$$\Delta_k = \sum \frac{y_C\omega}{EI} \qquad (9.23)$$

图乘法的应用条件及注意事项　图乘法的应用条件是积分段内为同材料等截面（EI = 常数）的直杆，且 M_P 图和 $\overline{M}$ 图中至少有一个是一条直线图形。应用图乘法时，还应注意以下几点：

● 竖标 y_C 必须取自直线图形，而不能从一个折线或曲线图中取值。若 $\overline{M}$ 图与 M_P 图都是一条直线图形，则 y_C 可以取在其中任一图上。当确定从某一图上取竖标 y_C 后，则另一图形取面积，并确定其形心位置。y_C 为取面积 ω 的图形形心 C 处对应另一直线图的竖标。

● 当 y_C 与 ω 在杆轴同一侧时，其乘积 $y_C\omega$ 取正号，异侧时其乘积 $y_C\omega$ 取负号。

● 若 M_P 是曲线图形，$\overline{M}$ 图是由几条直线组成的折线图形，则应从折线图形转折点分开分段图乘，然后叠加。如图 9.22（a）所示，就应分三段图乘，即

$$\int \frac{\overline{M}M_P}{EI}\mathrm{d}s = \frac{1}{EI}(\omega_1 y_1 + \omega_2 y_2 + \omega_3 y_3)$$

式中：ω_1、ω_2、ω_3 为各段曲线图的面积；y_1、y_2、y_3 为各段曲线图形形心 C_1、C_2、C_3 下对应各段直线图形的竖标。

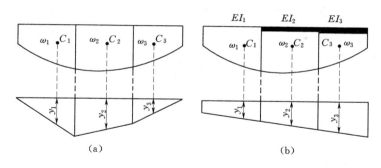

图 9.22

● 若为阶形杆（各段截面不同），则应当从截面变化点处分开分段图乘，然后叠加，如图 9.22（b）所示，就应分三段图乘，即

$$\int \frac{\overline{M}M_P}{EI}ds = \frac{\omega_1 y_1}{EI_1} + \frac{\omega_2 y_2}{EI_2} + \frac{\omega_3 y_3}{EI_3}$$

二次图的图乘公式　对于比较复杂的直线图和二次曲线图，其面积、形心位置以及形心下对应的竖标不易确定时，可直接应用图形的控制面竖标值进行图乘，其原理与方法如下。

图 9.23（a）所示为一个梯形图 $\overline{M}$ 和一个二次曲线图 M_P。把梯形图 $\overline{M}$ 分解为三角形 ADC 和三角形 ADB；把二次曲线图分解为三角形 $A'B'C'$、三角形 $B'C'D'$ 和标准二次曲线图 $C'D'E'$。各图形的端截面竖标如图所示，都设在基线的下侧（各竖标都在同一侧）。对于标准二次曲线图 $C'D'E'$，两端竖标为零，各截面竖标与同跨度简支梁在均布荷载 q 作用下的弯矩图竖标相同，则中间点处的竖标为 $h = \dfrac{ql^2}{8}$，竖标 h 也在基线 $C'D'$ 下侧。M_P 图中各图形的面积和形心下对应的 $\overline{M}$ 图的竖标为

$$\omega_1 = \frac{cl}{2}, y_1 = \frac{2}{3}a + \frac{1}{3}b$$

$$\omega_2 = \frac{dl}{2}, y_2 = \frac{1}{3}a + \frac{2}{3}b$$

$$\omega_3 = \frac{2hl}{3}, y_3 = \frac{1}{2}a + \frac{1}{2}b$$

由式（9.23）可得

$$\frac{1}{EI}\int \overline{M}M_P dx = \frac{1}{EI}(\omega_1 y_1 + \omega_2 y_2 + \omega_3 y_3)$$

$$= \frac{l}{6EI}[a(2c + 2h + d) + b(2d + 2h + c)] \qquad ①$$

式①中是 a、b、c、d、h 竖标都在基线同一侧时的图乘计算公式。对于图 9.23（b）所示的图形，a、b、c、d、h 竖标分布在基线的两侧，也可应用以上方法推出如下计算公式。

$$\frac{1}{EI}\int \overline{M}M_P dx = \frac{l}{6EI}[a(-2c + 2h + d) + b(-2d - 2h + c)] \qquad ②$$

由式②可以看出，直线图（$\overline{M}$ 图）两端截面竖标 a、b 无论在基线的那一侧，可恒取正值；公式右侧第一圆括号里的竖标 c 与括号前的竖标 a 分别在基线两侧，c 前用减号；而 h、d 与 a 都在基线同侧，h、d 前用加号。第二圆括号里的竖标 d、h 与括号前的竖标

b 分别在基线的两侧，则 d、h 前用减号；而 c 与 b 在基线同侧 c 前用加号。

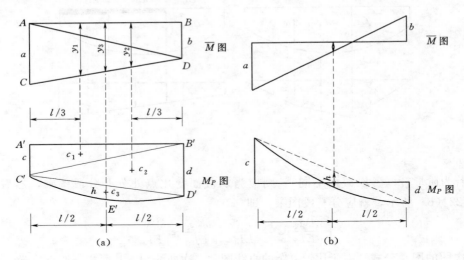

图 9.23

现在可将一二次图的图乘公式写成如下形式

$$\Delta_k = \sum \frac{l}{6EI}[a(\pm 2c \pm 2h \pm d) + b(\pm 2d \pm 2h \pm c)] \tag{9.24}$$

式（9.24）中 $\overline{M}$ 图和 M_P 图的所有竖标 a、b、c、d、h 恒取绝对值；M_P 图（不超过二次）上的竖标 c、h、d 与圆括号前的 a（或 b）竖标在基线同侧其前用加号，异侧用减号。当被乘的两个图形都为直线图时，显然 $h=0$；当两个图形中有一个三角图形时，公式更为简单，计算极为方便。

【**例 9.13**】 试求图 9.24（a）所示外伸梁点 C 的竖向位移 Δ_{CV}。梁的 $EI=$ 常数。

解：作 M_P 图及 $\overline{M}$ 图如图 9.24（b）、（c）所示。BC 段的 M_P 图为标准二次抛物线，可应用式（9.23）直接计算；AB 段的 M_P 图为非标准二次抛物线，可应用式（9.24）计算。

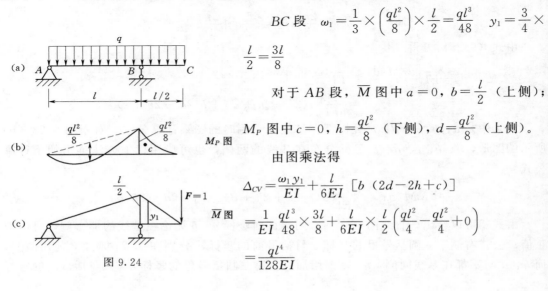

图 9.24

BC 段 $\omega_1 = \frac{1}{3} \times \left(\frac{ql^2}{8}\right) \times \frac{l}{2} = \frac{ql^3}{48}$ $y_1 = \frac{3}{4} \times$

$\frac{l}{2} = \frac{3l}{8}$

对于 AB 段，$\overline{M}$ 图中 $a=0$，$b=\frac{l}{2}$（上侧）；

M_P 图中 $c=0$，$h=\frac{ql^2}{8}$（下侧），$d=\frac{ql^2}{8}$（上侧）。

由图乘法得

$$\Delta_{CV} = \frac{\omega_1 y_1}{EI} + \frac{l}{6EI}[b(2d - 2h + c)]$$

$$= \frac{1}{EI}\frac{ql^3}{48} \times \frac{3l}{8} + \frac{l}{6EI} \times \frac{l}{2}\left(\frac{ql^2}{4} - \frac{ql^2}{4} + 0\right)$$

$$= \frac{ql^4}{128EI}$$

【例 9.14】 试求图 9.25（a）所示刚架结点 B 的水平位移 Δ_{BH}。$EI=$常数。

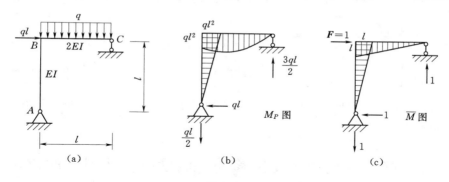

图 9.25

解：作 M_P 图和 $\overline{M}$ 图如图 9.25（b）、（c）所示。

对于 BC 段，$\overline{M}$ 图中，$a=l$（下侧），$b=0$；M_P 图中，$c=ql^2$（下侧），$h=\dfrac{ql^2}{8}$（下侧），$d=0$。

对于 AB 段，$\overline{M}$ 图中，$a=l$（右侧），$b=0$；M_P 图中，$c=ql^2$（右侧），$h=0$，$d=0$。应用图乘公式（9.24）得

$$\Delta_{BH}=\sum \frac{l}{6EI}\left[a(2c+2h+d)+b(2d+2h+c)\right]$$

$$=\frac{l}{6(2EI)}\left[l\left(2ql^2+2\frac{ql^2}{8}\right)\right]+\frac{l}{6EI}\left[l(2ql^2)\right]$$

$$=\frac{3ql^4}{16EI}+\frac{2ql^4}{6EI}=\frac{25ql^4}{48EI}$$

【例 9.15】 试求图 9.26（a）所示刚架 C、D 两点之间的相对水平位移 Δ_{CDH}。各杆抗弯刚度均为 EI。

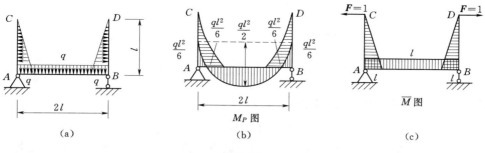

图 9.26

解：先作出 M_P 图如图 9.26（b）所示，其中 AC、BD 两杆的弯矩图是三次标准抛物线。杆 AB 的弯矩图是二次抛物线。因要计算 C、D 两点之间的相对水平位移，须沿两点的连线加上一对方向相反的单位荷载作为虚拟状态，并绘出 $\overline{M}$ 图如图 9.26（c）所示。

对于 AB 段，$\overline{M}$ 图中，$a=l$（上侧），$b=l$（上侧）；M_P 图中，$c=\dfrac{ql^2}{6}$（上侧），$d=\dfrac{ql^2}{6}$（上侧），$h=\dfrac{q(2l)^2}{8}=\dfrac{ql^2}{2}$（下侧）。

$$\Delta_{CD} = \frac{2}{EI}\left(\frac{1}{4}\times l\times\frac{ql^2}{6}\right)\times\frac{4}{5}l + \frac{2l}{6EI}\left[l\left(2\times\frac{ql^2}{6}-2\times\frac{q(2l)^2}{8}+\frac{ql^2}{6}\right)\times 2\right] = -\frac{4ql^4}{15EI}$$

计算结果是负值，说明 C、D 两点实际的相对水平位移与虚拟力的指向相反，即 C、D 两点是相互靠近。

9.8　静定结构由于支座移动、温度改变所引起的位移

支座移动引起结构的位移　在静定结构中，支座移动只能引起结构刚体位移，并不产生内力和变形。因此，位移计算公式（9.16）可简化成如下形式

$$\Delta_K + \sum \overline{F}_R C = 0 \tag{9.25}$$

式（9.25）中：$\sum \overline{F}_R C$ 为虚拟力状态的支座约束力在实际位移状态的支座位移上所作虚功之和。当 $\overline{F}_R$ 的方向与对应位移 C 的方向一致时乘积为正，否则乘积为负。

【例 9.16】　三铰刚架的跨度 $l=12\mathrm{m}$，高 $h=8\mathrm{m}$，已知右支座 B 的竖向位移为 $C_1=0.06\mathrm{m}$（向下），水平位移为 $C_2=0.04\mathrm{m}$（向右），如图 9.27（a）所示。试求由此引起的 A 端转角 φ_A。

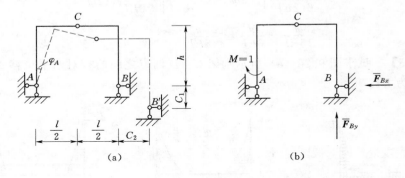

图 9.27

解：（1）实际位移状态的支座位移。

$$C_1 = 0.06\mathrm{m}（向下），C_2 = 0.04\mathrm{m}（向右）$$

（2）求虚拟力状态的支座约束力。虚拟力状态如图 9.27（b）所示，在 A 处加一单位力偶 $M=1$，计算虚拟状态下支座 B 的约束力。考虑刚架的整体平衡，由 $\sum M_A = 0$ 得

$$\overline{F}_{By} = \frac{1}{l}$$

再考虑右半刚架的平衡，由 $\sum M_C = 0$ 得

$$\overline{F}_{Bx} = \frac{1}{2h}$$

由式（9.25）可得

$$\varphi_A + \left(-\frac{1}{l} \times 0.06 - \frac{1}{2h} \times 0.04 \right) = 0$$

$$\varphi_A = \frac{0.06}{12} + \frac{0.04}{2 \times 8} = 0.075 (\mathrm{rad})$$

计算结果为正，说明 φ_A 与虚设单位力偶的转向一致。

温度改变引起结构的位移　图 9.28（a）所示结构，杆件的上、下面（或内、外面）产生温度差 Δt，设外侧温度 t_1 大于内侧温度 t_2，则内外温差为 $\Delta t = t_1 - t_2$。结构变形如图 9.28（a）中虚线所示。计算位移时，仍可采用单位荷载法。例如欲求点 C 的竖向位移 Δ_{CV}，可在 C 处，沿竖向加一单位荷载 $F=1$，得到如图 9.28（b）所示的虚拟状态，这一虚拟状态对应的内力用 $\overline{M}$、$\overline{F}_N$、$\overline{F}_Q$ 表示 [图 9.28（d）]。

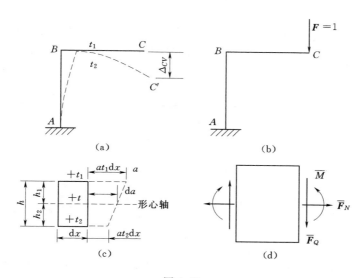

图 9.28

由于温度改变使结构产生变形，在这一实际状态中取杆件微段 $\mathrm{d}x$，如图 9.28（c）所示。在计算微段变形时，假定温度沿截面的高度 h 按直线规律变化。对于杆件截面对称于形心轴时（即 $h_1 = h_2$），则形心轴处的温度 t 为

$$t = \frac{1}{2}(t_1 + t_2)$$

对于杆件截面不对称于形心轴时（即 $h_1 \neq h_2$），则形心轴处的温度 t 为

$$t = \frac{t_1 h_2 + t_2 h_1}{h}$$

若以 α 表示材料的线膨胀系数（即温度升高 1℃ 时的线应变值），则杆件微段 $\mathrm{d}x$ 由于温度改变所产生的轴向变形和横截面的转角分别为

$$\mathrm{d}u = \alpha t \, \mathrm{d}x$$

$$\mathrm{d}\varphi = \frac{\alpha(t_1 - t_2)\mathrm{d}x}{h} = \frac{\alpha \Delta t}{h}\mathrm{d}x$$

因温度改变不引起切应变，即 $\gamma = 0$，因此，$\mathrm{d}v = 0$。

将实际状态中的微段变形 $\mathrm{d}u$、$\mathrm{d}\varphi$、$\mathrm{d}v$ 及虚拟状态中的内力 $\overline{M}$、$\overline{F}_N$、$\overline{F}_Q$ 代入式 (9.16) 中，并注意到支座位移为零（$\sum \overline{F}_R C = 0$），则有

$$\Delta_K = \sum (\pm) \alpha \int \overline{M} \frac{\Delta t}{h} \mathrm{d}x + \sum (\pm) \alpha \int \overline{F}_N t \, \mathrm{d}x \qquad (9.26)$$

若每一杆件沿杆轴方向的温度改变相同，且截面尺寸不变，则式 (9.26) 可改写为

$$\Delta_K = \sum (\pm) \alpha \frac{\Delta t}{h} A_{\overline{M}} + \sum (\pm) \alpha t A_{\overline{N}} \qquad (9.27)$$

式中：$A_{\overline{M}}$ 为 $\overline{M}$ 图的面积；$A_{\overline{N}}$ 为 $\overline{F}_N$ 图面积。

这里必须指出，在计算由于温度改变所引起的位移时，不能略去轴向变形的影响。应用公式时，对于公式中的正、负符号（$\pm$）可按如下的办法来确定，若实际状态与虚拟状态的变形方向相同，则取正号，反之取负号；公式中各值（t，Δt，$A_{\overline{M}}$，$A_{\overline{N}}$）均用绝对值。

【例 9.17】   试求图 9.29 (a) 所示结构由于杆件一边的温度升高 10℃时，在点 C 所产生的竖向位移。各杆的截面相同，且与形心轴对称。材料的线膨胀系数为 α。

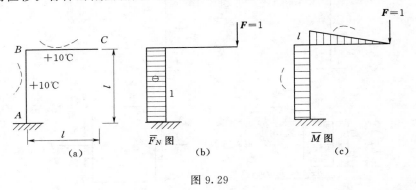

图 9.29

解：在刚架点 C 加一竖向单位力，算出各杆的轴力 $\overline{F}_N$，并绘出轴力图如图 9.29 (b) 所示；算出各杆的弯矩 $\overline{M}$，并绘出弯矩图如图 9.29 (c) 所示。

实际状态 [图 9.29 (a)] 中各杆件外的虚弧线表示杆件实际弯曲的方向。

$$A_{\overline{M}} = l \times l + \frac{1}{2} \times l \times l = 1.5 l^2, \quad A_{\overline{N}} = 1 \times l$$

$$t = \frac{1}{2} \times (0° + 10°) = 5°, \quad \Delta t = |0° - 10°| = 10°$$

以上各值均为绝对值，这是因为求温度改变所引起的位移时，其正负号将由变形方向来决定。本例中，温度改变使竖柱伸长，而虚拟状态则使柱压缩，故轴向变形的一项取负值；弯曲变形的实际状态和虚拟状态各杆变形方向也相反，也应取负值。由式 (9.27) 得

$$\Delta_{CV} = -1.5 l^2 \alpha \frac{10}{h} - l \times 5\alpha = -15\alpha \frac{l^2}{h} - 5\alpha l$$

思考题

9.13   应用图乘法求位移比较方便，但必须满足什么条件？图乘法是否可以应用到轴

力引起的位移计算中？

　　9.14　图示悬臂梁，横截面为等厚的矩形。如求自由端的竖向位移，可以用单位荷载法吗？可以用图乘法吗？如可以，应怎样作？如不可以，为什么？

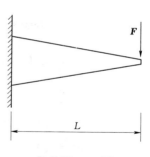

思考题 9.14 图

　　9.15　应用图乘法求位移时，取纵标 y_c 的图形必须是一条直线图，取面积可以是任意形状的图形吗？

　　9.16　计算有曲杆的结构位移时，对于曲杆可否能用图乘法？计算阶梯柱或 EI 不等杆段能否用图乘法？

　　9.17　用图乘法求图示悬臂梁中点 D 位移，得 $\Delta_{DV}=\dfrac{\omega y_C}{EI}$

$$=\frac{1}{EI}\times\frac{1}{2}Fl^2\times\frac{1}{3}\times\frac{l}{2}=\frac{Fl^2}{12EI}。$$ 试问计算方法是否正确？

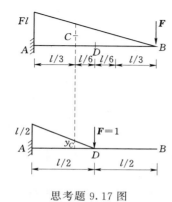

思考题 9.17 图

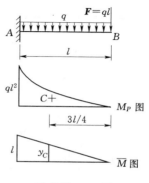

思考题 9.18 图

　　9.18　图示悬臂梁自由端受集中力 F 作用，梁上还作用均布荷载 q。欲求自由端 B 处的竖向位移，作出 M_P 图和 $\overline{M}$ 图如图所示。应用图乘法求得位移为

$$\Delta_{BV}=\frac{\omega y_C}{EI}=\frac{1}{EI}\left(\frac{1}{3}ql^2\times l\right)\times\frac{3l}{4}=\frac{ql^4}{4EI}$$

这个计算结果正确吗？为什么？

　　9.19　在不需要确定图形形心、不需要求图形面积及直线图上对应纵标的情况下，根据图形的边界纵标值直接应用二次图乘公式求解

$$\Delta_k=\frac{l}{6EI}\left[a(\pm 2c\pm 2h\pm d)+b(\pm 2d\pm 2h\pm c)\right]$$

式中 a、b 为一条直线图的两端纵标绝对值，c、h、d 为另一图的边界纵标绝对值。你能正确选择 c、h、d 前的正负号吗？

习题

　　9.23　求图示外伸梁 D 截面的竖向位移 Δ_{DV}，梁为 18 号工字钢，$I=1660\,\text{cm}^4$　$E=2.1\times 10^5\,\text{MPa}$。

　　9.24　求图示阶梯形柱点 C 的水平线位移 Δ_{CH}。

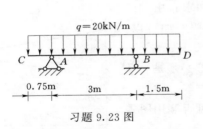

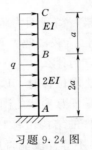

习题 9.23 图   习题 9.24 图

9.25 求图示梁支座 B 左右截面的相对角位移，EI 为常数。

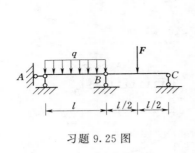

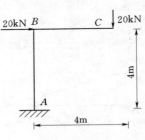

习题 9.25 图   习题 9.26 图

9.26 求图示刚架点 C 的水平线位移 Δ_{CH}，设 EI 为常数。

9.27 求图示刚架 A 与 C 两截面的相对角位移 φ_{AC}，各杆的 EI 为常数。

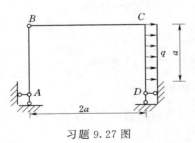

9.28 求图示刚架点 C 的水平线位移 Δ_{CH}。各杆的 EI 为常数。

9.29 图示组合结构横梁 AD 为 20b 工字钢，拉杆 BC 为直径 $d=20$mm 的圆钢，材料的 $E=210$GPa。求点

习题 9.27 图

D 的竖向位移 Δ_{DV}。

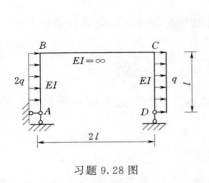

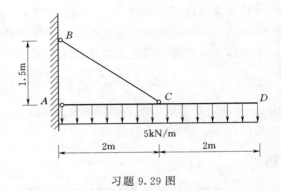

习题 9.28 图   习题 9.29 图

9.30 在图示结构中，由于支座 B 发生移动，试求其引起指定截面的位移。

（1）图（a）中 C 的水平线位移 Δ_{CH}。

（2）图（b）中 $\Delta=0.2\mathrm{cm}$，求 E 截面的竖向线位移 Δ_{EV}。

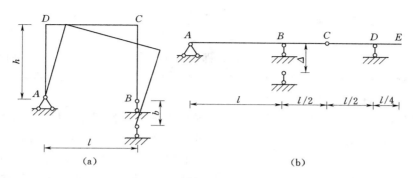

习题 9.30 图

9.9　互　等　定　理

功的互等定理　图 9.30（a）所示为一组外力 F_1 作用在结构上产生的位移和变形，称之为第一状态；设以 M_1、F_{N1}、F_{Q1} 代表第一状态的内力。图 9.30（b）所示为另一组外力 F_2 作用在结构上产生的位移和变形，设以 M_2、F_{N2}、F_{Q2} 代表第二状态的内力。

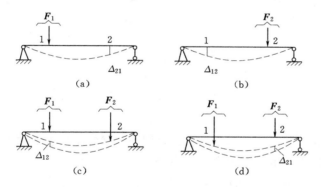

图 9.30

如图 9.30（c）所示，先施加第一组外力 F_1，待达到弹性平衡后，再施加第二组外力 F_2。此时，第一组外力 F_1 在第二组外力 F_2 产生的位移上作虚功 W_{12}，由虚功原理有

$$\sum F_1\Delta_{12}=W_{12}=\sum\int M_1\,\mathrm{d}\varphi_2+\sum\int F_{N1}\,\mathrm{d}u_2+\sum\int F_{Q1}\,\mathrm{d}v_2$$

$$=\sum\int M_1\frac{M_2}{EI}\mathrm{d}x+\sum\int F_{N1}\frac{F_{N2}}{EA}\mathrm{d}x+\sum\int kF_{Q1}\frac{F_{Q2}}{GA}\mathrm{d}x \qquad ①$$

图 9.30（d）所示，若先施加第二组外力 F_2，待达到弹性平衡后，再施加第一组外力 F_1。此时，第二组外力 F_2 在第一组外力 F_1 产生的位移上作虚功 W_{21}，由虚功原理有

$$\sum F_2\Delta_{21}=W_{21}=\sum\int M_2\,\mathrm{d}\varphi_1+\sum\int F_{N2}\,\mathrm{d}u_1+\sum\int F_{Q2}\,\mathrm{d}v_1$$

$$=\sum\int M_2\frac{M_1}{EI}\mathrm{d}x+\sum\int F_{N2}\frac{F_{N1}}{EA}\mathrm{d}x+\sum\int kF_{Q2}\frac{F_{Q1}}{GA}\mathrm{d}x \qquad ②$$

比较式①和式②可得

$$W_{12} = W_{21}$$

或写为

$$\sum F_1 \Delta_{12} = \sum F_2 \Delta_{21} \tag{9.28}$$

式（9.28）就是功互等定理的数学表达式，即在一弹性结构上的两组外力，相互在对方引起的位移上所作虚功相等。它适用任何类型的弹性结构。因为我们讨论的是一组外力，总和号 $\sum$ 表示包括结构上全部外力所作的虚功。

位移互等定理　图 9.31（a）所示为一个单位力 $F_1 = 1$ 作用在结构上产生的位移和变形，作为第一状态。图 9.31（b）所示为另一个单位力 $F_2 = 1$ 作用在同一结构上产生的位移和变形，作为第二状态。由单位力的作用所引起的位移用 δ_{ij} 表示，位移符号的第一个下标 i 表示位移是在力 F_i 处的，并且是与力 F_i 相适应的（F_i 为集中力，位移为线位移；F_i 为集中力偶，位移为角位移）；第二个下标 j 表示位移是由力 F_j 引起的。由功的互等定理可得

$$F_1 \delta_{12} = F_2 \delta_{21}$$

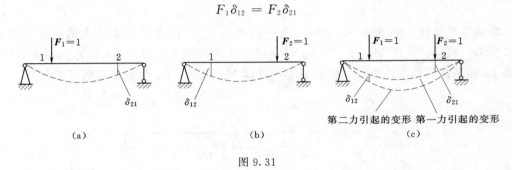

图 9.31

因为 $F_1 = F_2 = 1$，所以有

$$\delta_{12} = \delta_{21} \tag{9.29}$$

式（9.29）就是位移互等定理的数学表达式，即在一弹性结构上的两个单位力，相互在对方作用处的作用方向上引起的位移相等，如图 9.31（c）所示。显然，单位力 F_1、F_2 都是广义力，而 δ_{12} 和 δ_{21} 则是相应的广义位移。

如图 9.32（a）所示，在结构的 1 处作用于一个单位力 $F_1 = 1$，在 2 处引起角位移 φ_{21}。如图 9.32（b）所示，在同一结构的 2 处作用了一个单位力偶 $M_2 = 1$，在 1 处引起线位移 δ_{12}。由位移互等定理可知：$\delta_{12} = \varphi_{21}$，即线位移 δ_{12} 在数值上等于角位移 φ_{21}。

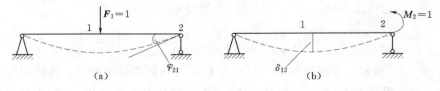

图 9.32

反力互等定理　如图 9.33（a）所示，支座 1 发生单位位移 $\Delta_1 = 1$，此时在支座 2 上产生的约束力为 r_{21}；图 9.33（b）所示，支座 2 发生单位位移 $\Delta_2 = 1$，此时在支座 1 上产生的约束力为 r_{12}。由功的互等定理可得

$$r_{12}\Delta_1 = r_{21}\Delta_2$$

因为 $\Delta_1 = \Delta_2 = 1$，所以有

$$r_{12} = r_{21} \tag{9.30}$$

式（9.30）就是反力互等定理的数学表达式，即在一弹性结构上的两个支座，当各自发生单位位移，相互在对方支座处引起的约束反力相等。

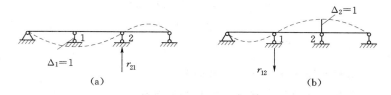

图 9.33

显然，这里的支座约束力 r_{12}、r_{21} 都是广义力，而位移 Δ_1 与 Δ_2 则是相应的广义位移。即某约束处产生的约束反力 r_{ij} 要与其将要发生的位移 Δ_i 相对应。如图 9.34（a）所示，在结构支座 1 处发生单位线位移 $\Delta_1 = 1$，在支座 2 处引起约束力偶 r_{21}；图 9.34（b）所示，在支座 2 处发生单位角位移 $\varphi_2 = 1$，在支座 1 处引起约束力 r_{12}；由反力互等定理可知，$r_{12} = r_{21}$，即约束力 r_{12} 数值上等于约束力偶矩 r_{21}。

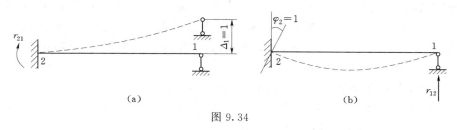

图 9.34

思考题

9.20　位移互等和反力互等定理揭示了线性弹性结构的一种力学特性，你知道两个互等定理成立的先决条件吗？位移互等定理中的两个位移是广义的，即一个是线位移，另一个可以是角位移。那么，反力互等定理中的两个反力是否也可以是广义的？

9.21　试就图（a）、（b）所示说明位移互等定理，并说明其中 δ_{12} 和 δ_{21} 的量纲各是什么？

9.22　反力互等定理能否用于静定结构？为什么？

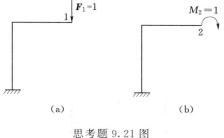

思考题 9.21 图

第 10 章　超静定结构的内力计算

本章主要内容：

- 介绍超静定结构的概念及超静定次数的确定。
- 介绍力法基本原理及力法求解超静定结构的方法。
- 讨论应用对称性取半结构进行简化计算的方法。
- 介绍位移法基本原理及位移法求解超静定结构的方法。
- 介绍力矩分配法求解无线位移结构的计算方法。

10.1　超静定结构的概念

超静定结构　将有多余约束的几何不变体系组成的结构，称为超静定结构。超静定结构的约束力、内力不能完全由静力平衡条件确定。多余约束对维持几何不变性来说是不必要的约束，但都直接影响结构的内力和变形，可增加结构的强度和刚度。

常见超静定结构的类型　常见的超静定结构有：超静定梁 [图 10.1 (a)]，超静定刚架 [图 10.1 (b)]，超静定桁架 [图 10.1 (c)]，超静定铰接排架 [图 10.1 (d)]，超静定拱 [图 10.1 (e)]，超静定组合结构 [图 10.1 (f)] 等。

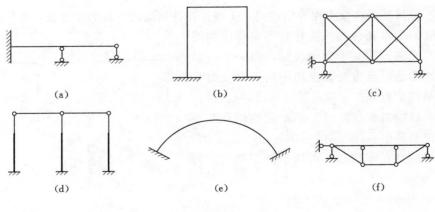

(a)　　　　　　　　(b)　　　　　　　　(c)

(d)　　　　　　　　(e)　　　　　　　　(f)

图 10.1

超静定次数的确定　把超静定结构中多余约束或多余约束力的个数称为超静定结构的超静定次数。确定一个超静定结构的超静定次数最直接的方法就是解除该结构中所有多余约束，将超静定结构转变为一个（或几个）静定结构，则所解除的多余约束的数目就是原结构的超静定次数。通常解除多余约束的方法有：取掉一个可动铰支座或切断一根链杆，相当于解除 1 个约束 [图 10.2 (a)、(b)]；取掉一个固定铰支座或拆除一个单铰链相当于解除两个约束 [图 10.2 (c)、(d)]；取掉一个固定端支座或切断一根梁式杆（取掉一个刚结点）相当于解除三个约束 [图 10.2 (e)、(f)]；把固定端支座改为固定铰支座或者把刚结点改为单铰链，相当于解除一个约束 [图 10.2 (g)、(h)]。

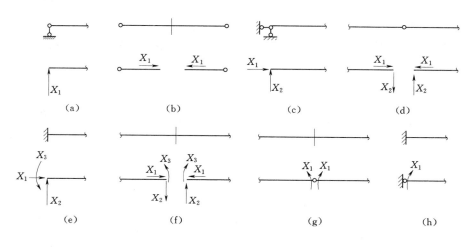

图 10.2

通常将研究的超静定结构变为我们所熟悉的简支式、悬臂式、三铰式等静定结构形式，所要取掉的约束个数即为超静定结构的超静定次数。如图 10.3 (a) 所示超静定梁，取掉支座 B 的链杆后，则成为图 10.3 (b) 所示的悬臂梁；若将固定端支座改为铰支座后，则成为图 10.3 (c) 所示的简支梁；但在结构形式的改变过程中，都是解除了一个多余约束，因此原结构为一次超静定结构。又如图 10.4 (a) 所示超静定刚架，当解除 B 端的固定端支座后，原超静定刚架变为一个悬臂刚架 [图 10.4 (b)]；当把原结构 A 端的固定端支座变为固定铰支座，再把 B 端的固定端支座变为可动铰支座后，原超静定刚架变为一个简支刚架 [图 10.4 (c)]；当把原结构 A、B 两个固定端支座变为固定铰支座，并将横梁中点的刚结点变为铰结点，原超静定刚架可变为一个三铰刚架 [图 10.4 (d)]；把原结构的横梁中点截开，原超静定刚架可变为两个悬臂刚架 [图 10.4 (e)]；这些静定刚架都是原超静定刚架解除三个多余约束后所得，原超静定刚架是三次超静定结构。总之，把一个超静定结构变为不同形式的静定结构，所解除的多余约束个数不变，即超静定结构的超静定次数不变。

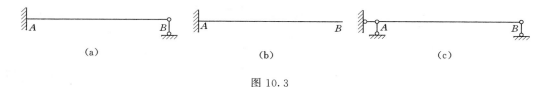

图 10.3

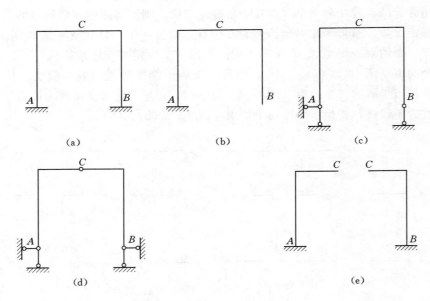

图 10.4

10.2　力 法 的 基 本 概 念

求解超静定结构最基本的方法是求解超静定结构的多余约束力，这种方法称为力法。求出超静定结构的多余约束力后，其他问题与静定结构完全相同。

力法基本未知量　力法基本未知量就是超静定结构的多余约束力，超静定次数等于力法基本未知量个数。由于多余未知力是未知的广义力（包括集中力和力偶），为叙述的统一和方便，未知力统一用 X_i 符号表示，用右下角数字角码 i 来区别多余约束力作用位置及序号。

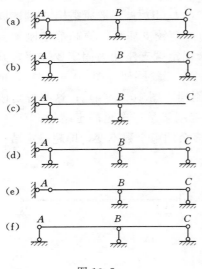

图 10.5

力法基本结构　在判定超静定结构的超静定次数后，取掉超静定结构上的全部多余约束，得到一个静定结构，该静定结构称原结构的力法基本结构。一个超静定结构的力法基本结构可能有多种形式，但要选取我们最熟悉和便于计算的一种。如图 10.5 （a）所示的超静定梁，其力法基本结构就有多种形式，如图 10.5 （b）～（e）所示。值得注意的是：解除全部多余约束得到静定结构，但不能解除必要的约束使结构变成几何可变体系，如图 10.5 （f）所示。

力法基本体系　在力法基本结构上，以多余未知力 X_i（X_1、X_2、…、X_n）代替所取掉的多余约束，并作用上原有荷载，则得到一个同时受荷载和所有多余未知力作用的体系，这个体系称为原超静定结构体系的力法基本体系。如图 10.6 （a）所示的超静定结构体系，其为一次超静定结构，有一个多余约束；若取悬臂梁为其力法基本结构，在力法基本结构 B 处加一多余未知力 X_1，用来代替解除的可动铰支座，再在梁上加上原均布荷载，即得到原超静定结构体系的力法基本体系，如图 10.6（b）所示。

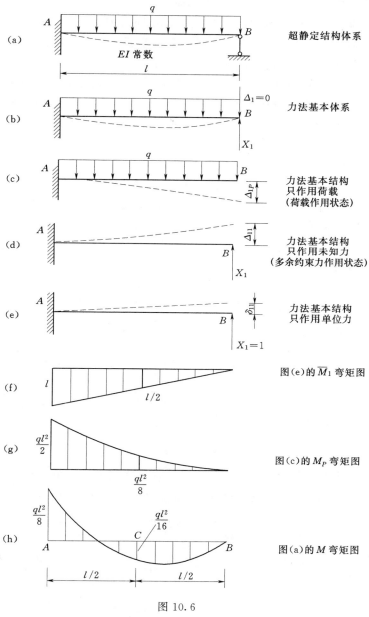

（a）超静定结构体系

（b）力法基本体系

（c）力法基本结构只作用荷载（荷载作用状态）

（d）力法基本结构只作用未知力（多余约束力作用状态）

（e）力法基本结构只作用单位力

（f）图(e)的 $\overline{M}_1$ 弯矩图

（g）图(c)的 M_P 弯矩图

（h）图(a)的 M 弯矩图

图 10.6

力法基本原理　力法基本原理就是力法基本体系与原结构体系完全等效。特别关注的是，超静定结构体系上任一约束方向上的位移是已知的（当支座没有移动时，多余约束方向上的位移是等于零的），此位移与力法基本体系上未知约束力方向上的位移相等。将力法基本体系可分解为荷载作用状态(力法基本结构上只作用荷载)和多余约束力作用状态（力法基本结构上只作用多余约束力），此两种状态之叠加也是与原结构体系完全等效。应用多余约束力方向上位移已知条件，求解多余约束力，这就是力法基本原理。如图 10.6（a）所示的超静定结构体系，在 B 处的可动铰支座多余约束方向上位移为零，则可应用其力法基本体系 [图 10.6（b）] 在未知约束力 X_1 方向上的位移等于零的条件求解未知力。

力法基本方程 将力法基本原理用方程表达，即得力法基本方程。在力法基本体系中，多余约束力方向上位移是已知的，并且此位移等于多余约束力作用状态和荷载作用状态下产生的位移之叠加。据此建立含有多余未知力的力法方程。如图 10.6（b）所示，用 Δ_1 表示力法基本体系在 X_1 未知约束力方向上的位移；用 Δ_{1P} 表示力法基本结构在荷载单独作用下在 X_1 方向上产生的位移 [图 10.6（c）]；用 Δ_{11} 表示力法基本结构在 X_1 单独作用下在 X_1 方向上产生的位移 [图 10.6（d）]。根据力法基本原理可得如下等式

$$\Delta_1 = \Delta_{11} + \Delta_{1P}$$

由位移已知条件得

$$\Delta_{11} + \Delta_{1P} = 0 \qquad\qquad ①$$

若 δ_{11} 为力法基本结构单独在 $X_1 = 1$ 作用下在 X_1 方向上产生的位移 [图 10.6（e）]。则根据叠加原理得如下等式

$$\Delta_{11} = \delta_{11} X_1 \qquad\qquad ②$$

将式②代入式①可得力法基本方程

$$\delta_{11} X_1 + \Delta_{1P} = 0 \qquad\qquad ③$$

方程中的系数 δ_{11} 是由 $\overline{M}_1$ 弯矩图 [图 10.6（f）] 自乘或由积分法计算。方程中的自由项 Δ_{1P} 可用 $\overline{M}_1$ 弯矩图和 M_P 弯矩图 [图 10.6（g）] 图乘或积分法计算。

$$\delta_{11} = \frac{1}{EI} l^2 \times \frac{1}{2} \times \frac{2}{3} l = \frac{l^3}{3EI}$$

$$\Delta_{1P} = -\frac{1}{EI} \times \frac{ql^2}{2} l \times \frac{1}{3} \times \frac{3}{4} l = -\frac{ql^4}{8EI}$$

将系数和自由项代入方程中解出未知力

$$X_1 = \frac{3ql}{8}$$

作弯矩图 根据叠加原理，基本结构单独在荷载作用下的弯矩图（M_P 图）与基本结构单独在多余约束力作用下的弯矩图（$\overline{M}_1 X_1$ 为单位 $\overline{M}_1$ 弯矩图纵标扩大 X_1 倍）叠加，则为原超静定结构体系的弯矩图。对于每一截面的弯矩纵标可按下式计算

$$M = \overline{M}_1 X_1 + M_P$$

根据 $\overline{M}_1$ 图 [图 10.6（f）] 和 M_P 图 [图 10.6（g）] 上的控制截面纵标可求 M 图各控制截面弯矩值。

$$M_{AB} = \overline{M} X_1 + M_P = l \frac{3ql}{8} - \frac{ql^2}{2} = -\frac{ql^2}{8}$$

$$M_{BA} = 0$$

$$M_C = \frac{l}{2} \times \frac{3ql}{8} - \frac{ql^2}{8} = \frac{ql^2}{16}$$

根据各控制截面弯矩值作 M 图 [图 10.6（h）]。

10.3　力 法 典 型 方 程

上节通过求解一次超静定结构，介绍了力法的基本原理。本节将按前述力法解题思路以一个二次超静定刚架为例，说明多次超静定结构的力法方程是如何建立的，然后再将其推广到 n 次超静定结构。

二次超静定结构的力法方程　如图 10.7（a）所示刚架，通过几何组成分析，可知此刚架为二次超静定刚架，解除两个多余约束并以相应的未知约束力 X_1、X_2 代替，得到力法基本体系［图 10.7（b）］。力法基本体系应与原体系等效，因此，力法基本体系在 C 处沿未知约束力 X_1 的方向上的线位移等于零（$\Delta_1 = 0$）；在 C 处沿未知约束力 X_2 的方向上的位移也等于零（$\Delta_2 = 0$）。

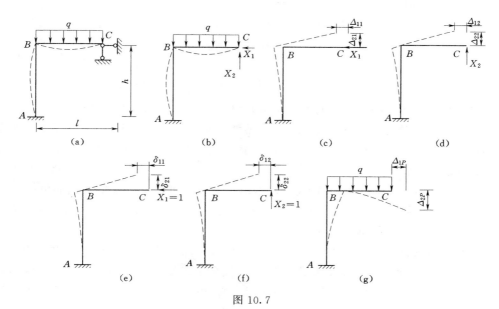

图 10.7

基本结构单独在 $X_1 = 1$ 作用下，分别在未知力 X_1、X_2 方向上产生的位移为 δ_{11}、δ_{21} ［图 10.7（e）］，位移符号右下角第一角码表示位移方向，第二角码表示产生位移的力；根据叠加原理，基本结构单独在 X_1 作用下，分别在未知力 X_1、X_2 方向上产生的位移［图 10.7（c）］为

$$\Delta_{11} = \delta_{11} X_1, \Delta_{21} = \delta_{21} X_1 \qquad ①$$

同理，基本结构单独在 $X_2 = 1$ 的作用下，分别在未知力 X_1、X_2 方向上产生的位移为 δ_{12}、δ_{22} ［图 10.7（f）］；根据叠加原理，基本结构单独在 X_2 作用下，分别在未知力 X_1、X_2 方向上产生的位移［图 10.7（d）］为

$$\Delta_{12} = \delta_{12} X_2, \Delta_{22} = \delta_{22} X_2 \qquad ②$$

基本结构单独在荷载作用下，分别在未知力 X_1、X_2 方向上产生的位移为 Δ_{1P}、Δ_{2P} ［图 10.7（g）］。

根据叠加原理，基本结构同时在未知力 X_1、X_2 和荷载作用下，分别在未知力 X_1、

X_2 方向上产生的位移为

$$\left.\begin{array}{l} \Delta_1 = \Delta_{11} + \Delta_{12} + \Delta_{1P} = 0 \\ \Delta_2 = \Delta_{21} + \Delta_{22} + \Delta_{2P} = 0 \end{array}\right\} \qquad ③$$

将式①和式②代入式③中，即得力法方程为

$$\left.\begin{array}{l} \delta_{11}X_1 + \delta_{12}X_2 + \Delta_{1P} = 0 \\ \delta_{21}X_1 + \delta_{22}X_2 + \Delta_{2P} = 0 \end{array}\right\} \qquad ④$$

式④是根据位移条件建立的求解多余未知力 X_1、X_2 的力法方程。

n 次超静定结构的力法典型方程　对于 n 次超静定结构，有 n 个多余约束，因此有 n 个多余未知力。由于每一个多余约束处对应着一个已知位移条件，于是按此 n 个位移条件可建立 n 个力法方程，从而可解出 n 个多余未知力。若原结构体系上对应于各多余未知力作用处的位移都等于零，则这 n 个方程为

$$\left.\begin{array}{l} \delta_{11}X_1 + \delta_{12}X_2 + \cdots + \delta_{1n}X_n + \Delta_{1P} = 0 \\ \delta_{21}X_1 + \delta_{22}X_2 + \cdots + \delta_{2n}X_n + \Delta_{2P} = 0 \\ \vdots \\ \delta_{n1}X_1 + \delta_{n2}X_2 + \cdots + \delta_{nn}X_n + \Delta_{nP} = 0 \end{array}\right\} \qquad (10.1)$$

式 (10.1) 就是 n 次超静定结构的力法典型方程。

上述方程中主对角线上的系数 δ_{ii} 称为主系数，它表示基本结构在 $X_i = 1$ 单独作用下沿 X_i 方向的位移，显然，δ_{ii} 存在且与 X_i 方向一致，故其数值 $\delta_{ii} > 0$。主对角线两侧的系数 δ_{ij} $(i \neq j)$ 称为副系数，它表示基本结构在 $X_j = 1$ 单独作用下沿 X_i 方向的位移。根据位移互等定理可知：$\delta_{ij} = \delta_{ji}$。自由项 Δ_{ip} 表示基本结构单独作用荷载时沿 X_i 方向的位移。

应当注意：选择不同的基本结构来计算同一超静定结构体系，力法方程形式相同，但其系数和自由项的值一般不相同。

系数和自由项计算　当力法典型方程建立以后，只需计算出其中的系数和自由项，并"对号入座"代入方程中，解方程组即可确定出各多余未知力。因为力法方程中的系数和自由项都是基本结构在单位力或已知荷载作用下的位移，故均可按第9章所介绍的计算静定结构位移的方法求得。

截面弯矩计算　由力法方程解出多余未知力 X_1、X_2、$\cdots$、X_n 后，结合计算过程中已作出的单位弯矩图和荷载弯矩图，根据叠加原理计算超静定结构的弯矩，即

$$M = \overline{M}_1 X_1 + \overline{M}_2 X_2 + \cdots + \overline{M}_n X_n + M_P \qquad (10.2)$$

根据各控制面弯矩作出弯矩图。

【例 10.1】　试计算图 10.8 (a) 所示桁架各杆的轴力。已知各杆的 EA 为常数。

解：（1）选取力法基本结构，并作力法基本体系图。此桁架为一次超静定结构。现将杆 BD 切断并以多余未知力 X_1 代替轴力（切断多余链杆，但不能取掉链杆），其基本体系如图 10.8 (b) 所示。

（2）建立力法典型方程。根据切口两侧截面沿杆轴向的相对线位移应等于零的位移条件，建立力法典型方程如下

$$\delta_{11}X_1 + \Delta_{1P} = 0$$

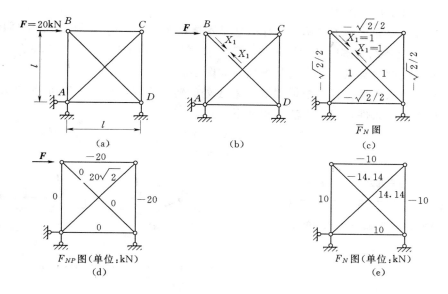

图 10.8

（3）求系数和自由项。分别求出单位力 $X_1 = 1$ 和荷载单独作用于基本结构时所产生的轴力，如图 10.8（c）、（d）所示。计算系数和自由项如下

$$\delta_{11} = \sum \frac{\overline{F}_N^2 l}{EA}$$

$$= \frac{1}{EA} \left[\left(-\frac{\sqrt{2}}{2} \right)^2 \times l \times 4 + 1^2 \times \sqrt{2}l \times 2 \right]$$

$$= \frac{2 \times (1 + \sqrt{2})l}{EA}$$

$$\Delta_{1P} = \sum \frac{\overline{F}_N F_{NP} l}{EA}$$

$$= \frac{1}{EA} \left[\left(-\frac{\sqrt{2}}{2} \right) \times (-20) \times l \times 2 \right.$$

$$\left. + 1 \times 20 \times \sqrt{2} \times \sqrt{2}l \right]$$

$$= \frac{20(\sqrt{2} + 2)}{EA} l$$

（4）求多余未知力。将系数和自由项代入典型方程中求解，得

$$X_1 = -\frac{\Delta_{1P}}{\delta_{11}}$$

$$= -\frac{20(\sqrt{2} + 2)l}{EA} \times \frac{EA}{2 \times (1 + \sqrt{2})l}$$

$$= -10\sqrt{2}$$

$$= -14.14 \text{(kN)}$$

（5）求各杆的最后轴力。由公式 $F_N = \overline{F}_{N1} X_1 + F_{NP}$ 求得各杆轴力如图 10.8（e）所示。

【例 10.2】　用力法计算图 10.9（a）所示连续梁，绘出弯矩图和剪力图，并求支座 B

的约束力。各杆 EI 为常数。

解：（1）选取力法基本结构，并作力法基本体系图。此结构为二次超静定结构。现将固端支座 A 的抗弯约束解除变为固定铰支座，将刚结点 B 的抗弯约束解除变为中间铰链，得到两跨静定连续简支梁，其力法基本体系如图 10.9（b）所示。

（2）建立力法典型方程。根据固端支座 A 处的转角为零，杆 BA 和 BC 在刚结点 B 处的相对转角为零的条件，建立力法方程如下

$$\left.\begin{array}{l}\delta_{11}X_1+\delta_{12}X_2+\Delta_{1P}=0\\\delta_{21}X_1+\delta_{22}X_2+\Delta_{2P}=0\end{array}\right\}$$

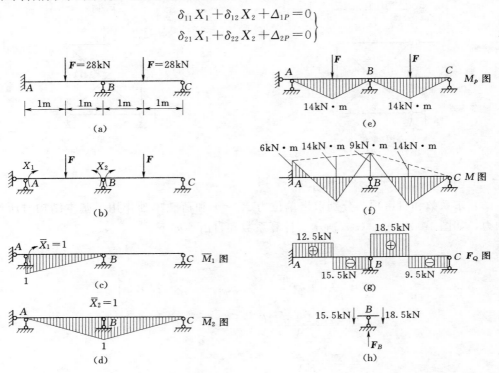

图 10.9

（3）求系数和自由项。绘出基本结构在各个 $\overline{X_1}=1$、$\overline{X_2}=1$ 和荷载单独作用下的弯矩图，如图 10.9（c）～（e）所示。计算系数和自由项如下

$$\delta_{11}=\frac{1}{EI}\left(\frac{1}{2}\times2\times1\times\frac{2}{3}\times1\right)=\frac{2}{3EI}$$

$$\delta_{12}=\sigma_{12}=\frac{1}{EI}\left(\frac{1}{2}\times2\times1\times\frac{1}{3}\times1\right)=\frac{1}{3EI}$$

$$\delta_{22}=\frac{2}{EI}\left(\frac{1}{2}\times2\times1\times\frac{2}{3}\times1\right)=\frac{4}{3EI}$$

$$\Delta_{1P}=\frac{1}{EI}\times\frac{1}{2}\times2\times14\times\frac{1}{2}\times1=\frac{7}{EI}$$

$$\Delta_{2P}=\frac{2}{EI}\times\frac{1}{2}\times2\times14\times\frac{1}{2}\times1=\frac{14}{EI}$$

（4）求未知力。将系数和自由项代入力法方程中，得

$$
\left.\begin{array}{l}
\dfrac{2}{3EI}X_1+\dfrac{1}{3EI}X_2+\dfrac{7}{EI}=0 \\[3mm]
\dfrac{1}{3EI}X_1+\dfrac{4}{3EI}X_2+\dfrac{14}{EI}=0
\end{array}\right\}
$$

求解得

$$X_1=-6\text{kN}\cdot\text{m}$$

$$X_2=-9\text{kN}\cdot\text{m}$$

（5）绘内力图。作弯矩图，先利用公式 $M=\overline{M_1}X_1+\overline{M_2}X_2+M_P$ 求出各杆端弯矩，然后由叠加法作出弯矩图。弯矩图如图 10.9（f）所示。作剪力图，分别取各杆为隔离体，利用力矩平衡条件求出各杆端剪力。再根据荷载与内力的微分关系作出剪力图。剪力图如图 10.9（g）所示。

（6）计算支座 B 的约束力。根据剪力图可以很容易地求出支座的约束力，取刚结点 B 为隔离体，如图 10.9（h）所示。

由 $\sum F_y=0$ 　　　　　　　　　　$F_B-15.5-18.5=0$

得　　　　　　　　　　　　　　　$F_B=34\text{kN}$

思考题

10.1　超静定结构与静定结构的根本区别是什么？不管你拆除超静定结构中的哪一个约束，你能将一个超静定结构变成静定结构吗？

10.2　力法基本结构的根本属性是静定结构。那么这个静定结构与对应的超静定结构有何对应点？

10.3　如何得到力法基本结构？对于给定的超静定结构，它的力法基本结构是唯一的吗？力法基本未知量的数目是确定的吗？

10.4　对图（a）所示的超静定结构，当分别取图（b）、（c）为力法基本结构时，力法方程 $\delta_{11}X_1+\Delta_{1P}=0$ 的物理意义有何不同？

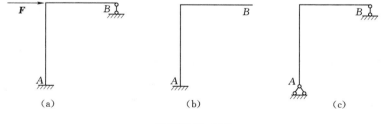

思考题 10.4 图

10.5　为什么在荷载作用下，超静定结构的内力状态只与各杆的 EI、EA 相对值有关，而与它们的绝对值无关？为什么静定结构的内力状态与各杆的 EI、EA 相对值无关？

10.6　力法基本原理是力法基本体系与对应的超静定结构体系完全等效。力法方程是根据哪一个量值的等效关系建立的？

10.7　用力法分析超静定刚架、桁架及组合结构时系数和自由项的计算各有什么特点？

10.8 力法典型方程中的系数 δ_{ii}、δ_{ij} 和自由项 Δ_{IP} 各表示什么意义？这些系数和自由项是不是只能由图乘法求得？

10.9 用超静定结构的最后弯矩图与力法基本结构的任一单位力弯矩图相乘，其结果表示什么？

习题

10.1 试确定图示各结构的超静定次数。

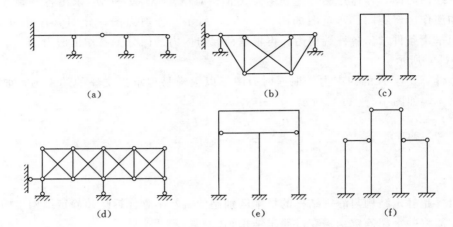

习题 10.1 图

10.2 用力法计算图示超静定梁，并绘弯矩图。

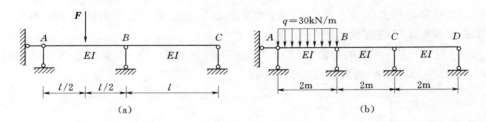

习题 10.2 图

10.3 用力法计算图示超静定梁，并绘弯矩图。

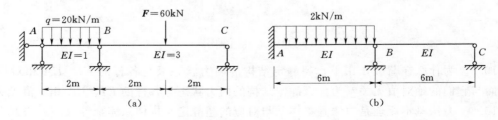

习题 10.3 图

10.4 用力法计算图示超静定刚架，并绘弯矩图。各杆 EI 等于常数。

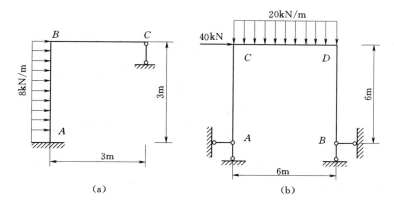

习题 10.4 图

10.5　用力法计算图示超静定刚架，并绘弯矩图。

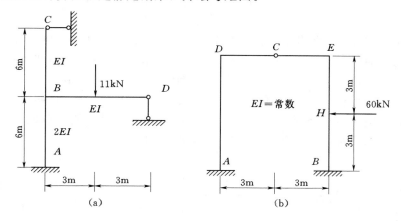

习题 10.5 图

10.6　用力法计算图示超静定桁架各杆的轴力。各杆 EA 相同。

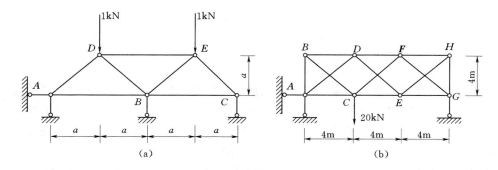

习题 10.6 图

10.7　试求图示加劲梁各杆的轴力，并绘横梁 AB 的弯矩图。设杆 AD、CD、BD 的 EA 均相同，且 $\dfrac{I}{A} = 16$（m^2）。

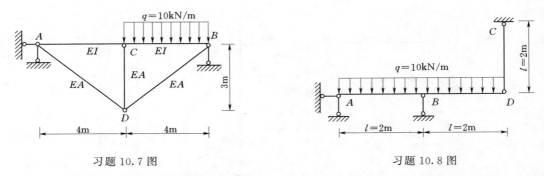

习题 10.7 图　　　　　　　　　习题 10.8 图

10.8　图示为一组合结构，梁 AD 的抗弯刚度为 EI，杆 CD 的抗拉压刚度为 EA，其中，$I=Al^2/6$，试求杆 CD 的轴力。

10.4　结构对称性的利用

对称结构和对称荷载的概念　在建筑工程中很多结构是对称的，利用结构的对称性可使计算工作得到简化。当结构的几何形状、尺寸、支承方式、杆件截面形状和尺寸、材料对某个轴对称时，称为对称结构。当对称轴一侧的荷载绕对称轴旋转 180°后，与对称轴另一侧荷载的作用点相对应，数值相等、指向相同时称为对称荷载，如图 10.10（a）所示；当对称轴一侧的荷载绕对称轴旋转 180°后，与对称轴另一侧荷载的作用点相对应，数值相等、指向相反时则称为反对称荷载，如图 10.11（a）所示。

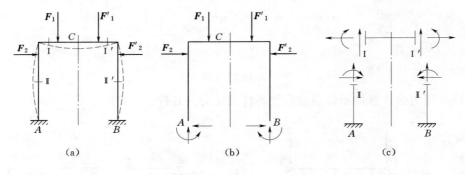

图 10.10

对称结构的外力、内力和变形的对称性质　对称结构在对称荷载作用下，变形是对称的 ［图 10.10（a）］，支座的约束力和对称截面的内力也是对称的，如图 10.10（b）、（c）所示。对称结构在反对称荷载作用下，变形是反对称的 ［图 10.11（a）］；支座的约束力和对称截面的内力也是反对称的，如图 10.11（b）、（c）所示。

半结构的选取　根据对称结构在对称荷载或反对称荷载作用下内力与变形的特点，可以只取结构的一半进行计算。下面具体说明奇数跨和偶数跨对称结构分别在对称荷载和反对称荷载作用下取半结构的方法。

● 奇数跨对称结构作用对称荷载。如图 10.12（a）所示结构，在对称轴截面 C 处取

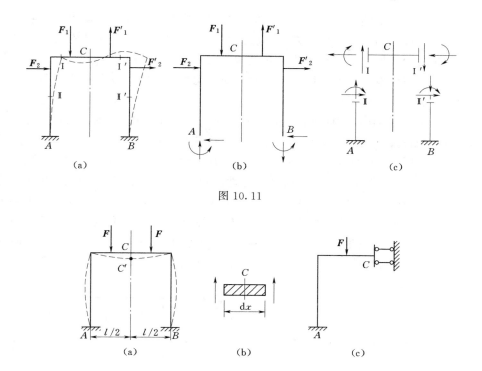

图 10.11

图 10.12

一微段［图 10.12（b）］，微段两则的截面是对称面，根据对称结构在对称荷载作用下对称截面上内力是对称的性质可知，两截面上的剪力应为正对称的方向，若存在剪力，这一微段将不可能保持平衡，因此，对称轴截面处剪力必为零，即对称轴截面两侧不需要抗剪约束。对称结构在对称荷载作用下变形是对称的，对称轴截面不能发生转动和侧向移动。所以，可在对称轴处将结构截开，取一半结构为对象，在截面处加一定向支座约束，如图 10.12（c）所示。此定向支座约束可限制对称轴截面不发生侧移和转动，无抗剪约束作用，满足实际变形和位移要求。

　　● 奇数跨对称结构作用反对称荷载。如图 10.13（a）所示结构，在对称轴截面 C 处取一微段［图 10.13（b）］，微段两则的截面是对称面，根据对称结构在反对称荷载作用下对称截面上内力是反对称的性质可知，两截面上的轴力和弯矩应为反对称的方向，若存在轴力和弯矩，这一微段将不可能保持平衡，因此，对称轴截面处轴力和弯矩必为零，即

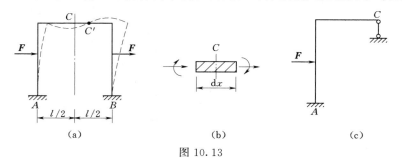

图 10.13

对称轴截面两侧不需要轴向约束和抗弯约束。对称结构在反对称荷载作用下变形是反对称的，对称轴截面形心不能沿对称轴方向移动。所以，可在对称轴处将结构截开，取一半结构为对象，在截面处加一沿对称轴方向的可动铰支座，如图 10.13（c）所示。此支座约束可限制对称轴截面不发生沿对称轴方向的移动，无垂直于链杆方向的约束和抗弯约束作用，满足实际变形和位移要求。

● 偶数跨对称结构作用对称荷载。如图 10.14（a）所示结构，其对称轴截面与中间竖杆 AB 的纵向对称面重合，根据奇数跨对称结构在对称荷载作用下取半结构原理，取其半结构如图 10.14（b）所示；中间竖柱 AB 被等分为 A_1B_1 和 A_2B_2 两半，左半结构中的柱 A_1B_1 与右半结构中的柱 A_2B_2 是对称的，根据对称的性质可知，两柱横截面上的内力应是对称的 [图 10.14（c）]；但当柱 A_1B_1 与柱 A_2B_2 合并为柱 AB 后，显然，竖柱 AB 横截面上将不会有剪力和弯矩，只有轴力；若略去半结构中柱 A_1B_1（柱 A_2B_2）的轴向变形，半结构的定向支座 A_1 处（A_2 处）将不能发生任何方向的位移，因此可将半结构 A_1 处（A_2 处）的定向支座改为固定端支座，并且可将柱 A_1B_1（柱 A_2B_2）取掉，得半结构如图 10.14（d）所示。

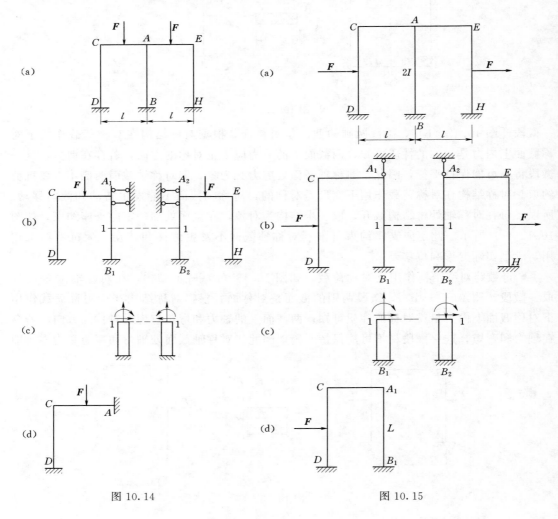

图 10.14   图 10.15

由以上分析可知，偶数跨对称结构作用对称荷载时，取一半结构并取掉中间对称柱，在对称轴截面处加固定端支座，即得半结构。而整个结构的中间对称柱上无剪力和弯矩，而轴力等于半结构的固定端支座处竖向约束力的两倍。

● 偶数跨对称结构作用反对称荷载。如图 10.15（a）所示结构，其对称轴截面与中间竖柱 AB 的纵向对称面重合，根据奇数跨对称结构在反对称荷载作用下取半结构原理，取其半结构如图 10.15（b）所示；中间竖柱 AB 被等分为 A_1B_1 和 A_2B_2 两半，左半结构中的柱 A_1B_1 与右半结构中的柱 A_2B_2 是对称的，根据对称的性质可知，两柱横截面上的内力应是反对称的［图 10.15（c）］；但当柱 A_1B_1 与柱 A_2B_2 合并为柱 AB 后，显然，竖柱 AB 横截面上将不会有轴力，只有剪力和弯矩；若略去半结构中柱 A_1B_1（柱 A_2B_2）的轴向变形，半结构在 A_1 处（A_2 处）的可动铰支座的作用可由柱 A_1B_1（柱 A_2B_2）代替，因此，可将半结构 A_1 处（A_2 处）的可动支座取掉，得半结构如图 10.15（d）所示。

由以上分析可知，偶数跨对称结构作用反对称荷载时，将结构在对称轴截面处截开，对称轴截面将中间对称竖柱一分为二，即得半结构。半结构上所带的一半竖柱，其惯性矩（I）是原中间对称柱惯性矩（$2I$）的一半。而整个结构的中间对称柱上无轴力，剪力和弯矩是半结构中半竖柱的剪力和弯矩的两倍。

对称刚架上的任意荷载分组 若对称刚架上作用着任意荷载［图 10.16（a）］，则可先将其分解为正对称［图 10.16（b）］和反对称［图 10.16（c）］两组。然后利用上述方法分别取半刚架计算。最后将两个计算结果叠加，即得原结构体系的内力。

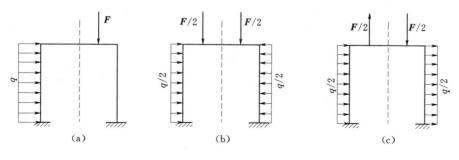

图 10.16

利用结构对称性作内力图 利用结构对称性取半结构进行简化计算，在作出半结构的内力图后，要利用对称荷载产生对称内力和反对称荷载产生反对称内力的特点，判定另一半结构内力的方向。由此判定可得，正对称荷载作用下，弯矩图的图形是正对称的；轴力的符号是正对称的；剪力的符号是反对称的。反对称荷载作用下，弯矩图的图形是反对称的；轴力的符号是反对称的；剪力的符号是正对称的。另外，对于偶数跨对称结构，要注意判定中间对称轴柱的内力（对称荷载，中间对称轴柱上无剪力和弯矩，而轴力等于半结构的固定端支座处竖向约束力的两倍；反对称荷载，中间对称柱上无轴力，剪力和弯矩是半结构中半竖柱的剪力和弯矩的两倍）。

【例 10.3】 试利用对称性，对图 10.17（a）所示刚架取半结构简化计算，画出弯矩图。

解：（1）图 10.17（a）所示刚架为三次超静定结构，如果将横梁中点原力偶分解为两个力偶矩相等的力偶，并紧靠中点的两侧作用，即可视为对称结构承受反对称荷载作用

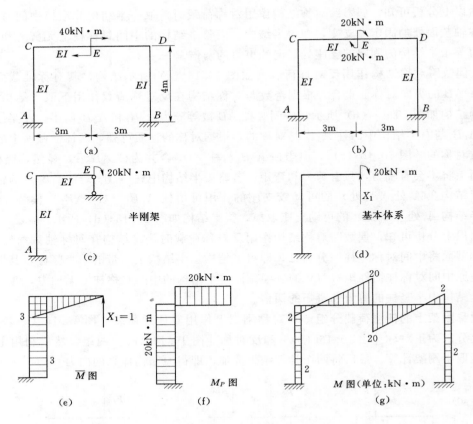

图 10.17

的情形，如图 10.17（b）所示。则取半刚架形式如图 10.17（c）所示。取力法基本体系如图 10.17（d）所示。原三次超静定结构的计算便简化为一次超静定结构的计算。

（2）列力法典型方程。

$$\delta_{11} X_1 + \Delta_{1P} = 0$$

（3）求系数和自由项。分别画出基本结构在 $X_1 = 1$ 作用下的 $\overline{M}_1$ 图及在荷载作用下的 M_P 图，如图 10.17（e）、（f）所示。利用图乘法可得

$$\delta_{11} = \frac{1}{EI}\left(\frac{1}{2} \times 3 \times 3 \times \frac{2}{3} \times 3 + 3 \times 4 \times 3\right) = \frac{45}{EI}(\text{m/kN})$$

$$\Delta_{1P} = -\frac{1}{EI}\left(\frac{1}{2} \times 3 \times 3 \times 20 + 3 \times 4 \times 20\right) = -\frac{330}{EI}(\text{m})$$

（4）解方程求多余约束力。

$$X_1 = -\frac{\Delta_{1P}}{\delta_{11}} = \frac{330}{EI} \times \frac{EI}{45} = \frac{22}{3}(\text{kN})$$

（5）画弯矩图。根据叠加原理可得

$$M_{AC} = -3 \times \frac{22}{3} + 20 = -2(\text{kN} \cdot \text{m})$$

$$M_{CA} = -3 \times \frac{22}{3} + 20 = -2(\text{kN} \cdot \text{m})$$

$$M_{CE} = 3 \times \frac{22}{3} - 20 = 2(\text{kN} \cdot \text{m})$$

$$M_{EC} = 0 \times \frac{22}{3} - 20 = -20(\text{kN} \cdot \text{m})$$

根据对称结构在反对称荷载作用下，内力是反对称的性质，即可判定弯矩图形是反对称的，画出原刚架弯矩图如图 10.17（g）所示。

【例 10.4】　试绘出图 10.18（a）所示超静定刚架的内力图。已知刚架各杆的 EI 均为常数。

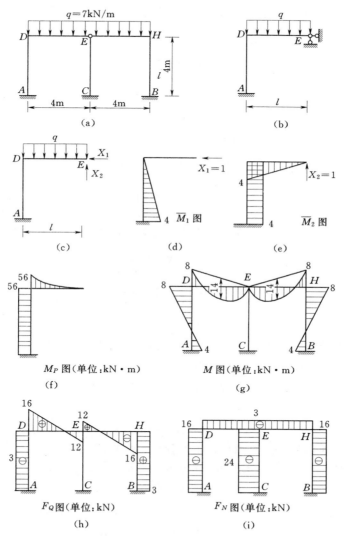

图 10.18

解：（1）取半刚架。图 10.18（a）所示刚架是偶数跨对称结构，荷载为正对称，按偶数跨对称荷载作用下取半结构的要求，半结构体系图 10.8（b）所示，E 处应为固端支座约束，但是原结构 E 点处本身又是铰链，结构在此的转动没有受到约束。考虑以上位移特点，取半刚架如图 10.18（b）所示的 E 处为固定铰支座。

（2）选择力法基本结构。图 10.18（b）为二次超静定刚架，去掉支座 E 约束，代之以多余未知力 X_1、X_2，得到图 10.18（c）所示悬臂刚架的力法基本体系。

（3）建立力法典型方程。

$$\delta_{11}X_1 + \delta_{12}X_2 + \Delta_{1P} = 0$$
$$\delta_{21}X_1 + \delta_{22}X_2 + \Delta_{2P} = 0$$

（4）求系数和自由项。绘出基本结构分别在各个单位多余约束力作用下的弯矩图 $\overline{M}_1$、$\overline{M}_2$［图 10.18（d）、（e）］以及在荷载作用下的弯矩图 M_P［图 10.18（f）］。利用图乘法求系数和自由项。

$$\delta_{11} = \frac{1}{EI}\left(\frac{1}{2} \times 4 \times 4 \times \frac{2}{3} \times 4\right) = \frac{64}{3EI}(\text{m/kN})$$

$$\delta_{22} = \frac{1}{EI}\left(\frac{1}{2} \times 4 \times 4 \times \frac{2}{3} \times 4 + 4 \times 4 \times 4\right) = \frac{256}{3EI}(\text{m/kN})$$

$$\delta_{12} = \delta_{21} = \frac{1}{EI}\left(4 \times 4 \times \frac{1}{2} \times 4\right) = \frac{32}{EI}(\text{m/kN})$$

$$\Delta_{1P} = -\frac{1}{EI}\left(56 \times 4 \times \frac{1}{2} \times 4\right) = -\frac{448}{EI}(\text{m})$$

$$\Delta_{2P} = \frac{4}{6EI} \times 4(-2 \times 56 + 2 \times 14) - \frac{1}{EI}(56 \times 4 \times 4) = -\frac{1120}{EI}(\text{m})$$

（5）解方程求多余约束力。将以上所得系数和自由项代入力法典型方程中，得

$$\frac{64}{3EI}X_1 + \frac{32}{EI}X_2 - \frac{448}{EI} = 0$$

$$\frac{32}{EI}X_1 + \frac{256}{3EI}X_2 - \frac{1120}{EI} = 0$$

解得
$$X_1 = 3\text{kN}, \ X_2 = 12\text{kN}$$

（6）画弯矩图。根据叠加原理求半刚架 ADE 各控制截面弯矩为

$$M_{AD} = -4 \times 3 - 4 \times 12 + 56 = -4(\text{kN} \cdot \text{m})$$
$$M_{DA} = 0 \times 3 - 4 \times 12 + 56 = 8(\text{kN} \cdot \text{m})$$
$$M_{DE} = 0 \times 3 + 4 \times 12 - 56 = -8(\text{kN} \cdot \text{m})$$
$$M_{ED} = 0$$

由于荷载是正对称的，弯矩图也是正对称的，弯矩图如图 10.18（g）所示。

（7）画剪力图。根据力法基本体系上的荷载和已求出的多余约束力，求半刚架各杆剪力。

$$F_{QED} = -X_2 = -12(\text{kN})$$
$$F_{QDE} = q \times l - X_2 = 7 \times 4 - 12 = 16(\text{kN})$$
$$F_{QDA} = F_{QAD} = -X_1 = -3(\text{kN})$$

由于荷载正对称，对称截面内力正对称，两对称截面剪力正、负号相反，作剪力图如图 10.18（h）所示。

（8）画轴力图。根据力法基本体系上的荷载和已求出的多余约束力，求半刚架各杆轴力。

$$F_{NDE} = F_{NED} = -X_1 = -3(\text{kN})$$

$$F_{NDA} = F_{NAD} = X_2 - ql = 12 - 28 = -16(\text{kN})$$

由于荷载正对称，对称截面内力正对称，两对称截面轴力正、负号相同。注意，对称轴柱的弯矩和剪力为零，但轴力是半结构的代替约束处竖向约束力的两倍。

$$F_{NEC} = -2X_2 = -24(\text{kN})$$

作轴力图如图 10.18（i）所示。

思考题

10.10　自然界中的大多数植物和动物在生存过程中要适应力学环境，必然进化成对称形状，因而，人们也建造了很多对称的建筑物。你能找到几个对称结构的工程实例吗？

10.11　对称结构在对称荷载作用下产生的任何量值都是对称的。据此请分析对称轴处截面或对称轴中柱的横截面上都有何种内力？

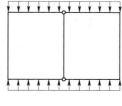

10.12　对称结构在反对称荷载作用下产生的任何量值都是反对称的。据此请分析对称轴处截面或对称轴中柱的横截面上都有何种内力？

10.13　如何选取图示结构体系的半结构体系？

思考题 10.13 图

10.14　对称结构在正对称和反对称荷载作用下，可取一半结构计算的依据是什么？

习题

10.9　利用对称性取半结构，用力法计算图示连续梁，绘出弯矩图。已知各杆 EI 相同。

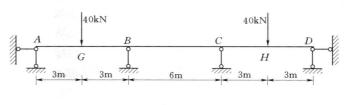

习题 10.9 图

10.10　利用对称性取半结构，用力法计算图示超静定刚架，绘出弯矩图。已知各杆 EI 相同。

10.11　利用对称性取半结构，用力法计算图示超静定排架，绘出弯矩图。

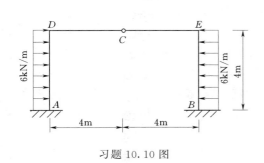

习题 10.10 图　　　　　　　习题 10.11 图

10.12　利用对称性取半结构，用力法计算图示超静定刚架，绘出弯矩图。

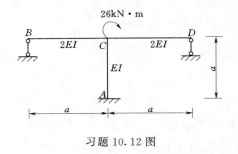

习题 10.12 图

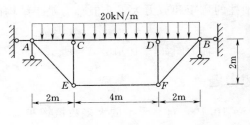

习题 10.13 图

10.13　利用对称性取半结构，用力法计算图示组合结构的内力，绘出横梁的弯矩图，求出各链杆的轴力。已知横梁的 $EI=10^4 \mathrm{kN \cdot m}^2$，链杆的 $EA=15 \times 10^4 \mathrm{kN}$。

10.14　用力法计算图示超静定刚架，绘出弯矩图。

10.15　用力法计算图示超静定刚架，绘出弯矩图。

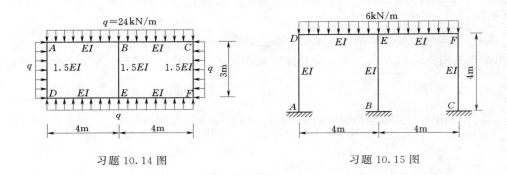

习题 10.14 图　　　　　　　　　　习题 10.15 图

10.5　等截面单跨超静定梁的杆端力

杆端内力和杆端位移的正向规定　在位移法和力矩分配法中，杆端弯矩以顺时针转向规定为正 [图 10.19（a）所示为正向弯矩]。杆端剪力以能使杆发生顺时针转动为正 [图 10.19（b）所示为正向剪力]。杆端的角位移（转角）以顺时针转向规定为正 [图 10.19（c）所示为正向转角]。杆端在垂直杆轴方向上的线位移以能使杆发生顺时针转动为正 [图 10.19（d）所示为正向线位移，这种情况可看作支座 A 向上发生竖向位移或支座 B 向下发生竖向位移]。在以后的计算中，无论是杆端还是结点位移，一般情况下都先假设为正向位移。

等截面单跨超静定梁的形常数　在结构中常遇到三种典型的等截面单跨超静定梁，即一端为固定端另一端为铰支 [图 10.20（a）]、两端为固定端 [图 10.20（b）]、一端为固定端另一端为定向支承 [图 10.20（c）] 的三种等截面单跨超静定梁。这三种梁在杆端发生正向单位位移时必引起杆端弯矩和杆端剪力。将杆端发生正向单位位移时引起的杆端弯矩和杆端剪力称为形常数。

图 10.21（a）为一端固定另一端铰支单跨超静定梁受杆端转角 $\varphi_A=1$ 的作用。取力

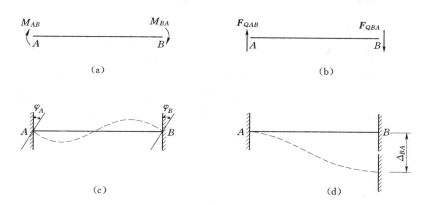

图 10.19

法基本体系如图 10.21（b）所示。力法典型方程为

$$\delta_{11} X_1 = \varphi_A$$

用图 10.21（c）所示的 $\overline{M}_1$ 图自乘求出系数 δ_{11}，即

$$\delta_{11} = \frac{1}{EI} \times \frac{l}{2} \times \frac{2}{3} \times 1 = \frac{l}{3EI}$$

将系数代入方程中得

$$\frac{l}{3EI} X_1 = \varphi_A$$

即

$$X_1 = \frac{3EI}{l}$$

令 $\dfrac{EI}{l} = i$，则

$$X_1 = 3i$$

图 10.20

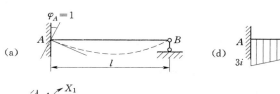

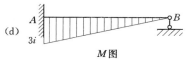

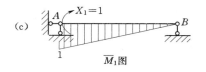

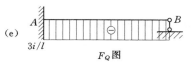

图 10.21

由此得杆端弯矩为

$$M_{AB} = 3i, \; M_{BA} = 0 \qquad\qquad ①$$

由杆端弯矩求杆端剪力，即

$$F_{QAB} = F_{QBA} = -\frac{M_{AB} + M_{BA}}{l} = -\frac{3i}{l} \qquad\qquad ②$$

作弯矩图和剪力图如图 10.21（d）、（e）所示。

　　式①和式②中的 $i=EI/l$ 称为杆件的线刚度，其反映了构件的抗弯能力。等截面杆件越长，其抗弯刚度就越小；反之，杆件越短，其抗弯刚度就越大。式①和式②即为一端固定另一端铰支的等截面单跨超静定梁受杆端转角 $\varphi_A=1$ 作用时的形常数。

　　图 10.22（a）所示为一端固定另一端铰支的等截面梁，在垂直于梁轴方向两支座发生相对正向单位线位移 $\Delta_{AB}=1$。同样可用力法进行计算。取力法基本体系如图 10.22（b）所示。力法典型方程为

$$\delta_{11}X_1 = \Delta_{AB}$$

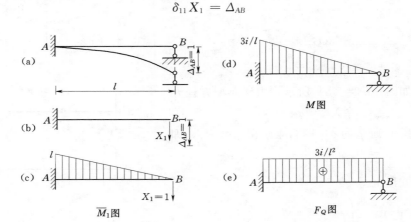

图 10.22

用图 10.22（c）$\overline{M}_1$ 图自乘求出系数 δ_{11}，即

$$\delta_{11} = \frac{1}{EI} \times \frac{l^2}{2} \times \frac{2}{3} \times l = \frac{l^3}{3EI}$$

将系数代入方程中得

$$\frac{l^3}{3EI}X_1 = \Delta_{AB}$$

即

$$X_1 = \frac{3EI}{l^3} = \frac{3i}{l^2}$$

由此得杆端剪力为

$$F_{QAB} = F_{QBA} = \frac{3i}{l^2} \qquad ③$$

由杆端剪力求杆端弯矩，即

$$M_{AB} = -\frac{3i}{l}, \; M_{BA} = 0 \qquad ④$$

作弯矩图和剪力图如图 10.22（d）、（e）所示。

　　式③和式④即为一端固定另一端铰支等截面单跨超静定梁在垂直于梁轴方向两支座发生相对正向单位线位移 $\Delta_{AB}=1$ 时的形常数。

　　对于两端固定的梁 [图 10.20（b）]、一端为固定端另一端为定向支承 [图 10.20（c）] 的等截面梁，在杆端发生单位正向位移时，同样可用力法计算其杆端力。为了便于今后应用，现将常遇到的三种典型梁的形常数列于表 10.1 中。

表 10.1　　　　　　　　　　　　等截面单跨超静定梁的形常数

编号	简图及弯矩图	杆端弯矩		杆端剪力	
		M_{AB}	M_{BA}	F_{QAB}	F_{QBA}
1	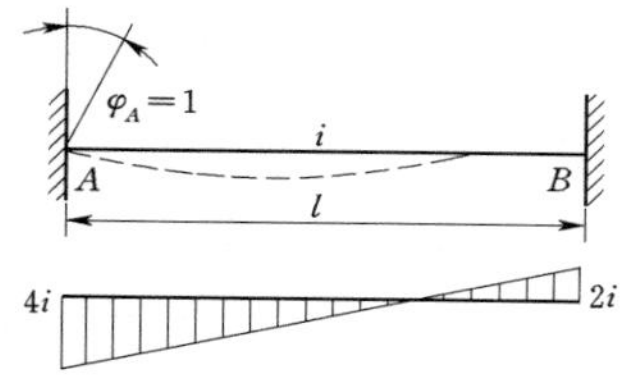	$4i$	$2i$	$-\dfrac{6i}{l}$	$-\dfrac{6i}{l}$
2	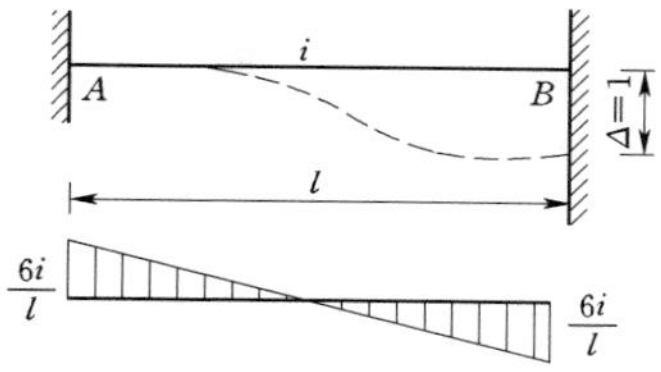	$-\dfrac{6i}{l}$	$-\dfrac{6i}{l}$	$\dfrac{12i}{l^2}$	$\dfrac{12i}{l^2}$
3	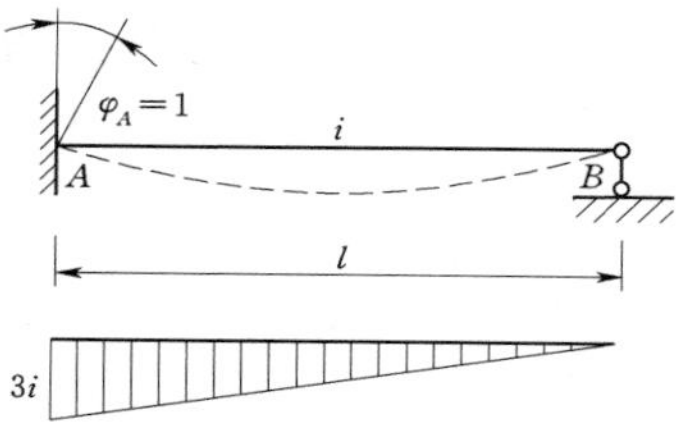	$3i$	0	$-\dfrac{3i}{l}$	$-\dfrac{3i}{l}$
4	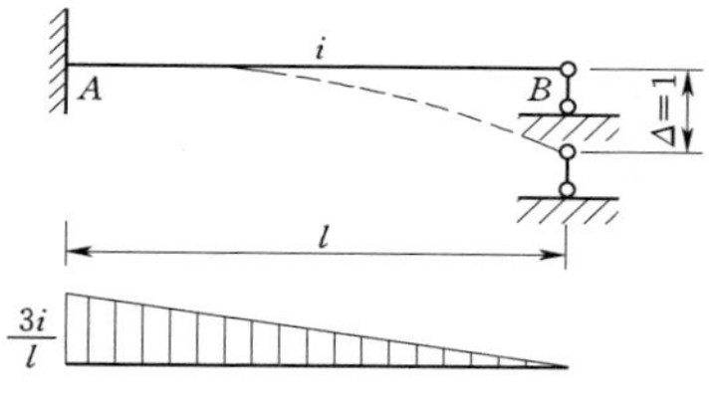	$-\dfrac{3i}{l}$	0	$\dfrac{3i}{l^2}$	$\dfrac{3i}{l^2}$
5	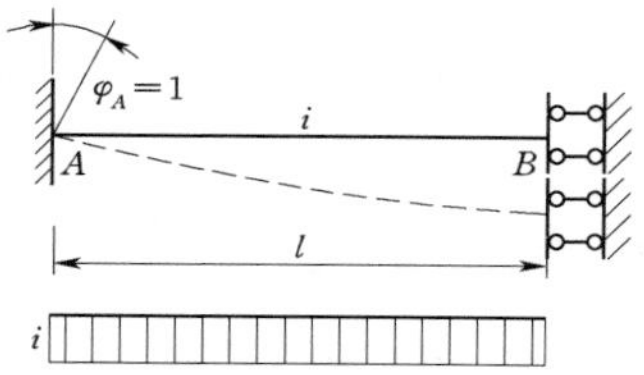	i	$-i$	0	0

等截面单跨超静定梁的载常数　　在位移法和力矩分配法的计算中，需要用到单跨超静定梁在荷载作用下引起的杆端内力。这些内力也可用力法求得。将荷载产生的杆端内力称为载常数，亦称为固端弯矩（M_{ij}^F）和固端剪力（F_{Qij}^F）。将常见等截面单跨超静定梁的载常数列于表 10.2 中，在计算时可以查用。

表 10.2   等截面单跨超静定梁的载常数

编号	简图及弯矩图	固端弯矩		固端剪力	
		M^F_{AB}	M^F_{BA}	F^F_{QAB}	F^F_{QBA}
1	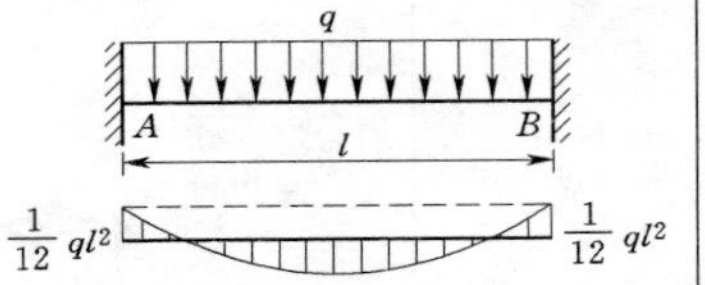	$-\dfrac{1}{12}ql^2$	$\dfrac{1}{12}ql^2$	$\dfrac{1}{2}ql$	$-\dfrac{1}{2}ql$
2	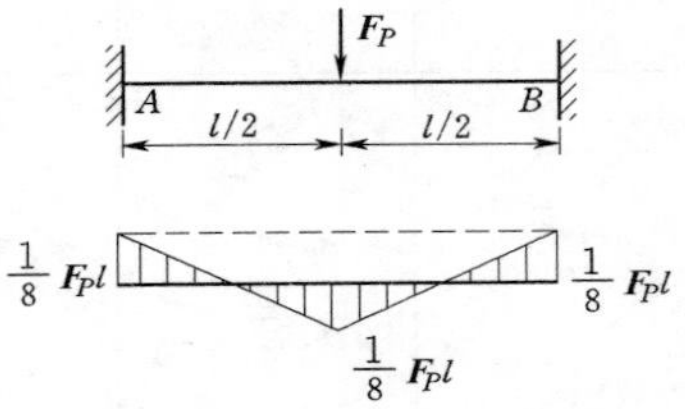	$-\dfrac{1}{8}F_P l$	$\dfrac{1}{8}F_P l$	$\dfrac{1}{2}F_P$	$-\dfrac{1}{2}F_P$
3	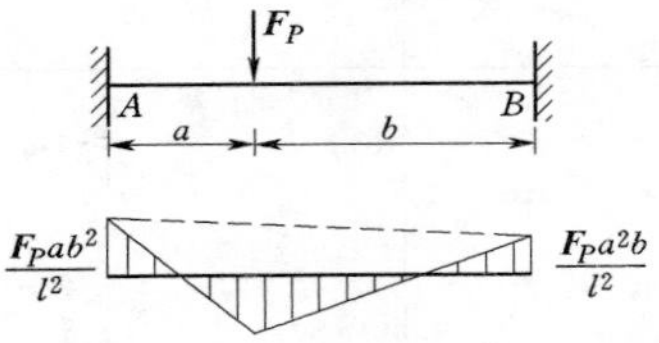	$-\dfrac{F_P ab^2}{l^2}$	$\dfrac{F_P a^2 b}{l^2}$	$\dfrac{F_P b^2}{l^2}\left(1+\dfrac{2a}{l}\right)$	$-\dfrac{F_P a^2}{l^2}\left(1+\dfrac{2b}{l}\right)$
4	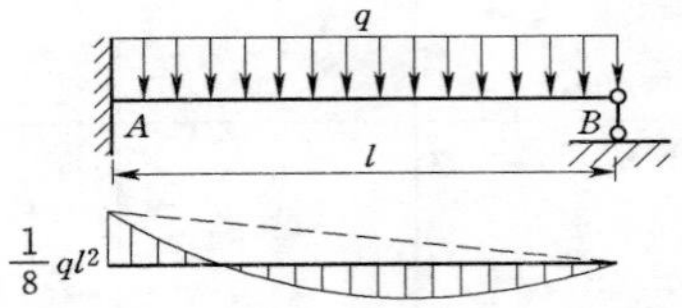	$-\dfrac{1}{8}ql^2$	0	$\dfrac{5}{8}ql$	$-\dfrac{3}{8}ql$
5	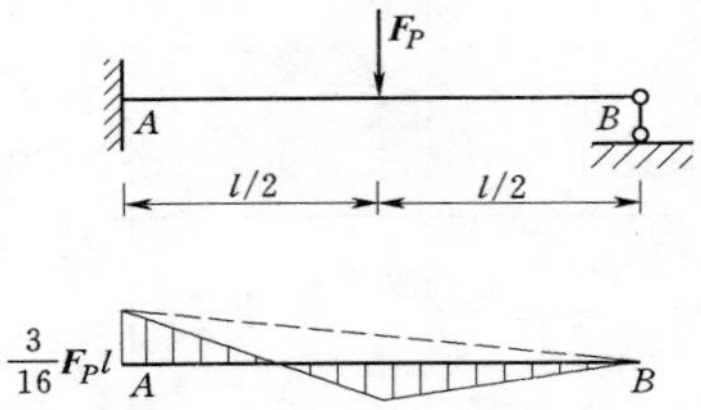	$-\dfrac{3}{16}F_P l$	0	$\dfrac{11}{16}F_P$	$-\dfrac{5}{16}F_P$
6	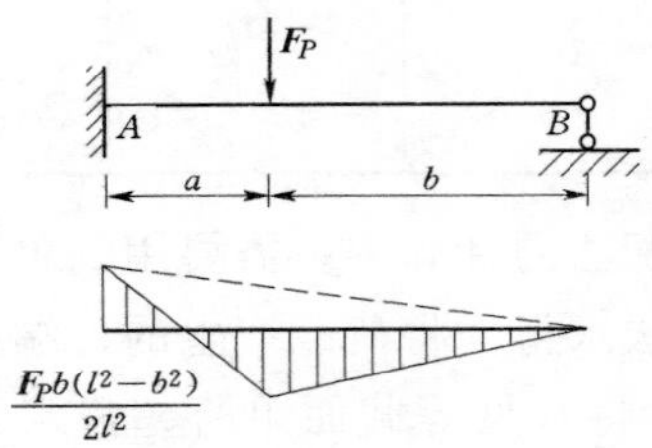	$-\dfrac{F_P b\,(l^2-b^2)}{2l^2}$	0	$\dfrac{F_P b\,(3l^2-b^2)}{2l^3}$	$-\dfrac{F_P a^2\,(2l+b)}{2l^3}$

续表

编号	简图及弯矩图	固端弯矩		固端剪力	
		M_{AB}^F	M_{BA}^F	F_{QAB}^F	F_{QBA}^F
7	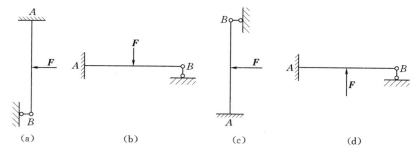	$\dfrac{1}{2}M$	M	$-\dfrac{3M}{2l}$	$-\dfrac{3M}{2l}$
8		$-\dfrac{1}{3}ql^2$	$-\dfrac{1}{6}ql^2$	ql	0
9		$-\dfrac{F_P a}{2l}(2l-a)$	$-\dfrac{F_P a^2}{2l}$	F_P	0

在应用表 10.2 查研究梁的杆端内力时，将梁经过平面旋转，使研究梁的支座与表中相应梁的支座对应，若研究梁上的荷载指向与表中所示荷载指向相同，则研究梁的杆端内力正负符号与表中对应支座处的杆端内力符号相同；若研究梁上的荷载指向与表中所示荷载指向相反，则研究梁的杆端内力正负符号与表中对应支座处的杆端内力符号相反。对于图 10.23 （a）所示的杆件当经过平面逆转 90°后，杆件的支座位置与表中相应梁的支座对应，如图 10.23 （b）所示，杆上作用的集中力指向与表中荷载方向相同，因此，图 10.23 （a）所示的杆端内力符号与表中对应支座处的杆端内力符号相同；对于图 10.23 （c）所示的杆件，当经过平面顺转 90°后，杆件的支座位置与表中相应梁的支座对应，如图 10.23 （d）所示，但杆上作用的集中力指向与表中荷载方向相反，因此，图 10.23 （c）所示的杆端内力符号与表中对应支座处的杆端内力符号相反。

图 10.23

等截面单跨超静定梁在杆端位移和荷载共同作用下的杆端力 当单跨超静定梁受到支座移动和转动以及各种荷载作用时，其杆端力可根据叠加原理，由表 10.1 及表 10.2 中各栏的杆端力值叠加求得。

对于图 10.24（a）所示两端固定的等截面梁，当 A、B 端都发生转角，两端也发生相对线位移，梁上还作用荷载时，其杆端弯矩和剪力为

$$\left.\begin{aligned} M_{AB} = 4i\varphi_A + 2i\varphi_B - \frac{6i}{l}\Delta_{AB} + M_{AB}^F \\ M_{BA} = 2i\varphi_A + 4i\varphi_B - \frac{6i}{l}\Delta_{AB} + M_{BA}^F \end{aligned}\right\} \tag{10.3}$$

$$\left.\begin{aligned} F_{QAB} = -\frac{6i}{l}\varphi_A - \frac{6i}{l}\varphi_B + \frac{12i}{l^2}\Delta_{AB} + F_{QAB}^F \\ F_{QBA} = -\frac{6i}{l}\varphi_A - \frac{6i}{l}\varphi_B + \frac{12i}{l^2}\Delta_{AB} + F_{QBA}^F \end{aligned}\right\} \tag{10.4}$$

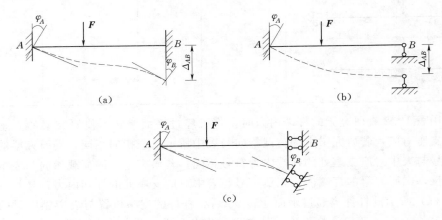

图 10.24

对于图 10.24（b）所示 A 端固定 B 端铰支的等截面梁，当固端发生转角，两端也发生相对线位移，梁上还作用荷载时，其杆端弯矩和剪力为

$$\left.\begin{aligned} M_{AB} = 3i\varphi_A - \frac{3i}{l}\Delta_{AB} + M_{AB}^F \\ M_{BA} = 0 \end{aligned}\right\} \tag{10.5}$$

$$\left.\begin{aligned} F_{QAB} = -\frac{3i}{l}\varphi_A + \frac{3i}{l^2}\Delta_{AB} + F_{QAB}^F \\ F_{QBA} = -\frac{3i}{l}\varphi_A + \frac{3i}{l^2}\Delta_{AB} + F_{QBA}^F \end{aligned}\right\} \tag{10.6}$$

对于图 10.24（c）所示 A 端固定 B 端定向支承的等截面梁，当 A、B 端都发生转角，（尽管在两端转角的影响下，两端还发生相对线位移，但这是约束所允许的，这种位移对杆端内力没有任何影响），梁上还作用荷载时，其杆端弯矩和剪力为

$$\left.\begin{aligned} M_{AB} = i\varphi_A - i\varphi_B + M_{AB}^F \\ M_{BA} = -i\varphi_A + i\varphi_B + M_{BA}^F \end{aligned}\right\} \tag{10.7}$$

$$\left.\begin{array}{l} F_{QAB} = F_{QAB}^{F} \\ F_{QBA} = 0 \end{array}\right\} \tag{10.8}$$

式（10.3）～式（10.8）等称为等截面直杆的转角位移方程。它表达了杆件两端内力与所受荷载和杆两端的位移之间的关系。

10.6　位移法的基本概念

位移法基本未知量　由 10.5 节可知，结构中杆件的杆端力是由两部分组成，即杆端不发生相对位移时只在荷载作用下的固端力以及由杆端发生相对位移引起的杆端力。杆件的固端力可直接由载常数表（表 10.2）查得，杆端单位位移引起的杆端力也可由形常数表（表 10.1）查得。因此，只要求得杆端的位移后，根据叠加原理就可以求得各个杆端力。因为结构中的各个杆的杆端位移不是孤立的，结构中的结点位移与汇交于结点处各杆的杆端位移是相关联的，所以，在位移法中是以结构结点的角位移和独立线位移为基本未知量。在计算时，先要确定结点角位移和独立线位移数目。

● 结点角位移。结构中一些杆的杆端直接受铰支座约束或与其他杆以杆端铰链相连，这些杆端在结构发生变形时，虽然有角位移产生，但杆端的弯矩是已知的，因此，这些角位移不是我们现在所需要求解的。结构中的刚结点要发生整体转动，并且汇交于刚结点处各杆端的角位移相同，这些杆的杆端弯矩未知，这种杆端的角位移是我们现在所需要求解的。因此，整个结构的角位移数目应等于结构中刚结点的数目。如图 10.25（a）所示结构，B 处为刚结点，有一角位移；C 处为完全铰结点，虽然杆 CB 和杆 CD 在 C 端有角位移，两杆 C 端的弯矩为零，因此，C 处角位移是约束所允许的，不需要求解。所以，整个结构只有 B 刚结点处一个角位移。

● 独立线位移。平面结构的每个结点如不受约束，每个结点有两个自由度。为了简化分析，直杆在发生弯曲、剪切和轴向变形时，通常对杆件轴向方向的变形可以先忽略不计，这时每个杆的两端相对线位移就限制在垂直于杆轴方向，直杆弯曲和剪切变形引起的两端相对线位移如同于一根刚性链杆发生平面转动而产生。因此，计算结点的线位移个数时，可以把所有的受弯直杆视为刚性链杆，同时把所有的刚结点和固定端支座全部改为铰结点或固定铰支座（允许杆件绕杆端结点发生转动），从而使结构变成一个铰接体系。然后，再分析该铰接体系的几何组成。凡是可动的结点，用增设附加链杆的方法使其不动，使整个铰接体系成为几何不变体系。最后计算出所需增设的附加链杆总数，即为结构的独立线位移个数。将图 10.25（a）所示结构进行铰化，其铰接体系如图 10.25（b）所示，若在此铰接体系的结点 C 处增加一水平链杆约束，此铰接体系转变成为几何不变体系［图 10.25（c）］，因此，这个结构只有一个独立线位移。有的结构无线位移，有的虽有多个，但其中有些不具独立性。如图 10.25（a）所示结构，虽然结点 B 和 C 都发生了水平线位移，它们分别为 Δ_B 和 Δ_C，但两个线位移量相等，则只有一个独立线位移。

位移法基本未知量个数等于结构角位移个数与独立线位移个数之和。为了叙述的方便和表达的统一性，无论是角位移还是线位移，位移法基本未知量都用 Z_i 符号表示，以右下角数字角码 i 来区别位移的方向和序号。

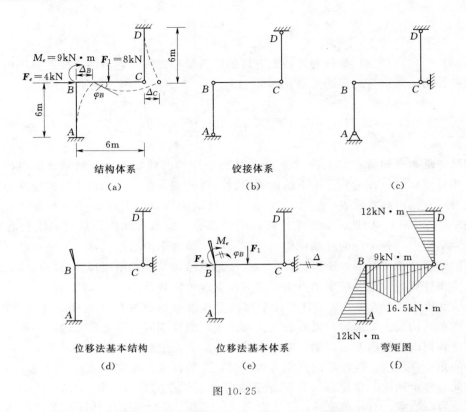

图 10.25

位移法基本结构　在有角位移的刚结点上加一个只能控制转动的约束，这种约束称为附加刚臂；在有线位移的结点上加一个只控制线位移的约束，这种约束称为附加链杆。通过增加附加约束，把整个结构变换成为若干个单跨超静定梁的组合体。这样的组合体称为位移法基本结构。如图 10.25（a）所示结构体系，在结点 B 处加一刚臂控制结点转动，在完全铰 C 处再加一附加链杆，控制各个结点的线位移。其位移法基本结构如图 10.25（d）所示，即将结构变换成三个单跨超静定梁（杆 AB 为两端固定的超静定梁，杆 BC 和 DC 为一端固定一端铰支的超静定梁）的组合体。

位移法基本体系　在位移法基本结构上加上原荷载（或其他因素）作用，并让附加刚臂发生与原结点相等的角位移，让附加链杆发生与原结点相等的线位移；但附加刚臂上的约束力偶矩为零，附加链杆上的约束力等于零。将这种体系称为原体系的位移法基本体系。图 10.25（a）所示结构体系的位移法基本体系如图 10.25（e）所示。

位移法基本原理　位移法基本原理就是位移法基本体系与原结构体系完全等效。特别关注的是，原结构体系的任一结点，在结点外力和汇交于结点处各杆端的反作用内力作用下是平衡的。将位移法基本体系又可分解为荷载作用状态（位移法基本结构上只作用荷载，附加刚臂不转动，附加链杆不移动，这种状态也称为固定状态）和位移作用状态（位移法基本结构上只作用结点位移，让附加刚臂转动，附加链杆移动），这两种状态之叠加也是与原结构体系完全等效。叠加固定状态和位移作用状态，用位移表达各个杆端力，应用结点的平衡条件求解结点位移，这就是位移法基本原理。如图 10.25（a）所示结构体系与位移法基本体系［图 10.25（e）］是完全等效的。

位移法基本方程　将位移法基本原理用方程表达，即得位移法基本方程。位移法是利用有角位移的刚结点力矩平衡条件及有线位移结点的力投影平衡条件来建立方程。

本节将结点各个位移和荷载同时作用在基本结构上，以各个杆端为分析单元，直接应用转角位移方程表达各个杆端内力。图 10.25（e）所示位移法基本体系中，各杆的线刚度 i 相同，各个杆端内力由式（10.3）～式（10.6）计算得：

$$M_{AB}=2i\varphi_B-\frac{6i}{l}\Delta=2i\varphi_B-i\Delta,\ M_{BA}=4i\varphi_B-\frac{6i}{l}\Delta=4i\varphi_B-i\Delta$$

$$M_{BC}=3i\varphi_B+M_{BC}^F=3i\varphi_B-9,\ M_{CB}=0$$

$$M_{CD}=0,\ M_{DC}=\frac{3i}{l}\Delta=0.5i\Delta$$

$$F_{QBA}=-\frac{6i}{l}\varphi_B+\frac{12i}{l^2}\Delta=-i\varphi_B+\frac{i}{3}\Delta,\ F_{QCD}=-\frac{3i}{l^2}\Delta=-\frac{i}{12}\Delta$$

为了便于位移法和力矩分配法的计算，我们对作用在结点上的外力和结点位移作如下正向规定：作用在结点上的外力偶都规定为顺时针转向的力偶矩为正，逆时针转向的力偶矩为负；规定结点上的外力方向与设定的线位移方向相同时投影为正，反之为负；另外，规定结点的角位移也以顺时针转向为正向。

● 取有角位移的刚结点为脱离体，利用力矩平衡条件建立位移法方程。对于图 10.25（e）所示位移法基本体系中的刚结点 B，取脱离体（只考虑作用在结点上的外力偶和各截面上的弯矩作用）如图 10.26 所示（因杆端弯矩规定以顺转为正，则杆端对结点的反作用弯矩要画为逆转方向）。

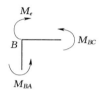

图 10.26

由结点的力矩平衡条件可得

$$\sum M_B=0 \qquad M_e-M_{BA}-M_{BC}=0$$

$$M_e=M_{BA}+M_{BC}$$

将结点外力偶矩及杆端弯矩代入得

$$9=7i\varphi_B-i\Delta-9 \tag{①}$$

由上式可知，汇交于结点处所有杆端弯矩之代数和等于作用在结点上的外力偶矩，即

$$M_e=\sum M_{ij} \tag{10.9}$$

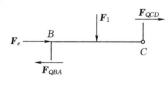

图 10.27

● 取有相同线位移结点所连系的杆件为脱离体，利用力投影平衡条件来建立位移法方程。对于图 10.25（e）所示位移法基本体系中的杆 BC，取脱离体（只考虑作用在结点上的集中外力和各截面上的剪力作用）如图 10.27 所示（各杆端对结点的剪力设定为顺转正向）。

由结点的力投影平衡条件可得

$$\sum F_x=0 \qquad F_e-F_{QBA}+F_{QCD}=0$$

$$F_e=F_{QBA}-F_{QCD}$$

将结点外力及杆端剪力代入得

$$4=-i\varphi_B+\frac{5}{12}i\Delta \qquad\qquad ②$$

由上式可知，结点上的外力在位移方向上的投影，等于汇交于结点上的发生正向剪切位移杆的杆端剪力（$\sum F_{Qj^+}$）减去负向剪切位移杆的杆端剪力（$\sum F_{Qk^-}$），即

$$F_e=\sum F_{Qj^+}-\sum F_{Qk^-} \qquad\qquad (10.10)$$

联解式①与式②得到

$$\varphi_B=\frac{6}{i},\Delta=\frac{24}{i}$$

将以上解答代回转角位移方程，便得到杆端弯矩。作弯矩图如图 10.25（f）所示。

【**例 10.5**】　用位移法计算图 10.28（a）所示结构，并作弯矩图。结构中各杆 EI 为常数。

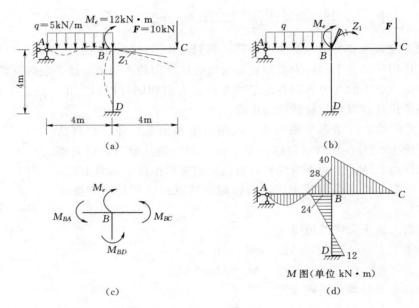

图 10.28

解：（1）作位移法基本体系图。此结构只有一个刚结点 B，即只有一个角位移 $Z_1=\varphi_B$，无线位移。作位移法基本体系图如图 10.28（b）所示。将结构离散为 AB、BD 两个单跨超静定梁和一个静定悬臂梁 BC，各梁的线刚度都为 $i=EI/4$。其中梁 AB 为一端固定另一端铰支，固定端 B 发生了角位移 Z_1；梁 BD 为两端固定的，B 端发生了角位移 Z_1。

（2）列各杆的转角位移方程。

$$M_{AB}=0,M_{BA}=3i\varphi_B+\frac{1}{8}ql^2=3i\varphi_B+10$$

$$M_{BD}=4i\varphi_B,M_{DB}=2i\varphi_B$$

$$M_{BC}=-40,M_{CB}=0$$

（3）建立位移法方程。取结点 B 为平衡对象，刚结点 B 的脱离体图如图 10.28（c）所示，由式（10.9）可得

$$M_e = M_{BA} + M_{BD} + M_{BC}$$

将杆端弯矩及结点力偶矩代入上式中得

$$12 = 7i\varphi_B - 30$$

（4）解方程。

$$\varphi_B = \frac{6}{i}$$

（5）计算刚架的杆端弯矩。将以上解答代回转角位移方程，便得到杆端弯矩。

$$M_{AB} = 0, M_{BA} = 3i \times \frac{6}{i} + 10 = 28(\text{kN} \cdot \text{m})$$

$$M_{BD} = 4i \times \frac{6}{i} = 24(\text{kN} \cdot \text{m}), M_{DB} = 2i \times \frac{6}{i} = 12(\text{kN} \cdot \text{m})$$

$$M_{BC} = -40(kN \cdot m), M_{CB} = 0$$

绘弯矩图如图 10.28（d）所示。

【例 10.6】　对图 10.29（a）所示刚架应用位移法计算，并作内力图。

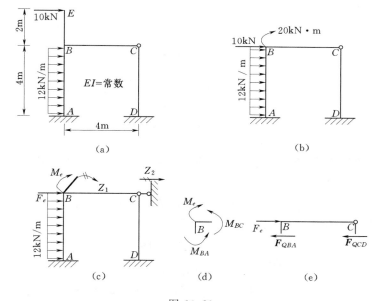

图 10.29

解：（1）作位移法基本体系图。图 10.29（a）所示刚架中的杆 BE 是静定的，所以可将作用在 E 点处的力 F 平移到点 B，即将杆 EB 对结构的 $ABCD$ 部分的作用用一个集中力 $F = 10\text{kN}$ 和一个附加力偶 $M = 20\text{kN} \cdot \text{m}$ 来代替，如图 10.29（b）所示，这样作可以简化计算。对于图 10.29（b）所示的结构体系，有一个结点角位移 $Z_1 = \varphi_B$ 和一个独立结点线位移 $Z_2 = \Delta_{BA} = \Delta_{CD}$，作位移法基本体系如图 10.29（c）所示，将结构离散为 AB、BC、CD 三个单跨超静定梁，各梁的线刚度都为 $i = EI/4$，令 $i = EI/4 = 1$。其中梁 AB 为两端固定的，B 端发生了角位移 Z_1，B 端相对 A 端还发生了线位移 Z_2；梁 BC 为一端固定另一端铰支，固定端 B 发生了角位移 Z_1；梁 CD 为一端固定另一端铰支，C 端相对 D 端发生了线位移 Z_2。

（2）列各杆的转角位移方程。

$$M_{BA} = 4iZ_1 - \frac{6i}{l}Z_2 + M_{BA}^F = 4Z_1 - 1.5Z_2 + 16$$

$$M_{AB} = 2iZ_1 - \frac{6i}{l}Z_2 + M_{AB}^F = 2Z_1 - 1.5Z_2 - 16$$

$$M_{BC} = 3iZ_1 = 3Z_1$$

$$M_{CB} = M_{CD} = 0$$

$$M_{DC} = -\frac{3i}{l}Z_2 = -0.75Z_2$$

$$F_{QBA} = -\frac{6i}{l}Z_1 + \frac{12i}{l^2}Z_2 + F_{QBA}^F = -1.5Z_1 + 0.75Z_2 - 24$$

$$F_{QAB} = -\frac{6i}{l}Z_1 + \frac{12i}{l^2}Z_2 + F_{QAB}^F = -1.5Z_1 + 0.75Z_2 + 24$$

$$F_{QBC} = -\frac{3i}{l}Z_1 = -0.75Z_1$$

$$F_{QCB} = -\frac{3i}{l}Z_1 = -0.75Z_1$$

$$F_{QCD} = \frac{3i}{l^2}Z_2 = 0.1875Z_2$$

$$F_{QDC} = \frac{3i}{l^2}Z_2 = 0.1875Z_2$$

（3）建立位移法方程。取结点 B 为平衡对象，刚结点 B 的脱离体图如图 10.29（d）所示，由式（10.9）可得

$$M_e = M_{BA} + M_{BC}$$

将杆端弯矩及结点力偶矩代入上式中得

$$20 = 4Z_1 - 1.5Z_2 + 16 + 3Z_1$$

即 $\qquad\qquad 7Z_1 - 1.5Z_2 - 4 = 0 \qquad\qquad\qquad ①$

取连接有相同线位移的结点的杆 BC 为对象，由力投影平衡条件可直接建立位移法方程，BC 杆的脱离体图如图 10.29（e）所示，由式（10.10）可得

$$F_e = F_{QBA} + F_{QCD}$$

将杆端剪力及结点外力代入上式中得

$$10 = -1.5Z_1 + 0.75Z_2 - 24 + 0.1875Z_2$$

即 $\qquad\qquad -1.5Z_1 + 0.9375Z_2 - 34 = 0 \qquad\qquad ②$

（4）解方程。联解式①与式②得到：

$$\left.\begin{array}{l} Z_1 = 12.70 \\ Z_2 = 56.58 \end{array}\right\}$$

（5）计算刚架的杆端弯矩和剪力。将以上解答代回转角位移方程，便得到杆端弯矩和

杆端剪力。

$$M_{BA} = 4 \times 12.7 - 1.5 \times 56.58 + 16 = -18.10(\text{kN} \cdot \text{m})$$

$$M_{AB} = 2 \times 12.7 - 1.5 \times 56.58 - 16 = -75.47(\text{kN} \cdot \text{m})$$

$$M_{BC} = 3 \times 12.7 = 38.10(\text{kN} \cdot \text{m})$$

$$M_{CB} = M_{CD} = 0$$

$$M_{DC} = -0.75 \times 56.58 = -43.44(\text{kN} \cdot \text{m})$$

$$F_{QBA} = -1.5 \times 12.7 + 0.75 \times 56.58 - 24 = -0.62(\text{kN})$$

$$F_{QAB} = -1.5 \times 12.7 + 0.75 \times 56.58 + 24 = 47.39(\text{kN})$$

$$F_{QBC} = -0.75 \times 12.7 = -9.53(\text{kN})$$

$$F_{QCB} = -0.75 \times 12.7 = -9.53(\text{kN})$$

$$F_{QCD} = 0.1875 \times 56.58 = 10.61(\text{kN})$$

$$F_{QDC} = 0.1875 \times 56.58 = 10.61(\text{kN})$$

绘弯矩图和剪力图如图 10.30（a）、（b）所示。由结点平衡条件，用剪力可算得各杆轴力，绘轴力图如图 10.30（c）所示。

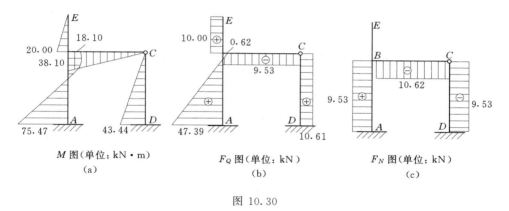

M 图（单位：kN·m）　　　　F_Q 图（单位：kN）　　　　F_N 图（单位：kN）
　　　（a）　　　　　　　　　　　　　　（b）　　　　　　　　　　　　　　（c）

图 10.30

【**例 10.7**】　利用对称性，对图 10.31（a）所示刚架应用位移法计算，各杆 EI 为常数。

解：（1）作位移法基本体系图。在力法中利用对称性简化计算的原理和方法，同样适用于位移法，对图 10.31（a）所示结构取半刚架，如图 10.31（b）所示。令 $\dfrac{EI}{4} = 1$，$Z_1 = \varphi_C$，$Z_2 = \Delta_{AB} = \Delta_{CD}$。半刚架的位移法基本体系如图 10.31（c）所示。

（2）列各杆的转角位移方程。

$$M_{AB} = -\frac{3 \times 1}{4} Z_2 = -0.75 Z_2$$

$$M_{CB} = 3 \times 1 \times Z_1$$

$$M_{CD} = 4 \times 0.5 Z_1 - \frac{6 \times 0.5}{4} Z_2 = 2 Z_1 - 0.75 Z_2$$

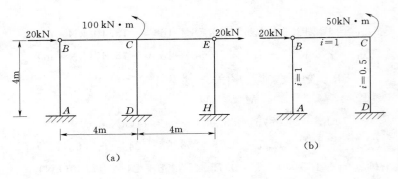

(a)　　　　　　　　　　　(b)

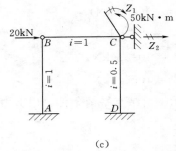

(c)

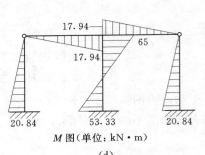

M 图（单位：kN·m）

(d)

图 10.31

$$M_{DC} = 2 \times 0.5 Z_1 - \frac{6 \times 0.5}{4} Z_2 = Z_1 - 0.75 Z_2$$

$$F_{QBA} = \frac{3}{4^2} Z_2 = 0.1875 Z_2$$

$$F_{QCD} = -\frac{3}{4} Z_1 + \frac{6}{4^2} Z_2 = -0.75 Z_1 + 0.375 Z_2$$

（3）建立位移法方程。取结点 C 为平衡对象，由式（10.9）可得

$$M_e = M_{CB} + M_{CD}$$

将结点外力偶矩及杆端弯矩代入得

$$-50 = 3 Z_1 + 2 Z_1 - 0.75 Z_2$$

即
$$5 Z_1 - 0.75 Z_2 + 50 = 0 \qquad ③$$

取横梁 BC 为平衡对象，由式（10.10）可得

$$F_e = F_{QBA} + F_{QCD}$$

将结点外力及杆端剪力代入得

$$20 = 0.1875 Z_2 - 0.75 Z_1 + 0.375 Z_2$$

即
$$-0.75 Z_1 + 0.5625 Z_2 - 20 = 0 \qquad ④$$

（4）解方程。联解方程式③和式④得到

$$Z_1 = -5.83$$

$$Z_2 = 27.78$$

（5）计算半刚架的杆端弯矩。将以上解答代回转角位移方程

$$M_{AB} = -\frac{3 \times 1}{4} \times 27.78 = -20.84(\text{kN} \cdot \text{m})$$

$$M_{CB} = 3 \times 1 \times (-5.83) = -17.49(\text{kN} \cdot \text{m})$$

$$M_{CD} = 4 \times 0.5 \times (-5.83) - \frac{6 \times 0.5}{4} \times 27.78 = -32.50(\text{kN} \cdot \text{m})$$

$$M_{DC} = 2 \times 0.5 \times (-5.83) - \frac{6 \times 0.5}{4} \times 27.78 = -26.67(\text{kN} \cdot \text{m})$$

（6）绘整个刚架的弯矩图。弯矩图如图 10.31（d）所示，这里要注意的是原结构的 CD 柱的弯矩是半刚架 CD 柱弯矩的两倍。

思考题

10.15　若结构中的单跨超静定梁上的荷载方向或两端支座类型与载常数表中对应梁的不一致时，如何确定固端弯矩和固端剪力的正负号？

10.16　为什么可以通过分析结构铰化体的几何性质，就能确定位移法独立线位移量个数？

10.17　位移法基本结构是多个单跨超静定梁的组合。那么这个组合体与对应的结构有哪些对应点？

10.18　位移法基本原理是位移法基本体系与对应的结构体系完全等效。位移法方程是根据哪一个量值的等效关系建立的？

习题

10.16　确定图示结构的位移法基本未知量数目。

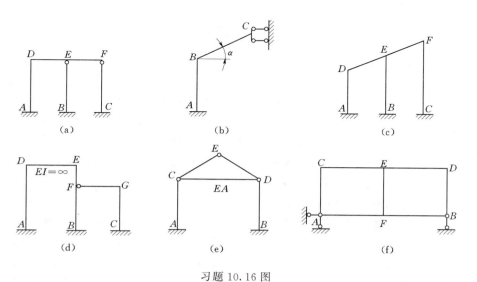

习题 10.16 图

10.17　用位移法计算图示梁，并作内力图。

10.18 用位移法计算图示无侧移刚架，并作内力图。

10.19 用位移法计算图示排架，并作弯矩图。

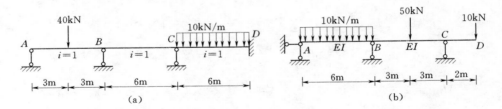

习题 10.17 图

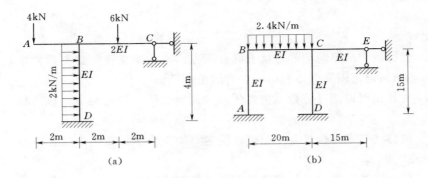

习题 10.18 图

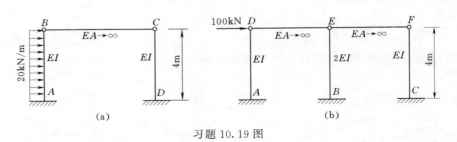

习题 10.19 图

10.7 位移法典型方程

为便于建立位移法方程，我们将位移法基本体系分解为固定态（基本结构单独作用荷载，附加约束不发生位移，但附加约束有荷载附加约束力）和位移状态（基本结构单独作用结点位移，附加约束也有位移附加约束力）。现在以各个位移为分析单元建立位移法方程。

结构只有一个位移的位移法方程

● 结构只有一个角位移的位移法方程。图 10.32（a）所示结构体系只有一个角位移，位移法基本体系如图 10.32（b）所示。位移法基本结构单独作用荷载，刚臂有荷载附加约束力偶，如图 10.32（c）所示中的 R_{1P}。基本结构单独作用结点位移，刚臂将产生位移附加约束力偶，如图 10.32（d）所示中的 R_{11}；若刚臂发生单位角位移 $Z_1 = 1$ 时，位移附加约束力偶矩为 r_{11}，如图 10.32（e）所示；根据叠加原理，图 10.32（d）所示的位移附加

约束力偶矩为 $R_{11}=r_{11}Z_1$。根据位移法基本原理，在位移法基本体系中的任一附加刚臂处，荷载附加约束力偶矩与位移附加约束力偶矩代数和等于零，由此条件可建立方程，即

$$R_{11}+R_{1P}=0$$

或

$$r_{11}Z_1+R_{1P}=0 \qquad \qquad ①$$

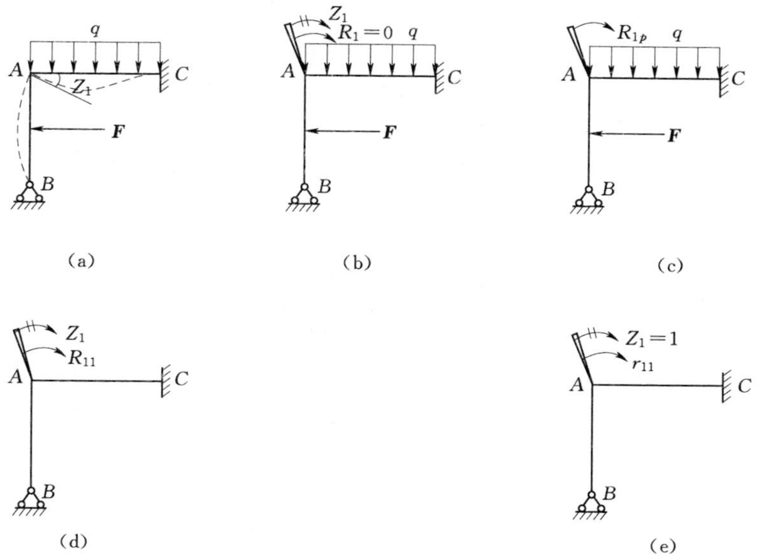

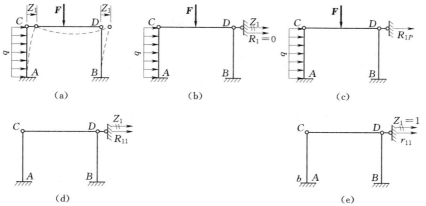

图 10.32

● 结构只有一个独立线位移的位移法方程。图 10.33（a）所示结构只有一个水平线位移 Z_1。其位移法基本体系如图 10.33（b）所示，并设定线位移方向向右。位移法基本结构单独作用荷载时，附加链杆 D 处产生荷载附加约束力 R_{1P}，如图 10.33（c）所示。位移法基本结构单独发生结点线位移 Z_1 时，附加链杆 D 处也将产生位移附加约束力 R_{11}，如图 10.33（d）所示；若发生单位线位移 $Z_1=1$ 时，附加链杆处的位移附加约束力为 r_{11}，如图 10.33（e）所示；根据叠加原理，图 10.33（d）所示的位移附加约束力为 $R_{11}=r_{11}Z_1$。根据位移法基本原理，在位移法基本体系中的任一附加链杆处，荷载附加约束力与位移附

图 10.33

加约束力代数和等于零，由此条件可建立方程，即

$$R_{11} + R_{1P} = 0$$

或

$$r_{11}Z_1 + R_{1P} = 0 \qquad ②$$

【例 10.8】 用位移法计算图 10.34（a）所示结构，并作弯矩图。

解：（1）作位移法基本体系图。此结构只有一个线位移 Z_1，无角位移。作位移法基本体系图如图 10.34（b）所示。

（2）列位移法方程。基本结构单独在荷载作用下，附加链杆产生荷载附加约束力 R_{1P} [图 10.34（c）]；基本结构单独在线位移 $Z_1=1$ 作用下，附加链杆产生位移附加约束力 r_{11} [图 10.34（e）]，根据基本体系的附加链杆上约束力为零的条件列方程

$$r_{11}Z_1 + R_{1P} = 0$$

（3）求系数和自由项。

1）求自由项 R_{1P}。作基本结构单独在荷载作用下的弯矩图 [图 10.34（c）]，在此图中取有相同线位移的结点 C 和结点 D 所连系的斜杆 CD 为隔离体。作杆 CD 的受力图如图 10.34（d）所示（为了简化计算，也可以不作杆 CD 的隔离体图）。因假设线位移向右，所以，杆 CA 和杆 DB 发生正向剪切位移，而杆 CE 发生负向剪切位移。由式（10.10）可得

$$R_{1P} + F_e = (F_{QDB}^F + F_{QCA}^F) - (F_{QCE}^F) \qquad ③$$

杆端剪力可从载常数表 10.2 中查得，即

$$F_{QCA}^F = 0$$

$$F_{QCE}^F = -\left(-\frac{3}{8}ql\right) = \frac{3}{8} \times 8 \times 2 = 6(\text{kN})$$

$$F_{QDB}^F = -\left(-\frac{5}{16}F\right) = \frac{5}{16} \times 32 = 10(\text{kN})$$

结点上的外力 $\qquad F_e = 24(\text{kN})$

将以上数值代入式③中，得

$$R_{1P} + 24 = (10 + 0) - (6)$$

$$R_{1P} = 10 - 6 - 24 = -20(\text{kN})$$

2）求系数 r_{11}。作基本结构单独在单位线位移 $Z_1=1$ 作用下的弯矩图 $\overline{M}_1$ [图 10.34（e）]。在此图中取斜杆 CD 为隔离体，作杆 CD 的受力图如图 10.34（f）所示（为了简化计算，也可以不作杆 CD 的隔离体图）。由式（10.10）可得。

$$r_{11} = \overline{F}_{QCA} + \overline{F}_{QDB} - \overline{F}_{QCE} \qquad ④$$

这些剪力可从形常数表 10.1 中查得，即

$$\overline{F}_{QCA} = -\frac{M_{AC} + M_{CA}}{l} = -\frac{-3i}{l^2} = \frac{3 \times 2}{2^2} = 1.5(\text{kN})$$

$$\overline{F}_{QDB} = -\frac{M_{BD} + M_{DB}}{l} = -\frac{-3i}{l^2} = \frac{3 \times 3}{3^2} = 1(\text{kN})$$

$$\overline{F}_{QCE} = -\frac{M_{EC} + M_{CE}}{l} = -\frac{3i}{l^2} = -\frac{3 \times 2}{2^2} = -1.5(\text{kN})$$

将以上剪力代入式④中，得

$$r_{11} = 1.5 + 1 - (-1.5) = 4(\text{kN})$$

（4）解方程，求位移。将式③和式④代入位移法方程式中可得

$$4Z_1 - 20 = 0$$

$$Z_1 = \frac{20}{4} = 5$$

（5）作弯矩图。根据叠加原理求各杆端弯矩为

$$M_{AC} = \overline{M}_1 Z_1 + M_P = -3 \times 5 + 0 = -15(\text{kN} \cdot \text{m})$$

$$M_{EC} = 3 \times 5 + 4 = 19(\text{kN} \cdot \text{m})$$

$$M_{BD} = -3 \times 5 + 18 = 3(\text{kN} \cdot \text{m})$$

作弯矩图如图 10.34（g）所示。

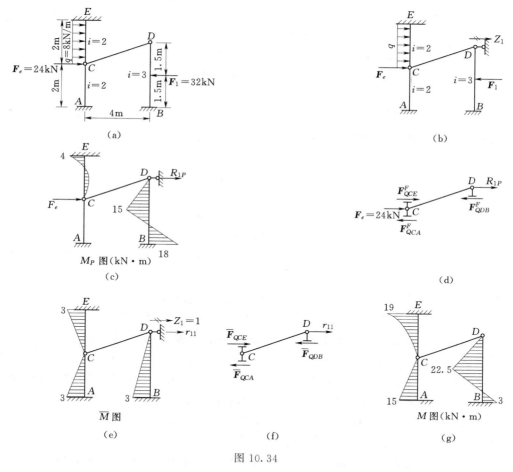

图 10.34

结构有两个位移的位移法方程　图 10.35（a）所示结构体系的基本未知量为刚结点 C 的角位移 Z_1 和结点 C、D 的水平线位移 Z_2。其位移法基本体系如图 10.35（b）所示。基本结构单独在原荷载作用下，在附加刚臂 C 处产生荷载附加约束力偶矩 R_{1P}，在附加链杆 D 处产生荷载附加约束力 R_{2P}，如图 10.35（c）所示。基本结构单独在 Z_1 作用下，在附

加刚臂 C 处产生位移附加约束力偶矩 R_{11}，在附加链杆 D 处产生位移附加约束力 R_{21}，如图 10.35（d）所示。基本结构单独在 Z_2 作用下，在附加刚臂 C 处产生位移附加约束力偶矩 R_{12}，在附加链杆 D 处产生位移附加约束力 R_{22}，如图 10.35（f）所示。如图 10.35（c）、（d）、（f）所示三种状态的叠加与基本体系 [图 10.35（b）] 完全等效，此时，附加刚臂 C 的约束力偶矩，附加链杆 D 的约束力应满足下式

$$\left.\begin{array}{l} R_1 = R_{11} + R_{12} + R_{1P} = 0 \\ R_2 = R_{21} + R_{22} + R_{2P} = 0 \end{array}\right\} \qquad ⑤$$

基本结构单独在单位位移 $Z_1 = 1$ 作用下的位移附加约束力 [图 10.35（e）] 乘以 Z_1 等于图 10.35（d）所示的位移附加约束力，即

$$R_{11} = r_{11} Z_1, R_{21} = r_{21} Z_1 \qquad ⑥$$

基本结构单独在单位位移 $Z_2 = 1$ 作用下的位移附加约束力 [图 10.35（g）] 乘以 Z_2 等于图 10.35（f）所示的位移附加约束力，即

$$R_{12} = r_{12} Z_2, R_{22} = r_{22} Z_2 \qquad ⑦$$

将式⑥和式⑦代入式⑤即得具有两个位移的位移法基本方程

$$\left.\begin{array}{l} r_{11} Z_1 + r_{12} Z_2 + R_{1P} = 0 \\ r_{21} Z_1 + r_{22} Z_2 + R_{2P} = 0 \end{array}\right\} \qquad ⑧$$

结构有 n 个位移的位移法方程　根据一个基本未知量和两个基本未知量的位移法基本方程类推，可得出具有 n 个基本未知量方程为

$$\left.\begin{array}{l} r_{11} Z_1 + r_{12} Z_2 + \cdots + r_{1n} Z_n + R_{1P} = 0 \\ r_{21} Z_1 + r_{22} Z_2 + \cdots + r_{2n} Z_n + R_{2P} = 0 \\ \vdots \\ r_{n1} Z_1 + r_{n2} Z_2 + \cdots + r_{nn} Z_n + R_{nP} = 0 \end{array}\right\} \qquad (10.11)$$

式（10.11）就是 n 个位移法基本未知量的位移法典型方程。

上述方程中主对角线上的系数 r_{ii} 称为主系数，它表示基本结构在 $Z_i = 1$ 时，引起第 i 个附加约束的位移约束力，且恒为正值。副系数 r_{ij} 表示基本结构在 $Z_j = 1$ 时，引起第 i 个附加约束的位移约束力，其有正、有负，也可能为零。自由项 R_{iP} 表示基本结构在荷载作用下，引起第 i 个附加约束的荷载约束力，其有正、有负，也可能为零。

系数和自由项计算　有 n 个基本未知量的位移法方程中有 n^2 个系数和 n 个自由项。求系数和自由项时，先从形常数表（表 10.1）和载常数表（表 10.2）中查得各杆端内力；作出固定状态下和各个单位位移状态下的弯矩图，用式（10.9）可求得附加约束力偶矩；或取某些杆件为隔离体，用式（10.10）可求得附加约束力。根据反力互等定理，副系数 r_{ij} 与 r_{ji} 相等，即 $r_{ij} = r_{ji}$。由此可知，$n^2 - n$ 个副系数中只需求出一半即可。

截面弯矩计算　由位移法方程解出位移未知量 Z_1、Z_2、$\cdots$、Z_n 后，结合计算过程中已作出的单位弯矩图和荷载弯矩图，根据叠加原理计算超静定结构的弯矩，即

$$M = \overline{M}_1 Z_1 + \overline{M}_2 Z_2 + \cdots + \overline{M}_n Z_n + M_p \qquad (10.12)$$

根据各控制面弯矩作弯矩图。

用位移法计算结构体系的步骤

● 确定位移法基本未知量数目，作出位移法基本体系图。

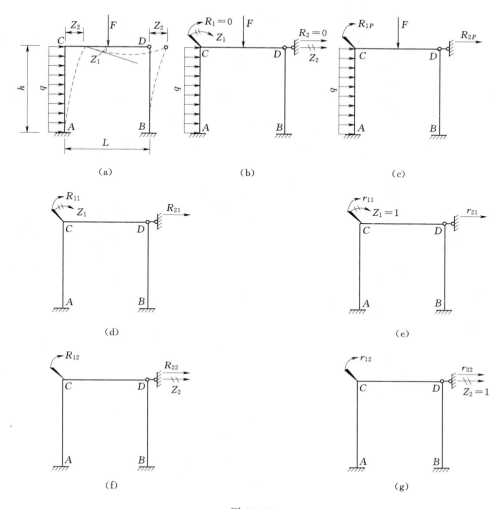

图 10.35

● 列位移法基本方程。

● 作位移法基本结构单独在各个单位位移作用下的弯矩图（$\overline{M}_1$、$\overline{M}_2$、…、$\overline{M}_n$ 图），作位移法基本结构单独在荷载作用下的弯矩图（M_P 图）。

● 依据结点的平衡条件，应用式（10.9）、式（10.10）求系数和自由项。

● 解算方程组，求出各基本未知量。

● 根据叠加法作弯矩图。

● 取各个杆为对象，根据各杆的杆端弯矩和杆上的作用荷载，依据杆件的平衡条件，求各杆端剪力。取各个结点为对象，根据各杆对结点作用的剪力，应用平衡条件求各杆的轴力。作结构体系的剪力图和轴力图。

【例 10.9】　用位移法作图 10.36（a）所示刚架的弯矩图。

解：（1）确定基本未知量数目，并作出位移法基本体系图。此结构只有一个刚结点 C，因此只有一个角位移 Z_1；结点 C、D 有一个独立线位移 Z_2。其基本体系如图 10.36

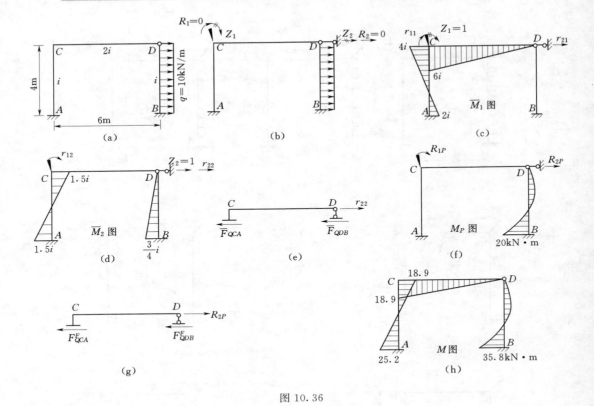

图 10.36

（b）所示。

（2）列位移法基本方程。

$$r_{11}Z_1 + r_{12}Z_2 + R_{1P} = 0 \\ r_{21}Z_1 + r_{22}Z_2 + R_{2P} = 0 \Bigg\}$$

（3）求系数和自由项。根据载常数和形常数作 $\overline{M}_1$、$\overline{M}_2$、M_P 图 [图 10.36 （c）、（d）、（f）]。

由 $\overline{M}_1$ 图及式（10.9）可得

$$r_{11} = 6i + 4i = 10i$$

由 $\overline{M}_2$ 图及式（10.9）可得

$$r_{12} = r_{21} = -1.5i$$

查形常数表可得 $Z_2 = 1$ 时各杆的位移端剪力为

$$\overline{F}_{QCA} = \frac{12i}{l^2} = \frac{12i}{16} = \frac{3i}{4}$$

$$\overline{F}_{QDB} = \frac{3i}{l^2} = \frac{3i}{16}$$

取 CD 杆为隔离体，其受力图如图 10.36（e）所示。由式（10.10）可得

$$r_{22} = \overline{F}_{QDB} + \overline{F}_{QCA} = \frac{3i}{16} + \frac{3i}{4} = \frac{15}{16}i$$

查载常数表 10.2 可得基本结构单独在荷载作用时各杆的移动端剪力为

$$F_{QCA}^F = 0$$

$$F_{QDB}^F = -\frac{3}{8}ql = -\frac{3}{8} \times 10 \times 4 = -15(\text{kN})$$

取 CD 杆为隔离体，其受力图如图 10.36（g）所示。由式（10.10）可得

$$R_{2P} = F_{QDB}^F + F_{QCA}^F$$
$$R_{2P} = -15 + 0 = -15(\text{kN})$$

由 M_P 图可知　　　　　　　　　　　　$R_{1P} = 0$

（4）解算方程组。将系数和自由项代入位移法基本方程中，得

$$10iZ_1 - 1.5iZ_2 + 0 = 0$$
$$-1.5iZ_1 + \frac{15}{16}iZ_2 - 15 = 0$$

解方程，得

$$Z_1 = \frac{3.15}{i}, \ Z_2 = \frac{21}{i}$$

（5）根据叠加法作弯矩图。计算杆端弯矩。

$$M_{AC} = 2i \times \frac{3.15}{i} - 1.5i \times \frac{21}{i} = -25.2(\text{kN} \cdot \text{m})$$

$$M_{CA} = 4i \times \frac{3.15}{i} - 1.5i \times \frac{21}{i} = -18.9(\text{kN} \cdot \text{m})$$

$$M_{CD} = 6i \times \frac{3.15}{i} = 18.9(\text{kN} \cdot \text{m})$$

$$M_{BD} = -0.75i \times \frac{21}{i} - 20 = -35.8(\text{kN} \cdot \text{m})$$

作 M 图如图 10.36（h）所示。

【例 10.10】　用位移法作图 10.37（a）所示对称刚架的弯矩图（EI 为常数）。

解：（1）取半刚架。此结构为一对称刚架，且承受对称荷载，故可取半刚架计算，计算简图如图 10.37（b）所示。

（2）确定基本未知量数目，并作出位移法基本体系图。半刚架只有一个刚结点 C，只有一个角位移，无线位移。位移法基本体系如图 10.37（c）所示。

（3）列位移法基本方程。

$$r_{11}Z_1 + R_{1P} = 0$$

（4）求系数和自由项。令 $i_{AC} = i_{CE} = \dfrac{EI}{6} = 1, i_{CK} = \dfrac{EI}{3} = 2$。根据载常数和形常数作 $\overline{M}_1$、M_P 图 [图 10.37（d）、（e）]。由 $\overline{M}_1$ 图及式（10.9）可得

$$r_{11} = 4 + 4 + 2 = 10$$

由 M_P 图及式（10.9）可得

$$R_{1P} = 30 - 45 = -15(\text{kN} \cdot \text{m})$$

（5）解算方程。将系数和自由项代入位移法基本方程中，得

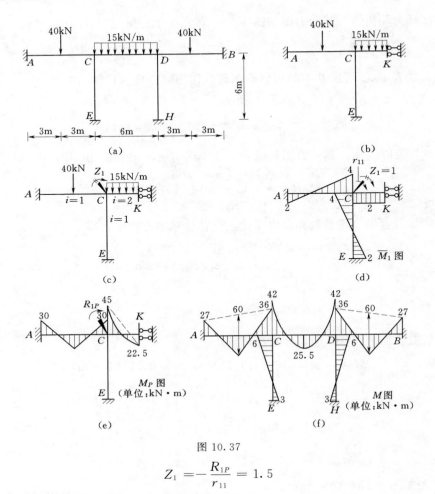

图 10.37

$$Z_1 = -\frac{R_{1P}}{r_{11}} = 1.5$$

（6）根据叠加法作弯矩图。计算杆端弯矩。

$$M_{AC} = 1.5 \times 2 - 30 = -27(\text{kN} \cdot \text{m}), \quad M_{CA} = 1.5 \times 4 + 30 = 36(\text{kN} \cdot \text{m})$$

$$M_{CK} = 1.5 \times 2 - 45 = -42(\text{kN} \cdot \text{m}), \quad M_{KC} = 1.5 \times (-2) - 22.5 = -25.5(\text{kN} \cdot \text{m})$$

$$M_{CE} = 1.5 \times 4 = 6(\text{kN} \cdot \text{m}), \quad M_{EC} = 1.5 \times 2 = 3(\text{kN} \cdot \text{m})$$

　　由杆端弯矩作半刚架的弯矩图，再由对称性作出结构的另一半弯矩图。结构最终的弯矩图如图 10.37（f）所示。

思考题

　　10.19　用位移法求解结构体系时有两种方式：第一是以位移法基本体系为对象，着手点是各个杆端内力的计算，落脚点是根据结点的平衡条件建立位移法方程；第二是以各个位移状态和固定状态为对象，着手点是各个附加约束的约束力的计算，落脚点是根据总附加约束力为零的条件建立位移法方程。试分析两种解题方式的优缺点。

　　10.20　既然位移法典型方程是静力平衡方程，那么在位移法中是否只用平衡条件可以确定结构的内力？在位移法中在哪些地方是否也考虑了结构的变形条件？

10.21　为什么用刚结点的转角作为位移法基本未知量，而铰结点处的转角不作为位移法基本未知量？

10.22　图示结构中横梁 AB 的抗弯刚度为无穷大。用位移法求内力时，如何确定基本结构？

10.23　位移法典型方程中的系数 r_{ii}、r_{ij} 和自由项 R_{ip} 各表示什么意义？这些系数和自由项是如何求得？

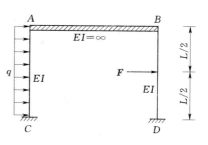

思考题 10.22 图

习题

10.20　用位移法计算图示刚架，并作弯矩图。

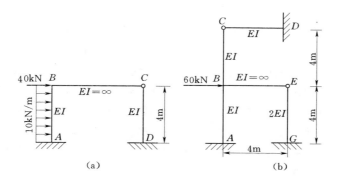

(a)　　　　(b)

习题 10.20 图

10.21　用位移法计算图示结构，并作弯矩图。

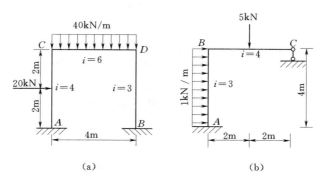

(a)　　　　(b)

习题 10.21 图

10.22　利用对称性及位移法求解图示刚架，并作弯矩图。EI 等于常数。

10.23　利用对称性及位移法求解图示刚架，并作弯矩图。EI 等于常数。

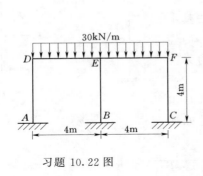

习题 10.22 图

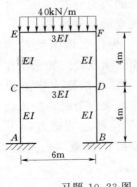

习题 10.23 图

10.8　力矩分配法的基本概念

前面介绍的力法和位移法是计算超静定结构的两种基本方法。这两种方法都要求解联立方程；当未知量较多时，计算工作量大。为了避免解联立方程，本节介绍一种常用手算的力矩分配法，它是位移法的一种渐近方法。力矩分配法适用于连续梁和无结点线位移的刚架。

转角与力矩的正向规定　力矩分配法中对杆端转角、杆端弯矩、结点转角、结点上的主动外力偶及约束力偶正向规定与位移法中的相同，即都假设顺时针转向为正。

杆端转动刚度　使杆端发生单位正向转角（另一杆端位移满足约束条件）时，需要在该杆端施加的力偶矩值称杆端转动刚度，用符号 S_{ij} 表示，其中第一角码 i 表示转动的杆端，第二角码 j 表示杆的另一端。

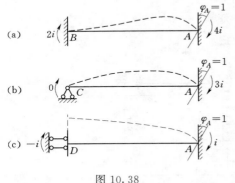

图 10.38

图 10.38（a）所示中的杆 AB，当 A 端发生单位正向转角 $\varphi_A = 1$ 时，B 端不动（固定端支座），在 A 端需加力偶矩为 $4i$（由形常数可得），即

$$S_{AB} = 4i$$

式中：i 为该杆的线刚度。

图 10.38（b）所示中的杆 AC，当 A 端发生单位正向转角 $\varphi_A = 1$ 时，C 端可发生约束所允许的转动（铰支座），在 A 端需加力偶矩为 $3i$，即

$$S_{AC} = 3i$$

图 10.38（c）所示中的杆 AD，当 A 端发生单位正向转角 $\varphi_A = 1$ 时，D 端可发生约束所允许的垂直于杆轴的滑动（定向支座），在 A 端需加力偶矩为 i，即

$$S_{AD} = i$$

结点转动刚度　使结构中的刚结点发生单位正向转角（与转动结点相连接的杆各另一端不发生约束所能限制的位移）时，需在该结点施加的力偶矩值称结点转动刚度。用符号 S_i 表示，其中角码 i 表示转动的结点。由式（10.9）可知，结点转动刚度等于汇交于结点处的所有杆端转动刚度之和，即

$$S_i = \sum_{j=1}^{n} S_{ij} \tag{10.13}$$

如图 10.39（a）所示结构，当刚结点 A 发生单位正向转角 $\varphi_A = 1$ 时，要在结点 A 处需加力偶矩为

$$S_A = S_{AB} + S_{AC} + S_{AD} + S_{AE} = 4i_1 + 3i_2 + i_3 + 3i_4$$

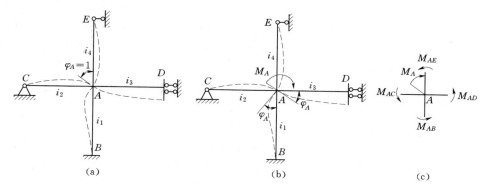

图 10.39

分配系数与分配弯矩　图 10.39（b）所示刚架，只有一个刚结点 A，它只能转动不能移动。当有外力矩 M_A 加于结点时，刚架发生如图 10.39（b）中虚线所示的变形。由结点转动刚度概念及叠加原理可得结点能产生的转角为

$$\varphi_A = \frac{M_A}{S_A} \qquad ①$$

这时各杆的 A 端均发生了转角 φ_A。

由杆端转动刚度概念及叠加原理可得各杆端的力偶矩值分别为

$$\left. \begin{aligned} M_{AB} &= S_{AB}\varphi_A \\ M_{AC} &= S_{AC}\varphi_A \\ M_{AD} &= S_{AD}\varphi_A \\ M_{AE} &= S_{AE}\varphi_A \end{aligned} \right\} \qquad ②$$

将式①代入式②中可得各杆 A 端的弯矩为

$$\left. \begin{aligned} M_{AB} &= \frac{S_{AB}}{S_A}M_A \\ M_{AC} &= \frac{S_{AC}}{S_A}M_A \\ M_{AD} &= \frac{S_{AD}}{S_A}M_A \\ M_{AE} &= \frac{S_{AE}}{S_A}M_A \end{aligned} \right\} \qquad ③$$

令式③中

$$\mu_{Aj} = \frac{S_{Aj}}{S_A} \tag{10.14}$$

μ_{Aj} 称 Aj 杆在 A 端的分配系数，即杆端转动刚度与结点转动刚度之比。显然，汇交于同一点

的各杆端分配系数之和应等于 1。由于外力偶 M_A 的作用使杆的近端发生转动，外力偶矩 M_A 按各杆端的分配系数，分配给各杆的近端。将这种弯矩称分配弯矩，用符号 M^μ_{Aj} 表示。

利用分配系数可计算杆近端的分配弯矩，即

$$M^\mu_{Aj} = \mu_{Aj} M_A \tag{10.15}$$

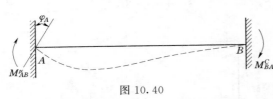

图 10.40

传递系数与传递弯矩 图 10.40 所示杆件 AB 的 A 端发生转角 φ_A，在 A 端获得分配弯矩 M^μ_{AB} 的同时，在杆的另一端 B 处也将得到一定的弯矩，将这一弯矩称传递弯矩，用符号 M^C_{BA} 表示。对于一个杆件，远端得到的传递弯矩与近端得到的分配弯矩之比值称为传递系数，用字母 C 表示，即

$$C_{AB} = \frac{M^C_{BA}}{M^\mu_{AB}}$$

一个杆的传递系数 C 只与杆的两端支承情况有关，而与杆端转角、传递弯矩的大小无关。对于图 10.38 所示的常见三种支承情况的等截面直杆来说，其传递系数分别为：

远端固定 ［图 10.38（a）］ $\qquad C_{AB} = \dfrac{2i}{4i} = 0.5$

远端铰支 ［图 10.38（b）］ $\qquad C_{AB} = \dfrac{0}{3i} = 0$

远端定向支承 ［图 10.38（c）］ $C_{AB} = \dfrac{-i}{i} = -1$

利用传递系数可计算杆远端的传递弯矩，即

$$M^C_{jA} = C_{Aj} M^\mu_{Aj} \tag{10.16}$$

10.9 力矩分配法基本原理

力矩分配法适用于无结点线位移的结构。为清晰起见，对只有一个角位移、多个角位移的结构分别讨论。

单个角位移结构的力矩分配 力矩分配法与位移法的基本结构完全相同，在原结构的刚结点处加刚臂，以控制转动，将结构转化为多个单跨超静定梁的组合。将原体系分解为只在荷载作用下的无角位移的固定状态和只发生角位移的跨中无荷载的放松状态。如图 10.41（a）所示的连续梁，结构只有一个刚结点 B 处的角位移，将原体系分解为图 10.41（b）所示的固定状态和图 10.41（c）所示的放松状态。

● 固定状态分析。查载常数表可求得固定状态下各杆端固端弯矩（M^F_{ij}）如下

$$M^F_{AB} = -\frac{Fl}{8} = -\frac{46 \times 4}{8} = -23(\mathrm{kN \cdot m}), M^F_{BA} = \frac{Fl}{8} = \frac{46 \times 4}{8} = 23(\mathrm{kN \cdot m})$$

$$M^F_{BC} = -\frac{ql^2}{3} = -\frac{9 \times 4^2}{3} = -48(\mathrm{kN \cdot m}), M^F_{CB} = -\frac{ql^2}{6} = -\frac{9 \times 4^2}{6} = -24(\mathrm{kN \cdot m})$$

因汇交于刚结点处各杆的固端弯矩不能构成平衡力偶系，故附加刚臂必产生荷载附加约束力偶矩 M_B（设为正向的顺转方向），由结点 B 的力矩平衡条件求约束力偶矩 M_B，其

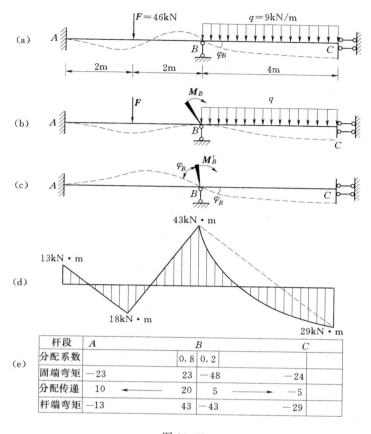

图 10.41

值等于汇交于结点处各杆端固端弯矩的代数和，即由式（10.9）得
$$M_B = \sum M_{Bj}^F = M_{BA}^F + M_{BC}^F = 23 - 48 = -25 (\text{kN} \cdot \text{m})$$

● 放松状态分析。使刚结点发生转动，转动的角度与原状态结点转动角度相同。在刚臂上要加一迫使转动的外力偶矩 M_B'（也设为顺转的正向），如图 10.41（c）所示。因放松状态与固定状态之叠加与原状态相同。原状态在刚结点 B 处无外力偶，因此，放松状态迫使转动的外力偶矩 M_B' 与固定状态的约束力偶矩 M_B 大小相等但符号相反，即
$$M_B' = -M_B = 25 (\text{kN} \cdot \text{m})$$

因各杆长相等，且 EI 为常数，所以各杆的线刚度 i 相同。各杆端的转动刚度及分配系数计算如下
$$S_{BA} = 4i, \ S_{BC} = i, \ S_B = S_{BA} + S_{BC} = 5i$$
$$\mu_{BA} = \frac{S_{BA}}{S_B} = \frac{4i}{5i} = 0.8, \ \mu_{BC} = \frac{S_{BC}}{S_B} = \frac{i}{5i} = 0.2$$

迫使转动的外力偶矩 M_B' 按分配系数分配到各杆端得杆端分配弯矩。
$$M_{BA}^\mu = \mu_{BA} M_B' = 0.8 \times 25 = 20 (\text{kN} \cdot \text{m})$$
$$M_{BC}^\mu = \mu_{BC} M_B' = 0.2 \times 25 = 5 (\text{kN} \cdot \text{m})$$

分配弯矩可向杆远端传递，远端得到传递弯矩。

$$M^C_{AB} = C_{BA}M^\mu_{BA} = 0.5 \times 20 = 10(\text{kN} \cdot \text{m})$$

$$M^C_{CB} = C_{BC}M^\mu_{BC} = -1 \times 5 = -5(\text{kN} \cdot \text{m})$$

分配弯矩和传递弯矩是角位移产生的。

● 恢复原状态。将固定状态和放松状态之叠加即得到原状态。每一个杆的杆端弯矩为固端弯矩、分配弯矩和传递弯矩之和，即

$$M_{AB} = M^F_{AB} + M^C_{AB} = -23 + 10 = -13(\text{kN} \cdot \text{m})$$

$$M_{BA} = M^F_{BA} + M^\mu_{BA} = 23 + 20 = 43(\text{kN} \cdot \text{m})$$

$$M_{BC} = M^F_{BC} + M^\mu_{BC} = -48 + 5 = -43(\text{kN} \cdot \text{m})$$

$$M_{CB} = M^F_{CB} + M^C_{CB} = -24 - 5 = -29(\text{kN} \cdot \text{m})$$

根据各杆端弯矩和跨中荷载情况作弯矩图如图 10.41（d）所示。

为了便于计算及检查复核，一般都采用列表计算的方式，列表如图 10.41（e）所示。

多个角位移结构的力矩分配　对于连续梁和无结点线位移的刚架具有多个角位移结点时，在原结构的刚结点处加刚臂，以控制转动，将结构转化为多个单跨超静定梁的组合体，即得到一个位移法基本结构。位移法基本结构单独在荷载作用下的状态即为固定状态，查载常数表便可计算出各杆固端弯矩。位移法基本结构单独在角位移作用下的状态即为放松状态，但是，在放松时，为了仍然能保持各杆为单跨超静定梁的基本特征，就必须使发生位移的结点与不发生位移的结点在空间上是间隔的；一个结点发生位移与不发生位移在时间上是交替的。不可同时让全部结点发生位移。为了加快约束力偶矩趋向零的速度，应该首先放松约束力偶矩绝对值较大的结点。如果结点有三个以上，可分为两批，交替放松、固定。直至最后传递弯矩很小可以忽略不计为止。此时，也就非常接近结构的真实变形位移状态了，即刚结点的角位移是逐步分段发生，逐步趋近实际角位移。将每一杆端各次的分配弯矩、传递弯矩和原有的固端弯矩相叠加，便可得到各杆杆端的最后弯矩值。由杆端的最后弯矩值和跨中荷载可画出结构的弯矩图。

力矩分配法的计算步骤

● 作位移法基本体系图，计算固定状态下各杆的固端弯矩 M^F_{ij}。

● 在各结点上按各杆端的转动刚度 S_{ij}，计算其分配系数 μ_{ij}，并确定其传递系数 C_{ij}。

● 间隔交替放松各结点以使结点处杆端弯矩平衡。放松某个结点时，按分配系数将结点上的不平衡力偶矩（结点不平衡力偶矩等于汇交于结点处各杆端弯矩之和）反号分配给各杆近端。然后将各杆端的分配弯矩乘以传递系数，传递至远端。将此步骤重复运用，直至各杆端的传递弯矩小到可以略去为止。

● 将各杆端的固端弯矩与历次的分配弯矩和传递弯矩相叠加，即得各杆端的最后弯矩。

【例 10.11】　试用力矩分配法计算图 10.42（a）所示连续梁，画出弯矩图和剪力图。

解：此梁的悬臂部分 EF 为一静定部分，这部分的内力可由静力平衡条件求得，$M_{EF} = -40\text{kN} \cdot \text{m}$；$F_{QEF} = 20\text{kN}$。若将 EF 悬臂部分去掉，而将 E 右截面弯矩和剪力作为外力作用于结点 E 处，则结点 E 可作为铰支端，计算简图如图 10.42（b）所示。

（1）作位移法基本体系图。体系有 B、C、D 三个刚结点，即有三个结点角位移，在结点 B、C、D 处加刚臂，并加相应的角位移，则得位移法基本体系，如图 10.42（c）所示。

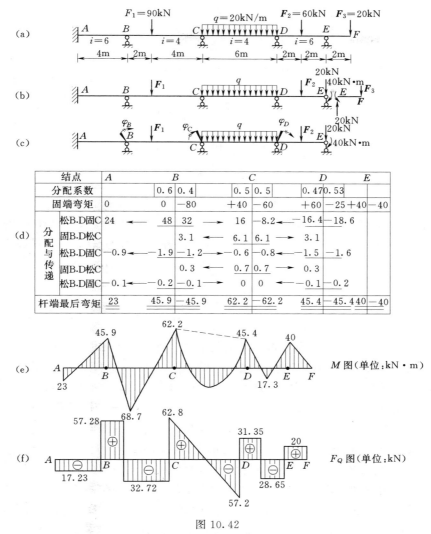

图 10.42

（2）计算分配系数，确定传递系数。由图 10.42（c）可知，除 DE 跨相当于一端固定一端铰支的单跨梁外，其余各跨均为两端固定的梁。由形常数表可查得各杆端转动刚度，并计算分配系数。

结点 D

$$\left.\begin{array}{l} S_{DE} = 3i_{DE} = 3 \times 6 = 18 \\ S_{DC} = 4i_{DC} = 4 \times 4 = 16 \\ S_D = 18 + 16 = 34 \end{array}\right\}$$

$$\left.\begin{array}{l} \mu_{DE} = \dfrac{18}{34} = 0.53 \\ \mu_{DC} = \dfrac{16}{34} = 0.47 \end{array}\right\}$$

结点 C

$$\left.\begin{array}{l} S_{CD} = 4i_{CD} = 4 \times 4 = 16 \\ S_{CB} = 4i_{CB} = 4 \times 4 = 16 \\ S_C = 16 + 16 = 32 \end{array}\right\}$$

$$\left.\begin{array}{l} \mu_{CD} = \dfrac{16}{32} = 0.5 \\[2mm] \mu_{CB} = \dfrac{16}{32} = 0.5 \end{array}\right\}$$

$$S_{BC} = 4i_{BC} = 4 \times 4 = 16$$

结点 B $\qquad S_{BA} = 4i_{BA} = 4 \times 6 = 24$

$$S_B = 16 + 24 = 40$$

$$\left.\begin{array}{l} \mu_{BC} = \dfrac{16}{40} = 0.4 \\[2mm] \mu_{BA} = \dfrac{24}{40} = 0.6 \end{array}\right\}$$

$$C_{BA} = C_{BC} = C_{CB} = C_{CD} = C_{DC} = 0.5, C_{DE} = 0$$

（3）计算固端弯矩。杆 DE 相当于一端固定一端铰支的单跨梁，支座 E 处的集中力 20kN，由支座直接承受而不使梁产生弯矩，其余的外力将使杆 DE 产生固端弯矩，查载常数表得

$$M_{ED}^F = M = 40(\text{kN} \cdot \text{m})$$

$$M_{DE}^F = -\frac{3}{16}Fl + \frac{1}{2}M = -\frac{3}{16} \times 60 \times 4 + \frac{1}{2} \times 40 = -25(\text{kN} \cdot \text{m})$$

其余各单跨超静定梁的固端弯矩都可由载常数表查得，填于图 10.42（d）的相应栏。

（4）用图 10.42（d）的格式进行力矩分配与传递，方法如下：

第一次弯矩分配与传递。固定结点 C，使结点 B、D 发生角位移。将结点 B、D 上的固定约束力偶矩（$M_B = -80\text{kN} \cdot \text{m}$，$M_D = 60 - 25 = 35\text{kN} \cdot \text{m}$）反号后进行分配与传递，在分配弯矩下画一水平短杠，表示此结点发生角位移后已达到平衡。

第二次弯矩分配与传递。使结点 C 发生角位移，固定结点 B、D（在已产生的角位移基础上固定）。将结点 C 上的固定约束力偶矩（$M_C = 40 - 60 + 16 - 8.2 = -12.2\text{kN} \cdot \text{m}$，此约束力偶矩是由固端弯矩和传递弯矩产生的）反号后进行分配与传递。在此次分配与传递过程中，结点 B、D 保持第一次放松时产生的转角不变，并接受了新的传递弯矩，所以，结点 B、D 上又有了新的约束力偶矩，等待下一轮的分配。

将以上步骤重复运用，直至各杆端的传递弯矩小到可以略去为止。

将各杆端的固端弯矩与历次的分配弯矩和传递弯矩相叠加，即得各杆端最后弯矩。

（5）画弯矩图。根据各杆最后杆端弯矩值和荷载，画弯矩图如图 10.42（e）所示。

（6）画剪力图。根据各杆的杆端弯矩和荷载求杆端剪力。

$$F_{QAB} = F_{QBA} = \frac{-23 - 45.9}{4} = -17.23(\text{kN})$$

$$F_{QBC} = \frac{45.9 - 62.2}{6} + \frac{90 \times 4}{6} = -2.77 + 60 = 57.28(\text{kN})$$

$$F_{QCB} = -2.72 - \frac{90 \times 2}{6} = -32.72(\text{kN})$$

$$F_{QCD} = \frac{62.2 - 45.4}{6} + \frac{20 \times 6}{2} = 2.8 + 60 = 62.8(\text{kN})$$

$$F_{QDC} = 2.8 - 60 = -57.2(kN)$$

$$F_{QDE} = \frac{45.4 - 40}{4} + \frac{60}{2} = 1.35 + 30 = 31.35(kN)$$

$$F_{QED} = 1.35 - 30 = -28.65(kN)$$

根据各杆的杆端剪力作剪力图如图 10.42 （f） 所示。

【**例 10.12**】　用力矩分配法计算图 10.43 （a） 所示刚架的弯矩图。

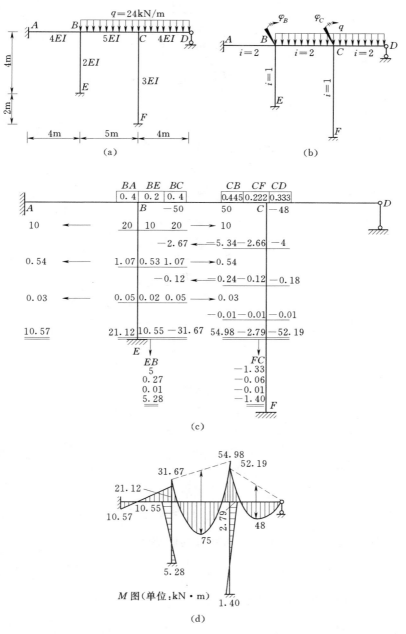

图 10.43

解：（1）作位移法基本体系图。此结构只在 B、C 两刚结点有角位移，作位移法基本体系如图 10.43（b）所示。

（2）计算分配系数，确定传递系数。由图 10.43（b）可知，除 CD 跨相当于一端固定一端铰支的单跨梁外，其余各跨均为两端固定的梁。设 $EI=2$，各杆的相对线刚度为

$$i_{BA} = \frac{4EI}{4} = \frac{4 \times 2}{4} = 2$$

$$i_{BC} = \frac{5EI}{5} = \frac{5 \times 2}{5} = 2$$

$$i_{CD} = \frac{4EI}{4} = \frac{4 \times 2}{4} = 2$$

$$i_{BE} = \frac{2EI}{4} = \frac{2 \times 2}{4} = 1$$

$$i_{CF} = \frac{3EI}{6} = \frac{3 \times 2}{6} = 1$$

结点 B
$$\left.\begin{array}{l} S_{BA} = 4i_{BA} = 4 \times 2 = 8 \\[4pt] S_{BC} = 4i_{BC} = 4 \times 2 = 8 \\[4pt] S_{BE} = 4i_{BE} = 4 \times 1 = 4 \\[4pt] S_B = S_{BA} + S_{BC} + S_{BE} = 20 \end{array}\right\}$$

$$\left.\begin{array}{l} \mu_{BA} = \dfrac{S_{BA}}{S_B} = \dfrac{8}{20} = 0.4 \\[8pt] \mu_{BC} = \dfrac{S_{BC}}{S_B} = \dfrac{8}{20} = 0.4 \\[8pt] \mu_{BE} = \dfrac{S_{BE}}{S_B} = \dfrac{4}{20} = 0.2 \end{array}\right\}$$

结点 C
$$\left.\begin{array}{l} S_{CD} = 3i_{CD} = 3 \times 2 = 6 \\[4pt] S_{CF} = 4i_{CF} = 4 \times 1 = 4 \\[4pt] S_{CB} = 4i_{CB} = 4 \times 2 = 8 \\[4pt] S_C = S_{CD} + S_{CF} + S_{CB} = 18 \end{array}\right\}$$

$$\left.\begin{array}{l} \mu_{CD} = \dfrac{S_{CD}}{S_C} = \dfrac{6}{18} = 0.333 \\[8pt] \mu_{CF} = \dfrac{S_{CF}}{S_C} = \dfrac{4}{18} = 0.222 \\[8pt] \mu_{CB} = \dfrac{S_{CB}}{S_C} = \dfrac{8}{18} = 0.445 \end{array}\right\}$$

（3）计算固端弯矩。由载常数表查得各杆的固端弯矩为

$$M_{BC}^F = -\frac{1}{12}ql^2 = -\frac{1}{12} \times 24 \times 5^2 = -50(\text{kN} \cdot \text{m})$$

$$M_{CB}^F = \frac{1}{12}ql^2 = \frac{1}{12} \times 24 \times 5^2 = 50(\text{kN} \cdot \text{m})$$

$$M_{CD}^F = -\frac{1}{8}ql^2 = -\frac{1}{8} \times 24 \times 4^2 = -48(\text{kN} \cdot \text{m})$$

$$M_{AB}^F = M_{BA}^F = M_{BE}^F = M_{EB}^F = M_{CF}^F = M_{FC}^F = M_{DC}^F = 0$$

（4）力矩分配与传递。按 B、C 顺序进行分配，为缩短计算过程，应先放松约束力偶矩较大的结点 B。分配及传递如图 10.43（c）所示。求出最后杆端弯矩值。数字下画双线的即为最终杆端弯矩。

（5）画弯矩图。根据各杆最后杆端弯矩值和荷载，画弯矩图如图 10.43（d）所示。

思考题

10.24　杆端转动刚度和结点转动刚度的力学意义是什么？杆端转动刚度和结点转动刚度之间有何关系？分配系数如何计算？

10.25　在多结点力矩分配中，每一个刚结点在它每一次力矩分配中都要发生转动，且都是通过多次转动才能接近实际转角。为什么要求同一次放松转动（分配力矩）的结点应是相间隔的，相邻的两个结点不能同时放松？

10.26　在多结点力矩分配过程中，松开结点的顺序不同，对杆端弯矩值有无影响？欲使分配收敛快应先从什么结点开始？

习题

10.24　用力矩分配法计算图示两跨连续梁，并画弯矩图。

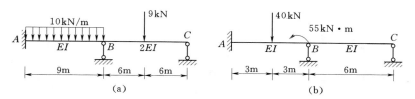

习题 10.24 图

10.25　用力矩分配法计算图示无侧移刚架，并画弯矩图。

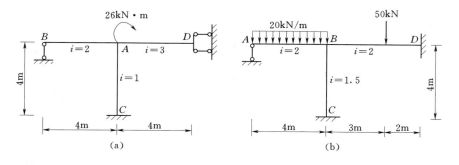

习题 10.25 图

10.26　用力矩分配法计算图示连续梁，并画弯矩图。

10.27　用力矩分配法计算图示连续梁，并画弯矩图。

10.28　用力矩分配法计算图示无侧移刚架，并画弯矩图。

10.29　取半结构简化图示对称连续梁，用力矩分配法计算，并画弯矩图。

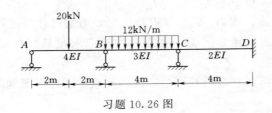

习题 10.26 图

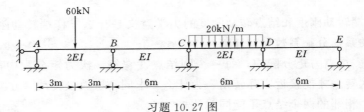

习题 10.27 图

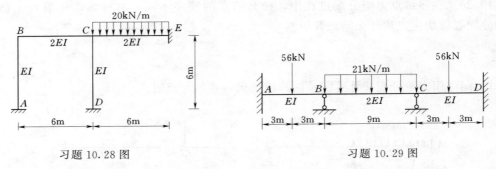

习题 10.28 图　　　　　　　　习题 10.29 图

10.30　取半结构简化图示对称刚架，用力矩分配法计算，并画弯矩图。

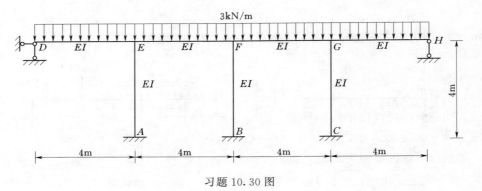

习题 10.30 图

第 11 章 影 响 线

本章主要内容：

- 介绍影响线的概念。
- 讨论用静力法作简支梁影响线及机动法作静定梁影响线的方法。
- 介绍静定梁和连续梁内力包络图的作法。

11.1 用静力法作简支梁的影响线

影响线的概念 前面各章讨论了结构的静力计算，所涉及的荷载都是作用点位置固定不变的固定荷载。但有些结构除承受固定荷载外，还要承受作用点位置不断变化的移动荷载，如行驶车辆对桥梁的作用荷载。结构在受到移动荷载的作用时，支座约束力及各截面的内力都将随荷载的移动而变化。将讨论的约束力或截面的某种内力统称为量值。在结构设计中，就必须了解移动荷载对某一量值所产生的影响。工程中的移动荷载类型是多种多样的，不可能逐一研究每一个移动荷载对结构的影响。为此，通常先研究一个竖向单位集中荷载 $F_P = 1$（量纲为一）在结构上移动时，对某一量值所产生的影响；然后，再根据叠加原理来确定多个集中力或分布力在移动时对该量值所产生的影响。一个指向不变的单位集中荷载 $F_P = 1$ 在结构上移动时，结构某一量值 S 是单位荷载位置 x 的函数，即 $S = f(x)$；在 oxs 直角坐标系（单位荷载位置 x 为横坐标，指定量值 S 为纵坐标）中，作出 $S = f(x)$ 的函数图形，称此函数图为该量值的影响线。影响线能清楚地反映移动荷载对某一量值的影响状况。影响线纵坐标相当于杆秤的刻度，当秤锤这个单位力移动到秤杆的某一位置时，用这一位置的刻度即可读出所称的重量。因为影响线纵坐标与某一确定力大小之积等于对应的量值，所以，影响线纵坐标的量纲为指定量值的量纲除以力的量纲。

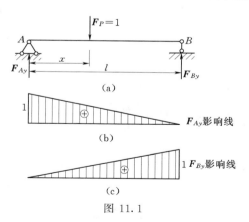

图 11.1

静力法作简支梁的影响线 用静力平衡条件建立量值（S）与单位移动荷载位置坐标（x）的函数关系，根据此函数关系就可作出简支梁的影响线，将这种方法称静力法。

- 支座约束力影响线。现在讨论图 11.1（a）所示简支梁支座约束力 F_{Ay} 的影响线。坐标原点设在左支座 A 处，x 轴向右为正。将荷载 $F_P = 1$ 置于两支座之间的 x 处，设支座约束力 F_{Ay} 方向以向上为正。由平衡条件得

$$\sum M_B = 0, F_P(l - x) - F_{Ay}l = 0$$

$$F_{Ay} = \frac{l - x}{l} = 1 - \frac{x}{l} \quad (0 \leqslant x \leqslant l) \tag{11.1}$$

式（11.1）就是简支梁支座约束力 F_{Ay} 的影响线方程。将各控制点纵标（当 $x=0$ 时，得 $F_{Ay}=1$；$x=l$ 时，$F_{Ay}=0$）端点连直线，得支座约束力 F_{Ay} 的影响线［图 11.1（b）］。

同理，列平衡方程 $\sum M_A = 0$，即可得简支梁支座约束力 F_{By} 的影响线方程为

$$F_{By} = \frac{x}{l} \quad (0 \leqslant x \leqslant l) \tag{11.2}$$

根据式（11.2）画出 F_{By} 的影响线，如图 11.1（c）所示。

● 弯矩影响线。欲画出简支梁指定截面 C 的弯矩影响线，可将单位集中荷载移动的位置 x 分成两种情况予以考虑。

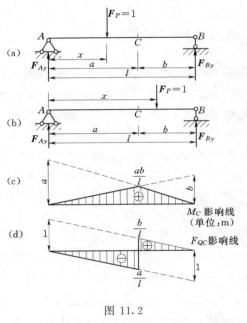

当荷载 $F_P=1$ 在梁的 AC 段上移动时（$0 \leqslant x \leqslant a$），如图 11.2（a）所示。取截面 C 右边的梁段为隔离体，规定使梁下侧纤维受拉时的弯矩为正。由平衡方程 $\sum M_C = 0$，即可得

$$M_C = F_{By}b = \frac{x}{l}b \quad (0 \leqslant x \leqslant a) \qquad ①$$

当荷载 $F_P=1$ 在梁的 CB 段上移动时（$a \leqslant x \leqslant l$），如图 11.2（b）所示。取截面 C 左边的梁段为隔离体。由平衡方程 $\sum M_C = 0$，即可得

$$M_C = F_{Ay}a = \frac{l - x}{l}a \quad (a \leqslant x \leqslant l) \qquad ②$$

由式 ① 和式 ② 可得简支梁 C 截面弯矩（M_C）的影响线方程为

$$M_C = \begin{cases} \dfrac{b}{l}x & (0 \leqslant x \leqslant a) \\[2mm] \dfrac{a}{l}(l - x) & (a \leqslant x \leqslant l) \end{cases}$$

$$\tag{11.3}$$

图 11.2

将各控制点纵标（$x=0$ 时，得 $M_C=0$；$x=a$ 时，$M_C=ab/l$；$x=l$ 时，$M_C=0$）端点连直线，得截面 C 弯矩（M_C）的影响线［图 11.2（c）］。由此可见，指定截面 C 的弯矩影响线由两段直线组成，而这两段直线的交点即对应于指定截面 C。C 处对应的竖标为 ab/l，由于前面已假定了移动单位荷载 $F_P=1$ 的量纲为 1，所以弯矩影响量的量纲为长度单位。

● 剪力影响线。欲画出简支梁指定截面 C 的剪力影响线，仍可将单位集中荷载移动的位置 x 分成两种情况予以考虑。

当荷载 $F_P=1$ 在梁的 AC 段上移动时（$0 \leqslant x < a$），如图 11.2（a）所示。取截面 C 右边的梁段为隔离体，规定使所取梁段有顺时针转动趋势时的剪力为正。由平衡方程 $\sum F_y = 0$ 得

$$F_{QC} = -F_{By} = -\frac{x}{l} \qquad (0 \leqslant x < a) \qquad ③$$

当荷载 $F_P = 1$ 在梁的 CB 段上移动时（$a < x \leqslant l$），如图 11.2（b）所示。取截面 C 左边的梁段为隔离体。由平衡方程 $\sum F_y = 0$ 得

$$F_{QC} = F_{Ay} = \frac{l-x}{l} \qquad (a < x \leqslant l) \qquad ④$$

由式③和式④可得简支梁截面 C 剪力（F_{QC}）的影响线方程为

$$F_{QC}(x) = \begin{cases} -\dfrac{x}{l} & (0 \leqslant x < a) \\ \dfrac{l-x}{l} & (a < x \leqslant l) \end{cases} \qquad (11.4)$$

将各控制点纵标 [$x = 0$ 时，$F_{QC} = 0$；$x \to (a^-)$ 时，$F_{QC} \to (-a/l)$；$x \to (a^+)$ 时，$F_{QC} \to b/l$；$x = l$ 时，$F_{QC} = 0$] 端点连直线，得截面 C 剪力（F_{QC}）的影响线 [图 11.2（d）]。由此可见，指定截面 C 的剪力影响线由两段直线组成，而这两段直线在 C 点形成台阶，两段直线是平行的。当荷载（$F_P = 1$）作用在梁的 AC 段上任意一处时，截面 C 上有负剪力；当荷载（$F_P = 1$）作用在梁的 CB 段上任意一处时，截面 C 上有正剪力。当荷载 $F_P = 1$ 由截面 C 处左侧移到 C 处右侧时，截面 C 上的剪力将从 $-a/l$ 突变为 b/l，其突变值显然等于 1。剪力影响量的量纲为 1。

【例 11.1】　试画出图 11.3（a）所示外伸梁的 F_{Ay}、M_K、F_{QK}、M_E、F_{QE} 的影响线。

解：（1）支座约束力 F_{Ay} 的影响线。取左支座 A 为坐标原点，坐标 x 以向右为正。当荷载 $F_P = 1$ 作用于梁上距原点为 x 的任意一点时，列平衡方程 $\sum M_B = 0$ 可求得支座约束力为

$$F_{Ay} = \frac{l-x}{l} = 1 - \frac{x}{l} \qquad (-l_1 \leqslant x \leqslant l + l_2)$$

这个支座约束力的影响线方程与简支梁的影响线方程相同，只是荷载 $F_P = 1$ 的移动范围有所扩大。在梁的 AB 段以内，其影响线与简支梁的完全相同，约束力 F_{Ay} 的影响线对应于支座 A 处的竖标为 1，对应于支座 B 处的竖标为 0；由方程的连续性可知，若将简支梁的影响线向梁的两端外伸的部分延长，则可得外伸梁伸出部分 AC、BD 的影响线。整个影响线如图 11.3（b）所示。由影响线方程可求得 F_{Ay} 的影响线在两端点 C 和 D 对应的竖标分别为 $\left(1 + \dfrac{l_1}{l}\right)$ 和 $\left(-\dfrac{l_2}{l}\right)$。

（2）弯矩 M_K 的影响线。当荷载 $F_P = 1$ 在截面 K 以左的梁段上移动时，弯矩 M_K 的影响线方程为

$$M_K = F_{By} b = \frac{x}{l} b \qquad (-l_1 \leqslant x \leqslant a)$$

当荷载 $F_P = 1$ 在截面 K 以右的梁段上移动时，弯矩 M_K 的影响线方程为

$$M_K = F_{Ay} a = a - \frac{a}{l} x \qquad (a \leqslant x \leqslant l + l_2)$$

由以上方程首先画出梁 AB 段内的影响线，然后再将其向梁的两端外伸的部分延长，即可得整个外伸梁的影响线 [图 11.3（c）]。按比例关系可求得 M_K 的影响线在两端点 C

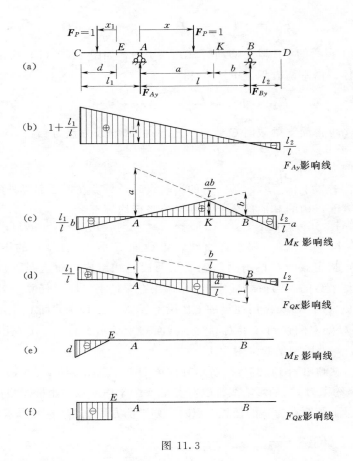

图 11.3

和 D 对应的竖标分别为 $\left(-\dfrac{l_1}{l}b\right)$ 和 $\left(-\dfrac{l_2}{l}a\right)$。

（3）剪力 F_{QK} 的影响线。当荷载 $F_P=1$ 在截面 K 以左的梁段上移动时，剪力 F_{QK} 的影响线方程为

$$F_{QK}=-F_{By}=-\frac{x}{l}\quad(-l_1\leqslant x<a)$$

当荷载 $F_P=1$ 在截面 K 以右的梁段上移动时，剪力 F_{QK} 的影响线方程为

$$F_{QK}=F_{Ay}=1-\frac{x}{l}\quad(a<x\leqslant l+l_2)$$

由以上方程首先画出梁 AB 段以内的影响线，然后再将其向梁的两端外伸的部分延长，即可得整个外伸梁的影响线 ［图 11.3（d）］。按比例关系可求得 F_{QK} 的影响线在两端点 C 和 D 对应的竖标分别为 $\left(\dfrac{l_1}{l}\right)$ 和 $\left(-\dfrac{l_2}{l}\right)$。

（4）梁的外伸段上截面 E 的弯矩 M_E 影响线和剪力 F_{QE} 影响线。已知如图 11.3（a）所示的单位荷载 $F_P=1$ 在外伸部分上移动。为简便计算，这时宜取截面 E 为坐标原点，令 x_1 向左为正，并以 x_1 表示单位荷载 $F_P=1$ 所在位置到原点 E 的坐标值。取截面 E 以左的梁段为隔离体。

当荷载 $F_P=1$ 在截面 E 以左的梁段上移动时，有

$$M_E = -x_1 \qquad (0 \leqslant x_1 \leqslant d)$$

$$F_{QE} = -1 \qquad (0 < x_1 \leqslant d)$$

当荷载 $F_P=1$ 在截面 E 以右的梁段上移动时，有

$$M_E = 0, \quad F_{QE} = 0$$

由此即可画出 M_E 的影响线和 F_{QE} 的影响线如图 11.3（e）、（f）所示。

由［例 11.1］可以看出，对外伸梁来说，在画任意一约束力或者两支座之间梁段内任意一横截面的内力影响线时，只要先作出简支梁的影响线，然后将其影响线向伸臂部分延长即可；在画伸臂段上任意截面某内力的影响线时，只需在该截面以外的伸臂部分作出影响线，而在该截面以内的其他部分上，其影响竖标均等于零。

11.2 机动法作静定梁的影响线

机动法作静定梁支座约束力影响线　若要作图 11.4（a）所示简支梁 B 支座约束力的影响线，先解除约束 B，用约束力 F_{By} 代替解除的约束，结构转变成一个机构；再令梁 B 端沿约束力方向产生单位虚位移 $\delta_B=1$，机构的位移图如图 11.4（b）所示虚线，单位力 $F=1$ 作用点相应的虚位移为 δ_P，根据刚体虚功原理（作用在刚体上的平衡力系各力，在刚体的约束所允许的任何虚位移上所作虚功之和为零）可得

$$F_{By}\delta_B + (-F\delta_P) = 0$$

将 $\delta_B=1$ 和 $F=1$ 代入上式可得

$$F_{By} = \delta_P$$

由三角形 ADE 和三角形 ABH 相似关系有

$$\delta_P = \frac{x}{l}$$

即有

$$F_{By} = \frac{x}{l}$$

上式与式（11.2）完全相同。因此，若让约束 B 沿约束力方向产生单位虚位移，所得到的位移图就是 F_{By} 的影响线［图 11.4（c）］。

机动法作影响线的步骤　总结机动法作梁支座约束力影响线的过程，得机动法作影响线的步骤如下：

● 解除与所求量值对应的约束，用相应的约束力代替解除的约束，（支座约束力设为向上为正向，剪力设为顺转方向为正向，弯矩设为能使梁下侧受拉的转向为正向）。此时结构变为机构。

● 使机构沿约束力的方向发生单位位移，即得位移图。

● 位移图上各控制点的纵标可由比例关系求出。基线以上的纵标为正，基线以下的纵标为负。由此所得到的机构位移图即为对应的量值影响线。

机动法作弯矩影响线　若要作图 11.4（a）所示简支梁 C 截面的弯矩影响线，解除 C

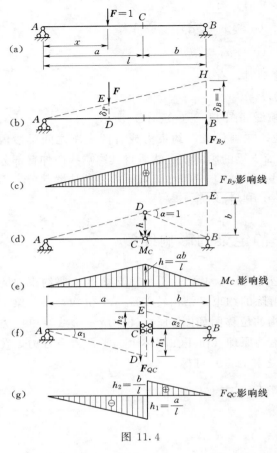

图 11.4

截面的抗弯约束，即将 C 处的刚性连接变为中间铰连接，用约束力偶 M_C 代替抗弯约束，如图 11.4（d）所示。使梁段 AC 相对梁段 CB 沿力偶方向发生相对单位角位移，即 $\alpha = 1$，位移图如图 11.4（d）所示虚线。由三角形 ACD 和三角形 ABE 相似关系有

$$\frac{a}{l} = \frac{h}{b} \quad \text{或} \quad \frac{b}{l} = \frac{h}{a}$$

即得

$$h = \frac{ab}{l} \tag{11.5}$$

由式（11.5）可知，使杆段 AC 相对杆段 CB 沿力偶方向发生单位角位移，即相当于让铰点 C 向上发生 ab/l 大的线位移。由此产生的位移图即为截面 C 的弯矩影响线〔图 11.4（e）〕。

机动法作剪力影响线 若要作图 11.4（a）所示简支梁截面 C 的剪力影响线，解除截面 C 的抗剪约束，即将 C 处的刚性连接变为定向约束连接，用约束力 F_{QC}（截面剪力）代替抗剪约束，如图 11.4（f）所示。使杆段 AC 相对杆段 CB 沿剪力方向发生单位线位移，即 $h_1 + h_2 = 1$。位移图如图 11.4（f）所示虚线。在左虚线与右虚线平行时，由三角形 ACD 和三角形 BCE 相似关系得

$$\frac{h_1}{a} = \frac{h_2}{b} = \frac{1}{l}$$

即得

$$h_1 = \frac{a}{l} \quad \text{和} \quad h_2 = \frac{b}{l} \tag{11.6}$$

由式（11.6）可知，使杆段 AC 相对杆段 CB 沿剪力方向发生单位线位移，即相当于让定向约束 C 左侧沿剪力正向发生 a/l 大的线位移，让定向约束 C 右侧沿剪力正向发生 b/l 大的线位移，由此产生的位移图即为 C 截面的剪力影响线〔图 11.4（g）〕。

多跨静定梁影响线 作图 11.5（a）所示多跨静定梁 F_{Cy} 的影响线，先解除支座 C，以正向约束力 F_{Cy} 代替解除的支座，令点 C 沿 F_{Cy} 方向产生单位线位移 $\delta = 1$，因解除一个约束使多跨静定梁变成具有一个自由度的几何可变体系，故可得到图 11.5（b）所示虚线的位移图，根据几何关系求出控制点的纵标值，画出此位移图即为 F_{Cy} 的影响线，如图 11.5（c）所示。

作图 11.5（a）所示多跨静定梁 M_K 的影响线，在截面 K 处解除抗弯约束，将刚结点

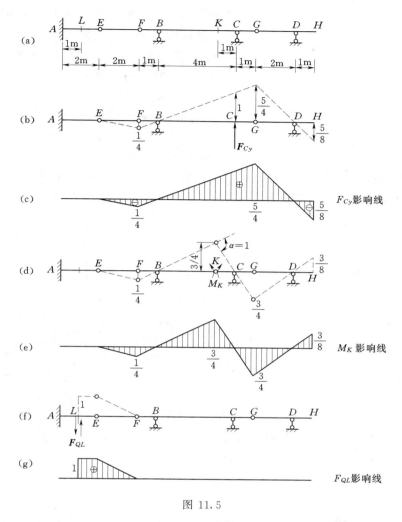

图 11.5

变为铰结点，用正向弯矩代替解除的抗弯约束。使其产生如图所示的单位角位移（角位移

$\alpha=1$ 即 $h=\dfrac{ab}{l}=\dfrac{3\times1}{4}$）。故可得到图 11.5（d）所示虚线的位移图，根据几何关系求出控制点的纵坐标值，画出此位移图即为 M_K 的影响线，如图 11.5（e）所示。

作图 11.5（a）所示多跨静定梁 F_{QL} 的影响线。撤去 L 截面的抗剪约束，将刚结点变为定向约束，用正向剪力代替解除的抗剪约束，使其沿剪力方向产生单位线位移，由于 A 端固结，AL 段不能位移，所以截面 L 发生的相对竖向位移实际是杆件 LE 段作向上的平移，由此可带动 EF 段的转动，故可得到图 11.5（f）所示虚线的位移图，根据几何关系求出控制点的纵坐标值，画出此位移图即为 F_{QL} 的影响线，如图 11.5（g）所示。

思考题

11.1 图示为用杆秤秤量左侧支座约束力的装置，杆秤的秤砣重量是单位值。随着秤

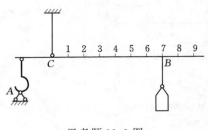

思考题 11.1 图

砝 B 向右移动，A 处的支座约束力也随着增大，我们可以直接从 B 处的刻度读出 A 处的约束力值。你能将工程中的影响线与杆秤的刻度联系起来理解吗？

11.2　绘制影响线时为什么要用无量纲的单位荷载？如何确定影响线竖标 y 的量纲？

11.3　弯矩影响线的横标表示单位荷载位置，此位置上的纵标表示影响截面上的弯矩值。试比较弯矩影响线与弯矩图的不同点。

11.4　图示分别为简支梁 C 截面的剪力影响线和固定荷载作用在截面 C 处的剪力图。两图在点 C 均有突变，它们各有什么含义？

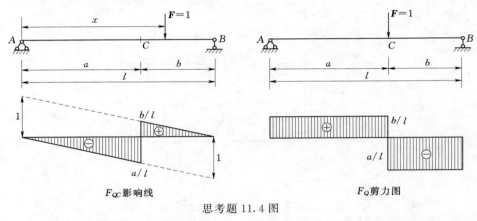

思考题 11.4 图

11.5　应用静定多跨梁的几何组成特点分析，为什么用机动法作静定多跨梁的影响线时，附属部分某量值的影响线在基本部分上与基线重合？

习题

11.1　试用静力法作图示梁中指定量值 F_{Ay}、M_A、F_{QC}、M_C 的影响线。

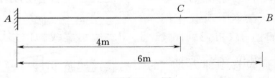

习题 11.1 图

11.2　试用静力法作图示梁中指定量值 F_{QC}、M_C、F_{QE}、M_E 的影响线。

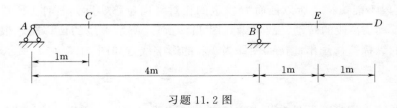

习题 11.2 图

11.3　试用机动法作图示静定多跨梁中指定量值 F_{Ay}、F_{By}、M_G、F_{QG}、F_{QH}、M_H 的影响线。

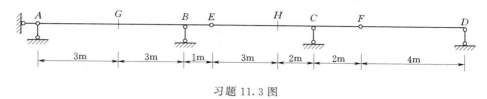

习题 11.3 图

11.4　试用机动法作图示多跨静定梁中指定量值 $F_{QB左}$、$F_{QB右}$、M_B、F_{QG}、M_G 的影响线。

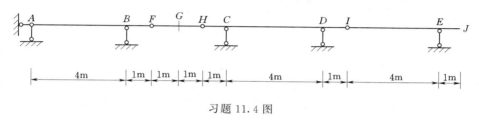

习题 11.4 图

11.3　最不利荷载位置

在工程结构设计中，时常要求出某一量值的最大值 S_{max} 和最小值 S_{min} 作为设计的依据。对此，就面临着两个必须先要解决的问题，第一是当实际移动荷载在结构上的位置为已知时，如何利用量值的影响线来求出该量值 S 的数值；第二是如何利用量值的影响线确定发生最大值 S_{max} 时，实际移动荷载的所在位置，即确定该量值 S 的最不利荷载位置。

利用影响线求量值　在集中荷载作用下，一简支梁截面 C 的剪力影响线如图 11.6（a）所示。设有一组位置不变的集中荷载 F_1、F_2、F_3 作用于此简支梁上，现需求出截面 C 的剪力。在该影响线上各个集中荷载作用点处对应的竖标依次为 y_1、y_2、y_3，根据叠加原理可知，在这组集中荷载作用下产生的剪力 F_{QC} 就应为

$$F_{QC} = F_1 y_1 + F_2 y_2 + F_3 y_3$$

一般情况下，只要画出结构的某一量值 S 的影响线后，就可求出在一组竖向集

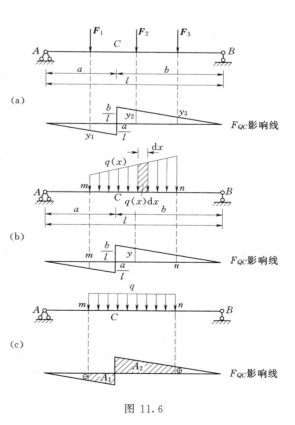

图 11.6

中荷载作用下的该量值 S，亦即为

$$S = \sum F_i y_i \tag{11.7}$$

式中：y_i 为 F_i 作用点处对应量值 S 的影响线纵标。

简支梁 [图 11.6（b）] 上作用有分布荷载 $q(x)$。将此分布荷载沿梁长度分为许多无限小的微段 dx，这样每一微段上的荷载 $q(x)dx$ 即可作为一个集中荷载。于是，梁上的分布荷载 $q(x)$ 在 mn 段分布区内，所产生的剪力 F_{QC} 就可用下式积分进行计算，即

$$F_{QC} = \int_{x_m}^{x_n} q(x) y \, dx \tag{11.8}$$

式（11.8）也适用于一般量值的影响线。当 $q(x) = q$ [图 11.6（c）] 时，由式（11.8）可得

$$S = q \int_{x_m}^{x_n} y \, dx = qA \tag{11.9}$$

式（11.9）中，A 表示均布荷载在 mn 的分布区段内对应的影响线图的面积。但在计算面积 A 时，应考虑影响线的正负符号。例如，对于图 11.6（c）所示的情形，面积应为 $A = A_2 - A_1$。

利用影响线确定最不利荷载位置　根据荷载形式不同，分以下几种情况讨论：

● 若移动的荷载是均布荷载，而且可以按任意的方式分布，则最不利荷载位置就很容易确定。若在图 11.7（a）所示的简支梁上有移动的均布荷载作用时，由其截面 K 的剪力 F_{QK} 影响线 [图 11.7（b）] 和式（11.9）可知，当移动的均布荷载在布满影响线正号面积的梁段 [图 11.7（c）] 时，量值将有最大值 $F_{QK,\max}$；而当移动的均布荷载在布满影响线负号面积的梁段 [图 11.7（d）] 时，量值将有最小值 $F_{QK,\min}$。

● 若移动的只是单个集中荷载，当荷载对应于影响线的最大竖标处时，则为最不利荷载位置。

● 若移动的集中荷载是数值和间距都不变的荷载组，如图 11.8（a）所示，由 4 个大小和间距不变的荷载所组成的荷载组。由式（11.7）可知，当量值的叠加值 $\sum F_i y_i$ 为最大时，与此相应的位置即为最不利荷载位置。这种使某一量值 S 产生最大值的荷载组位置称为荷载组的临界位置。可以证明，荷载组的每一临界位置，

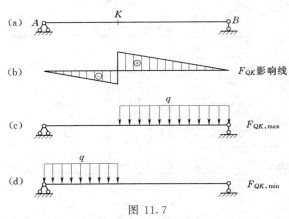

图 11.7

必有一个集中荷载位于影响线的顶点处，而这一集中荷载又称为临界荷载。通常可将荷载组中的间距较小、数值较大的荷载视为可能的临界荷载，然后将各可能的临界荷载分别置于影响线的顶点，以确定荷载组的各荷载位置，计算出各可能的临界位置所对应的量值 S 的大小，从中选出最大值，即可得到荷载组的最不利荷载位置。对于图 11.8（a）所示的荷载组，可分别将 F_2、F_3 置于 M_K 影响线的顶点处，如图 11.8（c）、（d）所示，分别求出对 M_K 的影响值，其中最大的 M_K 值对应的荷载位置即为最不利荷载位置。

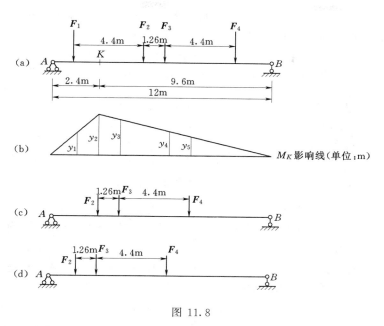

图 11.8

【例 11.2】　试求图 11.9（a）所示简支梁在汽车车队荷载的作用下截面 C 的最大弯矩。

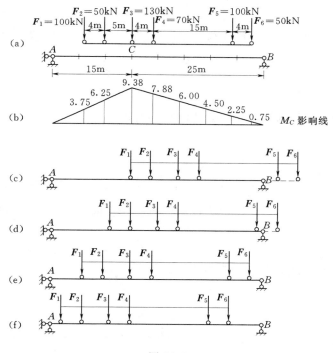

图 11.9

解：画出弯矩 M_C 的影响线如图 11.9（b）所示。显然已知荷载 F_1、F_2、F_3、F_4 为可能临界荷载。将各可能的临界荷载分别置于 M_C 影响线的顶点处，于是得出四种可能的荷载组的临界位置，如图 11.9（c）、（d）、（e）、（f）所示。然后分别计算相应的弯矩 M_C 值。

对于图 11.9（c）所示情形，有

$$M_C = 100 \times 9.38 + 50 \times 7.88 + 130 \times 6.00 + 70 \times 4.50$$
$$= 2427(\text{kN} \cdot \text{m})$$

对于图 11.9（d）所示情形，有

$$M_C = 100 \times 6.88 + 50 \times 9.38 + 130 \times 7.50 + 70 \times 6.00 + 100 \times 0.38$$
$$= 2590(\text{kN} \cdot \text{m})$$

对于图 11.9（e）所示情形，有

$$M_C = 100 \times 3.75 + 50 \times 6.25 + 130 \times 9.38 + 70 \times 7.88 + 100 \times 2.25 + 50 \times 0.75$$
$$= 2721(\text{kN} \cdot \text{m})$$

对于图 11.9（f）所示情形，有

$$M_C = 100 \times 1.25 + 50 \times 3.75 + 130 \times 6.88 + 70 \times 9.38 + 100 \times 3.75 + 50 \times 2.25$$
$$= 2351(\text{kN} \cdot \text{m})$$

比较以上四种情形，可知图 11.9（e）所示情形是弯矩 M_C 的最不利荷载位置，其对应的截面 C 弯矩值为 $M_{C\max} = 2721\text{kN} \cdot \text{m}$。

思考题

11.6 为何可以利用影响线来求得恒载作用下的内力？

11.7 什么是荷载的最不利位置？何谓临界荷载？

11.8 对于数值和间距都不变的荷载组，若某一量值的影响线为三角形，如何判定临界荷载？

习题

11.5 试利用影响线求图示外伸梁截面 C 的弯矩。

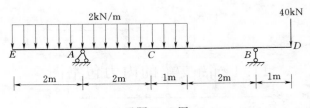

习题 11.5 图

11.6 试利用影响线求图示外伸梁截面 C 的剪力。

习题 11.6 图

11.7　试利用影响线求图示简支梁在移动荷载作用下 M_K 的最大值。设各荷载的大小都等于 152kN。

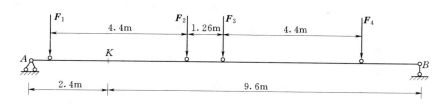

习题 11.7 图

11.8　求图示简支梁在移动荷载作用下的 F_{Ay}、F_{QC} 的最大值。

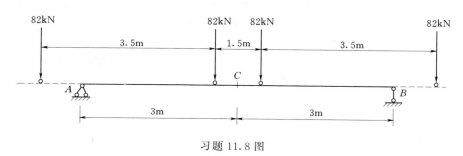

习题 11.8 图

11.9　求图示简支梁在移动荷载作用下的 F_{Ay}、F_{QC}、M_C 的最大值。

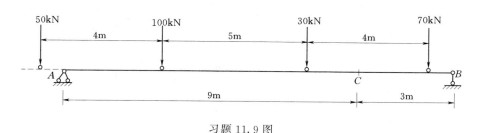

习题 11.9 图

11.4　简支梁的内力包络图

内力包络图的概念　在设计承受移动荷载作用的结构时，必须求出它在恒载和活载共同作用下各截面内力的最大值和最小值，以此作为设计构件截面的依据。首先将构件在恒载和活载共同作用下的每一截面的内力（弯矩或剪力）最大值和最小值求出，按照一定比例，在各截面处将某一内力的最大和最小值用竖标标出，然后，把各截面的这一内力最大值竖标顶点，连成一条光滑曲线，把各截面这一内力最小值竖标顶点连成一条光滑曲线，所得到的图形即称为该内力的包络图。梁的内力包络图，表示了不论移动荷载处于什么位置，梁的各个截面上出现的内力都不会超出相应包络图所示的数值范围。也就是说，梁的内力图必然为梁的内力包络图所包含。

简支梁的弯矩包络图　图 11.10（a）所示为一吊车梁，其跨度为 12m，承受如图

11.10 （b） 所示的两台桥式吊车移动活载的作用。在绘制吊车梁的弯矩包络图时，一般将吊车梁沿跨度分成若干等份（如分为 10 等份），先分别作出各等分点处截面的弯矩影响线，并判定各截面的弯矩最不利荷载位置，同时求出各等分点截面的最大弯矩值；然后按同一比例标出对应于等分点处的竖标；最后将各竖标顶点连成一光滑曲线，即得到如图 11.10 （c） 所示的弯矩包络图。

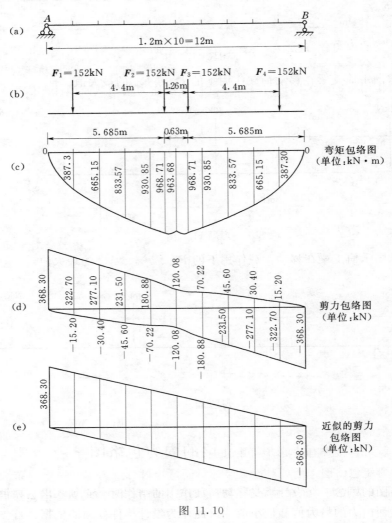

图 11.10

弯矩包络图中的最大值，通常称为绝对最大弯矩。但它并非一定发生在跨中截面上，而往往是发生在跨中附近的截面上，其绝对最大弯矩与跨中截面最大弯矩的差距，一般在2％左右。如图 11.10 （a） 所示的吊车梁，绝对最大弯矩发生在距跨中 0.315m 的两侧截面，绝对最大弯矩值为 968.71kN·m。绝对最大弯矩与跨中截面最大弯矩（963.68kN·m）只相差 0.5％。因此，在设计结构时，通常也可用跨中截面的最大弯矩来代替绝对最大弯矩。

简支梁的剪力包络图　在绘制吊车梁的剪力包络图时，也是先作出梁的各等分点处截面的剪力影响线，并判定各截面剪力的最不利荷载位置。同时求出各等分点处截面的最大剪力和最小剪力。然后，按同一比例标出各个对应于等分点处的最大剪力和最小剪力竖标，最后将各截面的最大剪力竖标顶点连成光滑曲线，最小剪力竖标顶点也连成光滑曲线，即得如图 11.10 （d） 所示的剪力包络图。在实际设计中，用到的主要是梁支座附近处截面的剪力值。故在通常情况下，只是将梁两端支座处截面的最大剪力和最小剪力求出，用直线分别将两端对应的竖标顶点相连，以作为要绘制的剪力包络图，也就是图 11.10 （d） 所示的剪力包络图可用图 11.10 （e） 近似代替。

上述吊车梁的内力包络图只是在吊车这一特定的移动活载作用下而得到的。对于不同的移动活载作用的梁有着不同的内力包络图。在设计结构时，要将移动活载作用下的内力包络图与恒载作用下的内力图进行叠加，这样才能作为结构截面设计的依据。

11.5　连续梁的内力包络图

当连续梁受恒载和活载共同作用时，也必须求出各截面内力可能产生的最大值和最小值，绘制其内力包络图。内力包络图能清楚地表明连续梁各截面内力变化的极限情形，据此可合理地选择截面尺寸。在设计钢筋混凝土梁时，它也是配置钢筋的重要依据。

连续梁的最不利荷载位置　因连续梁是超静定结构，要作出它的内力影响线并不像简支梁那样简便，利用影响线计算各截面的最大内力和最小内力也比较麻烦。因在连续梁的实际设计中，主要用到的是支座附近和跨中截面的内力值。所以，计算时也只考虑支座附近和跨中截面内力的最不利荷载布置。在求截面的最大正弯矩和最大负弯矩时，主要的问题还在于确定活载的影响。如图 11.11 （a） 给出的受移动均布活载作用的五跨连续梁，并非在活载布满各跨时才是此梁的最不利荷载情况，关于弯矩的最不利活载布置可分为以下几种情况：

● 当求某跨跨中截面的最大正弯矩时，在本跨上布满活载，其余则是每隔一跨布满活载 ［图 11.11 （b）、（c）］。

● 当求某支座附近截面的最大负弯矩时，在该支座相邻两跨满活载，其余则是每隔一跨布满活载 ［图 11.11 （d） ～ （g）］。

在掌握了活载的这一最不利荷载分布规律后，对于等跨连续梁，在计算活载作用下相应的量值时，就可直接查有关的计算手册进行计算。

连续梁的弯矩包络图　活载对连续梁的截面弯矩可分解为每一跨单独布满活载的几种简单情况的叠加。先按每一跨单独布满活载的情况来画出其相应的弯矩图。然后，对于任意一截面，将这些弯矩图中对应的所有正弯矩与恒载作用下的相应弯矩叠加，即得到该截面的最大弯矩；同理，将这些弯矩图中对应的所有负弯矩与恒载作用下的相应弯矩叠加，即得到该截面的最小弯矩。将各截面的最大弯矩和最小弯矩在同一图中按同一比例标出竖标，最后把各截面最大弯矩竖标顶点连成一条曲线，把各截面最小弯矩竖标顶点也连成一条曲线，即得连续梁的弯矩包络图。该图表明，连续梁在已知恒载和活载共同作用下，各个截面上可能产生的弯矩的极限范围，不论活载如何分布，各个截面的弯矩都不会超出这一范围。

连续梁的剪力包络图　连续梁的剪力包络图的绘制方法与其弯矩包络图的绘制方法基本相同。因为在实际设计中，主要用到的还是各跨两端支座附近截面的最大剪力和最小剪

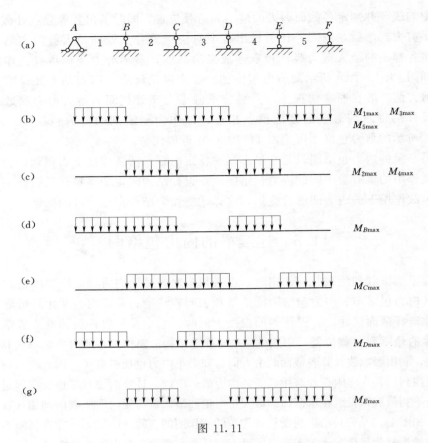

图 11.11

力。先按每一跨单独布满活载的情况来画出其相应的剪力图。然后，对于支座两侧截面，将这些剪力图中对应的所有正剪力与恒载作用下的相应剪力叠加，即得到支座两侧截面的最大剪力；同理，将这些剪力图中对应的所有负剪力与恒载作用下相应的剪力相叠加，即得到支座两侧截面的最小剪力。将支座两侧截面的最大剪力和最小剪力在同一图中按同一比例标出竖标，最后把各跨两端支座内侧截面最大剪力竖标顶点连成一条直线，把两端支座内侧截面最小剪力竖标顶点也连成一条直线，即得到连续梁的剪力包络图的近似图。

【例 11.3】　试绘制图 11.12（a）所示三跨等截面连续梁的弯矩包络图和剪力包络图。已知梁上承受的恒载为 $q_1 = 16kN/m$，活载为 $q_2 = 30kN/m$。

解：（1）绘制弯矩包络图。画出梁在恒载作用下的弯矩图 [图 11.12（b）] 和各跨单独布满活载时的弯矩图 [图 11.12（c）~（e）]。将梁的每跨分四等份，求出弯矩图中各等分点竖标值。最后把恒载弯矩图 11.12（b）中各截面处的竖标值和各活载弯矩图 11.12（c）~（e）中对应的正竖标值相加，即得各截面的最大弯矩值；再把恒载弯矩图 11.2（b）中各截面处的竖标值和各活载弯矩图 11.12（c）~（e）中对应的负竖标值相加，即得各截面的最小弯矩值。例如在等分点 2 处截面上的最大弯矩和最小弯矩为

$$M_{2max} = 19.20 \times 10^3 + 44.01 \times 10^3 + 4.00 \times 10^3 = 67.21(kN \cdot m)$$

$$M_{2min} = 19.20 \times 10^3 + (-12.01 \times 10^3) = 7.19(kN \cdot m)$$

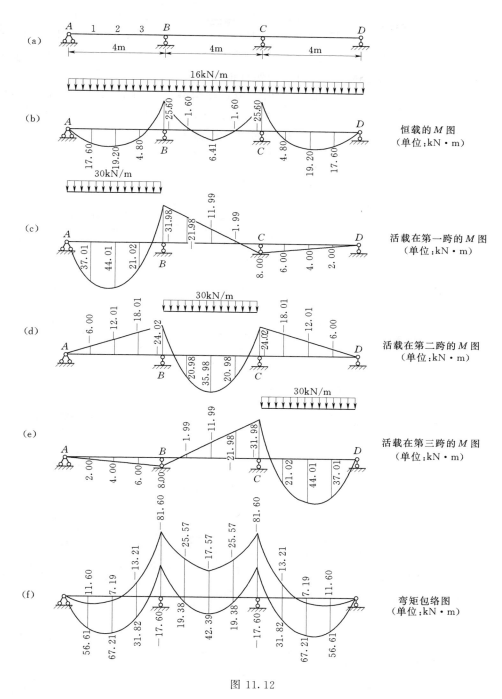

图 11.12

又如在支座 B 处截面上的最大弯矩和最小弯矩为

$$M_{Bmax} = (-25.60 \times 10^3) + 8.00 \times 10^3 = -17.60 (\text{kN} \cdot \text{m})$$

$$M_{Bmin} = (-25.60 \times 10^3) + (-31.98 \times 10^3) + (-24.02 \times 10^3) = -81.60 (\text{kN} \cdot \text{m})$$

把各截面的最大弯矩和最小弯矩值在同一图中按同一比例用竖标标出，分别将最大竖标顶点、最小竖标顶点用曲线相连，即得弯矩包络图，如图11.12（f）所示。

（2）绘制剪力包络图。利用连续梁承受的荷载和其弯矩图，画出恒载作用下的剪力图 ［图11.13（a）］和各跨单独布满活载时的剪力图 ［图11.13（b）～（d）］。将恒载剪力图 11.13（a）中各支座左右两侧截面处的剪力竖标值与各活载剪力图11.13（b）～（d）中 对应的正竖标值相加，即得各截面的最大剪力值；将恒载剪力图11.13（a）中各支座左 右两侧截面处的剪力竖标值与各活载剪力图11.13（b）～（d）中对应的负竖标值相加， 即得各截面的最小剪力值。例如，在支座 B 处的右侧截面上有

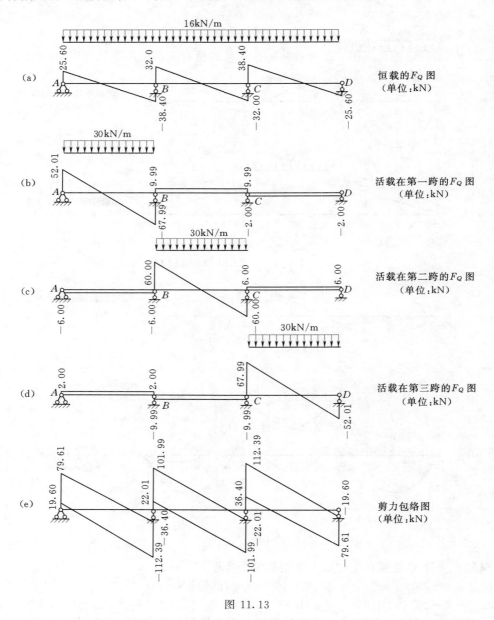

图 11.13

$$F_{QB右max} = (32.00 + 9.99 + 60.00) \times 10^3 = 101.99(kN)$$

$$F_{QB右min} = 32.00 \times 10^3 + (-9.99 \times 10^3) = 22.01(kN)$$

　　分别把各跨两端支座内侧截面上的最大剪力、最小剪力用直线相连，即得剪力包络图，如图 11.13（e）所示。

思考题

　　11.9　内力包络图与内力图有何区别？内力包络图与内力影响线有何区别？

　　11.10　连续梁的某跨跨中截面弯矩的最不利荷载如何布置？而支座截面处的弯矩最不利荷载又如何布置？

　　11.11　梁的弯矩包络图，是否可将梁在预计的所有荷载作用下的弯矩图都能包含？

习题

　　11.10　求图示简支梁跨中截面 C 的最大弯矩。

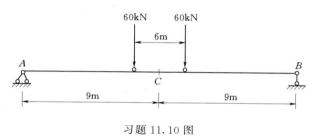

习题 11.10 图

　　11.11　求图示简支梁跨中截面 C 的最大弯矩。

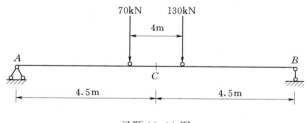

习题 11.11 图

　　11.12　图示连续梁中各跨除承受均布恒载 $q_1 = 20kN/m$ 外，还承受有可任意布置的均布活载 $q_2 = 40kN/m$ 的作用。试绘制此连续梁的弯矩包络图和剪力包络图。取跨长的 1/4 为一个计算截面。

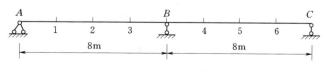

习题 11.12 图

第12章 压 杆 稳 定

本章主要内容：

- 介绍压杆稳定性的概念。
- 讨论细长压杆临界力的计算方法；介绍中柔度压杆临界应力经验公式。
- 介绍压杆稳定的计算方法。
- 讨论提高压杆稳定性的方法。

12.1 压杆稳定性概念

压杆稳定问题的提出　受压杆的强度条件是保证压杆正常工作的必要条件，但不是充分条件，许多工程实例和试验已证明，在满足强度条件的情况下，压杆仍然可以发生破坏。如取一根宽 3cm，厚 1cm 的矩形截面杆，材料的抗压强度 $\sigma_c = 20\text{MPa}$。当杆较短时，杆长取 3cm，对其施加轴向压力，如图 12.1（a）所示，将杆压坏所需的压力为 $F = 6\text{kN}$；当杆长为 1m 时，对其施加轴向压力，如图 12.1（b）所示，则不到 40N 的压力就会使压杆突然产生弯曲变形甚至破坏。结构中的压杆决不允许其发生突然的弯曲变形，因为这种突然的弯曲变形不但影响整个结构的几何形状和刚度的要求，而且可导致压杆本身以及整个结构的破坏。

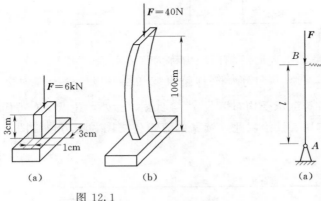

图 12.1

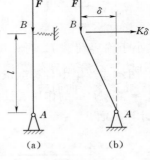

图 12.2

压杆稳定的概念　受压杆为什么可由轴向受压变形转变为弯曲变形，我们结合图 12.2（a）所示力学模型来解释这一问题，并建立压杆稳定性的概念。图示竖直放置的刚性直杆 AB，A 端为铰支，B 端用弹簧常数为 K（使弹簧产生单位长度变形所需的力）的弹簧所支持。该杆在竖直荷载 F 作用下在竖直位置保持平衡。现在，给杆以微小侧向干扰，使杆端产生微小侧向位移 δ [图 12.2 (b)]。这时，外力 F 对点 A 的力矩为 $F\delta$，有使杆更加偏离竖直位置的作用，而弹簧反力 $K\delta$ 对点 A 的力矩为 $K\delta l$，则有使杆恢复其初始竖直平衡位置的作用。如果 $F\delta < K\delta l$，即 $F < Kl$，则在上述干扰解除后，杆将自动恢复至初始竖直平衡位置，说明在该荷载作用下，杆在竖直位置的平衡是稳定的。如果 $F\delta > K\delta l$，即 $F > Kl$，则在干扰解除后，杆不仅不能自动返回其初始竖直位置，而且将继续偏转，说明在该荷载作用下，杆在竖直位置的平衡是不稳定的。如果 $F\delta = K\delta l$，即 $F = Kl$，则杆既可在竖直位置保持平衡，也可在微小偏斜状态保持平衡。由此可见，当杆长 l 与弹簧常数 K 一定时，杆 AB 在竖直位置的平衡性质，是由荷载 F 的大小而定。

对于受压的细长弹性直杆也存在类似情况。图 12.3 (a) 为一等截面中心受压直杆。此杆与图 12.2 (a) 不同的是，它本身具有弹性，不需在杆端另装弹簧。若杆件是理想直杆，则杆受力后将是直线受压状态。如果给杆以微小侧向干扰力使其产生微弯 [图 12.3 (b)]，则在干扰去掉后将出现以下几种不同情况：当轴向压力较小时，压杆最终能恢复到原来的直线受压状态 [图 12.3 (c)]；当轴向压力较大时，则压杆不仅不能恢复直线受压状态，而且将继续弯曲，产生显著的弯曲变形 [图 12.3 (d)]，甚至破坏；当轴向压力刚达到某一值时，压杆也可在微弯曲状态下保持平衡 [图 12.3 (e)]。

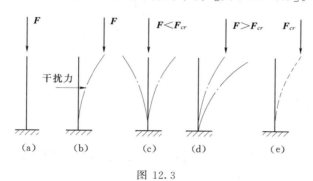

图 12.3

压杆受压状态类型　以上情况表明，在轴向压力逐渐增大的过程中，压杆经历了两种不同性质的平衡。压杆既可在直线状态下保持平衡，当受到干扰后又可在微弯状态下保持平衡，这种受压称临界受压状态，此时的轴向压力称为临界荷载，用 F_{cr} 表示。当压杆的轴向压力 F 小于临界荷载 F_{cr} 时，压杆将始终保持直线受压，这种受压称为稳定受压状态。当轴向压力 F 大于临界荷载 F_{cr} 时，压杆可能只有在不受干扰的情况下是直线受压，当受到干扰后将产生弯曲而破坏，将这种受压称为不稳定受压状态。处于不稳定受压状态的压杆，当受到干扰后产生弯曲破坏，将这种破坏称为压杆失稳。

12.2　细长压杆的临界荷载

由压杆的稳定性概念可知，压杆是否会丧失稳定，主要取决于压力是否达到临界荷载值。显然，确定临界荷载是解决压杆稳定问题的关键。

两端铰支细长压杆的临界荷载　由上节讨论可知，当轴向压力 F 达到临界荷载 F_{cr} 时，压杆既可保持直线形式的平衡，又可保持在微弯状态的平衡。因此，使压杆在微弯状态保持平衡的最小轴向压力，即为压杆的临界荷载。

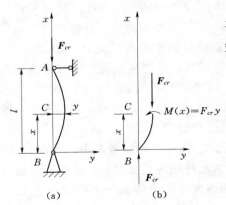

图 12.4

现令压杆在临界荷载 F_{cr} 作用下处于微弯状态的平衡［图 12.4（a）］。此时，在任一横截面上存在弯矩 $M(x)$ ［图 12.4（b）］，其值为

$$M(x) = F_{cr}y \qquad ①$$

当杆内应力不超过材料的比例极限时，压杆挠曲轴方程 $y = y(x)$ 应满足式（9.10），即

$$\frac{\mathrm{d}^2 y}{\mathrm{d}x^2} = -\frac{M(x)}{EI} \qquad ②$$

将式①代入式②中，得

$$\frac{\mathrm{d}^2 y}{\mathrm{d}x^2} = -\frac{F_{cr}}{EI}y \qquad ③$$

令

$$K^2 = \frac{F_{cr}}{EI} \qquad ④$$

将式④代入式③中，可得一个二阶常系数线性齐次微分方程

$$\frac{\mathrm{d}^2 y}{\mathrm{d}x^2} + K^2 y = 0 \qquad ⑤$$

微分方程式⑤的通解为

$$y = A\sin(Kx) + B\cos(Kx) \qquad ⑥$$

式⑥中：常数 A、B 与 K 均为未知，其值由压杆的位移边界条件与变形状态确定。

将位移边界条件 $x=0$，$y=0$ 代入式⑥中，可得

$$B = 0$$

于是得

$$y = A\sin(Kx) \qquad ⑦$$

将位移边界条件 $x=l$，$y=0$ 代入式⑦中，可得

$$A\sin(Kl) = 0$$

此方程有两组可能的解，或者 $A=0$，或者 $\sin(Kl)=0$。显然，如果 $A=0$，由式⑦可知，各截面的挠度均为零，即压杆的轴线始终为直线，而这与微弯状态的前提不符。因此，由变形状态可知，其解应为

$$\sin(Kl) = 0$$

若要满足此条件，则要求

$$Kl = n\pi \quad (n=0,1,2,\cdots) \qquad ⑧$$

将式⑧代入式④，于是得

$$F_{cr} = \frac{n^2\pi^2 EI}{l^2} \quad (n=0,1,2,\cdots) \qquad ⑨$$

使压杆在微弯状态下保持平衡的最小轴向压力为压杆的临界荷载，因此，式⑨中取 $n=1$，即得两端铰支细长压杆的临界荷载为

$$F_{cr} = \frac{\pi^2 EI}{l^2} \tag{12.1}$$

式（12.1）称为临界荷载的欧拉公式，该荷载又称为欧拉临界荷载。当压杆在各个方向的支承相同时，式（12.1）中的惯性矩 I 应为压杆横截面的最小惯性矩。

在临界荷载作用下，则有 $K = \dfrac{\pi}{l}$，由式⑦得

$$y = A\sin\frac{\pi x}{l} \tag{12.2}$$

由式（12.2）可知，两端铰支细长压杆临界状态时的挠曲轴为一半波正弦曲线，如图 12.4（a）所示，其最大挠度或幅值 A 则取决于压杆微弯的程度。

其他支承情况下细长压杆的临界荷载　对于其他支承形式细长压杆的临界荷载，同样可按上述方法求得，这里就不一一推导，直接给出其结果，见表 12.1。

表 12.1　　　　　　　各种支承情况下等截面细长压杆的临界荷载公式

杆端约束情况	两端铰支	一端固定 一端自由	一端固定 一端铰支	两端固定
挠曲轴形状	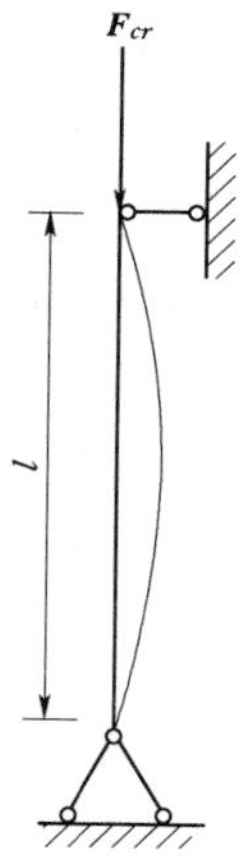	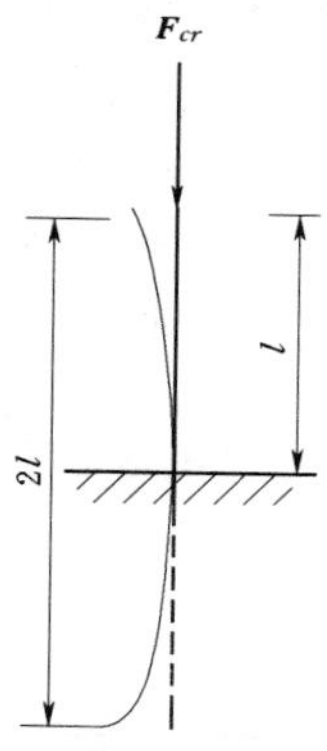	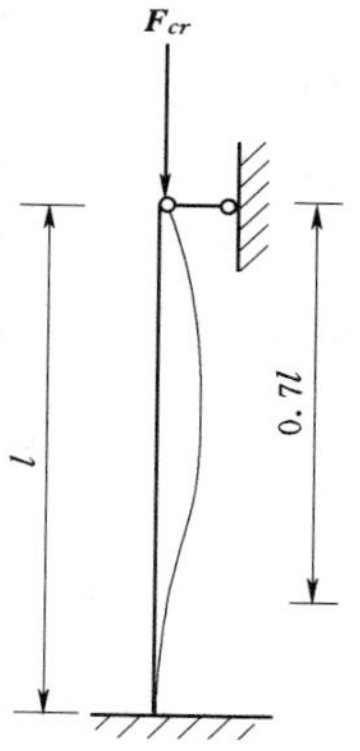	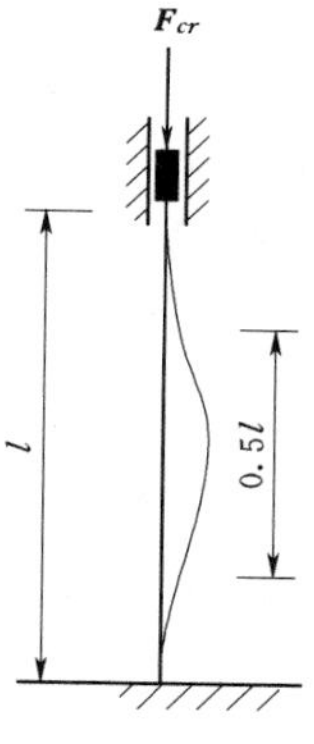
临界荷载公式	$F_{cr} = \dfrac{\pi^2 EI}{l^2}$	$F_{cr} = \dfrac{\pi^2 EI}{(2l)^2}$	$F_{cr} = \dfrac{\pi^2 EI}{(0.7l)^2}$	$F_{cr} = \dfrac{\pi^2 EI}{(0.5l)^2}$
长度因数 μ	1.0	2.0	0.7	0.5

从表 12.1 中可看到，这几种细长压杆的临界荷载公式基本相似，只是分母中杆长 l 前的系数不同。为应用方便，可以写成统一形式，即

$$F_{cr} = \frac{\pi^2 EI}{(\mu l)^2} \tag{12.3}$$

式（12.3）中：乘积 μl 称为压杆的相当长度或计算长度；系数 μ 称为长度因数，其代表支承方式对临界荷载的影响。不同支承下的长度因数见表 12.1。

从表 12.1 中各支承情况下压杆的弹性曲线的形状可以看到，各压杆的相当长度 μl，

即相当于两端铰支压杆的长度，或压杆挠曲轴拐点间的距离。对于有些压杆，将其挠曲轴与两端铰支细长压杆的挠曲轴比较，即可确定其相当长度。这种方法称为类比法。

在实际工程中，还常常遇到一种所谓柱状铰（图12.5）。在垂直于销轴的平面内（$x-z$ 平面），销轴对杆的约束相当于铰支；而在销轴平面内（$x-y$ 平面），销轴对杆的约束接近于固定端。

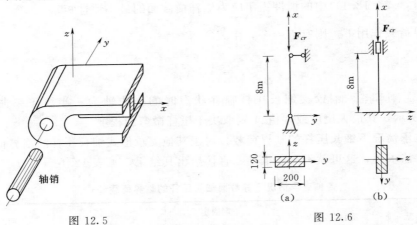

图 12.5　　　　　　　　　　　　　　　　图 12.6

【例 12.1】　　一矩形截面的细长木柱，中心受压。长 $l=8$m，柱的支承情况为：在最大刚度平面（xy 平面内，z 为中性轴）内弯曲时为两端铰支 [图 12.6（a）]；在最小刚度平面（xz 平面内，y 为中性轴）内弯曲时为两端固定 [图 12.6（b）]。木材的弹性模量 E $=10$GPa。试求木柱的临界荷载。

解： 由于最大与最小刚度平面内的支承情况不同，所以需要分别计算。

（1）计算最大刚度平面内的临界荷载 [图 12.6（a）]。

$$I_z = \frac{120 \times 200^3}{12} = 8 \times 10^7 (\text{mm}^4)$$

由于两端铰支，长度因数 $\mu=1$，代入式（12.3），得

$$F_{cr} = \frac{\pi^2 E I_z}{(\mu l)^2} = \frac{3.14^2 \times 10 \times 10^3 \times 8 \times 10^7}{(1 \times 8 \times 10^3)^2}$$

$$= 123 \times 10^3 (\text{N})$$

（2）计算最小刚度平面内的临界荷载 [图 12.6（b）]

$$I_y = \frac{200 \times 120^3}{12} = 2.88 \times 10^7 (\text{mm}^4)$$

由于两端固定，长度因数 $\mu=0.5$，代入式（12.3），得

$$F_{cr} = \frac{\pi^2 E I_y}{(\mu l)^2} = \frac{3.14^2 \times 10 \times 10^3 \times 2.88 \times 10^7}{(0.5 \times 8 \times 10^3)^2}$$

$$= 177.5 \times 10^3 (\text{N})$$

比较计算结果可知，第一种情况的临界力小，压杆失稳时将在最大刚度平面内发生。

12.3 压 杆 的 临 界 应 力

欧拉临界应力公式 当压杆处于临界状态时，横截面上的平均应力称为压杆的临界应力，用 σ_{cr} 表示。由式（12.3）可知，细长压杆的临界应力为

$$\sigma_{cr} = \frac{F_{cr}}{A} = \frac{\pi^2 E}{(\mu l)^2} \frac{I}{A} \qquad \text{①}$$

令

$$i = \sqrt{\frac{I}{A}} \qquad (12.4)$$

i 称为惯性半径，将式（12.4）代入式①中，得

$$\sigma_{cr} = \frac{\pi^2 E}{(\mu l)^2} i^2 = \frac{\pi^2 E}{(\mu l / i)^2} \qquad \text{②}$$

令

$$\lambda = \frac{\mu l}{i} \qquad (12.5)$$

式（12.5）中：λ 称为压杆的柔度或长细比。将式（12.5）代入式②中，得

$$\sigma_{cr} = \frac{\pi^2 E}{\lambda^2} \qquad (12.6)$$

式（12.6）称为欧拉临界应力公式，它实际上是欧拉公式（12.3）的另一种表达形式。此式表明，细长压杆的临界应力与柔度的平方成反比，柔度愈大，临界应力愈低，则压杆愈容易失稳。由式（12.5）可知，柔度 λ 综合反映了压杆长度（l），支承方式（μ）与截面几何性质（i）对临界应力的影响。

欧拉公式的适用范围 欧拉公式是根据挠曲轴近似微分方程建立的，而近似微分方程仅适用于杆内应力不超过材料比例极限 σ_P 的情况。因此，应用欧拉公式求出的临界应力是不能超过材料的比例极限，即

$$\sigma_{cr} = \frac{\pi^2 E}{\lambda^2} \leqslant \sigma_P$$

或要求

$$\lambda \geqslant \pi \sqrt{\frac{E}{\sigma_P}} \qquad \text{③}$$

若令

$$\lambda_P = \pi \sqrt{\frac{E}{\sigma_P}} \qquad (12.7)$$

将式（12.7）代入式③中，得

$$\lambda \geqslant \lambda_P \qquad (12.8)$$

式（12.8）是用柔度表示的欧拉公式适用条件。由式（12.7）可知，λ_P 值仅与材料的弹性模量 E 及比例极限 σ_P 有关，所以，λ_P 值仅随材料而异。当压杆的柔度 λ 满足此式时，压杆的临界应力一定不大于材料的比例极限，这时压杆的临界应力可用欧拉临界应力公式求得。将柔度 λ 满足式（12.8）的压杆称为大柔度杆，也就是前面提到的细长压杆。

对于 Q235 钢，$E = 200\text{GPa}$，$\sigma_P = 200\text{MPa}$，将其代入式（12.7）后可求得 $\lambda_P = 100$。

单从理论分析，由 Q235 钢制成的压杆，当其柔度 $\lambda \geq 100$ 时，才能应用欧拉公式计算其临界应力。

临界应力的经验公式 当压杆的柔度小于 λ_P 时，这类压杆工程上称为中柔度杆，其临界应力超过材料的比例极限。这类压杆的临界应力也可通过解析方法求得，但通常采用经验公式进行计算。对于由结构钢与低合金结构钢等材料制成的中柔度压杆，可采用抛物线形经验公式计算临界应力，该公式的一般表达式为

$$\sigma_{cr} = a - b\lambda^2 \quad (0 < \lambda < \lambda_P) \tag{12.9}$$

式（12.9）中：a、b 为与材料有关的常数。对于 Q235 钢及 Q345（16Mn）钢分别有

$$\sigma_{cr} = (235 - 0.00668\lambda^2)\,\text{MPa}$$

$$\sigma_{cr} = (345 - 0.0142\lambda^2)\,\text{MPa}$$

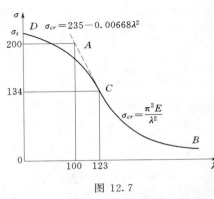

图 12.7

临界应力总图 由式（12.6）、式（12.9）可知，压杆不论是大柔度杆还是中柔度杆，压杆的临界应力均为压杆柔度的函数，临界应力 σ_{cr} 与柔度 λ 的函数曲线称为临界应力总图。

图 12.7 为 Q235 钢的临界应力总图。图中曲线 ACB 是按欧拉临界应力公式绘制出的双曲线；曲线 DC 是按临界应力的抛物线经验公式绘制。两曲线交点 C 的横坐标为 $\lambda_c = 123$，纵坐标为 $\sigma_c = 134\text{MPa}$。这里以 $\lambda_c = 123$ 而不是 $\lambda_P = 100$ 作为两曲线的分界点，这是因为欧拉公式是由理想的中心受压杆导出，与实际存在着差异，因而将分界点作以修正。在实际应用中，由 Q235 钢制成的压杆，当 $\lambda \geq \lambda_c$ 时，才按欧拉公式计算临界应力；当 $\lambda < 123$ 时，用经验公式计算临界应力。

思考题

12.1 工程中对压杆的应用非常广泛，如脚手架中的竖杆、建筑结构中的柱子等。压杆在没有受到干扰的情况下，形态上也可以都是轴向受压，但压杆所处的状态可能有所不同。根据压杆受到干扰后的工作状况将压杆的工作状态分为哪三类？

12.2 压杆失稳产生的弯曲与梁的弯曲有何区别？

12.3 把其他支承条件的细长压杆与两端铰支的细长压杆，通过类比什么，可以得出不同支承条件下压杆长度因数 μ。

12.4 压杆的柔度 λ 和材料的力学性质决定着压杆的临界应力值。压杆的柔度 λ 是对压杆的哪几个几何条件的综合反映？

12.5 应用欧拉公式的条件是什么？如果超过范围继续使用欧拉公式求压杆临界应力，则计算结果是偏于安全还是偏于危险？

12.6 有一圆截面细长压杆，试问：杆长 l 增加一倍与直径 d 增加一倍对临界力的影响如何？

12.7 对于两端铰支，由 Q235 钢制成的圆截面压杆，问杆长 l 应比直径 d 大多少倍时，才能应用欧拉公式？

12.8 每一种材料的压杆都可以作出相应的临界应力总图。在此图中，将经验曲线与欧拉曲线的切点 C 对应的柔度 λ_c 作为细长压杆与中长压杆的实际划分点，为什么不用理论推导的划分值 λ_p？

习题

12.1 图示为两端在 x—y 和 x—z 平面内都为铰支的 22a 工字钢细长压杆，材料为 Q235 钢，其弹性模量 $E=200\mathrm{GPa}$。试求压杆的临界力。

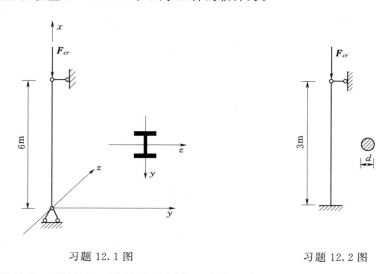

习题 12.1 图   习题 12.2 图

12.2 图示为一端固定一端铰支的圆截面细长压杆，$d=50\mathrm{mm}$，材料为 Q235 钢，其弹性模量 $E=200\mathrm{GPa}$。试求压杆的临界力。

12.3 图示正方形桁架，各杆的抗弯刚度均为 EI，各杆也是细长杆。试问当荷载 F 为何值时，结构中的哪一杆件将失稳？如果将荷载 F 的方向改为向内，则使杆件失稳的荷载 F 又为何值？

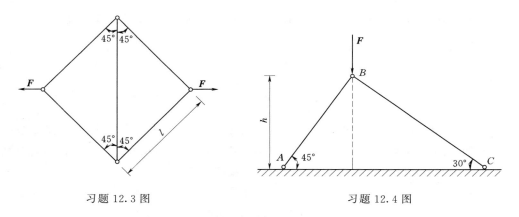

习题 12.3 图   习题 12.4 图

12.4 图示结构由两个圆截面杆组成，两杆的直径及所用材料均相同，且两杆均为细长杆。当 F 从零开始逐渐增加时，哪杆首先失稳（只考虑图示平面）？

12.5　图示压杆由 Q235 钢制成，材料的弹性模量 $E=200\text{GPa}$，在 x—y 平面内，两端为铰支；在 x—z 平面内，两端固定，两个方向均为细长压杆。试求该压杆的临界力。

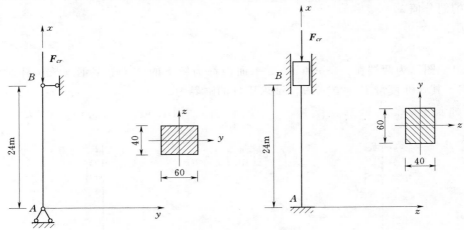

习题 12.5 图

12.4　压杆的稳定计算

压杆稳定条件　在工程中，为了保证压杆在轴向压力作用下不致失稳，必须满足下述条件

$$\sigma \leqslant \frac{\sigma_{cr}}{n_{st}} = [\sigma_{st}] \tag{12.10}$$

式（12.10）中：σ 为压杆的工作应力；$[\sigma_{st}]$ 为稳定许用应力；n_{st} 为稳定安全因数。

在选择稳定安全因数时，除应遵循确定强度安全因数的一般原则外，还应考虑加载偏心与压杆初曲等不利因素。因此，稳定安全因数一般大于强度安全因数。其值可从有关设计规范中查得。对于金属结构中的压杆，稳定安全因数 n_{st} 一般取 $1.8\sim3.0$。

折减系数法　为了计算上的方便，在工程实际中，常采用折减系数法进行稳定计算。将稳定许用应力值写成下列形式

$$[\sigma_{st}] = \varphi[\sigma]$$

则稳定条件为

$$\sigma \leqslant \varphi[\sigma] \qquad \text{或} \qquad \frac{F_{NC}}{A} \leqslant \varphi[\sigma] \tag{12.11}$$

式（12.11）中：$[\sigma]$ 为强度计算时的许用压应力；F_{NC} 为压杆轴力；A 为压杆横截面的面积，截面的局部削弱对整体刚度的影响甚微，因而不考虑面积的局部削弱，但要对削弱处进行强度验算；φ 是一个小于 1 的系数，称为稳定系数或折减系数。

因为临界应力 σ_{cr} 和稳定安全因数 n_{st} 总是随柔度 λ 的改变而改变，故稳定系数 φ 与压杆的柔度 λ、所用材料、截面类型等有关，其值可从有关设计规范中查得。

《钢结构设计规范》（GB 50017—2003）根据工程中常用构件的截面形式、尺寸和加工条件等因素，把截面归并为 a、b、c、d 四类，表 12.2、表 12.3 仅列出了三类。以表 12.4、表

12.5、表 12.6 给出 Q235 钢对于 a、b、c 三类截面在不同柔度 λ 下的 φ 值。根据《木结构设计规范》（GB 5005—2003），按树种的强度等级分别给出 φ 的两组计算公式如下：

树种强度等级为 TC15、TC17 及 TB20：

$$\varphi = \begin{cases} \dfrac{1}{1+\left(\dfrac{\lambda}{80}\right)^2} & (\lambda \leqslant 75) \\[4mm] \dfrac{3000}{\lambda^2} & (\lambda > 75) \end{cases} \tag{12.12}$$

树种强度等级为 TC11、TC13、TB11、TB13、TB15 及 TB17：

$$\varphi = \begin{cases} \dfrac{1}{1+\left(\dfrac{\lambda}{65}\right)^2} & (\lambda \leqslant 91) \\[4mm] \dfrac{2800}{\lambda^2} & (\lambda > 91) \end{cases} \tag{12.13}$$

表 12.2　　　　　　　　轴心受压构件的截面分类（板厚 $t < 40$mm）

截面形式			对 x 轴	对 y 轴
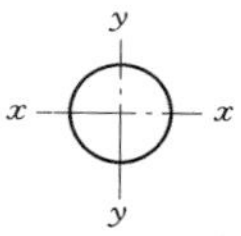 轧制			a 类	a 类
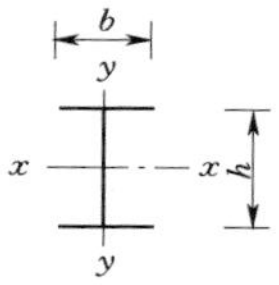 轧制，$b/h \leqslant 0.8$			a 类	b 类
轧制，$b/h > 0.8$	焊接，翼缘为焰切边	焊接	b 类	b 类
轧制		轧制等边角钢		
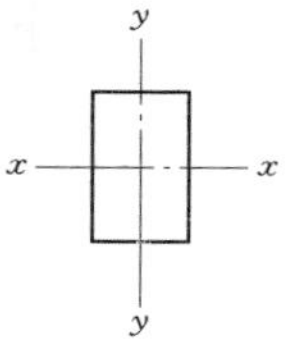 轧制，焊接（板件宽厚比大于 20） 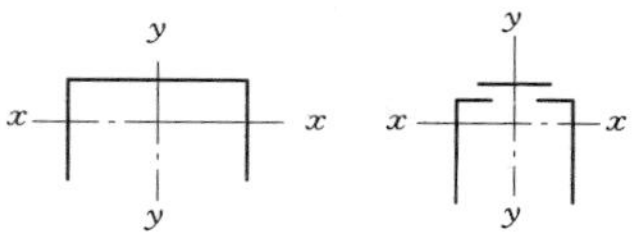	轧制或焊接		b 类	b 类

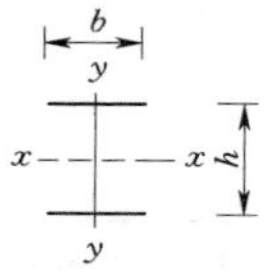

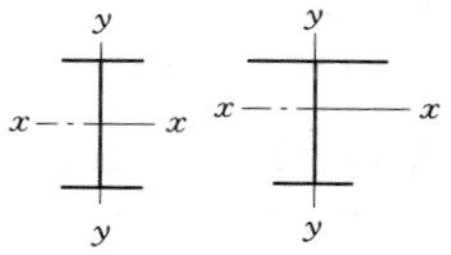

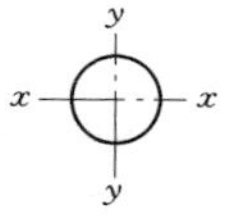

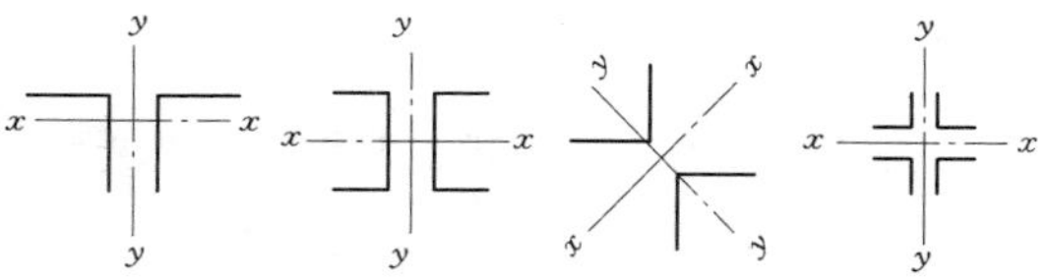

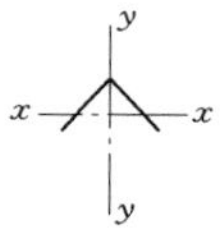

续表

截 面 形 式		对 x 轴	对 y 轴
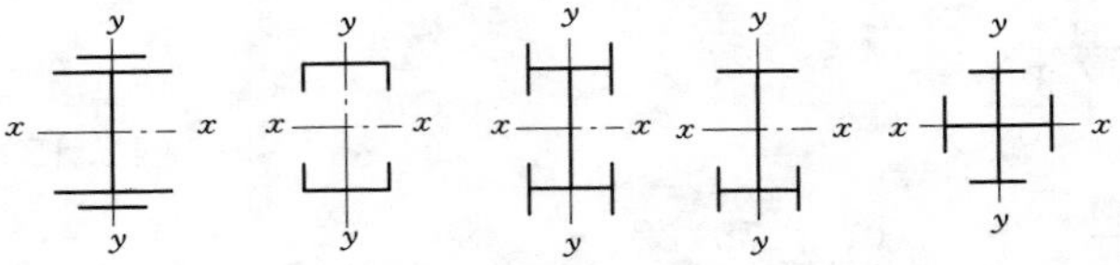 焊接	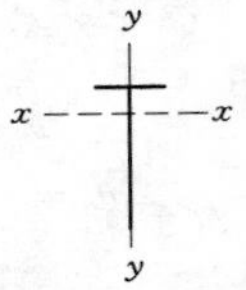 轧制截面和翼缘为焰切边的焊接截面	b类	b类
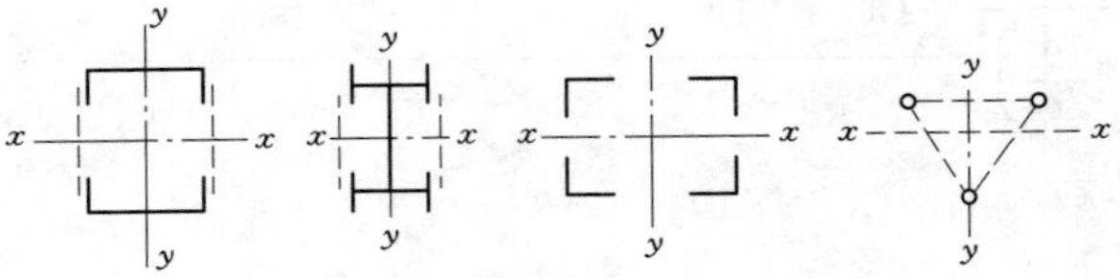 格构式	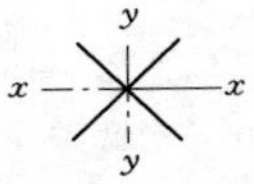 焊接，板件边缘焰切		
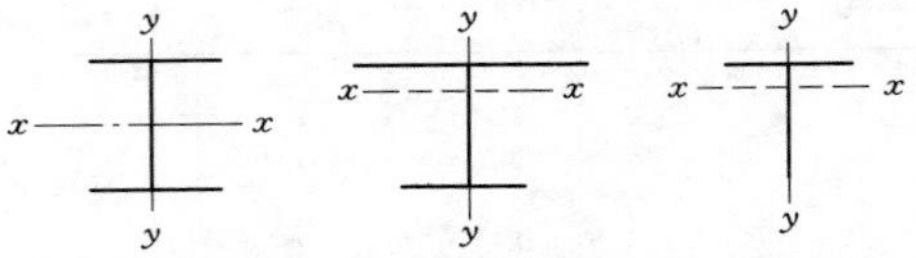 焊接，翼缘为轧制或剪切边		b类	c类
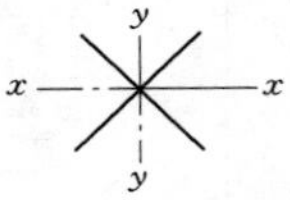 焊接，板件边缘为轧制或剪切	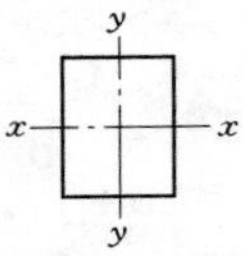 焊接，板件宽厚比不大于20	c类	c类

表 12.3   轴心受压构件的截面分类（板厚 $t \geqslant 40\text{mm}$）

截 面 形 式	对 x 轴	对 y 轴
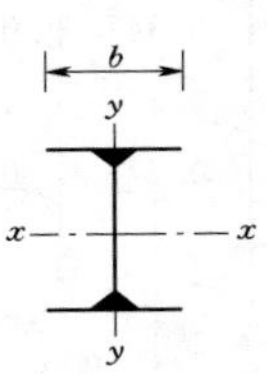 轧制工字形或 H 形截面	$t < 80\text{mm}$ b类	c类
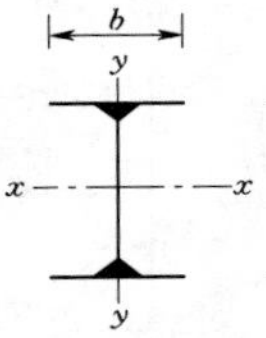 轧制工字形或 H 形截面	$t \geqslant 80\text{mm}$ c类	d类

续表

截 面 形 式		对 x 轴	对 y 轴
焊接工字形截面	翼缘为焰切边	b 类	b 类
	翼缘为轧制或剪切边	c 类	d 类
焊接箱形截面	板件宽厚比大于 20	b 类	b 类
	板件宽厚比不大于 20	c 类	c 类

表 12.4　　　　　　　　　　**Q235 钢 a 类截面轴心受压构件稳定系数 φ**

λ	0	1	2	3	4	5	6	7	8	9
0	1.000	1.000	1.000	1.000	0.999	0.999	0.998	0.998	0.997	0.996
10	0.995	0.994	0.993	0.992	0.991	0.989	0.988	0.986	0.985	0.983
20	0.981	0.979	0.977	0.976	0.974	0.972	0.970	0.968	0.966	0.964
30	0.963	0.961	0.959	0.957	0.955	0.952	0.950	0.948	0.946	0.944
40	0.941	0.939	0.937	0.934	0.932	0.929	0.927	0.924	0.921	0.919
50	0.916	0.913	0.910	0.907	0.904	0.900	0.897	0.894	0.890	0.886
60	0.883	0.879	0.875	0.871	0.867	0.863	0.858	0.854	0.849	0.844
70	0.839	0.834	0.829	0.824	0.818	0.813	0.807	0.801	0.795	0.789
80	0.783	0.776	0.770	0.763	0.757	0.750	0.743	0.736	0.728	0.721
90	0.714	0.706	0.699	0.691	0.684	0.676	0.668	0.661	0.653	0.645
100	0.638	0.630	0.622	0.615	0.607	0.600	0.592	0.585	0.577	0.570
110	0.563	0.555	0.548	0.541	0.534	0.527	0.520	0.514	0.507	0.500
120	0.494	0.488	0.481	0.475	0.469	0.463	0.457	0.451	0.445	0.440
130	0.434	0.429	0.423	0.418	0.412	0.407	0.402	0.397	0.392	0.387
140	0.383	0.378	0.373	0.369	0.364	0.360	0.356	0.351	0.347	0.343
150	0.339	0.335	0.331	0.327	0.323	0.320	0.316	0.312	0.309	0.305
160	0.302	0.298	0.295	0.292	0.289	0.285	0.282	0.279	0.276	0.273
170	0.270	0.267	0.264	0.262	0.259	0.256	0.253	0.251	0.248	0.246
180	0.243	0.241	0.238	0.236	0.233	0.231	0.229	0.226	0.224	0.222
190	0.220	0.218	0.215	0.213	0.211	0.209	0.207	0.205	0.203	0.201
200	0.199	0.198	0.196	0.194	0.192	0.190	0.189	0.187	0.185	0.183
210	0.182	0.180	0.179	0.177	0.175	0.174	0.172	0.171	0.169	0.168
220	0.166	0.165	0.164	0.162	0.161	0.159	0.158	0.157	0.155	0.154
230	0.153	0.152	0.150	0.149	0.148	0.147	0.146	0.144	0.143	0.142
240	0.141	0.140	0.139	0.138	0.136	0.135	0.134	0.133	0.132	0.131
250	0.130	—	—	—	—	—	—	—	—	—

表 12.5　　　　　　　　　Q235 钢 b 类截面轴心受压构件稳定系数 φ

λ	0	1	2	3	4	5	6	7	8	9
0	1.000	1.000	1.000	0.999	0.999	0.998	0.997	0.996	0.995	0.994
10	0.992	0.991	0.989	0.987	0.985	0.983	0.981	0.978	0.976	0.973
20	0.970	0.967	0.963	0.960	0.957	0.953	0.950	0.946	0.943	0.939
30	0.936	0.932	0.929	0.925	0.922	0.918	0.914	0.910	0.906	0.903
40	0.899	0.895	0.891	0.887	0.882	0.878	0.874	0.870	0.865	0.861
50	0.856	0.852	0.847	0.842	0.838	0.833	0.828	0.823	0.818	0.813
60	0.807	0.802	0.797	0.791	0.786	0.780	0.774	0.769	0.763	0.757
70	0.751	0.745	0.739	0.732	0.726	0.720	0.714	0.707	0.701	0.694
80	0.688	0.681	0.675	0.668	0.661	0.655	0.648	0.641	0.635	0.628
90	0.621	0.614	0.608	0.601	0.594	0.588	0.581	0.575	0.568	0.561
100	0.555	0.549	0.542	0.536	0.529	0.523	0.517	0.511	0.505	0.499
110	0.493	0.487	0.481	0.475	0.470	0.464	0.458	0.453	0.447	0.442
120	0.437	0.432	0.426	0.421	0.416	0.411	0.406	0.402	0.397	0.392
130	0.387	0.383	0.378	0.374	0.370	0.365	0.361	0.357	0.353	0.349
140	0.345	0.341	0.337	0.333	0.329	0.326	0.322	0.318	0.315	0.311
150	0.308	0.304	0.301	0.298	0.295	0.291	0.288	0.285	0.282	0.279
160	0.276	0.273	0.270	0.267	0.265	0.262	0.259	0.256	0.254	0.251
170	0.249	0.246	0.244	0.241	0.239	0.236	0.234	0.232	0.229	0.227
180	0.225	0.223	0.220	0.218	0.216	0.214	0.212	0.210	0.208	0.206
190	0.204	0.202	0.200	0.198	0.197	0.195	0.193	0.191	0.190	0.188
200	0.186	0.184	0.183	0.181	0.180	0.178	0.176	0.175	0.173	0.172
210	0.170	0.169	0.167	0.166	0.165	0.163	0.162	0.160	0.159	0.158
220	0.156	0.155	0.154	0.153	0.151	0.150	0.149	0.148	0.146	0.145
230	0.144	0.143	0.142	0.141	0.140	0.138	0.137	0.136	0.135	0.134
240	0.133	0.132	0.131	0.130	0.129	0.128	0.127	0.126	0.125	0.124
250	0.123	—	—	—	—	—	—	—	—	—

表 12.6　　　　　　　　　Q235 钢 c 类截面轴心受压构件稳定系数 φ

λ	0	1	2	3	4	5	6	7	8	9
0	1.000	1.000	1.000	0.999	0.999	0.998	0.997	0.996	0.995	0.993
10	0.992	0.990	0.988	0.986	0.983	0.981	0.978	0.976	0.973	0.970
20	0.966	0.959	0.953	0.947	0.940	0.934	0.928	0.921	0.915	0.909
30	0.902	0.896	0.890	0.884	0.877	0.871	0.865	0.858	0.852	0.846
40	0.839	0.833	0.826	0.820	0.814	0.807	0.801	0.794	0.788	0.781
50	0.775	0.768	0.762	0.755	0.748	0.742	0.735	0.729	0.722	0.715
60	0.709	0.702	0.695	0.689	0.682	0.676	0.669	0.662	0.656	0.649
70	0.643	0.636	0.629	0.623	0.616	0.610	0.604	0.597	0.591	0.584
80	0.578	0.572	0.566	0.559	0.553	0.547	0.541	0.535	0.529	0.523
90	0.517	0.511	0.505	0.500	0.494	0.488	0.483	0.477	0.472	0.467
100	0.463	0.458	0.454	0.449	0.445	0.441	0.436	0.432	0.428	0.423
110	0.419	0.415	0.411	0.407	0.403	0.399	0.395	0.391	0.387	0.383
120	0.379	0.375	0.371	0.367	0.364	0.360	0.356	0.353	0.349	0.346
130	0.342	0.339	0.335	0.332	0.328	0.325	0.322	0.319	0.315	0.312
140	0.309	0.306	0.303	0.300	0.297	0.294	0.291	0.288	0.285	0.282
150	0.280	0.277	0.274	0.271	0.269	0.266	0.264	0.261	0.258	0.256
160	0.254	0.251	0.249	0.246	0.244	0.242	0.239	0.237	0.235	0.233

续表

λ	0	1	2	3	4	5	6	7	8	9
170	0.230	0.228	0.226	0.224	0.222	0.220	0.218	0.216	0.214	0.212
180	0.210	0.208	0.206	0.205	0.203	0.201	0.199	0.197	0.196	0.194
190	0.192	0.190	0.189	0.187	0.186	0.184	0.128	0.181	0.179	0.178
200	0.176	0.175	0.173	0.172	0.170	0.169	0.168	0.166	0.165	0.163
210	0.162	0.161	0.159	0.158	0.157	0.156	0.154	0.153	0.152	0.151
220	0.150	0.148	0.147	0.146	0.145	0.144	0.143	0.142	0.140	0.139
230	0.138	0.137	0.136	0.135	0.134	0.133	0.132	0.131	0.130	0.129
240	0.128	0.127	0.126	0.125	0.124	0.124	0.123	0.122	0.121	0.120
250	0.119	—	—	—	—	—	—	—	—	—

压杆稳定计算　压杆稳定计算与强度计算类似，也可以解决常见的三类问题，即稳定校核、确定许用荷载及设计截面。对于前两种计算相对较简单，而在设计截面时，由于稳定条件中截面尺寸未知，所以柔度 λ 和稳定系数 φ 也未知，因而要采用试算的方法确定截面。试算时可按图 12.8 所示的流程进行。一般先假设 $\varphi_1 = 0.5$；由式（12.11）求得截面积 A_1，用式（12.4）、式（12.5）求得 λ；再由 λ 查出

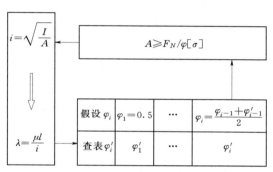

图 12.8

φ'_1；若 φ'_1 与假设的 φ_1 值相差较大，再进行第二次试算。第二次试算可假设 $\varphi_2 = \dfrac{\varphi_1 + \varphi'_1}{2}$；重复以上步骤，可查出 φ'_2，当 φ'_2 与 φ_2 值相差较小，可停止试算。否则，可重复试算，直至 φ_i 与 φ'_i 相差不大，最后再进行稳定校核。

【**例 12.2**】　图 12.9（a）所示结构是由两根直径相同的轧制圆杆组成，材料为 Q235 钢。已知 $h = 0.4\text{m}$，直径 $d = 20\text{mm}$，材料的许用应力 $[\sigma] = 170\text{MPa}$，荷载 $F = 15\text{kN}$。试校核两杆的稳定性。

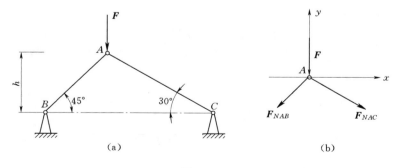

图 12.9

解：（1）求每根杆所承受的压力。取结点 A 为研究对象，作受力图如图 12.9（b）所示。由平衡条件得

$$\sum F_x = 0 \qquad -F_{NAB}\cos45° + F_{NAC}\cos30° = 0$$
$$\sum F_y = 0 \qquad -F_{NAB}\sin45° - F_{NAC}\sin30° - F = 0$$

解方程得二杆的轴力为

$$F_{NAB} = -13.44(\text{kN})$$

$$F_{NAC} = -10.98(\text{kN})$$

（2）求各杆的工作应力。

$$\sigma_{AB} = \frac{F_{NAB}}{A} = \frac{-13.44 \times 10^3}{3.14 \times 10^2} = -42.8(\text{MPa})$$

$$\sigma_{AC} = \frac{F_{NAC}}{A} = \frac{-10.98 \times 10^3}{3.14 \times 10^2} = -34.9(\text{MPa})$$

（3）计算柔度、查稳定系数。

$$i = \sqrt{\frac{I}{A}} = \sqrt{\frac{\frac{\pi}{4}R^4}{\pi R^2}} = \frac{R}{2} = \frac{10}{2} = 5(\text{mm})$$

两杆的长度分别为 $l_{AB} = 0.566\text{m}, l_{AC} = 0.8\text{m}$

两杆的柔度分别为 $\lambda_{AB} = \dfrac{\mu l_{AB}}{i} = \dfrac{1 \times 566}{5} = 113$

$$\lambda_{AC} = \frac{\mu l_{AC}}{i} = \frac{1 \times 800}{5} = 160$$

由表 12.2 查得两杆都为 a 类截面，查表 12.4 得

$$\varphi_{AB} = 0.541, \varphi_{AC} = 0.302$$

（4）求各杆的稳定许用应力，进行稳定校核。

杆 AB 的稳定许用应力为

$$[\sigma_{st}] = \varphi_{AB}[\sigma] = 0.541 \times 170 = 92(\text{MPa})$$

杆 AC 的稳定许用应力为

$$[\sigma_{st}] = \varphi_{AC}[\sigma] = 0.302 \times 170 = 51.3(\text{MPa})$$

因为 $\sigma_{AB·c} = 42.8\text{MPa} < [\sigma_{st}] = 92\text{MPa}$

$$\sigma_{AC·c} = 34.9\text{MPa} < [\sigma_{st}] = 51.3\text{MPa}$$

所以两杆满足稳定条件。

【例 12.3】 图 12.10（a）所示结构，BD 杆为正方形截面木杆，$a = 0.1\text{m}$。木材的强度等级为 TC13，许用应力 $[\sigma] = 10\text{MPa}$。试从 BD 杆的稳定考虑，计算该结构所能承受的最大荷载 $F_{\max}$。

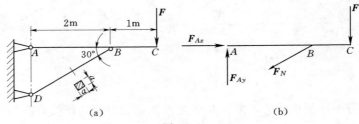

(a)   (b)

图 12.10

解：（1）求压杆 BD 的轴力 F_N 与荷载 F 的函数关系。取 ABC 杆为对象，作受力图如图 12.10（b）所示，由平衡条件得

$$\sum M_A(\boldsymbol{F}) = 0 \qquad\qquad -F_N\sin 30° \times 2 - F \times 3 = 0$$

由上式可求得

$$F_N = -3F$$

（2）计算压杆柔度，确定折减系数 φ。

$$l_{BD} = \frac{2}{\cos 30°} = 2.31(\text{m})$$

$$i = \sqrt{\frac{I}{A}} = \sqrt{\frac{a^4}{12a^2}} = \frac{0.1 \times 10^3}{\sqrt{12}} = 28.87(\text{mm})$$

$$\lambda = \frac{\mu l_{BD}}{i} = \frac{1 \times 2.31 \times 10^3}{28.87} = 80$$

因为 $\lambda < 91$，由式（12.13）得

$$\varphi = \frac{1}{1 + \left(\dfrac{\lambda}{65}\right)^2} = \frac{1}{1 + \left(\dfrac{80}{65}\right)^2} = 0.398$$

（3）计算结构承受的最大荷载。由 BD 杆的稳定条件可得

$$\frac{F_{NC}}{A} \leqslant \varphi[\sigma]$$

$$3F \leqslant A\varphi[\sigma]$$

$$F \leqslant \frac{A\varphi[\sigma]}{3} = \frac{0.1^2 \times 10^6 \times 0.398 \times 10}{3} = 13.27 \times 10^3(\text{N})$$

结构所能承受的最大荷载 $F = 13.27\text{kN}$。

【例 12.4】　图 12.11 所示立柱，下端固定，上端承受轴向压力 $F = 200\text{kN}$ 作用。立柱用工字钢制成，材料为 Q235 钢，许用应力 $[\sigma] = 160\text{MPa}$。在立柱中点横截面 C 处，因构造需要开一直径为 $d = 70\text{mm}$ 的圆孔。试选择工字钢型号。

解：由于压杆在 x—y 与 x—z 平面内两端支承条件相同，所以采用最小惯性矩 I_y 确定工字钢型号。

（1）第一次试算。

设 $\varphi_1 = 0.5$，则由式（12.11）得

$$A \geqslant \frac{200 \times 10^3}{0.5 \times 160} = 2.5 \times 10^3(\text{mm}^2)$$

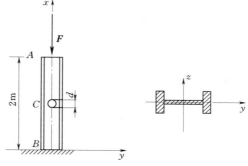

图 12.11

从型钢表中查得，16 号工字钢的横截面面积 $A = 2.61 \times 10^3\text{mm}^2$，最小惯性半径 $i_{\min} = 18.9\text{mm}$。如果选用该型钢作立柱，则其柔度为

$$\lambda = \frac{\mu l}{i_{\min}} = \frac{2 \times 2000}{18.9} = 211$$

由 b 类截面表 12.5 查得相应于 $\lambda=211$ 的折减系数为 $\varphi_1'=0.169$。显然 φ_1' 与假设的 φ_1 值相差较大，必须进一步试算。

（2）第二次试算。

设

$$\varphi_2=\frac{\varphi_1+\varphi_1'}{2}=\frac{0.5+0.169}{2}=0.335$$

得

$$A\geqslant\frac{200\times10^3}{0.335\times160}=3.731\times10^3(\text{mm}^2)$$

从型钢表中查得，22a 工字钢的横截面面积 $A=4.21\times10^3\text{mm}^2$，最小惯性半径 $i_{\min}=23.1\text{mm}$。如果选用该型钢作立柱，则其柔度为

$$\lambda=\frac{2\times2000}{23.1}=173$$

由此得

$$\varphi_2'=0.241$$

显然，φ_2' 与 φ_2 值相差还较大，仍需作进一步试算。

（3）第三次试算。

设

$$\varphi_3=\frac{\varphi_2+\varphi_2'}{2}=\frac{0.335+0.241}{2}=0.288$$

得

$$A\geqslant\frac{200\times10^3}{0.288\times160}=4.34\times10^3(\text{mm}^2)$$

从型钢表中查得，25a 工字钢的横截面面积 $A=4.854\times10^3\text{mm}^2$，最小惯性半径 $i_{\min}=24\text{mm}$。如果选用该型钢作立柱，则其柔度为

$$\lambda=\frac{2\times2000}{24}=166.7$$

由此得

$$\varphi_3'=0.258$$

显然，φ_3' 与 φ_3 值比较接近。因此可进一步进行稳定性校核。

工作应力为

$$\sigma=\frac{F}{A}=\frac{200\times10^3}{4.854\times10^3}=41.2(\text{MPa})$$

稳定许用应力为

$$[\sigma_{st}]=\varphi[\sigma]=0.258\times160=41.28(\text{MPa})$$

则有

$$\sigma<[\sigma_{st}]$$

压杆满足稳定条件。

（4）强度校核。从型钢表中查得，25a 工字钢的腹板厚度 $\delta=8\text{mm}$。横截面 C 处的净面积为

$$A_c=A-\delta d=4.85\times10^3-8\times70=4.29\times10^3(\text{mm}^2)$$

该截面的工作应力为

$$\sigma=\frac{F}{A_c}=\frac{200\times10^3}{4.29\times10^3}=46.6(\text{MPa})$$

则有

$$\sigma<[\sigma]$$

由此可见，选用 25a 工字钢作立柱，其强度也符合要求。

12.5　提高压杆稳定性的措施

提高压杆的临界荷载，也就相对地提高了压杆的稳定性。由临界力的计算式（12.3）可知，影响临界力的主要因素是压杆长度、两端支承条件、截面惯性矩以及材料的性质等。

减小压杆的长度　减小压杆的长度 l 是降低压杆柔度提高压杆稳定性的有效方法之一。在条件允许的情况下，应尽量使压杆的长度减小，或者在压杆中间增加支撑（图 12.12）。例如，对建筑施工中的塔吊，每隔一定高度将塔身与已成建筑物用铰链相连，可大大提高塔身的稳定性。

选择合理的截面形状　在截面面积不变的情况下，增大惯性矩 I，从而达到增大惯性半径 i，减小压杆柔度 λ。如图 12.13 所示，在截面积相同的情况下，圆环形截面比实心圆截面的惯性半径大。例如，在建筑施工中，都采用空心圆钢管搭脚手架。

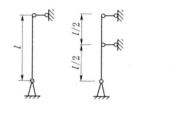

图 12.12

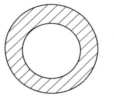

图 12.13

对于压杆在各个弯曲平面内的支承条件相同时，压杆的临界应力由最小惯性半径 $i_{\min}$ 方向所控制。因此，应尽量使两向的惯性半径接近，这样可使压杆在各个弯曲平面内有接近的柔度。如由两根槽钢组合而成的压杆，采用图 12.14（a）的形式比图 12.14（b）的形式好。

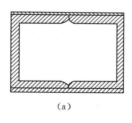
（a）

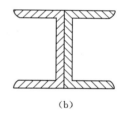
（b）

图 12.14

对于压杆在各个弯曲平面内的支承条件不同时 $[(\mu l)_z \neq (\mu l)_y]$，可采用 $I_z \neq I_y$ 的截面来与相应的支承条件配合，使压杆在两相互垂直平面的柔度值相等，即

$$\frac{(\mu l)_z}{\sqrt{\dfrac{I_z}{A}}} = \frac{(\mu l)_y}{\sqrt{\dfrac{I_y}{A}}}$$

或

$$\frac{\mu_z}{\sqrt{I_z}} = \frac{\mu_y}{\sqrt{I_y}} \tag{12.14}$$

在满足式（12.14）时，就可保证压杆在这两个方向上具有相同的稳定性。

加强杆端约束　由于压杆两端固定得越牢固，μ 值越小，计算长度 μl 就越小，它的临界压力就越大，故采用 μ 值小的支座形式，可以提高压杆的稳定性。如将两端铰支的压杆改为两端固定时，其计算长度会减少一半，临界压力为原来的4倍。但杆端支座约束形式往往要根据使用的要求来决定。

合理选择材料 由式（12.6）可以看出，细长压杆的临界应力与材料的弹性模量 E 有关。因此，选择高弹模材料，显然可以提高细长压杆的稳定性。但是，就钢而言，由于各种钢的弹模大致相同，因此，如果从稳定性考虑，选用高强度钢作细长压杆是不必要的。由式（12.9）可以看出，中柔度压杆的临界应力与材料的强度有关，强度越高的材料，临界应力越高。所以，选用高强度材料作中柔度压杆显然有利于稳定性的提高。

思考题

12.9 压杆稳定条件与强度条件的表达形式是相同的，但二者的根本区别在什么地方？

12.10 在施工中用已有的钢管搭建脚手架，为了提高脚手架的稳定性，你可以从哪几个方面采取措施？

12.11 采用高强度钢材能有效地提高中长压杆的临界应力，而不能够有效地提高细长压杆的临界应力，这种说法对吗？

12.12 为什么梁通常采用矩形截面，而压杆则采用方形或圆形截面？

12.13 对压杆进行稳定分析时，是用什么量值来判定压杆在哪一个平面内首先失稳？

习题

12.6 图示压杆，横截面为 $b \times h$ 的矩形，试从稳定方面考虑，$\dfrac{h}{b}$ 为何值最佳。当压杆在 x—z 平面内失稳时，可取长度因数 $\mu_y = 0.7$。当压杆在 x—y 平面内失稳时，可取长度因数 $\mu_z = 1$。

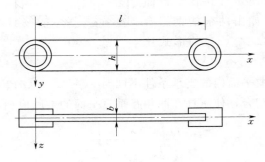

习题 12.6 图

12.7 图示托架的斜撑 BC 为圆截面木杆，材料的强度等级 TC13，许用压应力 $[\sigma] = 10\text{MPa}$，试确定斜撑 BC 所需直径 d。

12.8 已知柱的上端在两个方向都为铰支，下端为固定支座，外径 $D = 200\text{mm}$，内径 $d = 100\text{mm}$，材料为 Q235 钢，弹性模量为 $E = 200\text{GPa}$，许用应力 $[\sigma] = 160\text{MPa}$，求柱的许用荷载 $[F]$。

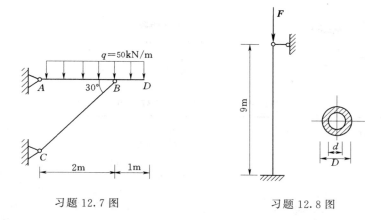

习题 12.7 图   习题 12.8 图

12.9 图示结构中的钢梁 *AC* 及柱 *BD* 分别由 10 号工字钢和圆木构成，梁的材料为 Q235 钢，许用应力 $[\sigma] = 160\text{MPa}$；柱的材料为松木，强度等级为 TC13，直径 $d = 160\text{mm}$，许用应力 $[\sigma] = 11\text{MPa}$，两端铰支。试校核梁的强度和立柱的稳定性。

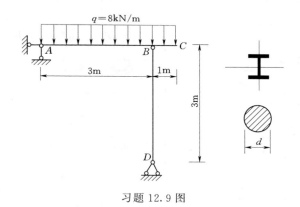

习题 12.9 图

附录 型 钢 表

　　　　　　　　　　热轧等边角钢（GB/T 9787—1988）

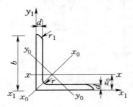

符号意义：
b—边宽度　　　　　　　I—惯性矩
d—边厚度　　　　　　　i—惯性半径
r—内圆弧半径　　　　　W—截面系数
r_1—边端内圆弧半径　　z_0—重心距离

角钢号数	尺寸 (mm)			截面面积 (cm^2)	理论质量 (kg/m)	外表面积 (m^2/m)	参 考 数 值											z_0 (cm)
							$x-x$			x_0-x_0			y_0-y_0			x_1-x_1	
	b	d	r				I_x (cm^4)	i_x (cm)	W_x (cm^3)	I_{x0} (cm^4)	i_{x0} (cm)	W_{x0} (cm^3)	I_{y0} (cm^4)	i_{y0} (cm)	W_{y0} (cm^3)	I_{x1} (cm^4)	
2	20	3	3.5	1.132	0.889	0.078	0.40	0.59	0.29	0.63	0.75	0.45	0.17	0.39	0.20	0.81	0.60
		4		1.459	1.145	0.077	0.50	0.58	0.36	0.78	0.73	0.55	0.22	0.38	0.24	1.09	0.64
2.5	25	3		1.432	1.124	0.098	0.82	0.76	0.46	1.29	0.95	0.73	0.34	0.49	0.33	1.57	0.73
		4		1.859	1.459	0.097	1.03	0.74	0.59	1.62	0.93	0.92	0.43	0.48	0.40	2.11	0.76
3	30	3		1.749	1.373	0.117	1.46	0.91	0.68	2.31	1.15	1.09	0.61	0.59	0.51	2.71	0.85
		4		2.276	1.786	0.117	1.84	0.90	0.87	2.92	1.13	1.37	0.77	0.58	0.62	3.63	0.89
3.6	36	3	4.5	2.109	1.656	0.141	2.58	1.11	0.99	4.09	1.39	1.61	1.07	0.71	0.76	4.68	1.00
		4		2.756	2.163	0.141	3.29	1.09	1.28	5.22	1.38	2.05	1.37	0.70	0.93	6.25	1.04
		5		3.382	2.654	0.141	3.95	1.08	1.56	6.24	1.36	2.45	1.65	0.70	1.09	7.84	1.07
4	40	3		2.359	1.852	0.157	3.59	1.23	1.23	5.69	1.55	2.01	1.49	0.79	0.96	6.41	1.09
		4		3.086	2.422	0.157	4.60	1.22	1.60	7.29	1.54	2.58	1.91	0.79	1.19	8.56	1.13
		5		3.791	2.976	0.156	5.53	1.21	1.96	8.76	1.52	3.01	2.30	0.78	1.39	10.74	1.17
4.5	45	3	5	2.659	2.088	0.177	5.17	1.40	1.58	8.20	1.76	2.58	2.14	0.90	1.24	9.12	1.22
		4		3.486	2.736	0.177	6.65	1.38	2.05	10.56	1.74	3.32	2.75	0.89	1.54	12.18	1.26
		5		4.292	3.369	0.176	8.04	1.37	2.51	12.74	1.72	4.00	3.33	0.88	1.81	15.25	1.30
		6		5.076	3.985	0.176	9.33	1.36	2.95	14.76	1.70	4.64	3.89	0.88	2.06	18.36	1.33
5	50	3	5.5	2.971	2.332	0.197	7.18	1.55	1.96	11.37	1.96	3.22	2.98	1.00	1.57	12.50	1.34
		4		3.897	3.059	0.197	9.26	1.54	2.56	14.70	1.94	4.16	3.82	0.99	1.96	16.69	1.38
		5		4.803	3.770	0.196	11.21	1.53	3.13	17.79	1.92	5.03	4.64	0.98	2.31	20.90	1.42
		6		5.688	4.465	0.196	13.05	1.52	3.68	20.68	1.91	5.85	5.42	0.98	2.63	25.14	1.46

续表

角钢号数	尺寸(mm)			截面面积(cm²)	理论质量(kg/m)	外表面积(m²/m)	参 考 数 值												z₀(cm)
							x—x			x₀—x₀			y₀—y₀			x₁—x₁		
	b	d	r				I_x (cm⁴)	i_x (cm)	W_x (cm³)	I_{x0} (cm⁴)	i_{x0} (cm)	W_{x0} (cm³)	I_{y0} (cm⁴)	i_{y0} (cm)	W_{y0} (cm³)	I_{x1} (cm⁴)	
5.6	56	3	6	3.343	2.624	0.221	10.19	1.75	2.48	16.14	2.20	4.08	4.24	1.13	2.02	17.56	1.48
		4		4.390	3.446	0.220	13.18	1.73	3.24	20.92	2.18	5.28	5.46	1.11	2.52	23.43	1.53
		5		5.415	4.251	0.220	16.02	1.72	3.97	25.42	2.17	6.42	6.61	1.10	2.98	29.33	1.57
		8		8.367	6.568	0.219	23.63	1.68	6.03	37.37	2.11	9.44	9.89	1.09	4.16	47.24	1.68
6.3	63	4	7	4.978	3.907	0.248	19.03	1.96	4.13	30.17	2.46	6.78	7.89	1.26	3.29	33.35	1.70
		5		6.143	4.822	0.248	23.17	1.94	5.08	36.77	2.45	8.25	9.57	1.25	3.90	41.73	1.74
		6		7.288	5.721	0.247	27.12	1.93	6.00	43.03	2.43	9.66	11.20	1.24	4.46	50.14	1.78
		8		9.515	7.469	0.247	34.46	1.90	7.75	54.56	2.40	12.25	14.33	1.23	5.47	67.11	1.85
		10		11.657	9.151	0.246	44.09	1.88	9.39	64.85	2.36	14.56	17.33	1.22	6.36	84.31	1.93
7	70	4	8	5.570	4.372	0.275	26.39	2.18	5.14	41.80	2.74	8.44	10.99	1.40	4.17	45.74	1.86
		5		6.875	5.397	0.275	32.21	2.16	6.32	51.08	2.73	10.32	13.34	1.39	4.95	57.21	1.91
		6		8.160	6.406	0.275	37.77	2.15	7.48	59.93	2.71	12.11	15.61	1.38	5.67	58.73	1.95
		7		9.424	7.398	0.275	43.09	2.14	8.59	68.35	2.69	13.81	17.82	1.38	6.34	80.29	1.99
		8		10.667	8.373	0.274	48.17	2.12	9.68	76.37	2.68	15.43	19.98	1.37	6.98	91.92	2.03
7.5	75	5	9	7.367	5.818	0.295	39.97	2.33	7.32	63.30	2.92	11.94	16.63	1.50	5.77	70.56	2.04
		6		8.797	6.905	0.294	46.95	2.31	8.64	74.38	2.90	14.02	19.51	1.49	6.67	84.55	2.07
		7		10.160	7.976	0.294	53.57	2.30	9.93	84.96	2.89	16.02	22.18	1.48	7.44	98.71	2.11
		8		11.503	9.030	0.294	59.96	2.28	11.20	95.07	2.88	17.93	24.86	1.47	8.19	112.97	2.15
		10		14.126	11.089	0.293	71.98	2.26	13.64	113.92	2.84	21.48	30.05	1.46	9.56	141.71	2.22
8	80	5	9	7.912	6.211	0.315	48.79	2.48	8.34	77.33	3.13	13.67	20.25	1.60	6.66	85.36	2.15
		6		9.397	7.376	0.314	57.35	2.47	9.87	90.98	3.11	16.08	23.72	1.59	7.65	102.50	2.19
		7		10.860	8.525	0.314	65.58	2.46	11.37	104.07	3.10	18.40	27.09	1.58	8.58	119.70	2.23
		8		12.303	9.658	0.314	73.49	2.44	12.83	116.60	3.08	20.61	30.39	1.57	9.46	136.97	2.27
		10		15.126	11.874	0.313	88.43	2.42	15.64	140.09	3.04	24.76	36.77	1.56	11.08	171.74	2.35
9	90	6	10	10.637	8.350	0.354	82.77	2.79	12.61	131.26	3.51	20.63	34.28	1.80	9.95	145.87	2.44
		7		12.301	9.656	0.354	94.83	2.78	14.54	150.47	3.50	23.64	29.18	1.78	11.19	170.30	2.48
		8		13.944	10.946	0.353	106.47	2.76	16.42	168.97	3.48	26.55	43.97	1.78	12.35	194.80	2.52
		10		17.167	13.476	0.353	128.58	2.74	20.07	203.90	3.45	32.04	53.26	1.76	14.52	244.07	2.59
		12		20.306	15.940	0.352	149.22	2.71	23.57	236.21	3.41	37.12	62.22	1.75	16.49	293.76	2.67

角钢号数	尺寸(mm) b	尺寸(mm) d	尺寸(mm) r	截面面积 (cm²)	理论质量 (kg/m)	外表面积 (m²/m)	参考数值 x—x I_x (cm⁴)	i_x (cm)	W_x (cm³)	x0—x0 I_{x0} (cm⁴)	i_{x0} (cm)	W_{x0} (cm³)	y0—y0 I_{y0} (cm⁴)	i_{y0} (cm)	W_{y0} (cm³)	x1—x1 I_{x1} (cm⁴)	z_0 (cm)
10	100	6	12	11.932	9.366	0.393	114.95	3.01	15.68	181.98	3.90	25.74	47.92	2.00	12.69	200.07	2.67
		7		13.796	10.830	0.393	131.86	3.09	18.10	208.97	3.89	29.55	54.74	1.99	14.26	233.54	2.71
		8		15.638	12.276	0.393	148.24	3.08	20.47	235.07	3.88	33.24	61.41	1.98	15.75	267.09	2.76
		10		19.261	15.120	0.392	179.51	3.05	25.06	284.68	3.84	40.26	74.35	1.96	18.54	334.48	2.84
		12		22.800	17.898	0.391	208.90	3.03	29.48	330.95	3.81	46.80	86.84	1.95	21.08	402.34	2.91
		14		26.256	20.611	0.391	236.53	3.00	33.73	374.06	3.77	52.90	99.00	1.94	23.44	470.75	2.99
		16		29.627	23.257	0.390	262.53	2.98	37.82	414.16	3.74	58.57	110.89	1.94	25.63	539.80	3.06
11	110	7	12	15.196	11.928	0.433	177.16	3.41	22.05	280.94	4.30	36.12	73.38	2.20	17.51	310.64	2.96
		8		17.238	13.532	0.433	199.46	3.40	24.95	316.49	4.28	40.69	82.42	2.19	19.39	355.20	3.01
		10		21.261	16.690	0.432	242.19	3.38	30.60	384.39	4.25	49.42	99.98	2.17	22.91	444.65	3.09
		12		25.200	19.782	0.431	282.55	3.35	36.05	448.17	4.22	57.62	116.93	2.15	26.15	534.60	3.16
		14		29.056	22.809	0.431	320.71	3.32	41.31	508.01	4.18	65.31	133.40	2.14	19.14	625.16	3.24
12.5	125	8	14	19.750	15.504	0.492	297.03	3.88	32.52	470.89	4.88	53.28	123.16	2.50	25.86	521.01	3.37
		10		24.373	19.133	0.491	361.67	3.85	39.97	573.89	4.85	64.93	149.46	2.48	30.62	651.93	3.45
		12		28.912	22.696	0.491	423.16	3.83	41.17	671.44	4.82	75.96	174.88	2.46	35.03	783.42	3.53
		14		33.367	26.193	0.490	481.65	3.80	54.16	763.73	4.78	86.41	199.57	2.45	39.13	915.61	3.61
14	140	10	14	27.373	21.488	0.551	514.65	4.34	50.58	817.27	5.46	82.56	212.04	2.78	39.20	915.11	3.82
		12		32.512	25.522	0.551	603.68	4.31	59.80	958.79	5.43	96.85	248.57	2.76	45.02	1099.28	3.90
		14		37.567	29.490	0.550	688.81	4.28	68.75	1093.56	5.40	110.47	284.06	2.75	50.45	1284.22	3.98
		16		42.539	33.393	0.549	770.24	4.26	77.46	1221.81	5.36	123.42	318.6	2.74	55.55	1470.07	4.06
16	160	10	16	31.502	24.729	0.630	779.53	4.98	66.70	1237.30	6.27	109.36	321.76	3.20	52.76	1365.33	4.31
		12		37.411	29.391	0.630	916.58	4.95	78.98	1455.68	6.24	128.67	377.49	3.18	60.74	1639.57	4.39
		14		43.296	33.987	0.629	1048.36	4.92	90.95	1665.02	6.20	147.17	431.70	3.16	68.244	1914.68	4.47
		16		49.067	38.518	0.629	1175.08	4.89	102.63	1865.57	6.17	164.89	484.59	3.14	75.31	2190.82	4.55
18	180	12	16	42.241	33.159	0.710	1321.35	5.59	100.82	2100.10	7.05	165.00	542.61	3.58	78.41	2332.80	4.89
		14		48.896	38.388	0.709	1514.48	5.56	116.25	2407.42	7.02	189.14	625.53	3.56	88.38	2723.48	4.97
		16		55.467	43.542	0.709	1700.99	5.54	131.13	2703.37	6.98	212.40	698.60	3.55	97.83	3115.29	5.05
		18		61.955	48.634	0.708	1875.12	5.50	145.64	2988.24	6.94	234.78	762.01	3.51	105.14	3502.43	5.13
20	200	14	18	54.642	42.894	0.788	2103.55	6.20	144.70	3343.26	7.82	236.40	863.83	3.98	111.82	3734.10	5.46
		16		62.013	48.680	0.788	2366.15	6.18	163.65	3760.89	7.79	265.93	971.41	3.96	123.96	4270.39	5.54
		18		69.301	54.401	0.787	2620.64	6.15	182.22	4164.54	7.75	294.48	1076.74	3.94	135.52	4808.13	5.62
		20		76.505	60.056	0.787	2867.30	6.12	200.42	4554.55	7.72	322.06	1180.04	3.93	146.55	5347.51	5.69
		24		90.661	71.168	0.785	2338.25	6.07	236.17	5294.97	7.64	374.41	1381.53	3.90	166.55	6457.16	5.87

表 2　　热轧不等边角钢 （GB/T 9788—1988）

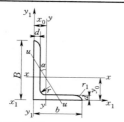

符号意义：
- B—长边宽度
- b—短边宽度
- d—边厚度
- r—内圆弧半径
- r_1—边端内圆弧半径
- I—惯性矩
- i—惯性半径
- W—截面系数
- x_0—重心距离
- y_0—重心距离

角钢号数	尺寸 (mm) B	b	d	r	截面面积 (cm²)	理论质量 (kg/m)	外表面积 (m²/m)	x—x I_x (cm⁴)	i_x (cm)	W_x (cm³)	y—y I_y (cm⁴)	i_y (cm)	W_y (cm³)	x₁—x₁ I_{x1} (cm⁴)	y_0 (cm)	y₁—y₁ I_{y1} (cm⁴)	x_0 (cm)	u—u I_u (cm⁴)	i_u (cm)	W_u (cm³)	tanα
2.5/1.6	25	16	3	3.5	1.162	0.912	0.080	0.70	0.78	0.43	0.22	0.44	0.19	1.56	0.86	0.43	0.42	0.14	0.34	0.16	0.392
			4		1.499	1.176	0.079	0.88	0.77	0.55	0.27	0.43	0.24	2.09	0.90	0.59	0.46	0.17	0.34	0.20	0.381
3.2/2	32	20	3		1.492	1.171	0.102	1.53	1.01	0.72	0.46	0.55	0.30	3.27	1.08	0.82	0.49	0.28	0.43	0.25	0.382
			4		1.939	1.522	0.101	1.93	1.00	0.93	0.57	0.54	0.39	4.37	1.12	1.12	0.53	0.35	0.42	0.32	0.374
4/2.5	40	25	3	4	1.890	1.484	0.127	3.08	1.28	1.15	0.93	0.70	0.49	6.39	1.32	1.59	0.59	0.56	0.54	0.40	0.386
			4		2.467	1.936	0.127	3.93	1.26	1.49	1.18	0.69	0.63	8.53	1.37	2.14	0.63	0.71	0.54	0.52	0.381
4.5/2.8	45	28	3	5	2.149	1.687	0.143	4.45	1.44	1.47	1.34	0.79	0.62	9.10	1.47	2.23	0.64	0.80	0.61	0.51	0.383
			4		2.806	2.203	0.143	5.69	1.42	1.91	1.70	0.78	0.80	12.13	1.51	3.00	0.68	1.02	0.60	0.66	0.380
5/3.2	50	32	3	5.5	2.431	1.908	0.161	6.24	1.60	1.84	2.02	0.91	0.82	12.49	1.60	3.31	0.73	1.20	0.70	0.68	0.404
			4		3.177	2.494	0.160	8.02	1.59	2.39	2.58	0.90	1.06	16.65	1.65	4.45	0.77	1.53	0.69	0.87	0.402
5.6/3.6	56	36	3	6	2.743	2.153	0.181	8.88	1.80	2.32	2.92	1.05	1.05	17.54	1.78	4.70	0.80	1.73	0.79	0.87	0.408
			4		3.590	2.818	0.180	11.45	1.79	3.03	3.76	1.02	1.37	23.39	1.82	6.33	0.85	2.23	0.79	1.13	0.408
			5		4.415	3.466	0.180	13.86	1.77	3.71	4.49	1.01	1.65	29.25	1.87	7.94	0.88	2.67	0.78	1.36	0.404
6.3/4	63	40	4	7	4.058	3.185	0.202	16.49	2.02	3.87	5.23	1.14	1.70	33.30	2.04	8.63	0.92	3.12	0.88	1.40	0.398
			5		4.993	3.920	0.202	20.02	2.00	4.74	6.31	1.12	2.71	41.63	2.08	10.86	0.95	3.76	0.87	1.71	0.396
			6		5.908	4.638	0.201	23.36	1.96	5.59	7.29	1.11	2.43	49.98	2.12	13.12	0.99	4.34	0.86	1.99	0.393
			7		6.802	5.339	0.201	26.53	1.98	6.40	8.24	1.10	2.78	58.07	2.15	15.47	1.03	4.97	0.86	2.29	0.389
7/4.5	70	45	4	7.5	4.547	3.570	0.226	23.17	2.26	4.86	7.55	1.29	2.17	45.92	2.24	12.26	1.02	4.40	0.98	1.77	0.410
			5		5.609	4.403	0.225	27.95	2.23	5.92	9.13	1.28	2.65	57.10	2.28	15.39	1.06	5.40	0.98	2.19	0.407
			6		6.647	5.218	0.225	32.54	2.21	6.95	10.62	1.26	3.12	68.35	2.32	18.58	1.09	6.35	0.98	2.59	0.404
			7		7.657	6.011	0.225	37.22	2.20	8.03	12.01	1.25	3.57	79.99	2.36	21.84	1.13	7.16	0.97	2.94	0.402
7.5/5	75	50	5	8	6.125	4.808	0.245	34.86	2.39	6.83	12.61	1.44	3.30	70.00	2.40	21.04	1.17	7.41	1.10	2.74	0.435
			6		7.260	5.699	0.245	41.12	2.38	8.12	14.70	1.42	3.88	84.30	2.44	25.37	1.21	8.54	1.08	3.19	0.435
			8		9.467	7.431	0.244	52.39	2.35	10.52	18.53	1.40	4.99	112.50	2.52	34.23	1.29	10.87	1.07	4.10	0.429
			10		11.590	9.098	0.244	62.71	2.33	12.79	21.96	1.38	6.04	140.80	2.60	43.43	1.36	13.10	1.06	4.99	0.423
8/5	80	50	5	8	6.375	5.005	0.255	41.96	2.56	7.78	12.82	1.42	3.32	85.21	2.60	21.06	1.14	7.66	1.10	2.74	0.388
			6		7.560	5.935	0.255	49.49	2.56	9.25	14.95	1.41	3.91	102.53	2.65	25.41	1.18	8.85	1.08	3.20	0.387
			7		8.724	6.848	0.255	56.16	2.54	10.58	16.96	1.39	4.48	119.33	2.69	29.82	1.21	10.18	1.08	3.70	0.384
			8		9.867	7.745	0.254	62.83	2.52	11.92	18.85	1.38	5.03	136.41	2.73	24.32	1.25	11.38	1.07	4.16	0.381

续表

角钢号数	尺寸 (mm) B	b	d	r	截面面积 (cm²)	理论质量 (kg/m)	外表面积 (m²/m)	x—x I_x (cm⁴)	i_x (cm)	W_x (cm³)	y—y I_y (cm⁴)	i_y (cm)	W_y (cm³)	x₁—x₁ I_{x1} (cm⁴)	y_0 (cm)	y₁—y₁ I_{y1} (cm⁴)	x_0 (cm)	u—u I_u (cm⁴)	i_u (cm)	W_u (cm³)	tanα
9 /5.6	90	56	5	9	7.212	5.661	0.287	60.45	2.90	9.92	18.32	1.59	4.21	121.32	2.91	29.53	1.25	10.98	1.23	3.49	0.385
			6		8.557	6.717	0.286	71.03	2.88	11.74	21.42	1.58	4.96	145.59	2.95	35.58	1.29	12.90	1.23	4.18	0.384
			7		9.880	7.756	0.286	81.01	2.86	13.49	24.36	1.57	5.70	169.66	3.00	41.71	1.33	14.67	1.22	4.72	0.382
			8		11.183	8.779	0.286	91.03	2.85	15.27	27.15	1.56	6.41	194.17	3.04	47.93	1.36	16.34	1.21	5.29	0.380
10 /6.3	100	63	6	10	9.617	7.550	0.320	99.06	3.21	14.64	30.94	1.79	6.35	199.71	3.24	50.50	1.43	18.42	1.38	5.25	0.394
			7		11.111	8.722	0.320	113.45	3.29	16.88	35.26	1.78	7.29	233.00	3.28	59.14	1.47	21.00	1.38	6.02	0.393
			8		12.584	9.878	0.319	127.37	3.18	19.08	39.39	1.77	8.21	266.32	3.32	67.88	1.50	23.50	1.37	6.78	0.391
			10		15.467	12.142	0.319	153.81	3.15	23.32	47.12	1.74	9.98	333.06	3.40	85.73	1.58	28.33	1.35	8.24	0.387
10 /8	100	80	6	10	10.637	8.350	0.354	107.04	3.17	15.19	61.24	2.40	10.16	199.83	2.95	102.68	1.97	31.65	1.72	8.37	0.627
			7		12.301	9.656	0.354	122.73	3.16	17.52	70.08	2.39	14.71	233.20	3.00	119.98	2.01	36.17	1.72	9.60	0.626
			8		13.944	10.946	0.353	137.92	3.14	19.81	78.58	2.37	13.21	266.61	3.04	137.37	2.05	40.58	1.71	10.80	0.625
			10		17.167	13.476	0.353	166.87	3.12	24.24	94.65	2.35	16.12	333.63	3.12	172.48	2.13	49.10	1.69	13.12	0.622
11 /7	110	70	6	10	10.637	8.350	0.354	133.37	3.54	17.85	42.92	2.01	7.90	265.78	3.53	69.08	1.57	25.36	1.54	6.53	0.403
			7		12.301	9.656	0.354	153.00	3.53	20.60	49.01	2.00	9.09	310.07	3.57	80.82	1.61	28.95	1.53	7.50	0.402
			8		13.944	10.946	0.353	172.04	3.51	23.30	54.87	1.98	10.25	354.39	3.62	92.70	1.65	32.45	1.53	8.45	0.401
			10		17.167	13.476	0.353	208.39	3.48	28.54	65.88	1.96	12.48	443.13	3.70	116.83	1.72	39.20	1.51	10.29	0.397
12.5 /8	125	80	7	11	14.096	11.066	0.403	277.98	4.02	26.86	74.42	2.30	12.01	454.99	4.01	120.32	1.80	43.81	1.76	9.92	0.408
			8		15.989	12.551	0.403	256.77	4.01	30.41	83.49	2.28	13.56	519.99	4.06	137.85	1.84	49.15	1.75	11.18	0.407
			10		19.712	15.474	0.402	312.04	3.98	37.33	100.67	2.26	16.56	650.09	4.14	173.40	1.92	59.45	1.74	13.64	0.404
			12		23.351	18.330	0.402	364.41	3.95	44.01	116.67	2.24	19.43	780.39	4.22	209.67	2.00	69.35	1.72	16.01	0.400
14 /9	140	90	8	12	18.038	14.160	0.453	365.64	4.50	38.48	120.69	2.59	17.34	730.53	4.50	195.79	2.04	70.83	1.98	14.31	0.411
			10		22.261	17.475	0.452	445.50	4.47	47.31	146.03	2.56	21.22	913.20	4.58	254.92	2.12	85.82	1.96	17.48	0.409
			12		26.400	20.724	0.451	521.59	4.44	55.87	169.79	2.54	24.95	1096.09	4.66	296.89	2.19	100.21	1.95	20.54	0.406
			14		30.456	23.908	0.451	594.10	4.42	64.18	192.10	2.51	28.54	1279.26	4.74	348.82	2.27	114.13	1.94	23.52	0.403
16 /10	160	100	10	13	25.315	19.872	0.512	668.69	5.14	62.13	205.03	2.85	26.56	1362.89	5.24	336.59	2.28	121.74	2.19	21.92	0.390
			12		30.054	23.592	0.511	784.91	5.11	73.49	239.06	2.82	31.28	1635.56	5.32	405.94	2.36	142.33	2.17	25.79	0.388
			14		34.709	27.247	0.510	896.30	5.08	84.56	271.20	2.80	35.83	1908.50	5.40	476.42	2.43	162.23	2.16	29.56	0.385
			16		39.281	30.835	0.510	1003.04	5.05	95.33	301.60	2.77	40.24	2181.79	5.48	548.22	2.51	182.57	2.16	33.44	0.382
18 /11	180	110	10	14	28.373	22.273	0.571	956.25	5.80	78.96	278.11	3.13	32.49	1940.40	5.89	447.22	2.44	166.50	2.42	26.88	0.376
			12		33.712	26.464	0.571	1124.72	5.78	93.53	325.03	3.10	38.32	2328.38	5.98	538.94	2.52	194.87	2.40	31.66	0.374
			14		38.967	30.589	0.570	1286.91	5.75	107.76	369.55	3.08	43.97	2716.60	6.06	631.95	2.59	222.30	2.39	36.32	0.372
			16		44.139	34.649	0.569	1443.06	5.72	121.64	411.85	3.06	49.44	3105.15	6.14	726.46	2.67	248.94	2.38	40.87	0.369
20/ 12.5	200	125	12	14	37.912	29.761	0.641	1570.90	6.44	116.73	483.16	3.57	49.99	3193.85	6.54	787.74	2.83	285.79	2.74	41.23	0.392
			14		43.867	34.436	0.640	1800.97	6.41	134.65	550.83	3.54	57.44	3726.17	6.02	922.47	2.91	326.58	2.73	47.34	0.390
			16		49.739	39.045	0.639	2023.35	6.38	152.18	615.44	3.52	64.69	4258.86	6.70	1058.86	2.99	366.21	2.71	53.32	0.388
			18		55.526	43.588	0.639	2238.30	6.35	169.33	677.19	3.49	71.74	4792.00	6.78	1197.13	3.06	404.83	2.70	59.18	0.385

表 3 **热轧工字钢（GB/T 706—1988）**

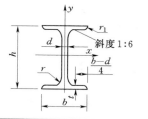

符号意义：

h—高度	r_1—腿端圆弧半径
b—腿宽度	I—惯性矩
d—腰厚度	W—截面系数
t—平均腿厚度	i—惯性半径
r—内圆弧半径	S—半截面的静矩

型号	尺寸 (mm)						截面面积 (cm²)	理论质量 (kg/m)	参 考 数 值						
									x—x				y—y		
	h	b	d	t	r	r_1			I_x (cm⁴)	W_x (cm³)	i_x (cm)	$I_x : S_x$ (cm)	I_y (cm⁴)	W_y (cm³)	i_y (cm)
10	100	68	4.5	7.6	6.5	3.3	14.3	11.2	245	49	4.14	8.59	33	9.72	1.52
12.6	126	74	5	8.4	7	3.5	18.1	14.2	488.43	77.529	5.195	10.85	46.906	12.677	1.609
14	140	80	5.5	9.1	7.5	3.8	21.5	16.9	712	102	5.76	12	64.4	16.1	1.73
16	160	88	6	9.9	8	4	26.1	20.5	1130	141	6.58	13.8	93.1	21.2	1.89
18	180	94	6.5	10.7	8.5	4.3	30.6	24.1	1660	185	7.36	15.4	122	26	2
20a	200	100	7.0	11.4	9.0	4.5	35.578	27.93	2370	237	8.15	17.2	158	31.5	2.12
20b	200	102	9.0	11.4	9.0	4.5	39.578	31.07	2500	250	7.96	16.9	169	33.1	2.06
22a	220	110	7.5	12.3	9.5	4.8	42.13	33.07	3400	309	8.99	18.9	225	40.9	2.31
22b	220	112	9.5	12.3	9.5	4.8	46.53	36.52	3570	325	8.78	18.7	239	42.7	2.27
25a	250	116	8.0	13.0	10.0	5.0	48.54	38.11	5023.54	401.88	10.18	21.58	280.046	48.283	2.403
25b	250	118	10.0	13.0	10.0	5.0	53.54	42.03	5283.96	422.72	9.938	21.27	309.297	52.423	2.404
28a	280	122	8.5	13.7	10.5	5.3	55.45	43.4	7114.14	508.15	11.32	24.62	345.051	56.565	2.295
28b	280	124	10.5	13.7	10.5	5.3	61.05	47.9	7480	534.29	11.08	24.24	379.496	61.209	2.404
32a	320	130	9.5	15.0	11.5	5.8	67.05	52.7	11075.5	692.2	12.84	27.46	459.93	70.758	2.619
32b	320	132	11.5	15.0	11.5	5.8	73.45	57.7	11621.4	726.33	12.58	27.09	501.53	75.989	2.614
32c	320	134	13.5	15.0	11.5	5.8	79.95	62.8	12167.5	760.47	12.34	26.77	543.81	81.166	2.608
36a	360	136	10	15.8	12	6	76.3	59.9	15760	875	14.4	30.7	552	81.2	2.69
36b	360	138	12	15.8	12	6	83.5	65.6	16530	919	14.1	30.3	582	84.3	2.64
36c	360	140	14	15.8	12	6	90.7	71.2	17310	962	13.8	29.9	612	87.4	2.6
40a	400	142	10.5	16.5	12.5	6.3	86.1	67.6	21720	1090	15.9	34.1	660	93.2	2.77
40b	400	144	12.5	16.5	12.5	6.3	94.1	73.8	22780	1140	15.6	33.6	692	96.2	2.71
40c	400	146	14.5	16.5	12.5	6.3	102	80.1	23850	1190	15.2	33.2	727	99.6	2.65
45a	450	150	11.5	18	13.5	6.8	102	80.4	32240	1430	17.7	38.6	855	114	2.89
45b	450	152	13.5	18	13.5	6.8	111	87.4	33760	1500	17.4	38	894	118	2.84
45c	450	154	15.5	18	13.5	6.8	120	94.5	35280	1570	17.1	37.6	938	122	2.79
50a	500	158	12	20	14	7	119	93.6	46470	1860	19.7	42.8	1120	142	3.07
50b	500	160	14	20	14	7	129	101	48560	1940	19.4	42.4	1170	146	3.01
50c	500	162	16	20	14	7	139	109	50640	2080	19	41.8	1220	151	2.96
56a	560	166	12.5	21	14.5	7.3	135.25	106.2	65585.6	2342.31	22.02	47.73	1370.16	165.08	3.182
56b	560	168	14.5	21	14.5	7.3	146.45	115	68512.5	2446.69	21.63	47.17	1486.75	174.25	3.162
56c	560	170	16.5	21	14.5	7.3	157.85	123.9	71439.4	2551.41	21.27	46.66	1558.39	183.34	3.158
63a	630	176	13	22	15	7.5	154.9	121.6	93916.2	2981.47	24.62	54.17	1700.55	193.24	3.314
63b	630	178	15	22	15	7.5	167.5	131.5	98083.6	3163.38	24.2	53.51	1812.07	203.6	3.289
63c	630	180	17	22	15	7.5	180.1	141	102251.1	3298.42	23.82	52.92	1924.91	213.88	3.268

表 4　　　　　　　　　　　　　　热轧槽钢（GB/T 707—1988）

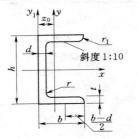

符号意义：

h—高度　　　　　　　r_1—腿端圆弧半径

b—腿宽度　　　　　　I—惯性矩

d—腰厚度　　　　　　W—截面系数

t—平均腿厚度　　　　i—惯性半径

r—内圆弧半径　　　　z_0—y—y 轴与 y_1—y_1 轴间距

型号	尺寸 (mm)						截面面积 (cm^2)	理论质量 (kg/m)	参 考 数 值							
									x—x			y—y			y_1—y_1	z_0 (cm)
	h	b	d	t	r	r_1			W_x (cm^3)	I_x (cm^4)	i_x (cm)	W_y (cm^3)	I_y (cm^4)	i_y (cm)	I_{y1} (cm^4)	
5	50	37	4.5	7	7	3.5	6.93	5.44	10.4	26	1.94	3.55	8.3	1.1	20.9	1.35
6.3	63	40	4.8	7.5	7.5	3.75	8.444	6.63	16.123	50.786	2.453	4.50	11.872	1.185	28.38	1.36
8	80	43	5	8	8	4	10.24	8.04	25.3	101.3	3.15	5.79	16.6	1.27	37.4	1.43
10	100	48	5.3	8.5	8.5	4.25	12.74	10	39.7	198.3	3.95	7.8	25.6	1.41	54.9	1.52
12.6	126	53	5.5	9	9	4.5	15.69	12.37	62.137	391.466	4.953	10.242	37.99	1.576	77.09	1.59
14a	140	58	6	9.5	9.5	4.75	18.51	14.53	80.5	563.7	5.52	13.01	53.2	1.7	107.1	1.71
14b	140	60	9.5	9.5	9.5	4.75	21.31	16.73	87.1	609.4	5.35	14.12	61.1	1.69	120.6	1.67
16a	160	63	6.5	10	10	5	21.95	17.23	108.3	866.2	6.28	16.3	73.3	1.83	144.1	1.8
16	160	65	8.5	10	10	5	25.15	19.74	116.8	934.5	6.1	17.55	83.4	1.82	160.8	1.75
18a	180	68	7	10.5	10.5	5.25	25.69	20.17	141.4	1272.7	7.04	20.03	98.6	1.96	189.7	1.88
18	180	70	9	10.5	10.5	5.25	29.29	22.99	152.2	1369.9	6.84	21.52	111	1.95	210.1	1.84
20a	200	73	7	11	11	5.5	28.83	22.63	178	1780.4	7.86	24.2	128	2.11	244	2.01
20	200	75	9	11	11	5.5	32.83	25.77	191.4	1913.7	7.64	25.88	143.6	2.09	268.4	1.95
22a	220	77	7	11.5	11.5	5.75	31.84	24.99	217.6	2393.9	8.67	28.17	157.8	2.23	298.2	2.1
22	220	79	9	11.5	11.5	5.75	36.24	28.45	233.8	2571.4	8.42	30.05	176.4	2.21	326.3	2.03
25a	250	78	7	12	12	6	34.91	27.47	269.597	3369.62	9.823	30.607	175.529	2.243	322.256	2.065
25b	250	80	9	12	12	6	39.91	31.39	282.402	3530.04	9.405	32.657	196.421	2.218	353.187	1.982
25c	250	82	11	12	12	6	44.91	35.32	295.236	3690.45	9.065	35.926	218.415	2.206	384.133	1.921
28a	280	82	7.5	12.5	12.5	6.25	40.02	31.42	340.328	4764.59	10.91	35.718	217.989	2.333	387.566	2.097
28b	280	84	9.5	12.5	12.5	6.25	45.62	35.81	366.46	5130.45	10.6	37.929	242.144	2.304	427.589	2.016
28c	280	86	11.5	12.5	12.5	6.25	51.22	40.21	392.594	5496.32	10.35	40.301	267.602	2.286	426.597	1.951
32a	320	88	8	14	14	7	48.7	38.22	474.879	7598.06	12.49	46.473	304.787	2.502	552.31	2.242
32b	320	90	10	14	14	7	55.1	43.25	509.012	8144.2	12.15	49.157	336.332	2.471	592.933	2.158
32c	320	92	12	14	14	7	61.5	48.28	543.145	8690.33	11.88	52.642	374.175	2.467	643.299	2.092
36a	360	96	9	16	16	8	60.89	47.8	659.7	11874.2	13.97	63.54	455	2.73	818.4	2.44
36b	360	98	11	16	16	8	68.09	53.45	702.9	12651.8	13.63	66.85	496.7	2.7	880.4	2.37
36c	360	100	13	16	16	8	75.29	50.1	746.1	13429.4	13.36	70.02	536.4	2.67	947.9	2.34
40a	400	100	10.5	18	18	9	75.05	58.91	878.9	17577.9	15.30	78.83	592	2.81	1067.7	2.49
40b	400	102	12.5	18	18	9	83.05	65.19	932.2	18644.5	14.98	82.52	640	2.78	1135.6	2.44
40c	400	104	14.5	18	18	9	91.05	71.47	985.6	19711.2	14.71	86.19	687.8	2.75	1220.7	2.42

部分习题参考答案

第 1 章

1.1 $\theta = 18.6°$，$F_1 = 500N$

1.2 $F_B = 400N$

1.5 $\theta = 21.8°$，F_C 指向（↗）

1.6 $\theta = 70.89°$，F_A 指向（↗）

第 2 章

2.1 $F_R = 161.2N$，$\angle(F_R, F_3) = 60°15'$

2.2 $F_R = 5000N$，$\angle(F_R, F_1) = 38°28'$

2.3 $F_1 = 1.83kN$，$F_2 = 9.60kN$

2.4 $F_G = 91.65N$

2.5 $F_A = 21.20kN$（↗），$F_B = 21.20kN$（↖）

2.6 $F_A = 223.60kN$（↙），$F_D = 100.00kN$（↑）

2.7 $F_{RA} = 141.4kN$（↙），$F_{RB} = 141.4kN$（↘）

2.8 $M_0(F) = -Fl\sin(\theta+\beta)$（↻），$M_0(F) = F(a\cos\theta + b\sin\theta)$（↻）

2.9 $M_A(F_G) = -117kN \cdot m$（↻），$M_A(F_1) = 64.5kN \cdot m$（↻），不会倾倒。

2.10 $\sum M = -10N \cdot m$（↻），会转动。

2.11 （a）$F_A = 3kN$（↓），$F_B = 3kN$（↑）；（b）$F_A = 6kN$（↘），$F_B = 6kN$（↖）

2.12 $F_A = \dfrac{\sqrt{2}M}{4a}$（↘），$F_C = \dfrac{\sqrt{2}M}{4a}$（↖）

2.13 $F_A = \sqrt{2}\,\dfrac{M}{l}$（↘）

2.14 $F_{Rx} = 4kN$（→），$F_{Ry} = 4kN$（↑），$M_O = 0.4kN \cdot m$（↻）

2.15 $M = \dfrac{\sqrt{3}}{2}Fa$（↻）

2.16 $F'_R = 466.5N$，$M_O = 21.44N \cdot m$（↻），$d = 45.96mm$

2.17 $F'_R = 45.4kN$，$M_O = 54.8kN \cdot m$（↻）

2.18 $F_R = 32800kN$，$\alpha = 72°2'$，$d = 18.97m$

2.19 $F_R = 18kN$（↓），F_R 距 F_{G1} 的距离为 $d = 0.62m$

2.20 $F_{Ax} = 7.07kN$（→），$F_{Ay} = 12.07kN$（↑），$M_A = 38.3kN \cdot m$（↻）

2.21 $F_{Ax} = 1.00kN$（←），$F_{Ay} = 1.24kN$（↓），$F_B = 2.97kN$（↑）

2.22 $F_{Ax} = 0$，$F_{Ay} = 12kN$（↑），$M_A = 10kN \cdot m$（↻）

2.23　$F_{Ax}=24\text{kN}$（←），$F_{Ay}=12\text{kN}$（↑），$F_{By}=28\text{kN}$（↑）

2.24　$F_{Ax}=30\text{kN}$（←），$F_{Ay}=60\text{kN}$（↑），$M_A=115\text{kN}\cdot\text{m}$（↺）

2.25　$F_{Ax}=32\text{kN}$（→），$F_{Ay}=24\text{kN}$（↑），$F_C=40\text{kN}$（↖）

2.26　$F_{Ay}=14\text{kN}$（↓），$M_A=48\text{kN}\cdot\text{m}$（↺），$F_{Dy}=20\text{kN}$（↑）

2.27　$F_{Ay}=4.83\text{kN}$（↓），$F_{By}=17.5\text{kN}$（↑），$F_{Dy}=5.33\text{kN}$（↑）

2.28　$F_{Ax}=0$，$F_{Ay}=0$，$F_{Bx}=5\text{kN}$（←），$F_{By}=40\text{kN}$（↑）

2.29　$F_{Ax}=30\text{kN}$（→），$F_{Ay}=45\text{kN}$（↑），$F_{By}=30\text{kN}$（↑），$F_{Cy}=15\text{kN}$（↑）

2.30　$F_{NCD}=-10.4\text{kN}$（压），$F_{NDE}=12\text{kN}$（拉）

2.31　$F_{Ax}=4\text{kN}$（←），$F_{Ay}=10\text{kN}$（↑），$M_A=34\text{kN}\cdot\text{m}$（↺）

2.32　$F_{G\min}=5275\text{kN}$

2.33　$F_s=67\text{N}$ 向上，静止

2.34　$F_T=26\text{kN}$（上升），$F_T=21\text{kN}$（下降）

2.35　安全

2.36　$b\leqslant 11\text{cm}$

第 3 章

3.1　$F_{1x}=0$，$F_{1y}=0$，$F_{1z}=30\text{N}$；$F_{2x}=-10.29\text{N}$，$F_{2y}=17.15\text{N}$，$F_{2z}=0$；$F_{3x}=4.24\text{N}$，$F_{3y}=7.07\text{N}$，$F_{3z}=5.66\text{N}$

3.2　$M_x(F)=-346\text{N}\cdot\text{m}$，$M_y(F)=43.3\text{N}\cdot\text{m}$，$M_z(F)=-200\text{N}\cdot\text{m}$

3.3　$F_{NAB}=13.86\text{kN}$（拉力），$F_{NAC}=10.39\text{kN}$（拉力），$F_{NAD}=-20\text{kN}$（压力）

3.4　$F_{N1}=-10\text{kN}$（压力），$F_{N2}=-10\text{kN}$（压力），$F_{N3}=-14.14\text{kN}$（压力），$F_{N4}=10\text{kN}$（拉力），$F_{N5}=10\text{kN}$（拉力），$F_{N6}=-20\text{kN}$（压力）

3.5　$F_{TBC}=131\text{kN}$，$F_{TBD}=510\text{kN}$，$F_{Ax}=0$，$F_{Ay}=0$，$F_{Az}=589\text{kN}$（↑）

3.6　$F_{Ax}=0$，$F_{Ay}=1500\text{kN}$（→），$F_{Az}=750\text{kN}$（↑），$F_T=918.6\text{kN}$

3.7　$F_{TB}=11\text{kN}$，$F_{TC}=5.5\text{kN}$，$F_{TA}=5.5\text{kN}$

3.8　$F_{Az}=333.3\text{N}$（↑），$F_{Bz}=373.2\text{N}$（↑），$F_{TCD}=43.5\text{N}$

3.9　$x_C=1.47\text{m}$，$y_C=2.68\text{m}$，$z_C=2.84\text{m}$

3.10　重心离底面的高度为 0.659m，离 B 端距离为 1.68m。

3.11　$x_C=2.05$，$y_C=1.15$，$z_C=0.95$

第 4 章

4.1　$x_C=0$，$y_C=91.2\text{mm}$

4.2　$x_C=29\text{mm}$，$y_C=44\text{mm}$

4.3　$x_C=446.8\text{mm}$，$y_C=300\text{mm}$

4.4　$S_x=3.25\times10^6\text{mm}^3$

4.5　$S_x=584.54\times10^4\text{mm}^3$

4.6　$y_C=275.13\text{mm}$

4.7　$I_z=20.736\times10^4\text{cm}^4$，$I_y=51.84\times10^3\text{cm}^4$

4.8　$I_z=105.4\times10^5\,\text{mm}^4$，$I_y=1226.5\times10^5\,\text{mm}^4$

4.9　$a=11.12\text{cm}$

4.10　$I_z=3.59\times10^6\,\text{mm}^4$

第 5 章

5.1　（a）几何不变有一多余约束；（b）几何不变无多余约束；（c）几何瞬变体系。

5.2　（a）几何不变无多余约束；（b）几何不变无多余约束；（c）几何可变体系。

5.3　（a）几何不变无多余约束；（b）几何瞬变体系；（c）几何不变有两个多余约束。

5.4　（a）几何不变无多余约束；（b）几何瞬变体系；（c）几何不变无多余约束。

5.5　（a）几何可变体系；（b）几何可变体系；（c）几何瞬变体系。

5.6　（a）几何不变有一个多余约束；（b）几何不变无多余约束；（c）几何不变无多余约束；（d）几何不变有一个多余约束。

5.7　（a）几何不变无多余约束；（b）几何不变有一个多余约束；（c）几何不变有三个多余约束。

第 6 章

6.1　$F_{N1}=10\text{kN}$，$F_{N2}=-5\text{kN}$，$F_{N3}=5\text{kN}$

6.2　$F_{N1}=-2\text{kN}$，$F_{N2}=2\text{kN}$，$F_{N3}=-4\text{kN}$

6.3　$F_{N1}=F$，$F_{N2}=0$，$F_{N3}=2F$

6.4　（a）5 个零杆；（b）9 个零杆

6.5　（a）$F_{N1}=0$，$F_{N2}=14.4\text{kN}$，$F_{N3}=0$，$F_{N4}=-10\text{kN}$，$F_{N5}=-10\text{kN}$

　　（b）$F_{N1}=F_{N2}=F_{N3}=17.32\text{kN}$，$F_{N8}=F_{N9}=F_{N10}=-20\text{kN}$，

　　　　$F_{N4}=F_{N5}=F_{N6}=F_{N7}=0$

6.6　$F_{N1}=-20\text{kN}$，$F_{N2}=F_{N6}=20\text{kN}$，$F_{N3}=-25\text{kN}$，$F_{N4}=F_{N5}=0$，

　　$F_{N7}=25\text{kN}$，$F_{N8}=-40\text{kN}$，$F_{N9}=-30\text{kN}$

6.7　（a）$F_{N1}=-9\text{kN}$，$F_{N2}=-30\text{kN}$，$F_{N3}=27\text{kN}$

　　（b）$F_{N1}=-\dfrac{2}{3}F$，$F_{N2}=0$，$F_{N3}=-\dfrac{1}{3}F$

6.8　$F_{N1}=-40\sqrt{2}\text{kN}$，$F_{N2}=20\sqrt{2}\text{kN}$

6.9　$T_{AB}=2\text{kN}\cdot\text{m}$，$T_{BC}=3\text{kN}\cdot\text{m}$，$T_{CD}=-1\text{kN}\cdot\text{m}$

6.10　$T_{ABC}=3\text{kN}\cdot\text{m}$，$T_{CD}=1\text{kN}\cdot\text{m}$

6.11　$T_{AB}=-2\text{kN}\cdot\text{m}$，$T_{BC}=3\text{kN}\cdot\text{m}$，$T_{CD}=1\text{kN}\cdot\text{m}$

6.12　图（b）合理。

6.13　（a）$F_{Q1}=5\text{kN}$，$F_{Q2}=-1\text{kN}$，$F_{Q3}=F_{Q4}=-1\text{kN}$；$M_1=10\text{kN}\cdot\text{m}$，

　　　　$M_2=10\text{kN}\cdot\text{m}$，$M_3=7\text{kN}\cdot\text{m}$，$M_4=2\text{kN}\cdot\text{m}$

　　（b）$F_{Q1}=12\text{kN}$，$F_{Q2}=12\text{kN}$，$F_{Q3}=0$，$F_{Q4}=-21\text{kN}$；$M_1=24\text{kN}\cdot\text{m}$，

　　　　$M_2=24\text{kN}\cdot\text{m}$，$M_3=42\text{kN}\cdot\text{m}$，$M_4=42\text{kN}\cdot\text{m}$

6.14　(a)　$F_{Q1}=8kN$，$F_{Q2}=8kN$，$F_{Q3}=8kN$；$M_1=-16kN \cdot m$，

$M_2=-16kN \cdot m$，$M_3=0$

(b)　$F_{Q1}=0$，$F_{Q2}=0$，$F_{Q3}=-12kN$；$M_1=16kN \cdot m$，

$M_2=16kN \cdot m$，$M_3=16kN \cdot m$

6.15　(a)　$F_{QA}=8kN$，$F_{QB}=-12kN$；$M_A=10kN \cdot m$，$M_B=0$

(b)　$F_{QA}=60kN$，$F_{QC}=-20kN$；$M_C=80kN \cdot m$，$M_D=60kN \cdot m$

6.16　(a)　$F_{QA右}=0$，$F_{QB左}=-30kN$；$M_A=-5kN \cdot m$，$M_B=-50kN \cdot m$

(b)　$F_{QA}=9kN$，$F_{QB右}=0$；$M_A=0$，$M_B=9kN \cdot m$

6.17　$F_{QC左}=20kN$，$M_C=82.5kN \cdot m$

6.18　$F_{QB左}=10kN$，$M_B=-8kN \cdot m$，$M_{C左}=-8kN \cdot m$

6.19　$F_{QB右}=12kN$，$F_{QB左}=-26kN$，$M_B=-24kN \cdot m$

6.20　$F_{QB右}=8kN$，$F_{QB左}=-8kN$，$M_B=-4kN \cdot m$

6.21　(a)　$F_{QC右}=-8.33kN$，$F_{QC左}=11.67kN$，$M_B=-10kN \cdot m$

(b)　$F_{QC右}=-13kN$，$F_{QC左}=3kN$，$M_C=26kN \cdot m$

6.22　$F_{QC}=12kN$，$F_{QB左}=24kN$，$M_{C右}=-12kN \cdot m$，$M_{C左}=-4kN \cdot m$

6.23　$F_{QA右}=4kN$，$F_{QD右}=-6kN$，$M_A=-4kN \cdot m$，$M_D=12kN \cdot m$

6.24　$F_{QA右}=40kN$，$F_{QB右}=0$，$M_A=-10kN \cdot m$，$M_B=-10kN \cdot m$

6.25　$F_{QA右}=17.5kN$，$F_{QB右}=0$，$M_A=-5kN \cdot m$，$M_B=10kN \cdot m$，$M_C=12.5kN \cdot m$

6.26　$F_{QA右}=15kN$，$F_{QC左}=-25kN$，$F_{QD}=15kN$，$M_B=30kN \cdot m$，$M_C=-20kN \cdot m$

6.27　$F_{QA右}=40kN$，$F_{QC左}=-10kN$，$M_{A右}=-60kN \cdot m$，$M_C=-20kN \cdot m$

6.28　$F_{QA右}=10kN$，$F_{QB左}=-10kN$，$M_{A右}=-40kN \cdot m$，$M_B=-20kN \cdot m$

$M_{D左}=-20kN \cdot m$，$M_{D右}=0$

6.29　$F_{QA右}=60kN$，$F_{QB左}=-100kN$，$F_{QC左}=26.7kN$，$F_{QC右}=-8.9kN$，

$M_B=-160.2kN \cdot m$，$M_C=53.4kN \cdot m$

6.30　$F_{QC右}=10kN$，$F_{QD左}=-30kN$，$M_C=-20kN \cdot m$，$M_D=-60kN \cdot m$

6.31　(a)　$F_{QCD}=40kN$，$F_{QCB}=-60kN$，$F_{QCA}=0$；$M_{CD}=120kN \cdot m$（上侧受拉），

$M_{AC}=30kN \cdot m$（左侧受拉）；$F_{NCA}=-100kN$

(b)　$F_{QCD}=20kN$，$F_{QBC}=10kN$，$F_{QAB}=-20kN$；$M_{CD}=20kN \cdot m$（右侧受拉），

$M_{BC}=30kN \cdot m$（上侧受拉）；$M_{AB}=30kN \cdot m$（右侧受拉）；$F_{NCB}=$

$-20kN$，$F_{NAB}=-10kN$

6.32　(a)　$F_{QEA}=40kN$，$F_{QCD}=20kN$，$F_{QDB}=0$；$M_E=80kN \cdot m$（右侧受拉）

$M_{CD}=80kN \cdot m$（下侧受拉）；$F_{NBD}=-60kN$，$F_{NCD}=0$

(b)　$F_{QCD}=40kN$，$F_{QDC}=-40kN$，$F_{QED}=20kN$；$M_{CD}=80kN \cdot m$（上侧受拉），

$M_{CA}=80kN \cdot m$（左侧受拉），$M_{DE}=40kN \cdot m$（右侧受拉）；

$F_{NCA}=-40kN$，$F_{NBD}=-80kN$

6.33　(a)　$F_{QDA}=-20.8kN$，$F_{QEB}=20.8kN$，$F_{QDC}=25kN$；$M_{DA}=124.8kN \cdot m$

（左侧受拉），$M_{BC}=124.8kN \cdot m$（上侧受拉）；$F_{NAD}=-25kN$，$F_{NBE}=-75kN$

(b)　$F_{QDA}=-26.7kN$，$F_{QEB}=6.7kN$，$F_{QCE}=-6.7kN$；$M_{DA}=19.8kN \cdot m$

（右侧受拉），$M_{EC}=20.1$kN·m(上侧受拉)；$F_{NAD}=6.7$kN，$F_{NBE}=-6.7$kN

6.34　　$M_{HC}=32$kN·m（上侧受拉）；$F_{NDE}=64$kN，$F_{NDH}=-64$kN，$F_{NDA}=90.5$kN

第 7 章

7.1　$E=70$GPa，$\mu=0.33$

7.2　$\sigma_{max}=7.78$MPa 不满足强度条件。

7.3　$\sigma_{max,t}=127.4$MPa，$\sigma_{max,c}=50$MPa

7.4　$\sigma=5.63$MPa，$d=30$mm

7.5　$2L20\times3$

7.6　$a=400$mm

7.7　$d=22$mm，$a=160$mm

7.8　$F=40$kN

7.9　$F=38.6$kN

7.10　$F=84$kN

7.11　$\tau=50.9$MPa

7.12　$\tau=87.5$MPa，$\sigma_{bs}=137.5$MPa，$\sigma_{max}=84.6$MPa

7.13　$n=4$ 个

7.14　$F=5.1$kN

7.15　$t\geqslant96$mm

7.16　$\tau_a=\tau_b=97.8$MPa，$\tau_{1-1max}=122$MPa，$\tau_{max}=239$MPa

7.17　$\tau_{max}=33$MPa

7.18　$d\geqslant39.3$mm，$d_1\geqslant41.2$mm，$d_2\leqslant24.7$mm

7.19　$d\geqslant14.56$mm

7.20　$\tau_{max}=4.33$MPa

7.21　$\sigma_a=0$，$\sigma_b=11.57$MPa，$\sigma_c=5.79$MPa，$\sigma_d=-5.79$MPa，$\sigma_e=-11.57$MPa

7.22　$\sigma_a=-4.27$MPa，$\sigma_b=5.12$MPa

7.23　$\sigma_{max,t}=120$MPa，$\sigma_{max,c}=30$MPa

7.24　$\sigma_{max,t}=\sigma_{max,c}=3.49$MPa

7.25　B 截面：$\sigma_{max,t}=27.2$MPa，$\sigma_{max,c}=46.2$MPa

　　　　C 截面：$\sigma_{max,t}=28.8$MPa，$\sigma_{max,c}=17.0$MPa

7.26　$\tau=1.57$MPa，$\tau_{max}=2$MPa

7.27　$\tau_{max}=43.8$MPa，$\tau_{min}=38.2$MPa

7.28　$\tau_{max}=102.1$MPa，$\tau=92.6$MPa（腹板和翼交接处）

7.29　$\tau_A=35.05$MPa，$\tau_B=20.71$MPa

7.30　$\sigma_{max}=9.26$MPa，$\tau_{max}=0.52$MPa

7.31　$\sigma_{max,t}=34.5$MPa（D 截面），$\sigma_{max,c}=69$MPa（A 截面）

7.32　$\sigma_{max}=6.67$MPa，$\tau_{max}=1.00$MPa

7.33　$F=36.4$kN

7.34　$F=34.2\text{kN}$

7.35　$b\geqslant125\text{mm}$，$\sigma_{\max}=7.78\text{MPa}$（$A$ 截面）

7.36　16 号工字钢

7.37　$\sigma_{\max}=15.26\text{MPa}$

7.38　$a=4.6\text{m}$

7.39　$h\geqslant71.2\text{mm}$，$d\geqslant52.4\text{mm}$

7.40　$\sigma_{\max}=122\text{MPa}$

7.41　$h=372\text{mm}$，此时 $\sigma_{\max,c}=3.9\text{MPa}$

7.42　（a）$\sigma_{\max,c}=11.7\text{MPa}$；（b）$\sigma_{\max,c}=8.75\text{MPa}$

7.43　$\sigma_{\max,t}=\dfrac{8F}{a^2}$，$\sigma_{\max,c}=\dfrac{4F}{a^2}$

第 8 章

8.1　$\sigma=5.1\text{MPa}$，$\tau=40.7\text{MPa}$

8.2　$\sigma=127.39\text{MPa}$，$\tau=47.77\text{MPa}$

8.3　（a）$\sigma_\alpha=10.0\text{MPa}$，$\tau_\alpha=15.0\text{MPa}$；（b）$\sigma_\alpha=47.3\text{MPa}$，$\tau_\alpha=-7.3\text{MPa}$

8.4　（a）$\sigma_\alpha=-38.2\text{MPa}$，$\tau_\alpha=0$；（b）$\sigma_\alpha=0.49\text{MPa}$，$\tau_\alpha=-20.5\text{MPa}$

8.5　（a）$\sigma_\alpha=-25\text{MPa}$，$\tau_\alpha=26\text{MPa}$；（b）$\sigma_\alpha=-26\text{MPa}$，$\tau_\alpha=15\text{MPa}$

8.6　（a）$\sigma_\alpha=-50\text{MPa}$，$\tau_\alpha=0$；（b）$\sigma_\alpha=40\text{MPa}$，$\tau_\alpha=10\text{MPa}$

8.7　（a）$\sigma_1=52.4\text{MPa}$，$\sigma_2=7.64\text{MPa}$，$\sigma_3=0$，$\alpha_0=-31.8°$

　　　（b）$\sigma_1=37\text{MPa}$，$\sigma_2=0$，$\sigma_3=-27\text{MPa}$，$\alpha_0=-70.5°$

8.8　（a）$\sigma_1=11.23\text{MPa}$，$\sigma_2=0$，$\sigma_3=-71.2\text{MPa}$，$\alpha_0=52.2°$

　　　（b）$\sigma_1=57\text{MPa}$，$\sigma_2=0$，$\sigma_3=-7\text{MPa}$，$\alpha_0=-19°$

8.9　$\sigma_{\max}=38.2\text{MPa}$

8.10　$\sigma_{r4}=180.3\text{MPa}$

8.11　$\sigma_{\max}=154.4\text{MPa}$，$\tau_{\max}=62.8\text{MPa}$，$\sigma_{r3}=169.2\text{MPa}$。

8.12　$\sigma_{r3}=107.4\text{MPa}$

8.13　$\sigma_{r1}=24.3\text{MPa}$，$\sigma_{r2}=26.6\text{MPa}$

8.14　$\sigma_{\max}=179\text{MPa}$，$\tau_{\max}=96.3\text{MPa}$，$\sigma_{r4}=175.6\text{MPa}$

第 9 章

9.1　$\varepsilon_{BC}=-2.31\times10^{-4}$，$\varepsilon_{AB}=-2.92\times10^{-4}$，$\Delta_{CV}=1.86\text{mm}$（↓）

9.2　$\varepsilon_{AB}=0.5\times10^{-3}$，$\varepsilon_{BC}=0$，$\varepsilon_{CD}=-0.5\times10^{-3}$，$\Delta l_{AB}=0.5\text{mm}$，$\Delta l_{BC}=0$

　　　$\Delta l_{CD}=-1\text{mm}$，$\Delta_{DH}=0.5\text{mm}$（←）

9.3　$\varepsilon_{AB}=0.5\times10^{-3}$，$\varepsilon_{BC}=0.3\times10^{-3}$，$\varepsilon_{CD}=0.625\times10^{-3}$，$\Delta_{AD}=2.2\text{mm}$

9.4　$A_{AC}：A_{BD}=1：2$

9.5　$d_{AB}：A_{CD}=2\sqrt{2}：1$

9.6　$\varphi_{AC}=0.023\text{rad}$

9.7　$\varphi_{AC} = 6.58 \times 10^{-3}$ rad

9.8　$\theta_{max} = 1.7$ （°/m）

9.9　$M = 95$N·m

9.10　$d = 57$mm

9.11　（a）$\varphi_B = \dfrac{ql^3}{6EI}$，$y_B = \dfrac{ql^4}{8EI}$；（b）$\varphi_B = -\dfrac{Ml}{3EI}$，$y_B = 0$

9.12　（a）$\varphi_B = \dfrac{Fl^2}{8EI}$，$y_B = \dfrac{5Fl^3}{48EI}$；（b）$\varphi_C = \dfrac{qa^3}{EI}$，$y_C = \dfrac{23qa^4}{24EI}$

9.13　（a）$\varphi_A = -\dfrac{9Fl^2}{8EI}$，$y_A = \dfrac{29Fl^3}{48EI}$；（b）$\varphi_D = \dfrac{11Fa^2}{12EI}$，$y_D = \dfrac{3Fa^3}{4EI}$

9.14　（a）$y = \dfrac{10ql^4 + 55Fl^3}{768EI}$；（b）$y = -\dfrac{Fl^3}{24EI}$

9.15　$\dfrac{y_{max}}{l} = \dfrac{1}{415}$

9.16　$D = 280$mm

9.17　$F = 18.84$kN

9.18　强度满足，刚度不满足。

9.19　（a）$\varphi_A = \dfrac{ql^3}{8EI}$ （↑）；（b）$\Delta_{AV} = \dfrac{ql^4}{8EI}$ （↓）

9.20　（a）$\Delta_{CV} = \dfrac{27ql^4}{16EI}$ （↓）；（b）$\Delta_{BH} = \dfrac{7ql^4}{24EI}$ （→）

9.21　$\Delta_{BV} = 3.26$mm （↓）

9.22　$\Delta_{DE} = 0.361$cm （↗）

9.23　$\Delta_{DV} = 0.484$cm （↓）

9.24　$\Delta_{CH} = \dfrac{41qa^4}{8EI}$ （→）

9.25　$\theta_B = \dfrac{ql^3}{24EI} + \dfrac{Fl^2}{16EI}$ （↑↑）

9.26　$\Delta_{CH} = \dfrac{1066.7}{EI}$ （→）

9.27　$\theta_{AC} = \dfrac{5qa^3}{24EI}$ （↑↑）

9.28　$\Delta_{CH} = \dfrac{3ql^4}{4EI}$ （→）

9.29　$\Delta_{DV} = 8.02$mm （↓）

9.30　（a）$\Delta_{CH} = \dfrac{hb}{l}$ （→）；（b）$\Delta_{EV} = 0.15$cm （↑）

第 10 章

10.1　（a）2 次；（b）3 次；（c）6 次；（d）5 次；（e）7 次；（f）3 次

10.2　（a）$M_B = \dfrac{3}{32}Fl$（上侧受拉）；（b）$M_B = 8$kN·m（上侧受拉），$M_C = 2$kN·m

（下侧受拉）

10.3　（a）M_B＝24kN・m（上侧受拉）；（b）M_B＝2.58kN・m（上侧受拉）

10.4　（a）M_{AB}＝27kN・m（左侧受拉），（b）M_{CA}＝84kN・m（右侧受拉）

10.5　（a）M_{BA}＝4.5kN・m（左侧受拉），M_{BC}＝4.5kN・m（右侧受拉）

　　　（b）M_{AD}＝36.99kN・m（右侧受拉），M_{BE}＝104.43kN・m（右侧受拉）

10.6　（a）F_{NAB}＝415N；（b）F_{NDF}＝－13.87kN

10.7　F_{NAD}＝1.31kN，M_{CA}＝38.86kN・m

10.8　F_{NCD}＝6kN

10.9　M_B＝M_C＝18kN・m（上侧受拉），M_G＝M_H＝51kN・m（下侧受拉）

10.10　M_{AD}＝12kN・m（左侧受拉），M_{DA}＝M_{DC}＝0，M_{BE}＝12kN・m（右侧受拉）

10.11　M_{AD}＝27kN・m（左侧受拉）

10.12　M_{AC}＝2kN・m（左侧受拉）

10.13　F_{NEF}＝67.3kN，M_{CD}＝14.6kN・m（上侧受拉）

10.14　M_{AB}＝25kN・m（上侧受拉），M_{BA}＝35.5kN・m（上侧受拉）

10.15　M_{AD}＝2kN・m（右侧受拉），M_{DA}＝4kN・m（左侧受拉），

　　　M_{ED}＝10kN・m（上侧受拉）

10.16　（a）3 个；（b）1 个；（c）4 个；（d）4 个；（e）1 个；（f）6 个

10.17　（a）M_{DC}＝41.54kN・m，M_{CD}＝－6.92kN・m；（b）M_{BA}＝45.6kN・m

10.18　（a）M_{BD}＝0.2kN・m，M_{DB}＝－3.9kN・m；（b）M_{BC}＝－54.3kN・m，

　　　M_{CB}＝70.3kN・m

10.19　（a）M_{AB}＝－100kN・m，M_{DC}＝－60kN・m；（b）M_{AD}＝－100kN・m，

　　　M_{BE}＝－200kN・m。

10.20　（a）M_{AB}＝－109.33kN・m，M_{BA}＝－82.67kN・m，M_{DC}＝－48kN・m

　　　（b）M_{AB}＝M_{BA}＝－68.57kN・m，M_{BC}＝34.29kN・m，M_{GE}＝－68.57kN・m

10.21　（a）M_{AC}＝－9.7kN・m，M_{CA}＝26.5kN・m，M_{BD}＝－22.9kN・m

　　　（b）M_{BA}＝－1.39kN・m

10.22　M_{DE}＝－20kN・m，M_{AD}＝10kN・m

10.23　M_{EF}＝－57.39kN・m，M_{AC}＝－5.22kN・m，M_{CE}＝20.87kN・m

10.24　（a）M_{AB}＝－78.62kN・m，M_{BA}＝45.26kN・m，M_{BC}＝－45.26kN・m

　　　（b）M_{BA}＝－18.45kN・m，M_{BC}＝－36.55kN・m

10.25　（a）M_{AB}＝12kN・m，M_{AC}＝8kN・m，M_{AD}＝6kN・m

　　　（b）M_{BA}＝35.2kN・m，M_{BC}＝－4.8kN・m，M_{BD}＝－30.4kN・m

10.26　M_{BA}＝18.2kN・m，M_{CB}＝7kN・m，M_{DC}＝－3.5kN・m

10.27　M_{BC}＝－15.8kN・m，M_{CD}＝－20.3kN・m，M_{DE}＝－26.6kN・m

10.28　M_{AB}＝－2.1kN・m，M_{BC}＝4.3kN・m，M_{CB}＝21.6kN・m

　　　M_{CD}＝12.8kN・m，M_{DC}＝6.4kN・m，M_{CE}＝－34.4kN・m

10.29　M_{AB}＝－12.07kN・m，M_{BA}＝101.85kN・m，M_{BC}＝－101.85kN・m

10.30　M_{ED}＝5.45kN・m，M_{EF}＝－4.73kN・m，M_{EA}＝－0.73kN・m

$M_{FE} = 3.64\text{kN} \cdot \text{m}$, $M_{AE} = -0.36\text{kN} \cdot \text{m}$

第 11 章

11. 5　$M_C = -14\text{kN} \cdot \text{m}$

11. 6　$F_{QC} = 70\text{kN}$

11. 7　$M_{K,\max} = 665.15\text{kN} \cdot \text{m}$

11. 8　$F_{Ay,\max} = 157.2\text{kN}$, $F_{QC,\max} = 61.5\text{kN}$

11. 9　$F_{Ay,\max} = 135\text{kN}$, $F_{QC,\max} = 12.5\text{kN}$, $M_{C,\max} = 287.5\text{kN} \cdot \text{m}$

11. 10　$M_{C,\max} = 360\text{kN} \cdot \text{m}$

11. 11　$M_{C,\max} = 310\text{kN} \cdot \text{m}$

11. 12　$M_{1,\max} = 280\text{kN} \cdot \text{m}$, $M_{1,\min} = 40\text{kN} \cdot \text{m}$, $M_{2,\max} = 320\text{kN} \cdot \text{m}$, $M_{2,\min} = 0$, $M_{3,\max} = 120\text{kN} \cdot \text{m}$, $M_{3,\min} = -120\text{kN} \cdot \text{m}$

第 12 章

12. 1　$F_{cr} = 123\text{kN}$

12. 2　$F_{cr} = 137\text{kN}$

12. 3　当 F 指向外，$F_{cr1} = \dfrac{\pi^2 EI}{2l^2}$ 时，中间竖杆失稳；当 F 指向内，$F_{cr2} = \dfrac{\sqrt{2}\pi^2 EI}{l^2}$ 时，周围杆失稳。

12. 4　BC 杆先失稳。

12. 5　$F_{cr} = 2.47\text{kN}$

12. 6　$\dfrac{h}{b} = 1.429$

12. 7　$d = 206\text{mm}$

12. 8　$[F] = 1800\text{kN}$

12. 9　AC 梁的最大工作应力为 $\sigma_{\max} = 145\text{MPa}$，柱的许用稳定应力为 $[\sigma_{st}] = 4.7\text{MPa}$。

参 考 文 献

[1]　重庆建筑大学. 理论力学 ［M］. 北京：高等教育出版社，1999.

[2]　［美］R. C. Hibbeler. 工程力学——静力学 ［M］. 北京：电子工业出版社，2006.

[3]　哈尔滨工业大学理论力学教研室. 理论力学 ［M］. 北京：高等教育出版社，2002.

[4]　乔宏洲. 理论力学 ［M］. 北京：中国建筑工业出版社，1997.

[5]　孔七一. 工程力学学习指导 ［M］. 北京：人民交通出版社，2008.

[6]　苏炜. 工程力学 ［M］. 武汉：武汉理工大学出版社，2005.

[7]　范钦珊. 工程力学 ［M］. 北京：中央广播电视大学出版社，1991.

[8]　穆能伶. 工程力学 ［M］. 北京：机械工业出版社，2002.

[9]　胡增强. 材料力学学习题解析 ［M］. 北京：清华大学出版社，2005.

[10]　单辉祖. 材料力学（Ⅰ）［M］. 北京：高等教育出版社，2004.

[11]　孙国钧，赵社戍. 材料力学 ［M］. 上海：上海交通大学出版社，2006.

[12]　郭玉敏，蔡东. 建筑力学与结构：上册 ［M］. 北京：人民交通出版社，2007.

[13]　蔡东，郭玉敏. 建筑力学与结构：下册 ［M］. 北京：人民交通出版社，2007.

[14]　杨力杉，赵萍. 建筑力学：上册 ［M］. 北京：机械工业出版社，2007.

[15]　杨力杉，赵萍. 建筑力学：下册 ［M］. 北京：机械工业出版社，2007.

[16]　宋小壮. 工程力学 ［M］. 北京：机械工业出版社，2007.

[17]　李舒瑶，赵云翔. 工程力学 ［M］. 郑州：黄河水利出版社，2002.

[18]　穆能伶，陈栩. 新编力学教程 ［M］. 北京：机械工业出版社，2008.

[19]　王金海. 结构力学 ［M］. 北京：中国建筑工业出版社，1997.

[20]　龙驭球，包世华. 结构力学教程 ［M］. 北京：高等教育出版社，1988.

[21]　吴大炜. 结构力学 ［M］. 武汉：武汉理工大学出版社，2000.

[22]　湖南大学结构力学教研室，李家宝. 结构力学 ［M］. 北京：高等教育出版社，1999.

[23]　徐吉恩，唐小第. 力学与结构 ［M］. 北京：北京大学出版社，2006.

[24]　李永光. 建筑力学与结构 ［M］. 北京：机械工业出版社，2005.